焊接质量控制及缺陷分析检验

刘 鹏　赵宝中　曾 志　等编著

HANJIE ZHILIANG KONGZHI JI
QUEXIAN FENXI JIANYAN

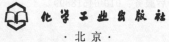　化学工业出版社
·北京·

本书从先进性和实用性出发，以焊接成形质量检验及缺陷分析为基础，结合具体的生产实例，阐述了各类焊缝中常见的焊接缺陷，例如焊缝外观、气孔、夹杂物、变形、结构疲劳和脆性断裂等，帮助读者了解产生焊接缺陷的原因，如何进行基本分析并提出相对有效的防止对策。全书突出实用性，给出的实例均是来源于生产实践的各种焊接成形缺陷实例，并有针对性地进行分析，以有效指导实际焊接生产。为了适应现代新的焊接技术与方法在工程结构中的应用现状，本书还介绍了一些新材料（包括钛合金、高强铝合金、镁合金等）与新焊接技术（激光焊、电子束焊及搅拌摩擦焊等）及其焊接缺陷分析实例。

本书可供从事与焊接技术方面相关的工程技术人员、质量管理与控制及焊接检验人员使用，也可供高等院校、科研院所、企事业单位的有关教学、科研和监察人员参考。

图书在版编目（CIP）数据

焊接质量控制及缺陷分析检验/刘鹏等编著. —北京：
化学工业出版社，2019.10（2023.4重印）
ISBN 978-7-122-35023-7

Ⅰ.①焊… Ⅱ.①刘… Ⅲ.①焊接-质量控制②焊接
缺陷-检验 Ⅳ.①TG441.7

中国版本图书馆 CIP 数据核字（2019）第 171271 号

责任编辑：张兴辉　　　　　　　　　　　文字编辑：陈　喆
责任校对：宋　玮　　　　　　　　　　　装帧设计：王晓宇

出版发行：化学工业出版社（北京市东城区青年湖南街 13 号　邮政编码 100011）
印　　装：北京七彩京通数码快印有限公司
787mm×1092mm　1/16　印张 21½　字数 536 千字　2023 年 4 月北京第 1 版第 4 次印刷

购书咨询：010-64518888　　　　　　　　售后服务：010-64518899
网　　址：http://www.cip.com.cn
凡购买本书，如有缺损质量问题，本社销售中心负责调换。

定　　价：98.00 元　　　　　　　　　　　　　　　　版权所有　违者必究

前言

现代工程结构制造过程中，焊接技术作为先进制造技术的关键工艺，直接决定了工程结构的使用性能和寿命，而焊接质量控制与管理通过有效控制焊接生产或工程施工全过程，进而提高工程结构的焊接质量，包括原材料、结构设计、焊接设备及工艺装备、焊接材料、切割及坡口加工、焊接工艺及相关标准、焊接过程监控、焊后热处理和涂装、检验、环境保护、焊接结构安全运行等众多过程。此外，焊接质量控制中焊接缺陷直接决定了结构的焊接成形质量。因此，重大焊接工程建设中为了保证焊接成形质量，焊接缺陷越来越受到人们的关注，特别是石油化工、电力、锅炉及压力容器、高速铁路、船舶制造等，其中的各种焊接缺陷及其可能引发的潜在安全问题，对企业和社会的发展至关重要。同时，随着一些新焊接技术与焊接方法在工程结构焊接中的应用，催生了新的焊接质量与焊接缺陷问题，需要依据常见的缺陷质量控制技术与理论基础，探索新技术、新方法运用过程中的相关问题。

本书以先进性和实用性为基础，针对焊接质量控制与管理在整个焊接结构生产中的重要作用，加以实例分析并独立成章。同时，以焊接成形质量检验及缺陷分析为基础，通过深入浅出的分析，阐述了各类焊缝中常见的焊接缺陷，例如焊缝外观、气孔、夹杂物、变形、结构疲劳和脆性断裂等，帮助读者了解产生焊接缺陷的原因，如何进行基本分析并提出相对有效的防止对策等，突出实用性内容的阐述，给出来源于生产实践的各种焊接成形缺陷分析与防止的实例及分析，指导实际焊接生产。为了适应现代新的焊接技术与方法在工程结构中的应用现状，本书还介绍了一些新材料（包括钛合金、高强铝合金、镁合金等）与新焊接技术（激光焊、电子束焊及搅拌摩擦焊等）及其焊接缺陷分析实例。此外，书中涉及的相关国家或行业标准均为最新标准。

本书应用面广，主要供从事与焊接技术方面相关的工程技术人员、质量管理与控制及焊接检验人员使用，也可供高等院校、科研院所、企事业单位的有关教学、科研和监察人员参考。

本书编写分工如下：第 1 章由国家核电山东电力工程咨询院赵宝中编写；第 2、3、4、6章由山东建筑大学刘鹏编写；第 5、7 章由电子科技大学曾志编写；第 8 章由济南技师学院高瑞兰编写。参加本书编写的人员还有：郭伟、张元彬、霍玉双、孙俊华、史传伟、孙思宇、胡嘉颖等。本书中相关国家、行业标准及其更新由北京航空航天大学郭伟和国家核电山东电力工程咨询院赵宝中提供。本书部分内容由山东建筑大学王国凡和山东大学刘德镇审阅，在此特致谢意！

限于笔者水平有限，书中难免有不足之处，恳请广大读者批评指正。

编著者

第**4**章

焊缝成分偏析和夹杂

第**5**章

焊缝中的气孔

第**6**章
焊接应力与变形

154 ——————

第**7**章
焊接裂纹

211 ——————

第 **1** 章
焊接质量控制与管理

焊接作为现代先进制造技术的关键工艺，受到各行各业的关注并集成到产品的主寿命过程，涉及结构设计、工艺制定、制造生产到运行服役、失效分析、维护和再循环等产品的各个阶段。焊接质量控制涉及原材料、结构设计、焊接设备及工艺装备、焊接材料、切割及坡口加工、焊接工艺及相关标准、焊接过程监控、焊后热处理和涂装、检验、环境保护、焊接结构安全运行等众多过程。焊接质量管理是指从事焊接生产或工程施工的企业通过开展质量活动发挥企业的质量职能，有效地控制焊接结构质量的全过程。

1.1 焊接质量控制及评定标准

1.1.1 焊接质量控制意义

随着焊接结构不断向高参数、大型化、重型化方向发展，对焊接质量提出了越来越高的要求。在许多重要焊接结构中，如锅炉、压力容器、高压管道、船舶、桥梁和高层建筑等，焊接质量和接头强度、韧性不足会导致整个焊接结构的提前失效，甚至导致灾难性后果。为了确保焊接产品质量，许多企业正按 ISO 9000～9004 和 GB/T 10300 质量管理和质量保证标准建立或完善质量保证体系，以加强制造过程的质量控制。

焊接工程结构的失效和重大事故，近年来在国内外时有发生。如锅炉的爆炸、压力容器和管道的泄漏、钢制桥梁的倒塌、船体断裂、大型吊车断裂等重大事故，很多是由于焊接质量问题造成的。因此，焊接已成为受控产品制造的关键工艺，必须对焊接结构与工程进行严格的全过程控制。焊接质量控制在焊接结构生产制造中是关键的一个环节，这一环节控制不好，会造成焊接零部件的不断返工甚至使产品报废。因此，焊接结构生产厂家应高度重视产品的焊接质量控制。

焊接质量控制的技术要求一般在产品图纸或技术文件中提出，可以归纳为两个方面：一是焊接接头方面的质量要求，它与材料的焊接性密切相关；二是产品结构几何形状和尺寸方面的质量要求，它与备料、装配、焊接操作、焊后热处理等工艺环节都有关系，其中焊接应力与变形是影响这方面质量要求的主要因素。应综合运用焊接基础知识和生产经验对焊接产品上述两个方面进行分析如下。

(1) 焊接接头质量分析

通常希望焊接接头性能等于或优于母材，为此须从母材的焊接性分析入手，寻找能保证焊接接头质量的办法。首先是分析工艺焊接性，从化学冶金和热作用角度，根据产品结构特点和材料的化学成分，分析用什么焊接方法才能获得最好的焊接接头，进而产生的焊接缺陷最少。其次根据所选焊接方法的特点，探求是否可以通过调整焊接工艺参数或采取一些特殊措施，消除可能产生的焊接缺陷。最后是分析使用焊接性，预测所选的焊接方法和工艺措施焊成的接头，其使用性能，如强度、韧性、耐蚀性、耐磨性等是否接近或超过母材的性能或是否符合设计要求。

(2) 焊接结构形状和尺寸分析

在焊接产品图样及技术文件中，常以公差等形式规定了产品几何形状以及位置和尺寸精度方面的要求。如果生产过程中备料质量和装配质量都得以保证，焊后产生结构形状和尺寸超差的原因，主要是焊后的应力与变形。为此，必须从影响焊接变形的各种因素进行分析，主要有以下两方面。

① 结构因素　如刚性不足，接头的坡口形状、焊缝在焊件上的分布位置等对焊接变形的影响。例如，薄板结构，垂直板平面方向刚性弱，焊后易产生波浪变形；细长杆件结构，易产生弯曲或扭曲变形；单面 V 形坡口的对接接头焊后比双面 V 形坡口的对接接头角变形大，因为焊缝形状沿板厚不对称；T 形截面的焊接梁，因焊缝在截面上集中于一侧（即偏心分布），焊后产生弯曲变形等。改变结构设计可以减少和避免焊接变形，但必须以不影响产品的工作性能为前提，否则只能采取工艺措施去克服和消除。

② 工艺因素　焊接方法、工艺参数、装配-焊接顺序、单道焊或多道焊、直通焊或逆向分段焊、刚性固定（采用夹具）焊或反变形状态下施焊等，都是影响焊接变形的工艺因素。正确地选择与调整，合理地利用与控制这些因素，一般能获得有利的效果。从结构和工艺两方面都难以解决的焊接变形问题，并不排除采取焊后进行矫形的消极办法。只要不影响焊接结构的安全使用，又能减少制造成本，焊时不控制、焊后再矫形也是一种可行的选择。

近年来，计算机越来越多地应用于焊接生产中。计算机辅助焊接工程的主要内容有焊接结构设计与分析、结构强度与寿命预测、焊接缺陷与故障诊断、传感器控制系统、焊接质量控制与检验、标准查询与解释、文献检索、焊接过程模拟与计算、焊接生产文件管理、焊接信息数据库等。将计算机辅助焊接工程应用于锅炉和压力容器制造，对焊接质量控制有很大的帮助。同时，会更有利于生产管理和产品质量的提高，也是未来制造业的发展趋势。

1.1.2　焊接质量评定标准

焊接质量评定标准分为焊接质量控制标准和适合于焊接产品使用要求的标准。两类标准的出发点、原理、评定方法以及对检验与探伤的要求都有很大的差别。

(1) 质量控制标准

质量控制是从保证制造或修复的质量角度出发，把所有的焊接缺陷看成是对焊缝强度的削弱和对结构安全的隐患，不考虑具体使用情况的差别，而是要求将缺陷尽可能地降到最低限度。相应标准中规定的具体内容，是以长期生产积累的经验为基础，以焊接产品制造或修复质量控制为目的而制定的国家级、部级及企业焊接质量验收标准，都属于质量控制标准。例如 GB/T 12467.1～5—2009《金属材料熔焊质量要求》、GB/T 19418—2003《钢的弧焊接头 缺陷质量分级指南》、GB/T 6417.1—2005《金属熔化焊接头缺欠分类及说明》等。常用焊接质量控制标准见附录。

焊接质量控制标准的目的是确保焊接结构的质量大体保持在某一水平，内容简单、容易掌握，所规定的内容大都是生产实践中积累的经验，因此这类标准的安全系数大、评定结果偏于保守、经济性较差。

（2）适合于使用要求的标准

在役压力容器的定期检修中，常发现一些在质量控制标准中不允许存在的"超标缺陷"，而如果将所有的"超标缺陷"一律返修或将容器判为废品，会造成过多的、不必要的返修，还会将本来可用的容器判为废品。而实际应用中，对使用性能无影响的缺陷进行修复，会产生更有害或不易检查的缺陷。

工程实践证明，按质量控制标准检验合格的压力容器，可以投入使用。但按质量控制标准检验不合格的一些压力容器，仍可以使用。因此从适合于使用的角度出发，应对"超标缺陷"加以区别对待，只对锅炉、压力容器安全运行造成威胁的危险性缺陷进行返修，而不构成威胁的缺陷，可以继续保留。这种以适于使用为目的而制定的标准称为合于使用要求的标准。例如，GB/T 19624—2004《在用含缺陷压力容器安全评定》就是以"合于使用"和"最弱环"原则，用于判别在含缺陷压力容器的使用工况条件下能否继续安全使用，是一种适合于工程实际的安全评定方法。

适合于使用要求的标准充分考虑到存在缺陷的结构件的使用条件，以满足使用要求为目的。评定时以断裂力学为基础，计算获得允许存在的临界裂纹尺寸，超过临界裂纹尺寸则视为不符合使用要求；不超过临界裂纹尺寸，则认为所评定的缺陷是可以接受的，焊接结构件是安全可靠的。

1.2　焊接质量控制及影响因素

1.2.1　焊接质量控制体系

焊接质量体系的运转一般是通过控制焊接工艺评定与焊接工艺、焊工培训、焊接材料、焊缝返修、施焊过程、检验等基本环节来实现的。通过对这些基本环节的质量控制，可以建立一个完整的焊接质量控制体系。

（1）焊接质量控制的概念

焊接质量控制在锅炉和压力容器的生产制造中是关键的一个环节，这一环节控制不好，会造成焊接零部件的不断返工甚至使产品报废。因此，锅炉和压力容器的生产厂家应高度重视产品的焊接质量控制。焊接质量控制是一个理论性很强、同时又需要积累大量实际生产经验的工作，从事锅炉和压力容器设计、制造的技术人员、管理人员和生产工人均应从实际出发，熟悉各种标准，不断掌握理论知识和积累实际经验，提高产品质量、避免生产事故的发生。

焊接质量控制的技术要求一般在产品图纸或技术文件中提出，可以归纳为两个方面：

① 焊接接头方面的质量要求，它与材料的焊接性密切相关。

② 产品结构几何形状和尺寸方面的质量要求，它与备料、装配、焊接操作、焊后热处理等工艺环节都有关系，其中焊接应力与变形是影响这方面质量要求的主要因素。应综合运用焊接基础知识和生产经验对焊接产品上述两个方面进行分析。生产中的质量问题错综复

杂，要善于抓住主要矛盾。

（2）质量体系的建立

质量体系的建立可分为如下几个阶段。

① 组织准备阶段　包括企业领导层统一认识、编制工作计划、培训骨干和宣传教育及组织工作班子。

② 质量体系分析阶段　主要目标是提出具体的质量体系设计方案，应做的工作包括收集资料、制定方针和政策、分析内外部环境、评估质量要素的重要程度、选择质量要素、分析质量要素的相互关系及对分析结果进行评审。

③ 编制质量体系文件阶段　包括分配质量职能、编制质量体系文件明细表、编写指导性文件及编制质量体系文件等。

④ 质量体系的建立阶段　包括制订实施计划、发布质量文件、建立组织机构、配置装备及发放规范、印章、标记和图表卡片等。

（3）质量体系文件编制

质量体系文件按其作用分为法规性文件和见证性文件两大类。法规性文件是规定质量管理工作的原则、说明质量体系的构成、明确有关部门和人员的质量职责、规定各项活动的目标、要求、内容和程序的文件，包括质量方针与政策、质量手册、质量计划以及程序性文件等，是企业内部实施质量管理的规程和有关人员的行为规范；见证性文件是表明质量体系运行情况和证实其有效性的文件，这类文件多数是质量记录类型的。它记载了各质量体系要素的实施情况和产品的质量状态。

① 质量方针和政策性文件的编制　质量方针是企业在质量方面的宗旨和方向高度概括的表述。为了给具体行动提供指南和对行为原则作出规定，还要制定一系列质量政策，如设计质量政策、采购政策、质量检验政策、质量奖惩政策等。制定质量方针和政策的一般程序是：管理部门提出政策草案，经领导评审后，由质量管理部门修改，修改后再经领导层评审，最后经企业最高领导层批准后执行。

② 质量手册的编制　《质量手册》是一个企业的质量体系、质量政策和质量管理的重要文件，也是质量体系文件中的主要文件。在企业内部，《质量手册》是实施质量管理的基本法规。《质量手册》是企业质量保证能力的文字表述，是使用户和第三方（如锅炉和压力容器的技术监督部门）确信本企业的技术和管理能力能够保证所承制产品的质量的重要文字依据。《质量手册》可分为专为企业内部使用的《质量管理手册》和企业用以满足用户合同和有关法规的《质量保证手册》两种。企业可以就同类产品编制通用的质量手册，也可以就某一种产品根据用户需要再编制补充规定。我国从事钢制压力容器生产和钢结构焊接工程施工的企业，多数以编制通用的质量管理和质量保证融为一体的质量手册为主，称为《质量保证手册》。只有用户有特殊要求时才再编制手册的补充条款。

1.2.2　焊接质量控制要素

质量控制体系的要素是指构成质量体系的基本单元。所谓焊接质量的控制是指对焊接结构生产全过程基本单元的管理，可从管理控制的 6 个基本要素（人员、设备、材料、工艺规程、生产过程、生产环境）对焊接质量的全过程进行控制和管理。

（1）人员

优秀的焊接及相关技术人才是高质量焊接结构制造的重要保证。生产厂家应拥有相当数量的业务素质好、实践经验丰富、具有高级工程师以上技术职称的管理人员、焊接专业技术人员和一大批具有一定操作技能水平的焊接技术工人。焊接工程师是焊接工艺文件的制定者、焊接生产的指导者和焊接工艺的管理者。焊接技术人员的水平直接影响焊接工艺文件的编制质量。

（2）设备

先进的焊接和相关设备是焊接结构质量和提高焊接生产效率的重要保证。生产厂家每年应投入一定资金采购先进的焊接设备，其中大型和关键设备要招标采购。设备要有专人管理、保养、定期维修。设备的参数仪表（如电流表、电压表等）应在有效期之内经专业部门检验、校正。保证工装、胎具、卡具的完好，并定期检查登记。

（3）材料

完善材料（包括钢材、焊接材料等）管理制度。已列入国家标准、行业标准的钢号，根据其化学成分、力学性能和焊接性能归入相应的类别、组别中。未列入国家标准、行业标准的钢号，应分别进行焊接工艺评定。国外钢材原则上按每个钢号进行焊接工艺评定，但对该钢号进行化学成分分析、力学性能和焊接性试验经本单位焊制受压元件的实验证明与国产某钢号相当，当某钢号已进行过焊接工艺评定时，该进口钢材可免做焊接工艺评定。

使用和保管好焊接材料是保证焊接质量的基本条件，设置焊接材料一级、二级库，建立焊接材料采购、入库验收、保管、烘干、发放、回收制度等。

（4）工艺规程

建立健全严格的焊接工艺规程是焊接质量保证体系的重要内容。认真贯彻国家和国际有关法规、标准及技术条件，并根据企业的需要，制定本企业必要的焊接质量保证体系的相关技术和管理标准。焊接技术人员要编制大量的焊接工艺文件，其中焊接工艺守则、焊接工艺规程等是焊接制造与生产直接应用的法规文件。要做好新、旧标准和工艺文件的更换，以及旧标准或工艺文件和作废标准或工艺文件的回收工作，确保焊接技术人员和第一线操作者使用的标准和工艺文件是有效文件。

产品正式图纸审批后，工艺部门接到蓝图后才能进行焊接工艺准备。当产品交货期短、生产周期紧时，应实现焊接工艺准备的快速反应，即要求焊接技术人员在审查产品白图焊接工艺时，就提出新产品的焊接工艺评定项目、新材料采购计划和焊工考试项目，并立即组织有关部门实施。具体内容包括焊接工艺准备、产品图纸的焊接工艺审查、焊接工艺评定、焊接工艺规程编制以及焊工培训和考试等。

（5）焊接生产过程控制

焊接生产过程控制主要包括操作者按照相应焊接工艺规程的要求进行受控焊接结构（焊接接头）和产品的焊接。新产品投产前，应向生产分厂进行关键和特殊焊接工艺的技术交底。要确保持证焊工执行焊接工艺，明确焊接过程对质量的基本要求。按热处理参数进行接头的焊后热处理，热处理设备应能自动记录实际热处理参数。对于有再热裂纹倾向的接头，热处理后还应进行无损检验，内容包括目测检查、渗透检验 PT(Penetrative Test)、磁粉检验 MT(Magnetic Test)、超声检验 UT(Ultrasonic Test) 和射线检验 RT(Radial Test)。按有关标准的要求进行产品试板的焊接，产品焊接试板检验合格后，才能进入下道工序。产品焊接试板应随它代表的产品同炉进行热处理。按照不一致品处理规程的规定，进行超标焊接缺陷的返修，严重缺陷的返修必须有对应的焊接工艺评定，并制定缺陷返修的焊接工艺规程，同一位置的焊接缺陷的返修不能超过两次。

焊接质量的可追溯性控制。焊接结构在产品制造和以后的运行中，如果出现质量问题，能够有线索、有资料进行焊接接头质量分析，包括焊材领用、焊前准备、施焊环境、产品试板的检查确认、施焊记录、焊工钢印标记、焊后检验记录、焊接缺陷的返修复检记录等。要实现焊接质量的可追溯性控制，应做如下工作："标记移植"、受控焊接接头的焊接过程应有书面记录，以及焊工完成受控焊缝的焊接后应在产品规定的位置打上焊工代号等。

焊接工程质量控制点、停留点和见证点。焊接过程中实现控制点、停留点和见证点重要工序的重点控制，进一步加强了受控焊接结构（焊接接头）的质量管理。

严明焊接工艺纪律。为了严明焊接工艺纪律，应组织多部门对焊接生产过程不定期地进行焊接工艺纪律检查。焊接工艺纪律检查包括以下内容：领用的焊接材料牌号是否正确；焊接材料烘干、发放、回收是否符合有关规定；焊接操作者是否具有对应的焊工考试合格项目；焊接操作者是否按照焊接工艺规程操作，特别注意检查预热温度、层间温度、焊接工艺参数是否符合焊接工艺规程；产品试板的焊接过程是否符合规定；焊接设备的电流、电压等仪表是否在有效期之内、运行是否正常。

（6）生产环境

现代化和良好的生产环境是提高产品质量的重要保证。企业要推行规范化的生产管理，做好文明办公，文明生产。焊接试验室是焊接试验和焊接工艺评定的场地，大型企业应建立焊接试验室。试验室应配置各种先进焊接试验、检验和热处理设备，并配备一定数量的业务素质好和有丰富实践经验的焊接工程师及焊接技师，能够进行材料焊接性试验和焊接工艺性试验。

1.2.3 焊接质量控制内容与实施

焊接质量的好坏主要由焊接接头结构、材料（母材和填充金属）、焊接工艺及焊后热处理与检验四个方面决定。这些因素相互影响、相互联系、相互制约，无论哪一方面选用或操作不当，都会直接影响焊接质量。焊接质量控制的主要内容如下。

（1）结构设计

焊接结构设计需要考虑分析其具体结构形式、技术条件以及材料焊接性能和焊接接头的分布。为了避免由于结构设计造成的焊接结构件的破坏，结构设计时应遵循以下原则：

① 注意结构形式对焊接质量的影响；

② 尽量减少焊接接头的数量；

③ 尽量减少焊缝长度；

④ 尽量避免焊缝交叉；

⑤ 坡口尺寸应尽可能小；

⑥ 焊缝之间要保持一定距离，防止焊缝集中；

⑦ 保证焊接工艺的可实施性；

⑧ 尽可能采用低匹配的焊缝，防止焊接接头高强化。

不同结构形式的焊接接头，拘束度不同，反映不同的受力状态。因此，在不同的受力状态下，对材质和焊接接头的性能应有不同的要求。结构形式设计的正确与否，不仅表现在整体结构的可靠性上，而且还体现在焊接接头设计的合理性上。另外，在接头施焊时，焊接工艺必须可行，接头与结构整体应匹配。焊接结构设计应注意的工艺条件如下：

① 根据结构的技术条件，找出最优的焊接方法。甚至可根据具体的结构特点分析实现

焊接工艺的难易程度，改变设计方案。

② 结构设计时，必须考虑焊接工艺的可行性，各种检测的可行性，焊接变形是否易于控制，焊工操作是否方便、安全，能否保证焊接质量。

③ 选择结构形式时，要考虑减少拘束度，提高抗裂性，同时也要考虑工作条件，如介质条件、温度条件和载荷条件等对结构抗裂性能的作用。在选择焊接材料时，可以选择低匹配的焊接材料和高韧性的母材及焊接材料，以提高结构的焊接性。

④ 焊接接头是整个焊接结构件的关键部分，直接关系到焊接结构的质量好坏，因此，结构设计时必须选用合理的接头形式，接头几何形状应尽可能不干扰应力分布，尽可能避免截面上有突变的接头，特别是在疲劳工作条件下更应注意。

焊接件在制造过程中的组装精度也会影响焊接接头的性能。应考虑连接板或类似附件的几何形状。尽量避免在有应力叠加或应力集中的区域内布置焊缝，若不可避免，则应做特殊考虑。为了易于预热、焊接、焊后热处理以及无损探伤，对接接头最好由相同厚度的工件制成。为了便于焊接和使用中的探伤及维修，所有焊缝都应有合适的焊接可操作性。

(2) 母材及焊接材料

① 母材　当焊接接头的任意一侧面要接触腐蚀介质时，应采取必要的防护措施（增加壁厚、消除应力等）。在腐蚀或浸蚀介质内，在考虑到焊后涂层所能起到的保护作用时，接头的几何形状和粗糙度应当保证不存在可能引起腐蚀或浸蚀的区域。当使用环境中存在腐蚀、中子辐射、高温或低温以及由于气候条件所引起的某些问题时，材料因素尤其重要。母材的碳当量和强度级别越高、焊接接头的抗裂性越低，断裂韧性也越差。尤其是焊接高强度钢时，开裂问题更为重要。

a.碳当量　材料的强度性能，除了决定于热处理工艺和加工工艺之外，主要取决于合金元素种类及含量。碳元素对焊接接头抗裂性的影响最强烈。碳当量越高，焊接接头的开裂倾向越严重。

b.力学性能　母材强度级别越高对焊接质量控制越不利。塑性越好，越有利于控制焊接质量，但要注意控制塑性变形的均匀性，如果焊接接头微区塑性变形超过材料的均匀塑性变形能力，则会产生微观裂纹，从而导致宏观裂纹。因此，要重视接头微区的塑变行为。硬度越高也越不利于焊接质量控制，不同的金相组织具有不同的硬度，焊接热影响区的最高硬度可作为评定焊接接头抗裂性的一项指标。

c.板厚　通常板厚的变化对结构的拘束度影响较大，一般情况下板材越厚，拘束度（拘束应力）越大，对焊接质量控制越不利。而且，随着板厚的增加，产生层状撕裂的倾向也加大，而且在层状撕裂的附近往往又会诱发新的裂纹。因此，板厚对焊接接头的质量也有一定的影响。

d.材料的组织状态　金属材料常见的晶体结构类型有体心立方、面心立方和密排六方体三种类型。晶格类型不同对焊接质量的影响直接反映在晶格结构的致密度上，晶格类型不同，致密度（晶格中原子体积总和与晶格体积之比）也不同，面心立方体和密排六方体晶格的致密度（0.74）比体心立方晶格结构的致密度大（0.68）。致密度越小，晶格中的空隙越大，越有利于氢原子的积累，越不利于焊接质量的控制。金属材料由多晶组成，晶界中易于聚集杂质，给焊接质量控制带来困难。尤其是晶粒越粗大，越不利于焊接质量的控制。

e.脆性倾向　当焊接接头中碳、氮杂质含量较高时，在高温下会出现脆化现象，在应力作用下易引起裂纹，对焊接质量的控制不利。有些材料进行回火被加热到 650℃ 左右，当恢复到室温时会引起"回火脆性"。根据焊接工艺特点，由于焊接热循环的作用会引起热应变，造成脆化，即热应变脆化。除此之外，金属材料随着温度的降低，其冲击韧性明显下降，尤其是在 0℃ 以下会发生低温脆化。因此，对于所用具体材料，必须找出其脆性转变温度。当材料的工作温度高于其脆性转变温度，才能避免材料发生低温脆性破坏。材料的各种脆化现象都对其焊接质量的控制不利。

　　焊接结构件的选材，应根据使用性能、焊接工艺性能和经济性三个条件进行选择，具体的选材原则为：在满足技术要求的前提下，应尽量选用强度级别较低的材料；根据结构的使用条件，尽量选用专业板；在焊接工艺不能改变的条件，尽量选择焊接性好的材料；尽量选用焊接性好的钢材；尽量选用结构设计所确定的材料，以有利于焊接质量的控制。

　　② 焊接材料　用于接头全焊透或部分焊透坡口焊缝和角焊缝的焊条、焊丝-焊剂组合，应参照表 1-1～表 1-3 中规定的焊缝容许应力进行选择。焊接材料打开包装后，应妥善保存，使其特性或焊接性不受影响。

表 1-1　承受静载结构的焊缝容许应力

焊缝类型	焊缝应力		容许应力	要求的焊缝强度
全焊透坡口焊缝	垂直于有效面积的拉应力		与母材相同	应采用相匹配的焊缝金属
	垂直于有效面积的压应力		与母材相同	焊缝金属强度可与相匹配的金属相等或小一级（69MPa）
	平行于焊缝轴线的拉或压应力		与母材相同	
	有效面积上的剪应力		除母材上的剪应力不应超出母材屈服点的40%外，容许应力为焊缝金属名义抗拉强度的30%	
部分焊透坡口焊缝	垂直于有效面积的压应力	接头不用于承受应力	除母材上的应力不应超出母材屈服点的60%外，容许应力为焊缝金属名义抗拉强度的50%	焊缝金属强度可等于或小于相配的金属强度
		接头用于承受应力	与母材相同	
	平行于焊缝轴线的拉或压应力		与母材相同	
	平行于焊缝轴线的剪应力		除母材上的剪应力不应超出母材屈服点的40%外，容许应力为焊缝金属名义抗拉强度的30%	
	垂直于有效面积的拉应力		除母材上的拉应力不应超出母材屈服点的60%外，容许应力为焊缝金属名义抗拉强度的30%	
角焊缝	有效面积的剪应力		容许应力为焊缝金属名义抗拉强度的30%	
	平行于焊缝轴线的拉或压应力		与母材相同	
塞焊和槽焊缝	平行于结合面上的剪应力		除母材上的剪应力不应超出母材屈服点的40%外，容许应力为焊缝金属名义抗拉强度的30%	

表 1-2　承受动载结构的焊缝容许应力

焊缝类型	焊缝应力		容许应力	要求的焊缝强度
全焊透坡口焊缝	垂直于有效面积的拉应力		与母材相同	应采用相匹配的焊缝金属
	垂直于有效面积的压应力		与母材相同	焊缝金属强度可与相匹配的金属相等或小一级(69MPa)
	平行于焊缝轴线的拉或压应力		与母材相同	焊缝金属强度可等于或小于相配的金属强度
	有效面积上的剪应力		除母材上的剪力不应超出母材屈服点的36%外,容许应力为焊缝金属名义抗拉强度的27%	
部分焊透坡口焊缝	垂直于有效面积的压应力	接头不用于承受应力	除母材上的应力不应超出母材屈服点的55%外,容许应力为焊缝金属名义抗拉强度的45%	焊缝金属强度可等于或小于相配的金属强度
		接头用于承受应力	与母材相同	
	平行于焊缝轴线的拉或压应力①		与母材相同	
	平行于焊缝轴线的剪应力		除母材上的剪应力不应超出母材屈服点的36%外,容许应力为焊缝金属名义抗拉强度的27%	
	垂直于有效面积的拉应力		除母材上的拉应力不应超出母材屈服点的55%外,容许应力为焊缝金属名义抗拉强度的27%	
角焊缝	有效面积的剪应力		容许应力为焊缝金属名义抗拉强度的27%	焊缝金属强度可等于或小于相配的金属强度
	平行于焊缝轴线的拉或压应力①		与母材相同	
塞焊和槽焊缝	平行于结合面上的剪应力		除母材上的剪力不应超出母材屈服点的36%外,容许应力为焊缝金属名义抗拉强度的27%	焊缝金属强度可等于或小于相配的金属强度

①角焊和接头部分焊透的坡口用于组合构件连接设计时,可不考虑这些平行于焊缝轴线的构件所受拉或压应力进行设计。

表 1-3　管材结构的焊缝容许应力

焊缝类型	管材结构	应力种类	容许应力	极限状态设计法		要求的焊缝强度
				承载系数	名义强度	
全焊透坡口焊缝	纵向对接接头(纵缝)	平行于焊缝轴线的拉或压应力	与母材相同	0.9	F_y①	焊缝金属强度可等于或小于相配的金属强度
		弯曲或扭转剪应力	母材 $0.4F_y$ 焊缝金属 $0.3F_x$②	0.9 0.8	F_y $0.6F_x$	
	横向对接接头(环缝)	垂直于有效面积的压应力	与母材相同	0.9	F_y	应采用相匹配的焊缝金属
		有效面积上的剪应力		母材 0.9 焊缝金属 0.8	$0.6F_y$ $0.6F_x$	
		垂直于有效面积的拉应力		0.9	F_y	

焊缝类型	管材结构	应力种类	容许应力	极限状态设计法		要求的焊缝强度
				承载系数	名义强度	
全焊透坡口焊缝	抗疲劳等临界载荷设计的结构中 T、Y 或 K 形连接结构中的焊接接头,一般要求全焊透焊缝	邻接焊缝的母材上的拉、压或剪应力(仅从管外施焊,无衬垫)	与母材相同或受连接几何形状的限制	与母材相同或受连接几何形状的限制		应采用相匹配的焊缝金属
		两面施焊或带衬垫的坡口焊缝有效面积上的拉、压或剪应力				
角焊缝	组合管件的纵向接头	平行于焊缝轴线的拉或压应力	与母材相同	0.9	F_y	焊缝金属强度可等于或小于相配的金属强度
		有效面积上的剪应力	$0.3F_x$	0.75	$0.6F_x$	
	T、Y 或 K 形连接结构中的环缝搭接接头及附件与管子的接头	有效焊喉上的剪应力与载荷方向无关	$0.3F_x$,或受连接几何形状的限制	0.75	$0.6F_x$	焊缝金属强度可等于或小于相配的金属强度
				或受连接几何形状的限制		
塞焊和槽焊缝	平行于结合面的剪应力		母材 0.4F_y 焊缝金属 0.3F_x	不适用		焊缝金属强度可等于或小于相配的金属强度
部分焊透坡口焊缝	管件的纵缝	平行于焊缝轴线的拉或压应力	与母材相同	0.9	F_y	焊缝金属强度可等于或小于相配的金属强度
	传递载荷的横向和纵向接头	垂直于有效面积的压应力 — 设计不承载接头	$0.5F_x$,但邻近母材上的应力不应超过 $0.6F_y$	0.9	F_y	焊缝金属强度可等于或小于相配的金属强度
		垂直于有效面积的压应力 — 设计承载接头	与母材相同			
		有效面积上的剪应力	$0.3F_x$,但邻近母材上的应力不应超过 $0.5F_y$,剪应力不应超过 $0.4F_y$	0.75	$0.6F_x$	
		有效面积上的拉应力		母材 0.9 焊缝金属 0.8	F_y $0.6F_x$	
	通管结构中的 T、Y 或 K 形连接结构	通过焊缝传递的载荷为有效焊喉上的应力	$0.3F_x$,或受连接几何形状的限制,但邻近母材上的应力不应超过 $0.5F_y$,剪应力不应超过 $0.4F_y$	母材 0.9 焊缝金属 0.8	F_y $0.6F_x$	应采用相匹配的焊缝金属
				或受连接几何形状的限制		

①F_y 为母材的屈服点。
②F_x 为焊缝金属分级的最小抗拉强度。

(3) 焊接方法及工艺

焊接方法应适合接头材料的性能和接头的施焊位置,需要通过试验来证明所选择的焊接方法是合适的。适合于车间里施焊的焊接方法,可能不适合于现场焊接。

① 焊接方法的选择　选择焊接方法应在保证焊接产品质量优良可靠的前提下,有良好

的经济效益，即生产率高、成本低、劳动条件好、综合经济指标高。选择焊接方法应考虑下列因素：

a.产品结构类型　焊接产品的结构类型主要有结构件类（例如，桥梁、建筑、石油化工容器、造船、锅炉、金属结构构件等）、机械零件类（例如，交通工具、各种类型的机器零件等）、半成品类（例如，工字钢、螺旋管、有缝钢管等）和微电子器件类（例如，电路板、半导体元器件等）。

结构件焊缝长或焊缝较大，宜选用埋弧自动焊，其中短焊缝、打底焊缝宜选用手弧焊。对于机械零件产品，一般焊缝不会太长，可根据精度的不同要求，选用不同的焊接方法。一般精度和厚度的零件多用气体保护焊，重型件用电渣焊、气电焊，薄件用电阻焊，圆断面可选用摩擦焊。精度高的焊件可选用电子束焊。半成品件的焊缝如比较长，又属于批量生产，可选用易于机械化、自动化的埋弧自动焊、气体保护焊、高频焊等。微电子器件接头往往要求密封、导电、精确，常选用电子束焊、激光束焊、超声波焊、扩散焊及钎焊等方法。

b.母材性能　对活泼性金属宜选用惰性气体保护焊、等离子弧焊、真空电子束焊等焊接方法；对普通碳钢、低合金钢可选用 CO_2 或混合气体保护焊和其他电弧焊方法；钛和锆因对气体溶解度大，焊后易变脆，则应选用高真空电子束焊和真空扩散焊；对沉淀硬化不锈钢，用电子束焊可以获得力学性能优良的接头；对于冶金相容性差的异种材料宜选用扩散焊、钎焊、爆炸焊等非液相的焊接方法。

c.工件厚度及接头形状　由于不同焊接方法的热源各异，因而各有最适宜的焊接厚度范围，在指定的范围内，容易保证焊接质量并获得较高的生产率。接头形状和位置是根据产品使用要求和母材厚度、形状、性能等因素设计的，有搭接、角接、对接等形式。产品结构不同，接头位置可能需要立焊、平焊、仰焊、横焊、全位置焊接等。这些因素都影响焊接方法的选择。

对接接头适宜于多种焊接方法。钎焊仅适用于连接面较大的薄板搭接接头。平焊是最易施焊的位置，适宜多种焊接方法，这就便于选用生产率高、质量好的焊接方法，如埋弧焊、熔化极气体保护焊等。对立焊接头薄板宜用熔化极气体保护焊，中厚板宜用气电焊，厚板则宜采用电渣焊。

d.生产条件　在能满足生产需要的情况下，应尽量选用要求技术水平低、生产设备简单、便宜和材料消耗少的焊接方法，以便提高经济效益。手弧焊、手工操作的气体保护焊、气焊均要求较高的操作技能，尤其焊接压力容器等重要产品时，需要一定级别、专门培训的焊工持证上岗方能进行焊接操作。埋弧焊等自动焊方法对操作技能要求相对较低。电子束焊、激光焊、焊接机器人，由于设备精度较高，要求操作者具有更多的基础知识和较高的技术水平。

手弧焊设备简单、造价低、便于维护。熔化极气体保护焊，除电源外还有送丝、送气、冷却系统，设备相对比较复杂。真空电子束焊需要有专用的真空室、电子枪和高压电源，还需要 X 射线的防护设备。激光焊需要大功率激光器及专门的工装和辅助设备。此外，电阻对焊、点焊、缝焊除消耗电力、磨损电极外不消耗填充材料，手弧焊消耗焊条，埋弧焊消耗焊丝和焊剂，熔化极气体保护焊消耗焊丝和保护气体，非熔化极气体保护焊消耗氩、氦等惰性保护气体、钨极和喷嘴等，钎焊消耗钎料、钎剂等，窄间隙焊则能减少材料的消耗。

② 焊接工艺及控制　正确的焊接结构设计，合理的焊接工艺及可靠的焊接工艺评定，都要通过施工来实现。因此要求施工者严格执行焊接工艺参数和生产工艺规程，以便保证焊接质量，否则会引起焊接结构件的焊接质量下降。焊接施工时应注意以下几方面：

a.焊接材料　为确保焊接质量，焊条在使用前应进行烘干（焊条说明书已申明不须或不能进行烘干的焊条例外）。一般烘干不能超过 3 次，以免药皮变质及开裂而影响焊接质量。不同类型焊条的烘干温度不同，具体的烘干温度由施工单位自行确定。为保证焊接质量，焊条烘干温度可偏高一些，但不能无限增加。常用焊条烘干的工艺参数见表1-4。

表 1-4　常用焊条烘干的工艺参数

焊条种类	药皮类型	烘干的工艺参数			
		烘干温度 /℃	保温时间 /min	焊后允许存放 时间/h	允许重复烘干 次数/次
碳钢焊条	纤维素型	70～100	30～60	6	3
	钛型 钛钙型 钛铁矿型	70～150	30～60	8	5
	低氢型	300～350	30～60	4	3
低合金焊条 （含高强度钢、耐热钢、低温钢）	非低氢型	75～150	30～60	4	3
	低氢型	350～400	60～90	4(E50××) 2(E55××) 1(E60××)	3
				0.5(E70～100××)	2
铬不锈钢焊条	低氢型	300～350	30～60	4	3
	钛钙型	200～250			
奥氏体不锈钢焊条	低氢型	250～300	30～60	4	3
	钛型、钛钙型	150～250			
堆焊焊条	钛钙型	150～250	30～60	4	3
	低氢型 （碳钢芯）	300～350			
	低氢型 （合金钢芯）	150～250			
	石墨型	75～150			
铸铁焊条	低氢型	300～350	30～60	4	3
	石墨型	70～120			
铜、镍及其合金焊条	钛钙型	200～250	30～60	4	3
	低氢型	300～350			
铝及铝合金焊条	盐基型	150	30～60	4	3

注：1.在焊条使用说明书中有特殊规定时，应按说明书中的规范执行。
2.一般情况下，大规格的焊条应选上限温度及保温时间。

焊条一般应随烘随用，烘干后最好立即放在焊条保温筒内，以免再次受潮。在露天大气中存放的时间，对于普通低氢型焊条，一般不超过 4～8h，对于抗拉强度 590MPa 以上的低氢型高强度钢焊条应在 1.5h 以内。经过烘干的焊条超过一定时间之后，必须在使用之前进行再次烘干，以便保证焊接质量。焊条的再烘干温度如表1-5所示。

表 1-5　焊条的再烘干温度

焊条种类	焊条状态	再烘干温度与时间
高强钢用焊条	烘干后经过 4h 以上或焊条有吸湿现象	300～400℃，60min
软钢焊条	烘干后经 12h	300～400℃，60min

b.施焊因素的控制　焊接施工条件是建立在焊接工艺评定的基础上的，它主要与材质、结构形式、接头形式、坡口形式、焊接位置、环境条件、作业条件等因素有关，施焊时要严格按所评定的焊接工艺进行。焊接过程中要选择符合施工标准的焊接材料、选择与所评定的工艺参数相符的参数施焊，如果有不符合焊缝质量标准的焊道，必须进行返修，这样才能保证焊接质量。

(4) 焊后热处理

结构的疲劳寿命与焊接接头的存在有关，焊接接头一般来说是结构件疲劳最敏感的部位。普通形式焊接接头应力集中系数可能较高，以至于材料本身的疲劳强度对焊接质量影响不大。在疲劳状态下的应力集中系数不仅取决于接头类型（对接或角接），而且也取决于接头的几何形状、接头的方向及其内部或焊缝表面的缺陷与载荷方向及大小的关系。

由安装、操作和焊接引起的残余应力必须与设计应力一起考虑，在有脆性断裂危险部位（可能与使用温度下的塑性、厚度及材料的性能有关）存在应力腐蚀危险，对几何形状稳定性有严格要求。零件有疲劳断裂危险，焊接结构不能产生足够的局部屈服时，必须进行焊后热处理，目的是减少残余应力或为了获得所需要的接头性能，或两者均有。焊后机械处理（例如锤击）的目的是通过改变和改善残余应力的分布来减少由焊接引起的应力集中。应当注意，改善接头某项性能的焊后处理措施可能对同一接头的另一种性能产生有害影响。

1.2.4　焊接质量体系的运行

(1) 焊前控制

焊前控制主要是检查被焊产品焊接接头坡口的形状、尺寸、装配间隙、错边量是否符合图纸要求；坡口及其附近的油锈、氧化皮是否按工艺要求清除干净；选用的焊材是否按规定的时间、温度烘干；焊丝表面的油锈是否除尽；焊接设备是否完好；电流、电压显示仪表是否灵敏；母材是否按规定预热；所选择的焊工和操作者是否具有所焊焊缝合格资质；点焊焊缝是否与产品焊缝一致等。只有以上各个环节全部符合工艺要求，方可进行焊接。

(2) 焊接过程中控制

焊接过程中控制主要是严格执行焊接工艺，监督焊工和操作者严格按焊接工艺卡所规定的焊接电流、焊接电压、焊条或焊丝直径、焊接层数、速度、焊接电流种类与极性、层间温度等工艺参数和操作要求（包括焊接角度、焊接顺序、运条方法、锤击焊缝等）进行焊接操作。同时，焊工在焊接过程中还要随时自检每道焊缝，发现缺陷，立即清除，重新进行焊接。

(3) 焊后控制

焊后控制的目的是减小焊缝中的氢含量、降低焊接接头残余应力，改善焊接接头区域（焊缝、热影响区）的组织性能。焊后去氢处理，是指焊后将焊件加热到 250～350℃，保温时间 2～6h，空冷，使氢从焊缝中扩散逸出，以防止延迟冷裂纹产生。

焊后热处理是将焊件整体或局部均匀加热到相变点以下温度，保温一定时间，再均匀冷却的一种热处理方法。焊后热处理的关键在于确定热处理工艺规范，其主要工艺参数是加热温度、保温时间、加热和冷却速度等。常用的焊后热处理是高温回火，对于一般低碳钢、低合金钢消除应力的回火温度一般为 600～650℃；珠光体铬钼钢、马氏体不锈钢等一般按产品技术条件规定进行焊后热处理。此外，还包括焊缝返修、制订返修工艺方案等。

1.2.5 焊接返修质量控制

(1) 焊接返修一般要求

一旦产生焊接缺陷（指无损探伤不允许或超标缺陷）就要对其进行返修。同一部位的返修次数在人力资源和社会保障部《蒸汽锅炉安全技术监察规程》和国家市场监督管理总局《压力容器安全技术监察规程》中都做了明确规定，最多不得超过 3 次，因为多次焊接返修会降低焊接接头的综合性能。在有限的返修次数内控制焊缝质量是保证产品整体焊接质量的一个重要的环节。

焊接返修的一般工作程序如下：

① 质量检验人员根据无损探伤结果，发出"焊缝返修通知单"，并反馈到工艺科；

② 工艺科的焊接责任工程师会同检验人员分析焊接缺陷产生的原因；

③ 焊接责任工程师根据缺陷产生的原因、焊缝返修工艺评定制定焊缝返修方案；

④ 确定返修焊工，根据返修方案进行返修焊接，返修焊工要求技术水平高，责任心强，并且具有所焊焊缝项目的合格资质；

⑤ 对返修好的焊缝进行外观、无损探伤等检查；

⑥ 检验科将返修情况（如返修次数、返修部位、缺陷产生的原因、检查方法及结果等）记入质量证明书内。

(2) 制订返修工艺方案

制订返修工艺方案是进行焊缝返修工作的一个重要步骤。返修方案的内容包括缺陷的清除及坡口制备、焊接方法及焊接材料、返修工艺等。

① 清除缺陷和制备坡口 常用的方法是用碳弧气刨或手工砂轮进行。坡口的形状、尺寸主要取决于缺陷尺寸、性质及分布特点。所挖坡口的角度或深度应越小越好，只要将缺陷清除便于操作即可，一般缺陷靠近哪一侧就在哪侧清除。坡口制备后，应用放大镜或磁粉探伤、着色探伤等进行检验，确保坡口面无裂纹等缺陷存在。

a. 如果缺陷较深，清除到板厚的 60％时还未清除干净，应先在清除处补焊，然后再在钢板另一面打磨清除至补焊金属后再进行焊接。

b. 如果缺陷有多处，且相互位置较近，深浅相差不大，为了不使两坡口中间金属受到返修焊接应力的影响，可将这些缺陷连接起来打磨成一个深浅均匀一致的大坡口。反之，若缺陷之间距离较远，深浅相差较大，一般按各自的状况开坡口逐个进行焊接。

c. 如果材料脆性大、焊接性差，打磨坡口前还应在裂纹两端钻止裂孔，以防止在缺陷挖制和焊接过程中裂纹扩展。

d. 对于抗裂性差或淬硬倾向严重的钢材，碳弧气刨前应预热，清除缺陷后，还要用砂轮打磨掉碳弧气刨造成的铜斑、渗碳层、淬硬层等，直至露出金属光泽。

② 焊接方法及焊接材料的选择 焊缝返修一般采用焊条电弧焊进行，若坡口宽窄深浅基本一致，尺寸较长并可处于平焊或环焊位置时，也可采用埋弧自动焊。采用焊条电弧焊返修时，对原焊条电弧焊焊缝，一般选用原焊缝焊接所用的焊条；对原自动焊焊缝，采用与母

材相适应的焊条。若返修部位刚性大、坡口深、焊接条件很差时，尽管原焊缝采用的是酸性焊条，此时则须选用同一级别的碱性焊条。采用埋弧自动焊返修时，一般选用与原工艺相同的焊丝和焊剂。采用钨极氩弧焊（TIG）返修时，填充焊丝一般为与母材相类似的材料，这种方法一般用于补焊打底。

③ 返修工艺措施　焊缝返修应控制焊接热输入，采用合理的焊接顺序等工艺措施来保证返修质量。

a. 采用小直径焊条或焊丝、小电流等焊接参数，降低返修部位塑性储备的消耗；

b. 采用窄焊道、短段、多层多道、分段跳焊等，减小焊接残余应力，每层焊道的接头要尽量错开；

c. 每焊完一道后，须彻底清渣，填满弧坑，并将电弧引燃后再熄灭，起附加热处理作用，焊后立即用圆头小锤锤击焊缝以松弛应力，打底焊缝和盖面焊缝不宜锤击，以免引起根部裂纹和表面加工硬化；

d. 加焊回火焊道，但焊后须打磨去多余的熔敷金属，使焊缝与母材圆滑过渡；

e. 须预热的材料，其层间温度不应低于预热温度，否则需加热到要求温度后方可进行焊接；

f. 要求焊后热处理的锅炉和压力容器，应在热处理前返修，否则返修后应重新进行热处理。

返修焊接完成后，应用砂轮打磨返修部位，使之圆滑过渡，然后按原焊缝要求进行同样内容的检验，如外观检验、无损探伤等。验收标准不得低于原焊缝标准，检验合格后，方可进行下道工序。否则应重新返修，在允许次数内直至合格为止。

1.3 焊接质量管理

1.3.1 焊接质量管理的概念

保证焊接质量不仅仅是焊接接头质量满足使用要求，而且要有焊接前、焊接过程中以及焊后的系统质量管理，即质量的全面管理才能保证优质的焊接产品。一个完善的质量管理系统，应是设计-实施-检查成一体的质量管理。如果没有完善的工艺规程和自上而下的质量管理系统对产品的整个制造过程实施全面质量管理，对有大量焊接工作量的造船厂、锅炉和压力容器制造厂等，是不可能保证焊接质量的。

完善的焊接质量管理是一种不允许有不合格产品的质量管理，即不准有一件产品带有规范所不允许的缺陷。为实现这一目标，必须建立一套与之相适应的、符合 GB/T10300（ISO 9000～9004）标准系列的、完整的焊接质量管理体系，并在焊接生产实践中严格执行，以保证焊接产品的质量。

焊接作为一种特殊的加工工艺，有其特殊的质量要求。所谓焊接质量管理就是指在整个焊接生产过程中要满足产品的使用目的，而且制造厂家对此负有全部的责任。焊接质量管理必须以降低生产成本、保证质量达到产品的技术指标为目的，以提高商品价值为主而达到良好的外观质量。

要保证焊接质量，不仅仅是焊接操作的技能要好，而且焊接前各工序的质量，主要是分段和部件装配的精度也要好，再进一步向上追溯，也就是零部件尺寸的正确性和精度是重要的因素。焊接工序本身的质量管理则随着各个操作者的技能而定，此时自主质量管理占主导地位。自主质量管理的特点是以略高于操作者实际能力水平为目标，并向这一目标前进，也就是说，自主质量管理是一种通过不断改进生产技能努力实现目标的质量管理方式。

质量管理的目标可分为以下三种：

① 以降低生产成本为目的；

② 以保证最终产品质量和使用性能为目的；

③ 以提高产品价值为主而达到良好的外观质量为目的。

全面质量管理必须综合考虑产品性能、商品价值和生产成本等因素。采用统计学方法的精度质量管理，主要特点是将产品质量控制在上部界限和下部界限之间。为了保证产品质量，生产厂的检查部门要经常对产品质量管理的状况进行监督和检查，并把检查结果记录下来，这对最高经营层定期地判断生产运行情况是有帮助的。质量记录是生产厂家售后服务和一旦发生事故追溯原因所必备的资料。对于应保存的质量检查记录的种类、保管场所和保存期限，应制定出公司（或生产厂）标准。

英国管理学会曾对工程质量事故进行过统计分析（见表 1-6），表明由于管理造成的质量事故占很大的比重。因此，要确保产品质量，不仅要有先进的技术和装备，还必须进行科学管理。

表 1-6 造成质量事故的原因分析

原因	导致因素	所占比例/%	备注
人为差错	个人因素	12	由于个人原因占 12%
不恰当的检验方法	质量管理因素	10	由于管理原因占 88%
技术原因或错误	技术管理因素	16	
对新设计、新材料、新工艺缺乏了解、验证和鉴定		36	
计划与组织工作薄弱	生产管理因素	14	
未能预见的因素	计划管理因素	8	
其他		4	

这里推荐下列一些质量管理的记录资料可供参考：

① 钢材成分和力学性能的原始试验记录及产品重要零件所用钢材的原始记录；

② 焊接操作者的技能和资格记录；

③ 焊接检验结果，特别是 X 射线探伤的原始检验记录；

④ 用户的监督检查结果，包括水压和气密性试验结果；

⑤ 施焊重要焊接接头的操作者名单；

⑥ 焊接方法认可试验、焊接工艺评定任务书和焊接工艺评定报告；

⑦ 各种精度质量管理和自主质量管理的资料。

锅炉和压力容器在工作中带有压力或承受一定的外压，具有潜在的危险性。因此，压力容器的设计、制造、检验与验收必须严格按照国家标准执行。锅炉和压力容器大多采用焊接方法制造。典型的锅炉和压力容器由封头、筒体、进出料口、接管等组成，各部分以焊接形式相连。锅炉和压力容器的焊接生产是由备料（包括材料复验与矫正、放样和划线、切割和成形加工、开坡口、打磨清理等）、装配、焊接、焊后热处理、质量检验等多道工序组成，每一道工序都将在不同的程度上间接或直接地影响焊接质量。因此，制造过程中的焊接质量管理变得尤为重要。

1.3.2　焊接质量管理的内容

所有生产焊接产品的企业，都必须建立健全质量管理体系。在产品设计、制造、检验、验收的全过程中，对企业的技术装备、人员素质、技术管理提出严格的要求，保证产品的合理设计与制造流程的合理安排。

全面质量管理应是全系统的，要使各管理和生产部门有目标地组成没有遗漏的全面质量管理系统。质量管理要有明确的计划，并且能迅速反馈和修正，形成科学评价的管理体制。生产单位要有生产出高质量焊接产品的技能，即技术指标、技能水平要求标准化，而且能经常起到改进和提高质量的作用。要保证焊接质量，必须具有足够的检查焊接质量的能力，能实行客观检查的体制，拥有一旦检查出质量不合格的焊接产品或零部件时，具有停止生产的权限。

焊接质量管理的主要环节有技术管理、钢材管理、焊接材料管理、焊接设备管理、焊接坡口管理、焊接的检验管理、焊工和焊接检验人员的教育和培训以及焊接质量的检验等。

(1) 技术管理

企业应建立完整的技术管理机构，建立健全有各级技术岗位责任制的厂长或总工程师技术责任制。企业必须有完整的设计资料、正确的生产图纸和必备的制造工艺文件等，所有图样资料上应有完整的签字，引进的设计资料也必须有复核人员、总工程师或厂长的签字。

生产企业必须有完善的工艺管理制度，明确各类人员的职责范围及责任。焊接产品所需的制造工艺文件，应有技术负责人（主管工艺师或责任焊接工程师）的签字，必要时应附有工艺评定试验记录或工艺试验报告。工艺文件由企业的技术主管部门根据工艺评定试验或焊接性试验的结果，并结合生产实践经验确定。对于重要产品，还应通过产品模拟件的复核验证后再最终确定。工艺规程是企业产品生产过程中必须遵循的法规。

焊接技术人员应对工艺质量承担技术责任。焊接操作者应对违反工艺规程及操作不当造成的质量事故承担责任。企业应设立独立的质量检查机构，按制造技术条件严格执行各类检查试验，对所检焊缝提出质量检查报告。检查人员应对由漏检或误检造成的质量事故承担责任。

(2) 钢材管理

检查钢材是否准确地用在设计所规定的结构部位上，这是施焊前一个重要的问题。所以要做到钢材进库-出库记录，加工流程图绘制，并应造表登记，核对轧制批号、规格、尺寸、数量以及外观情况。

焊接锅炉和压力容器用钢应具有足够的强度、良好的塑性和韧性、优良的焊接性和冷加工性能、良好的耐腐蚀性等。焊接压力容器用钢按其用途可分为：结构钢、高强度钢、耐热钢、低温钢、不锈钢和抗氧化钢，其中结构钢的应用范围最广，常用于制造常温压力容器壳体、支座和接管等部件。我国生产的锅炉和压力容器用钢已经标准化，可根据产品技术要求选用。

(3) 焊接材料管理

生产单位对焊接材料要严格保管，通常要有专用库房（一级库、二级库等），库房中通风要好，要除湿、干燥，不同规格型号的焊条要分类摆放，并标注明显的型号或牌号标签。焊接材料在使用前需要烘焙。由于包装的完整性、仓库环境和库存时间的不同，吸潮程度有很大的差别，因此严格焊接材料的仓库管理，定期对焊材库存期间的情况进行检查。

当焊接材料开包进行吸潮检查发现已超过极限时，或在开包后到使用已相隔一段时间，都要按有关规程进行烘干。对于未用完的回收焊条，许可直接送回烘箱。在焊接生产中发现焊接材料有问题时，应将焊条、焊丝、焊剂等做成调查报告，向生产部门及时反馈，同时应将材料汇集保存，以备查验。

（4）焊接设备管理

以钢材焊接为主要制造手段的企业，必须配备必要的设备与装置并严格进行管理，这些设备和装置主要包括：

① 非露天装配场地及工作场地的装备、焊接材料烘干设备以及材料清理设备；

② 组装及运输用的吊装设备；

③ 各类加工设备、机床及工具；

④ 焊接及切割设备、装置及工夹具；

⑤ 焊接辅助设备与工艺装备；

⑥ 预热与焊后热处理装备；

⑦ 检查材料与焊接接头性能的检验设备与仪器；

⑧ 必要的焊接试验装备与设施。

焊接设备、装置与工夹具的故障和损坏，直接导致焊接过程无法实现，因此应定期地对焊接设备进行检查和维修。为了便于检查，要求对各类焊机造表登记。例如，焊机的检修规定、埋弧焊机的电流和电压表的检查登记、焊机故障报表和使用时间表等。焊接设备日常检查项目见表1-7。

表1-7 焊接设备日常检查项目

焊机	施焊前必须检查的项目	检查内容	日期
弧焊电源	初次级绕组绝缘与接线	绝缘可靠性	
		接线正确性	
		电网电压与铭牌是否吻合	
	焊钳	绝缘可靠性	
		导线接触是否良好	
	接地可靠性	是否接好地线	
	焊机输出地线可靠性	地线导线与焊钳电缆截面积是否正确	
	噪声与振动	是否有异常噪声与振动	
	焊接电流调节装置可靠性	是否能灵活移动铁芯或线圈	
	是否有绝缘烧损	是否有烧焦异味	
自动与半自动弧焊机	焊枪控制开关	启动、开闭动作准确性	
	电源冷却风扇	开机后是否转动，风量是否足够，是否有不规则噪声	
	噪声、振动、异味	有无异常噪声与振动，有无烧焦异味	
	电磁气阀、水流开关	动作是否正确，是否有漏水、漏气，不正常提前与滞后	
	氩与其他保护气体	管路系统连接正确性，流量是否可控，有无泄漏	
	焊丝进给系统	送丝与调速系统工作正常与否及可靠性	
	是否接地	检查接地是否可靠	
	焊接电弧稳定性	检查电弧稳定性，飞溅率是否异常	

焊机	施焊前必须检查的项目	检查内容	日期
电阻焊机	水冷系统	是否漏水,流量是否适宜	
	点焊、对焊、缝焊、凸焊机电极	表面是否清洁,电极形状是否符合要求,导电过渡处接触和导电油层状态是否良好	
	气压、液压、弹簧、凸轮、杠杆加压系统	检查加压系统工作正确性、可靠性、压力数值与加压时序正确性	
	电极连接软铜箔	接触是否良好,有 1/4 断裂即不得使用,应更新	

专用焊接设备操作规程、焊接设备管理制度、数控焊接与切割装置的计算机程序等焊接工艺文件,也是指导焊工、生产管理不可缺少的环节。随着焊接生产过程机械化和自动化程度的不断提高,设备管理的作用将显得越来越重要。

(5) 焊接坡口和装配管理

为保证焊接质量,国家标准制定了各种焊接方法的坡口间隙、形状和尺寸,为使焊接坡口保持在允许范围之内,因此要进行焊接坡口的加工精度管理。如果在焊接生产中有一部分坡口超出允许范围,应按照规定进行坡口修整、局部打磨或加工。焊接与拆除装配定位板应严格、仔细,并按工艺要求作适当的焊后修整。

焊接接头坡口处的水分、铁锈和油漆,焊前必须进行清除方可施焊。一般在焊接低碳钢时,底漆基本不影响焊接质量,可在带漆状态下施焊;但对高强度钢、采用大直径焊条焊接平角焊时,如存在油漆则易产生气孔。在不利的气候条件下装配,应采取特殊措施。

焊接件的装配对焊接质量影响很大,大型复杂的焊接结构多采用部件组装法。部件组装法要求正确的部件划分、严格的生产管理和协调的各部件生产进度等来加以保证,还需要有较大的作业面积。焊接生产中常用的装配方式与方法见表 1-8。

表 1-8　焊接生产中常用的装配方式与方法

装配方式与方法			特点	适用范围
定位方式	划线定位装配法		按事先划好的装配线确定零部件的相互位置,使用普通量具和通用工夹具在工作平台上实现对准定位与紧固 效率低、质量不稳定	大型的或单件生产的焊接结构
	工装定位装配法		按产品结构设计专用装配胎夹具,零件靠事先安排好的定位元件和夹紧器而完成装配 效率高、质量稳定、有互换性,但成本较高	批量生产的焊接结构
装配-焊接顺序	零件组装法	随装随焊(边装边焊)	先装若干件后接着正式施焊,再装若干件后再施焊,直至全部零件装焊完毕。在一个工件位置上,装配工和焊工交叉作业	单件小批量生产或复杂结构
		整装整焊(先装后焊)	把全部零件按图样要求装配成整体,然后转入正式焊接工序焊完全部焊缝 装配和焊接可以在不同的工作位置进行	结构简单,零件数量少的焊件
	部件组装法		将整个结构划分成若干个部件,每个部件单独装配好后再把它们总装焊成整个结构	大型的复杂焊接结构
装配地点	工件固定装配法		在固定工作位置上装配完全部零部件	大型的或重型的焊接结构
	工件移动装配法		按工艺流程工件顺着既定的工作地点移动,在每个工位上只完成部分零件的装配	流水线生产的产品

（6）技术人员和焊工技能管理

企业必须拥有一定的技术力量，包括具有相应学历的各类专业技术人员和技术工人。通常配备数名焊接技术人员，并明确一名技术负责人。他们必须熟悉与企业产品相关的焊接标准与法规。焊接技术人员按技术水平分为高级工程师、工程师、助理工程师和技术员。

从事焊接操作与无损检验的人员必须经过培训和考试合格取得相应证书或持有技能资格证明。操作人员只能在证书认可资格范围内按工艺规程进行焊接操作。技能资格管理的项目，包括焊工名册（其中注明等级）、人员调动、在岗的工作情况和技能等。并且，用管理卡进行焊接技能管理，每隔一年在管理卡上记录一次。焊工要进行定期培训和焊工技能考核。

（7）焊接施工管理

焊接结构生产中，焊接是整个生产过程的核心工作，焊接的各工序都是围绕着获得符合焊接质量要求的产品而做的工作。

加强焊接现场的施工管理对焊接质量有重要的影响，特别是锅炉和压力容器生产，更应严格按焊接工艺规程进行施工。焊接施工管理，随所采用的焊接方法有所不同。一般焊接施工管理项目，有对焊接条件的查核、焊接顺序以及高强度钢的施焊管理等。焊接条件包括焊接现场的电源电压的波动、焊接操作地点的环境和焊接设备上应有的指示仪表等。焊接顺序是指板与板、板与骨架材料的焊接顺次和层次。对交错焊接头的顺序和预热焊件，必须严格执行焊接工艺的规定。

（8）焊接检验管理

焊接检验与其他生产技术相配合，才可以提高产品的焊接质量，避免焊接质量事故的发生。因此，检验管理应是贯穿在整个生产过程中，是焊接生产过程中自始至终不可缺少的工序，是保证优质高产低消耗的重要措施。检查人员包括无损检验人员、焊接质量检验员、力学性能检验员、化学分析人员等，其中无损检验人员应持有规定的等级合格证书。在检验管理中，必须实行自检、互检、专检及产品验收的检验制度，有完善的质量管理机构，才能保证不合格的原材料不投产，不合格的零部件不组装，不合格的焊缝必须返工修整，不合格的产品不出厂等要求。

检验人员应是保证焊接产品质量的监督员，又是分析产品质量和质量事故的技术人员，所以检验人员应该是一位严格的管理员。检验结果必须存档，对不合格产品应有发生质量事故的原因和处理意见。较大的质量事故必须向上级汇报，并有上级的处理意见和处理结果。

为了保证焊接质量，除了对焊接缺陷和检测要制订相应的标准外，对焊接设备、焊接材料和检测方法，均要规范化和标准化。例如，对外观检查要规定检查项目和数值，并制订该产品的工厂标准。对焊缝内部缺陷的检验方法，应执行检测标准，如射线探伤方法标准、渗透探伤方法标准等。对不同的焊接材料应设置规定的质量检验过程，如不锈钢焊条、碳钢焊条、低合金钢焊条等质量检验标准。

对焊接接头的力学性能，应执行焊接接头的抗拉强度，拉伸、弯曲、冲击韧性、疲劳性能和硬度等试验方法的标准。只有制订和严格执行技术检验规程，才能保证产品的整体焊接质量。

（9）焊工和检验员的教育和培训管理

目前的大部分焊接是依靠手工操作，即使是自动焊接和射线探伤，操作者的技能对焊接质量也有很大的影响，因此，不断对焊接操作者进行教育和专业培训是保证焊接质量的关键。主要内容包括教育焊工和检验员具有高度的责任心，培养成熟练的操作者，而且要培训焊工掌握新的焊接方法。检验员掌握新的检测技术，发现检测中存在的新问题和采取必要的防止措施。对操作者个人技能上存在的问题，要及时纠正和培训。

1.4　实例分析

1.4.1　合江长江一桥钢管拱肋高空焊接质量控制分析

钢结构的厂内加工一般有较好的条件和设备，焊接质量易于保证，但在桥位现场的装配焊接，由于受各种条件限制，焊接质量较难控制。尤其是大跨径钢管混凝土拱桥，其拱肋矢高较高，施工难度大，影响焊接质量的因素多，必须灵活采取各种措施和方法，以保证现场焊接质量。

合江长江一桥地处四川省泸州市合江县，是跨越长江的一座特大型桥梁（见图 1-1），其为泸渝高速公路的控制性工程。桥宽 30.6m，全桥长约 841m，主桥为跨径 530m 的特大型钢管混凝土中承式拱桥。拱肋净矢跨比为 1/4.5，净矢高达 111.11m，拱轴系数为 1.45。主桥拱肋截面高度在拱脚处为 16m，在拱顶处为 8m。全桥分上下游 2 条拱肋，上下游拱肋间为横撑，拱肋共分成 36 节段制作，单肋 18 段。拱肋上弦管为 $\phi 1320mm \times 22mm$ 的钢管，下弦管为 1320 钢管，壁厚从拱脚到拱顶由 34mm 渐变到 22mm。

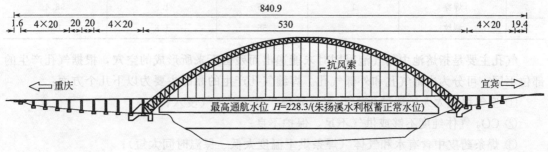

图 1-1　合江长江一桥桥型布置图（单位：m）

拱肋在制造厂内分段制作好后，用轮船运输到桥址，再用缆索吊装系统吊起，分两岸逐段对称进行安装，最后在跨中合龙，形成整个拱圈。拱肋节段与节段间的接头采用 CO_2 气体保护焊进行焊接，使用 5mm 厚的钢带作为衬垫，焊丝采用 CHT-711ϕ1.2 药芯焊丝。桥址处常年多雾，空气湿度大，且处于峡口，高度达到 20m 以上后，风速较大。

(1) 焊接及焊缝缺陷分析

拱肋节段安装就位后，先调整接头两端管壁的错边量，使错边量＜1mm。然后安装接头嵌补段半瓦板，修磨焊缝坡口，再安装钢衬垫。管对接环焊缝形式示意图见图 1-2。焊缝

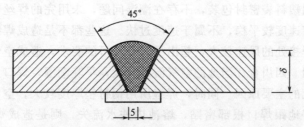

图 1-2　管对接环焊缝形式示意图（单位：mm）

坡口角度为 45°，采用单面坡口，焊缝间隙为 5mm。钢衬垫厚 5mm，宽 50mm。

焊接前，采用砂轮机对焊缝区域 50mm 范围进行表面清理，其清洁度达到 GB/T 8923.3—2009 的要求。焊缝采用多层多道焊方式，用 CO_2 气体保护焊焊接，单面焊双面成形，焊接完成后采用超声波进行检测，检测合格后再将焊缝打磨匀顺。所有焊接工作均在高空完成。

合江长江一桥首节段拱肋安装好，接头焊缝焊接完成后，经超声波检测，发现有少量缺陷，按 250mm 长为 1 个超声波检测片位进行统计，从 8 条焊缝的缺陷类型上看，主要的缺陷为气孔和根部未熔合，与以往已施工的钢管混凝土拱桥上调查统计得到的缺陷类型相符，如表 1-9 所示。

表 1-9　拱肋高空焊缝缺陷质量频数统计表

序号	缺陷	频数/点	累计频数/点	频数百分数/%	累计百分数/%
1	气孔	24	24	42.9	42.9
2	未熔合	20	44	35.7	78.6
3	咬边	3	47	5.4	84.0
4	凹陷	3	50	5.4	89.4
5	夹渣	2	52	3.6	93.0
6	焊缝尺寸不符合要求	2	54	3.6	96.6
7	焊穿	1	55	1.8	98.4
8	裂纹	1	56	1.8	100

气孔主要是指熔池中的气泡凝固时未能逸出而残留下来所形成的空穴，根据气孔产生的部位不同，可分为内部气孔和外部气孔。焊缝气孔产生的原因主要为以下几个方面：

① 空气湿度太大，超过 90%，水分分解，氢气、氧气侵入；

② CO_2 气体纯度不够或供气不足，保护不良；

③ 焊条药皮中含有水和气体（焊条烘干温度太低、保温时间太短）；

④ 母材上有油、锈、水、漆等污物，分解产生气体；

⑤ 操作原因引起的气孔（运条速度太快，气泡来不及逸出）；

⑥ 风大，保护不完全；

⑦ 电弧过长，电弧电压过高。

未熔合是指熔焊时，焊道与母材之间、焊道与焊道之间、点焊时焊点与母材之间，未完全熔化结合的部分。产生未熔合的根本原因是焊接热量不够，被焊件没有充分熔化造成的。主要原因有：电流太小；焊速太快；电弧偏吹；操作歪斜；起焊时温度太低；焊丝太细；极性接反，焊条熔化太快，母材没有充分熔化；坡口及先焊的焊缝表面上有锈、熔渣及污物。

经分析，焊丝用塑料袋密封包装，不存在潮湿问题，未用完的焊丝也收回放入烘箱内烘干才使用；工人焊接速度较平稳，不属于速度过快。这些都不是造成焊缝产生气孔的主要原因。拱肋接头高空焊接处的风速较大，超出了焊接许可的要求，造成空气侵入焊缝，是导致焊缝产生气孔的原因。四川合江当地的空气湿度较大，早晚潮湿，焊口上有水、锈迹等，也是导致焊缝产生气孔的主要原因。同时，焊缝所用钢衬垫厚度较大，空中安装衬垫操作不方便，钢衬垫不能很好地跟焊口根部密贴，熔池内铁水流失，则是造成焊缝存在未熔合的原因。大桥所用供电线路与居民用电同一高压线，较容易受居民用电影响，电流、电压不稳，也是造成焊缝存在未熔合的原因。

（2）焊缝缺陷控制方法

由于受客观条件的影响，拱肋高空对接接头焊缝极易出现气孔和未熔合质量缺陷。为此，大桥施工技术人员经过认真研究，采取了以下几种措施改善焊接条件：

① 焊缝施焊前，用砂轮机将焊口进行打磨，将焊口上的毛刺、锈迹、油漆等打磨干净，使其清洁度达到 GB/T 8923.3—2009 的要求。在焊接现场设湿度计，当空气相对湿度≥80%时，将焊缝两侧 80~100mm 区域内加热烘干，温度为 80~100℃，然后再进行焊接。焊接过程中尽量保持施焊的连续性，如焊接中断时间＞20min，则在恢复焊接之前，重新用烘枪将焊缝烘干，再进行焊接。如此，可保证焊口上无水汽，避免气孔发生。

② 为减少风的影响，在空中对接接头处搭设防风棚。防风棚由上平台和下平台组成（见图 1-3），下平台用圆钢焊接成吊笼，依靠槽钢悬挂在拱肋横撑上。平台底部紧密铺满木板，既作为脚踏板也防止风从底部向上吹。在平台四周的栏杆上挂彩条布，将整个焊接区域围护起来，使风的影响降低到允许范围。上平台用槽钢支撑在拱肋主弦管上，框架为槽钢，四周焊接钢管与圆钢作为栏杆，然后在栏杆上挂彩条布。上平台高度为 1.5m，高过焊缝

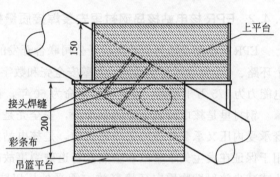

图 1-3　防风平台示意图（单位：cm）

位置约 1m。为防止风灌入上平台，在靠近焊缝的来风方向，顶部也包裹彩条布。平台搭设完成后，采用风速计实测防风棚内风速＜2m/s 后，再进行焊缝焊接，否则，进行整改，直至满足规范要求。

③ 钢衬垫与钢管坡口底部的贴合度很重要，为使其贴合良好，将钢衬垫按照现场焊口的形状热弯成圆形。拱肋节段安装就位后，将接头两侧错边量调整好，然后打磨好坡口，再将钢衬垫点焊固定在两端钢管上，使其紧贴管壁底部。最后，安装 2 块半圆形的接头板，与两端钢管对接。由于钢衬垫被弯成圆形，其与焊口根部的贴合度较好。但部分位置由于安装半圆形接头板时碰动，出现较大空隙。对此空隙，用焊条手工电弧焊将空隙封闭。由于焊条较焊丝粗，熔滴大，封闭空隙较容易。用电弧焊将钢衬垫与焊口根部的空隙封闭后，再用 CO_2 气体保护焊焊接焊缝。如此，建立熔池时，铁水不会流失，易于保证焊接质量。

④ 大桥的施工用电与当地居民用电共用 1 组高压线路，用电易受居民用电影响。对此，大桥施工技术人员对用电情况进行调查统计，其中，榕山岸的高压线为 110kV，电流电压较稳定，而白米岸较不稳定。通过运用统计手段进行分析，技术人员将白米岸居民用电高峰时段统计了出来。施工人员经过研究，将拱肋的高空焊接施工尽量避开居民用电高峰期，确保在现有条件下，电流电压稳定的情况下再进行焊接。当拱肋合龙后，通过在拱上布置电缆，将榕山岸的电接到白米岸供该岸使用，使其可使用稳定的高压线路。

（3）焊缝质量控制效果

经过采取上述措施，拱肋对接接头焊缝的质量得到了有效保证，大大减少了焊缝气孔和未熔合的发生率，拱肋高空对接接头全部焊接完后，使用超声波对焊缝进行无损检测，其平均一次性检测合格率达 98.6%。将焊接完成后各种焊缝缺陷出现的频数进行统计，结果发

现，焊缝气孔和未熔合所占的频数百分数明显降低，这两种缺陷情况得到了有效控制，说明施工过程所采取的措施行之有效。

钢结构的现场焊接条件不如厂内条件，易使现场焊接的质量降低。但通过灵活采取各种措施，改善施工条件，也能保证现场焊接的焊缝质量。质量控制是运用质量管理的理论和方法，以改进质量，降低消耗、提高经济效益和管理水平为目的的活动。它分为计划、执行、检查和处理四个阶段，在以上四个阶段中，需要调查、分析大量的数据和资料，依据数理统计或系统分析的基本原理，制订一些方法和措施，来控制产品的质量。质量控制活动近年来被广泛运用于工程实践中，而且方法越来越多，理论越来越完善，工程实体的质量水平得到了一定的提高。

1.4.2　EPR核电站核岛钢衬里安装焊接质量控制分析

EPR核电站是法马通和西门子公司联合开发的第三代压水堆核电站，采用独立的机组、4个环路、4个独立的安全通道、双壁安全壳和数字化仪控的主控室布置及人机界面，其单台发电能力为175万千瓦级，设计使用寿命为60年，在安全性和使用寿命上均有较大的提高。

钢衬里是核电站安全壳的一部分，安全壳是包容反应堆冷却剂系统的气密承压构筑物，既承受内压又承受外压的坚固建筑物，是核电站放射性物质与外部环境之间的第三道屏障，用于保证在发生失水事故和主蒸汽管道破裂事故时承受内压，容纳喷射出的汽水混合物，防止或减少放射性物质向环境释放；承受外压以防止安全壳外各种可能的冲击，对外部事件（飞机、龙卷风）进行防护；在正常运行期间，对反应堆冷却剂系统的放射性提供生物屏蔽，并限制污染性气体的泄漏。EPR核电站采用双层安全壳，其中，内层安全壳带有密封钢衬里，它由6mm厚的钢板组件焊接制成。

(1) 钢衬里参数与焊接材料选择

EPR核电站的钢衬里主要由底板、截锥体、圆柱形筒体和穹顶四部分组成，其内径46.8m，底板到穹顶最顶部高度为65.4m，整体采用钢板拼装焊接制成。钢衬里示意图如图1-4所示。根据安全壳钢衬里的重要性及特殊性，钢衬里材质采用按照EN10028-2生产的P265GH。

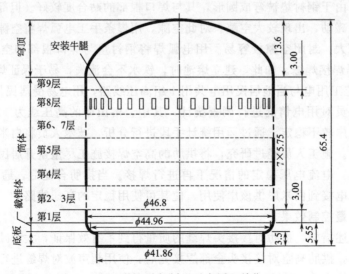

图1-4　EPR核电站钢衬里示意图（单位：m）

根据钢衬里焊缝的复杂性、特殊性预制及安装过程的便捷程度，选择焊材时需考虑下列因素。首先从母材的力学性能出发，选择相应强度级别的焊接材料，主要保证焊缝金属的强度、塑性和韧性等力学性能与母材相匹配，以保证结构使用性能的要求，防止冷裂纹的产生。其次是选用碳含量较低的低氢型碱性焊条，以减小淬硬倾向及含氢量。再结合预制和安装过程的便捷程度，选用焊接材料：埋弧焊焊丝/焊剂组，牌号为 CHW-S2HR/CHF-SJ14HR，GB 型号为 F4P2-H08MnA，$\phi2.4mm$；手工氩弧焊焊丝，牌号为 CHG-53，GB 型号为 ER50-3，$\phi2.0mm$；焊条电弧焊焊条，牌号为 CHE58-1HR，GB 型号为 E5018-1，$\phi3.2mm$。

(2) 钢衬里安装过程

① 底板的拼接　钢衬里底板是密封安全壳的底部构造部分，也是内部结构的基础。主要由三部分组成，分别为底板 1、底板 2、底板 3。底板 1 是一个圆形底板，直径为 41.86m。主要包括底板、检漏系统和外环加强节点。检漏系统主要用于对底板现场焊缝的射线探伤，同时还可以对底板衬里的标高进行调整；加强节点 4 主要用于底板 1 和底板 2 的连接。底板 2 为一个圆筒衬里，内直径为 41.85m，主要包括衬里板、锚固系统和上部加强节点。锚固系统主要用于钢衬里与安全壳的连接，同时在钢衬里预制、安装阶段可起到加劲的作用，上部加强节点主要用于底板 2 和底板 3 的连接。底板 3 为一个圆形环板，外直径为 44.6m。

底板 1 的制作主要分为车间预制和现场拼装两部分，车间预制是将 6mm 钢板切割成小块，然后采用埋弧焊的方法焊接构成 1～10 块预制单元。现场拼装采用氩弧焊打底、焊条电弧焊填充的方法焊接预制单元 1～10，底板拼装焊缝示意图如图 1-5 所示。底板 1 制作时要保证与底板 2 焊接时的外径尺寸，故底板 1 的拼装顺序为 1—2—3—5—4—8—10—9—6—7（见图 1-6）。

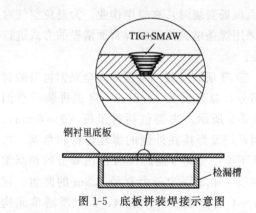

图 1-5　底板拼装焊接示意图

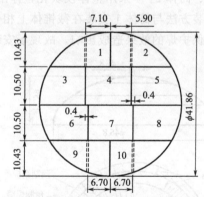

图 1-6　底板 1 拼装示意图（单位：m）

底板 2 的制作是将等分为 12 块环状的钢板拼装成圆筒状，然后再整体进行吊装。底板 3 的制作是在车间将相应尺寸的钢板预制成 12 块带弧度的圆环状板，并依次吊装就位，先进行环板间的焊接，再进行与底板 2 连接的环焊缝的焊接。

② 加强节点与底板、截锥体、筒体的安装　底板 1～3、截锥体、筒体 1 使用加强节点连接，构造示意图如图 1-7 所示。加强节点是使用 2 块板焊接而成，加强节点 4 的制作示意图如图 1-8 所示。

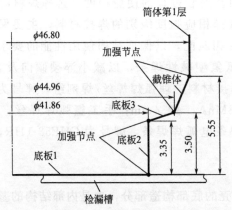

图1-7 底板、截锥体、筒体部分构造示意图（单位：m）

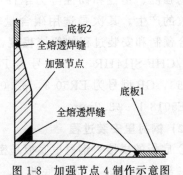

图1-8 加强节点4制作示意图

③ 截锥体的安装 截锥体用来连接底板3和筒体1，因形状像锥体从中间截取的部分而得名，主要由衬里板、锚固系统和上下部加强节点三部分组成，锚固系统由螺柱焊钉和角钢组成，最终与水泥混凝土连接；上下部加强节点分别用于截锥体和筒体1、底板3相连。截锥体的制作是先在车间完成小分块的预制，然后在拼装场地完成拼装。在钢衬里安装过程中，截锥体制作完成后，将筒体1的每一分块逐次吊装到已拼装好的截锥体上，完成筒体1的拼接，最后焊接筒体1与截锥体的环焊缝。截锥体与筒体1在拼装场地拼装完成后整体吊装，与底板3相连。

④ 筒体的安装 筒体内直径为46.8m，高度46.2m。主要包括衬里板、锚固系统（由螺柱焊钉和角钢组成）以及大小贯穿件套筒200余个。筒体从下至上共分为9层，在第8层筒体上安装有45台牛腿，用来支撑核电站环吊。筒体的安装类型大体分2种，其中筒体1和截锥体、筒体2～4采用整体模块化整体吊装；筒体5～9采用车间分块预制，现场分块吊装，其安装方法与筒体1安装在截锥体上相似。因现场安装时，在空中作业，为避免空气对流对气体保护焊的效果造成影响，故现场安装时采用焊条电弧焊双面焊背面清根的方式进行焊接。

⑤ 穹顶的安装 穹顶是安全壳钢衬里的封顶部分，总高度为13.59m，穹顶拼装示意图如图1-9所示。主要包括衬里板（$\delta=6\text{mm}$）、锚固系统及焊接在外侧的螺柱焊钉和角钢。穹顶从下至上分为5层，1～4层由等分的预制钢板组成，第5层为一个直径1.8m的圆盖。穹顶1～4层分别由3、3、4、6个预制单元构成，每个预制单元由预制钢板焊接而成，然后在拼装场地完成拼装，最后实现整体吊装。

(3) 钢衬里安装质量控制

① 焊接前质量控制

a. 材料验收 钢衬里焊接所使用的母材和焊材（埋弧焊丝及焊剂、手工氩弧焊丝、焊条电弧焊焊条）均按照相应的采购标准进行外观检

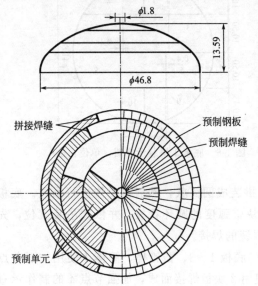

图1-9 穹顶拼装示意图（单位：m）

查和力学性能试验，结果全部合格。

b. 工艺评定根据钢衬里安装过程中主体结构的焊缝形式，结合施工现场的实际情况，需进行四项工艺评定，见表 1-10。四项工艺评定全部按照钢衬里正式焊缝的要求进行相关的无损检验，包括目视检验、渗透检验、射线检验。所有工艺评定按照 EN288-3 的规定进行制作及试验，结果全部合格。

表 1-10　焊接工艺评定

序号	母材	规格	焊材牌号/型号	接头类型	焊接方法	焊接位置	适用钢衬里焊缝位置
1	P265GH	$\delta=6mm$	ER50-3ϕ2.0mm E5018-1ϕ3.2mm	板对接	TIG+SMAW	PA	底板1现场安装
2	P265GH	$\delta=6mm$	F4P2-H08MnAϕ2.4mm	板对接	SAW	PA	底板、截锥体、筒体、穹顶车间预制
3	P265GH	$\delta=6mm$	E5018-1ϕ3.2mm	板对接	SMAW	PC	底板2、底板3、截锥体、筒体、穹顶现场安装
4	P265GH	$\delta=6mm$	E5018-1ϕ3.2mm	板对接	SMAW	PF	

注：δ—厚度；SMAW—焊条电弧焊；TIG—手工氩弧焊；SAW—埋弧焊；PA—平焊；PC—横焊；PF—立向上焊。

c. 焊工资格参加安全壳钢衬里焊接的所有焊工均按照《民用核安全设备焊工焊接操作工资格管理规定》（HAF603）进行培训、考核及取证。取证后根据现场实际产品的规格，进行相应的模拟件焊接，焊接合格后，方可进行钢衬里的焊接。

d. 设备机具管理与控制钢衬里制作涉及的设备机具主要包括电焊机、埋弧焊机、数控切割机、半自动切割机、卷板机、喷砂油漆设备、测量仪器（水准仪、经纬仪等）、焊条烘干箱和保温箱、磨光机、温度检测仪器、温湿度计、无损检验设备机具等。

为保证钢衬里的制作质量，车间所使用的设备机具均定期进行标定，合格后由标定人员贴上合格标签，并注明有效日期，质检人员对使用中的设备进行定期检查和不定期抽查，确保所使用设备机具在使用中处于完好状态。

② 安装过程质量控制

a. 车间预制　钢衬里底板、截锥体、筒体及穹顶部分每一预制单元在车间内完成焊接，焊接采用埋弧焊双面焊，I形坡口，焊接2道。

b. 现场安装　底板1现场安装时采用手工氩弧焊打底，焊条电弧焊填充；其余所有现场安装焊缝均使用焊条电弧焊、背部清根双面焊的方式进行焊接。

c. 焊材使用与控制　钢衬里安装所用的焊材，均按照相应标准验收合格后发放现场使用。焊材管理员定期检查并记录焊材库的温湿度，并对焊材的保存、烘干、发放、使用、回收进行详细记录。焊条经高温烘干后转入固定的保温箱中保存。发放时，从保温箱中取出焊条放入手提式保温筒中运送到现场。焊工在使用时，每次只能从保温筒中取一根焊条，随取随用，保温筒在焊接过程中必须保持通电状态。质检人员对焊材进行定期检查和不定期抽查，使焊材在使用的全过程中处于受控状态。

d. 焊接质量控制组　对定位完成的零件在施焊前应按工艺卡的规定对坡口间隙、错边量、平直度等进行检查，并与施工图技术条件一致。焊前清理坡口处铁锈和油污，并进行液体渗透检验，定位焊缝不应有裂纹、咬边和气孔，引弧、熄弧处不应有缩孔、弧坑或裂纹。钢衬里安装所有环焊缝均采用分段对称焊接，即采用多人同时焊接，特别是针对底板的焊接，先焊短焊缝，后焊长焊缝，焊接过程中采用工艺指导书中焊接电流的下限值，以达到控制焊接变形的效果。焊接时防风防雨，环境温度不得低于－10℃，焊件温度不得低于＋5℃、空气相对湿度不得大于85％。

e. 无损检验　钢衬里焊缝需要检验部位主要包括：底板预制及拼装焊缝、加强节点的制作焊缝、底板与加强节点的焊缝、截锥体拼接点的焊缝、截锥体与加强节点的焊缝、筒体与加强节点的焊缝、筒体与筒体连接焊缝（纵焊缝和环焊缝）、筒体与穹顶的拼接焊缝、穹顶预制及拼装焊缝。加强节点的制作焊缝无法进行射线检验，需进行100％超声波检验；其余所有焊缝均进行100％目视检验、100％液体渗透检验、10％射线检验；所有丁字焊缝进行100％射线检验；底板1现场拼装焊缝进行层间液体渗透检验。

f. 产品见证件　钢衬里车间预制及现场安装开始2个月内开始产品焊缝见证件的制作，即采用与产品相同或相近的材料，在同样的焊工/操作工、焊接设备、工艺参数、焊接环境等条件下焊接的试件来进行破坏性试验。其主要目的是为了进一步验证焊接产品焊缝质量与焊接工艺评定所确定的操作工艺的一致性。见证件制作的要求禁止对最终无损检验时发现的缺陷进行补焊。若见证件的检验结果不合格，应暂停使用，除非制造商可以证明焊接工艺评定无误。焊缝见证件需要进行的系列试验及其结果应与焊接工艺评定所进行的试验相同。

（4）安装过程中的难点

① 底板焊接变形控制　底板1的拼装，要求保证其外径的尺寸及平整度，故在拼装时最后焊接中间的底板。在车间预制及现场拼装阶段，待底板就位后，在焊缝两侧放置配重块，然后对底板进行定位点固焊和焊接，配重块的数量根据底板的大小进行适当调整，防止底板焊接完成后鼓起，能有效防止焊接变形。

② 筒体制作圆度的控制　筒体拼焊焊缝会发生横向收缩和角变形。横向收缩使筒壁的半径和周长造成偏差，角变形使焊缝交叉处产生局部变形超差。使焊接完的焊缝能够自由收缩是防止焊接变形最有效的方法，根据焊缝收缩公式及经验估算，每条焊缝焊接完后，其收缩量为2mm，筒体的11条焊缝的横向收缩总计为22mm。在实际施工中，将每层筒体的1块板预留伸缩余量，对其余焊缝焊接完成后通过测量周长预留最后一道焊缝的收缩量2mm，最后对最后预留长度进行切割，这样既保证了横向收缩，又保证了周长及圆度。

EPR核电站钢衬里按照正确施工逻辑顺序、焊接工艺焊接并进行相应的无损检验，焊缝合格率100％。EPR核电站钢衬里严格按照工艺要求制作，通过采取合理的装配、使用配重块对焊缝变形控制、分段焊接、控制焊接电流等方式，有效地控制了焊接变形。

1.4.3　300MW火电机组焊接质量控制分析

300MW火电机组现场锅炉受监焊口约17000道，而600MW火电机组受现场监焊口约43000道，且600MW机组由于压力、温度等机组参数的提高，管径和壁厚较300MW机组都增加许多，例如沁北电厂一期工程600MW机组主蒸汽管道规格为$\phi579.7mm×79.5mm$，而大唐洛阳电厂技改工程300MW机组主蒸汽管道规格为$\phi448.3mm×40mm$，壁厚和管径都有大幅度增加。密封工作量也较300MW机组成倍增加。

以前300MW火电机组材质多为20G、15CrMo、12Cr1MoV、10CrMo910，近些年P91、T91的优良性能使其在300MW机组中逐渐应用。而在600MW火电机组中，P91、P92、T91、T92、T23等已大量应用。新钢种的大量应用对广大焊接工作者提出了新的考验。300MW机组中水冷壁、包墙等部件密封多为Q235钢，而600MW机组的密封多为15CrMo。水冷壁子及炉顶汽水连接管由20G变为T12（相当于国内的15CrMo）。焊口数量及合金部件的增加使热处理工作量大为增加。

（1）质量控制的分类

依据 2005 版《电力施工质量验收及评定标准》焊接质量的验评项目分为表面质量、无损探伤、力学性能、金相与断口、光谱、热处理、严密性。施工现场焊接质量的控制重点是针对表面质量、无损探伤、光谱、热处理、严密性进行控制。

焊接质量控制从不同角度可划分如下：

按介质压力可分为结构件（密封、凝汽器、风道）、中低压管道、高压管道；

按焊工类别可分为低压、中压、高压；

按职能部门可分为质检部门、工地、班组、自检；

按生产要素可分为人员、机具、材料、方法、环境；

按合金含量可分为碳钢、中低合金钢、高合金钢（P91、不锈钢）、铝母线；

按工序先后可分为坡口制备、焊接、热处理、无损探伤。

无论从哪种角度划分，分析到最底层均离不开人员、机具、材料、方法、环境五个要素。质量控制的效果要通过质量验证的七个项目来体现。

（2）焊接质量要素与环节

① 人员　以人为本是现代企业管理的核心。人在管理中的作用是最关键的。在企业焊接管理中可简单概括为焊接管理人员和技术工人两大类，两者是管理与被管理的关系，在质量管理中又是宏观与微观的关系。质量在宏观上是管出来的，在微观上是干出来的。管理人员构成了管理体系的主体，工人则是质量好坏的直接决定者。工程想要有良好的焊接质量，必须要有一个良好的质量管理体系和一支高素质的工人队伍。

计划经济时期所制定的工期在市场经济下被严重压缩。追求利益最大化使得所有的建设方都相同，只要设备到位就最大限度地压缩工期，给施工方的质量、安全造成剧烈的冲击。要有好的质量，必须要有各项资源保证，包括人力资源、机具资源、材料资源。充足的资源量需要管理者对工作量有较大预见性，不能简单地依靠图纸去确定，要考虑到施工的难度，也要考虑到施工的人力资源分布以及施工的高峰与相对低谷，调动人力资源时要考虑到不可避免的短期人员窝工，这对管理者的素质提出了极高的要求。

从质量、安全、进度的角度讲各专业人力资源都必须是充足的，很难想象长期疲劳作业的人员能干出高质量的产品。不同专业的人员必须成一定的比例，如果比例失调不是造成人员窝工就是工期滞后或质量下降，对企业来说都是一种损失。铁工的不足会造成对口质量的下降，焊工的不足会造成焊口质量的下降，热处理工的不足会造成焊接硬度及力学性能下降，检验人员的不足会造成误判率的提高。各专业人员都应具有连续性，不应有断层现象，既要注重后备力量的补充又要注重中坚力量的提高，既要注重后备力量的培养，使其看到希望，又要注重解决中坚力量的后顾之忧，使其能专心工作。培养一个高压焊工极其不易，企业需要付出多年的心血，焊工的工作又是极其辛苦的，企业应采取灵活的机制，避免人才流失。焊工的吸纳应是逐年分批进行的，前几年由于电力体制改革，为解决老同志的后顾之忧，一下子吸收多名子弟进入企业而后多年不招工的做法很容易造成工种的断层。

人员的质量意识是质量控制的重点，没有好的质量意识，精品工程根本无从谈起。质量意识的提高属企业质量文化的核心，其一旦形成就会处于比较稳定的状态。倘若职工缺少主动、自觉提高产品质量的积极性，再先进的管理方法、规章制度也得不到职工持久的支持和执行。一种文化的形成是漫长的，由于特殊的历史原因，焊工的文化素质普遍不高，其质量意识的提高更是需要一个漫长的过程，需要焊接管理者不懈地努力。由于 600MW 机组温度压力参数的提高使得焊接工作量大幅增加，P91 等新钢种的出现对焊接工艺要求更为严格，迫切需要企业有充足的焊工资源，焊工有更高的质量意识。

② 机具　"工欲善其事，必先利其器。"没有良好的机械和工器具，再好的工人也生产不出优良的产品。采购部门必须优选供货厂家，购买质量优良的氩气表、焊枪、焊把、面罩等。目前电力施工焊接仍以手工操作为主，由于 600MW 机组焊接与热处理工作量的增加和新钢种热处理工艺的复杂性必然导致焊机和热处理机需求量的增加，必须保证足够的设备资源。热处理机及焊机应经常维护，保证使用性能良好。

③ 材料

a. 采购管理　焊接材料的采购人员应具备足够的焊接材料基本知识，了解材料在焊接生产中的用途及重要性。采购焊材时优选供货厂家，选取信誉好的长期供货商。焊材供货商应提供焊接材料的质量证明书，对 P91 等新型钢种的焊接材料应提供其焊接工艺、热处理工艺以及连续冷却转变曲线（CCT 曲线）等资料。焊接材料入库前应按规定进行验收。热处理加热器质量应符合 DL/T819—2010《火力发电厂焊接热处理技术规程》的规定。

b. 储藏发放管理　入库的焊接材料"待检""合格""不合格"等区域要有明显的标记；储存库应保持适宜的温度及湿度，室内温度应在 5℃以上，相对湿度不超过 60%。焊材保管及发放人员应做好干湿度记录、烘干记录、焊材发放、领用、回收记录。热处理加热器应按不同规格进行摆放，烧坏的加热器应进行回收并单独放置。

c. 使用管理　焊工在领用焊条（丝）量应仔细核对，防止错发焊材。焊接技术人员及班组长应对焊接材料的使用进行必要的检查监督，确保焊接材料的正确使用，防止由于焊接材料管理不善发生质量事故。热电偶、记录仪等计量器具应按规定进行检定。

④ 方法　自动焊在安装现场的应用有较大局限性，主体工作仍然要依靠手工焊接完成，气焊基本上被工艺先进的氩弧焊所取代，焊接质量控制对象主要是手工电弧焊和手工钨极氩弧焊。两者控制的重点是执行工艺评定的严格性，克服传统上工艺评定与施工现场参数不一致的现象。

对于密封等结构焊缝，为减轻工人劳动强度，应推广使用效率较高的半自动焊机；对于凝汽器不锈钢管板焊接等能够使用自动焊的部位，建议使用自动焊，提高质量的同时有利于减少对人力资源的需求量。对于施工企业的焊接工作者来说，要经常了解国内焊接动态，加快新产品、新工艺在生产中的应用，减轻工人劳动强度，提高产品焊接质量。

热处理在条件允许时应尽量采用电加热处理，其对升降温速度、温度的控制比火焰处理要精确。焊工及热处理人员均应持证上岗并严格按作业指导书要求施工。

焊接及热处理工艺方面也属方法控制的范畴。对口、预热、焊接、热处理、无损检测（检验）都要严格按作业指导书要求进行。工艺制定必须严谨、详细、有据可依。工序之间必须严格遵循"上道工序不合格不移交下一工序，下一工序在上道工序不合格之前不进行"的原则。

⑤ 环境　从技术角度分析，对焊接影响较大的环境因素主要是环境温度、风力、雨雪。应采取措施减小焊接场所风力，现场风速应符合 GB 50236.2—2011《现场设备、工业管道焊接工程施工质量验收规范》的规定；DL/T 752—2010《火力发电厂异种钢焊接技术规程》、DL/T 754—2013《母线焊接技术规程》与 DL/T 869—2012《火力发电厂焊接技术规程》都根据钢材的不同对最低环境温度做出了不同的规定，在东北某公司曾经发生过因环境

温度达不到要求而导致焊接根部焊缝过程中出现裂纹的质量事故，600MW 机组施工中包墙、水冷壁密封及钢结构焊缝在冬季施焊出现裂纹的现象也时有发生。因此，在施工时必须保证焊接环境条件符合技术要求，从而为保证产品焊接质量创造良好条件。

从管理角度分析，现场必须有一个良好的文明施工环境，很难想象在一个脏、乱、差的环境中工人能够创造出一流的产品。要创优质工程，必须有一个整洁有序、忙而不乱的施工现场，否则创优质工程就是一句空话。焊接质量控制的影响因素众多，随着大功率火电机组发展，更多的新钢种、新工艺被应用，焊接质量控制的任务将更加艰巨，广大的电站焊接工作者必须与时俱进，对出现的各种各样的新问题进行不断地学习和研究，做好火电施工焊接质量的控制。

第**2**章
焊接成形缺陷与检验分析基础

2.1 焊接缺陷分类及影响因素

2.2.1 常见焊接缺陷类型

根据 GB/T 6417.1—2005《金属熔化焊接头缺欠分类及说明》，焊接缺陷的性质分为裂纹、孔穴、固体夹杂、未熔合及未焊透、形状和尺寸不良以及其他缺陷六大类。

(1) 焊接裂纹

裂纹是在焊接应力作用下，接头中局部区域的金属原子结合力遭到破坏所产生的缝隙。根据焊接裂纹的形态及产生原因，可分为冷裂纹（包括延迟裂纹、淬硬脆化裂纹、低塑性裂纹）、热裂纹（包括结晶裂纹、液化裂纹和多边化裂纹）、再热裂纹、层状撕裂和应力腐蚀裂纹。各种裂纹的分类及特征见表 2-1。

表 2-1　各种裂纹的分类及特征

裂纹分析		特征	敏感温度区间	母材	裂纹位置	裂纹走向
冷裂纹	延迟裂纹	在淬硬组织、氢和拘束应力的共同作用下而产生的具有延迟特征的裂纹	在 M_s 点以下	中、高碳钢，低、中合金钢，钛合金钢等	热影响区，少量在焊缝	沿晶或穿晶
	淬硬脆化裂纹	主要是由淬硬组织在焊接应力作用下产生的裂纹	M_s 点附近	含碳的 NiCrMo 钢、马氏体不锈钢、工具钢	热影响区，少量在焊缝	沿晶或穿晶
	低塑性裂纹	在较低温度下，由于母材的收缩应变超过了材料本身的塑性储备而产生的裂纹	在 400℃以下	铸铁、堆焊硬质合金	热影响区及焊缝	沿晶及穿晶
热裂纹	结晶裂纹	在结晶后期，由于低熔共晶形成的液态薄膜削弱了晶粒间的连接，在拉伸应力作用下发生开裂	在固相线温度以上稍高的温度（固液状态）	杂质较多的碳钢，低、中合金钢，奥氏体钢，镍基合金及铝	焊缝上，少量在热影响区	沿奥氏体晶界开裂

续表

裂纹分析		特征	敏感温度区间	母材	裂纹位置	裂纹走向
热裂纹	多边化裂纹	已凝固的结晶前沿，在高温和应力的作用下，晶格缺陷发生移动和聚集，形成二次边界，在高温处于低塑性状态，在应力作用下产生的裂纹	固相线以下再结晶温度	纯金属及单相奥氏体合金	焊缝上，少量在热影响区	沿奥氏体晶界开裂
热裂纹	液化裂纹	在焊接热循环最高温度的作用下，在热影响区和多层焊的层间发生重熔，在应力作用下产生的裂纹	固相线以下稍低温度	含 S、P、C 较多的镍铬高强钢，奥氏体钢和镍基合金等	热影响区及多层焊的层间	沿晶界开裂
再热裂纹		厚板焊接结构消除应力处理过程中，在热影响区的粗晶区存在不同程度的应力集中时，由于应力松弛所产生附加变形大于该部位的蠕变塑性，则发生再热裂纹	550～650℃	含有沉淀强化元素的高强钢、珠光体钢、奥氏体钢、镍基合金等	热影响区的粗晶区	沿晶界开裂
层状撕裂		主要是由于钢板的内部存在有分层的夹杂物（沿轧制方向），在焊接时产生垂直于轧制方向的应力，致使在热影响区或稍远的地方产生"台阶"式层状开裂	约 400℃ 以下	含有杂质的低合金高强度钢厚板结构	热影响区附近	沿晶或穿晶
应力腐蚀裂纹		某些焊接结构（如容器和管道等），在腐蚀介质和应力的共同作用下产生的延迟开裂	任何工作温度	碳钢、低合金钢、不锈钢、铝合金等	焊缝和热影响区	沿晶或穿晶开裂

(2) 孔穴和固体夹杂

① 孔穴　焊接时，熔池在结晶过程中由于某些气体来不及逸出可能残存在焊缝中形成孔穴。孔穴是焊接接头中常见的缺陷，碳钢、高合金钢、有色金属焊接接头中都有可能产生孔穴。例如焊条、焊剂烘干不足，被焊金属和焊丝表面有锈、油污或其他杂质，焊接工艺不够稳定（电弧电压偏高、焊速太大和电流太小等），以及焊接区保护不良等都会不同程度地出现孔穴。电渣焊低碳钢时，由于脱氧不足在焊缝内部也会出现孔穴。

从外部形态上看，孔穴有表面气孔，也有焊缝内部气孔，有时以单个分布，有时成堆密集，也有时贯穿整个焊缝断面，还有时弥散分布在焊缝内部。这些气孔产生的根本原因是由于高温时金属溶解了较多的气体（如氢、氮）；另外，冶金反应时又产生了相当多的气体（CO，H_2O）。这些气体在焊缝凝固过程中来不及逸出时就会产生气孔。根据形成气孔的气体来源，焊缝中的气孔主要有氢气孔、氮气孔和一氧化碳气孔。由于产生气孔的气体不同，因而气孔的形态和特征也不同。不同形状的气孔和缩孔在焊缝中的分布形态见表 2-2。

表 2-2　气孔的分布形态

名称	说明	简图
球形气孔	近似球形的孔穴	2011

名称	说明	简图
均布气孔	大量气孔比较均匀分布在整个焊缝金属中	2012
局部密集气孔	气孔群	2013
链状气孔	与焊缝轴线平行成串的气孔	2014　2014
条形气孔	长度方向与焊缝轴线近似平行的非球形长气孔	2015
虫形气孔	由于气孔在焊缝金属中上浮而引起的管状孔穴,其位置和形状是由凝固的形式和气孔的来源决定的,通常成群出现并成"人"字形分布	2016　2016　2016　2016
表面气孔	暴露在焊缝表面的气孔	2017
结晶缩孔	冷却过程中在焊缝中心形成的长形收缩孔穴,可能有残留气体,这种缺陷通常在垂直焊缝表面方向上出现	2021
微缩孔	在显微镜下观察到的缩孔	—

续表

名称	说明	简图
枝晶间 微缩孔	显微镜下观察到的枝晶间的微缩孔	—
弧坑缩孔	焊道末端的凹陷,且在后续焊道焊接之前或在后续焊道焊接过程中未被消除	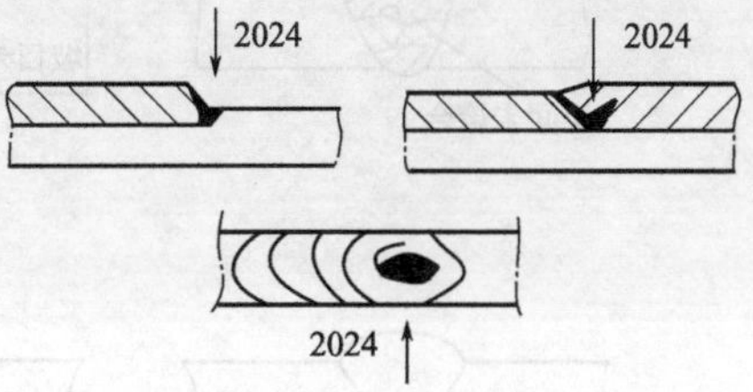

② 固体夹杂　固体夹杂是残留在焊缝金属中的非金属固体夹杂物。使用填充焊剂、焊丝的焊接过程中,如埋弧焊,由于焊剂熔融不良容易生成熔渣。不用焊剂的 CO_2 气体保护焊中,脱氧的生成物产生熔渣,残留在多层焊焊缝金属内部也易形成夹杂。夹杂主要发生在坡口边缘和每层焊道之间非圆滑过渡的部位,在焊道形状发生突变或存在深沟的部位也容易产生夹杂。此外,在横焊、立焊或仰焊时产生的夹杂比平焊多。各种类型的固体夹杂在焊缝中的分布形态见表 2-3。

表 2-3　各种类型的固体夹杂在焊缝中的分布形态

名称	说明	简图
焊剂或熔剂夹渣	残留在焊缝中的焊剂或熔剂,根据其形成的情况可以分为线状(3011)、孤立(3012)和其他类型(3013)	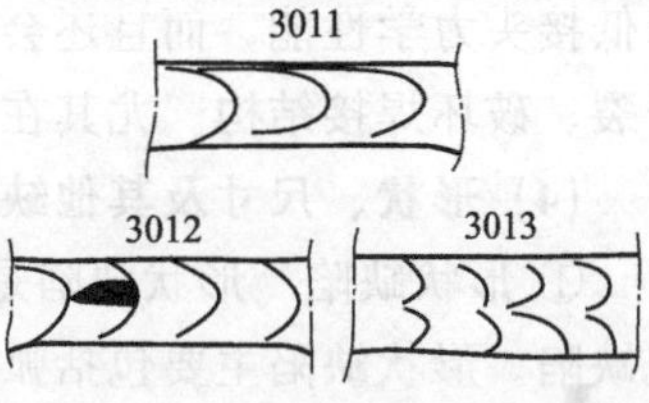
氧化物夹杂	凝固过程中在焊缝金属中残留金属氧化物	—
褶皱	在某些情况下,特别是铝合金焊接时,由于对焊接熔池保护不良和熔池中紊流而产生的大量氧化膜	—
金属夹杂	残留在焊缝中来自外部的金属颗粒,这些颗粒可能是钨、铜和其他金属	—

(3) 未熔合和未焊透

① 未熔合　未熔合是焊接时焊道与母材之间或焊道与焊道之间未能完全熔化结合的部分。熔池金属在电弧力作用下被排向尾部而形成沟槽,当电弧向前移动时,沟槽中又填进熔池金属,如果这时槽壁处的液态金属层已经凝固,填进的熔池金属的热量又不能使金属再度熔化,则形成未熔合。未熔合常出现在焊接坡口侧壁、多层焊的层间及焊缝的根部。

产生未熔合的原因是焊接热输入太低,电弧发生偏吹,坡口侧壁有锈垢和污物,焊层间清渣不彻底等。防止未熔合的主要方法是熟练掌握焊接操作技术,焊接修复时注意运条角度和边缘停留时间,使坡口边缘充分熔化以保证熔合。

多层焊时底层焊道的焊接应使焊缝呈凹形或略凸。焊前预热对防止未熔合有一定的作用,适当加大焊接电流可防止层间未熔合,适当拉长电弧也可减少表面未熔合缺陷的产生。高速焊时为防止未熔合缺陷,应设法增大熔宽或采用双弧焊等。未熔合在焊缝中的形态特征见图 2-1(a)。

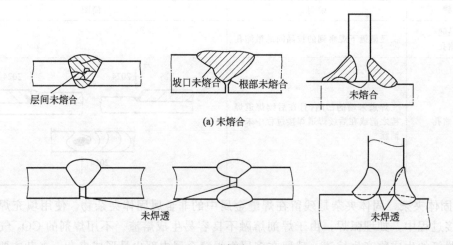

(a) 未熔合

(b) 未焊透

图 2-1　未熔合和未焊透

② 未焊透　未焊透是焊接接头根部未完全熔透的现象。形成未焊透的主要原因是焊接电流太小，焊接速度过快，坡口尺寸不合适或焊丝未对准焊缝中心等。单面焊和双面焊时都可能产生未焊透缺陷。细丝短路过渡 CO_2 气体保护焊时，由于工件热输入较低也容易产生未焊透现象。未焊透在焊缝中的形态特征见图 2-1(b)。未焊透易导致焊缝的断面积减小，降低接头力学性能，而且还会引起焊缝根部出现应力集中，甚至扩展成裂纹，引起焊缝整体开裂、破坏焊接结构。尤其在动载工作条件下，未焊透对高温疲劳强度有很大影响。

(4) 形状、尺寸及其他缺陷

① 形状缺陷　形状缺陷是由于焊接工艺参数选择不当，或操作不合理而产生的焊缝外观缺陷。形状缺陷主要包括弧坑、咬边、烧穿、焊瘤、凹坑、下塌和疏松等。这些缺陷不仅影响焊接件的形状尺寸，降低接头的力学性能，甚至能引起接头漏水、漏气，严重影响设备的正常使用。常见形状缺陷在焊缝中的分布形态见表 2-4。

表 2-4　常见形状缺陷在焊缝中的分布形态

名称	说明	简图
连续咬边(5011) 间断咬边 (5012)	因焊接造成的焊趾(或焊根)外的沟槽,咬边可能是连续的或间断的	
缩沟 (5013)	由于焊缝金属的收缩,在根部焊道每一侧产生的浅沟槽	

续表

名称	说明	简图
焊缝超高 （502）	对接焊缝表面上焊缝金属过高	正常　　502
凸度过大 （503）	角焊缝表面的焊缝金属过高	503
下塌 （504）	穿过单层焊缝根部或多层焊时，前道熔敷金属塌落的过量焊缝金属	504
局部下塌	局部塌落	—
焊缝表面不良 （505）	母材金属表面与靠近焊趾处焊缝表面的切面之间的角度α过小	α　　α 正常　　505
焊瘤（506）	焊接过程中，熔化金属流淌到焊缝外未熔化的母材上所形成的金属瘤	506　　506
错边（507）	由于两个焊件没有对正而造成中心线平行偏差	507
角度偏差（508）	由于两个焊件没有对正而造成的表面不平行	508
下垂	由于重力作用造成的焊缝金属塌落，分为横缝垂直下垂（5091），平、仰焊缝下垂（5092），角焊缝下垂（5093）和边缘下垂（5094）	5092 5091　5093　5094
烧穿（510）	焊接过程中，熔化金属自坡口背面流出形成穿孔	510

续表

名称	说明	简图
未焊满(511)	由于填充金属不足,在焊缝表面形成的连续或断续的沟槽	511
焊脚不对称(512)	—	512
焊缝宽度不齐	焊缝宽度改变过大	—
表面不规则	表面过分粗糙	—
根部收缩(515)	由于对接焊缝根部收缩造成的浅沟槽	515
根部气孔	在凝固瞬间,由于焊缝析出气孔而在根部形成的多孔状组织	—
焊缝接头不良(517)	焊缝衔接处的局部表面不规则	517

② 其他缺陷 焊接过程中或焊后处理时还可能产生电弧擦伤、飞溅、表面撕裂、磨痕、打磨过量以及层间错位等其他缺陷。这些缺陷的产生过程比较复杂,形成原因各不相同,既有冶金因素,又有焊后机械加工操作不当的原因。表面撕裂、磨痕、打磨过量以及层间错位等缺陷会影响焊缝的外观质量,缺陷周围也容易产生应力集中,造成焊接结构的破坏。

焊接时由于空间位置和操作不便所限制极易产生电弧擦伤,如图 2-2(a) 所示。电弧擦伤多属于人为不注意产生的,偶然不慎使焊条与施焊部位表面接触引起电弧就会造成表面擦伤。焊接时熔滴爆裂后的液体颗粒溅落到工件表面形成的附着颗粒,严重时导致形成飞溅缺陷,如图 2-2(b) 所示。表面撕裂、磨痕、打磨过量以及层间错位等缺陷的特点见表 2-5。

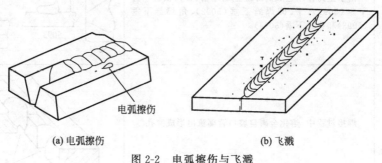

(a) 电弧擦伤   (b) 飞溅

图 2-2 电弧擦伤与飞溅

表 2-5　表面撕裂、磨痕、打磨过量以及层间错位等缺陷的特点

焊接缺陷	特点
表面撕裂	拆除临时焊接附件时在母材表面上产生的损伤
磨痕	打磨引起的局部表面损伤
凿痕	使用扁铲或其他工具铲凿金属而产生的局部损伤
打磨过量	打磨引起的工件或焊缝不允许的剪薄
层间错位	不按规定操作熔敷的焊道

2.1.2　焊接缺陷影响因素

焊接缺陷产生的原因是多方面的，对不同的缺陷，影响因素也不同。焊接缺陷的产生既有冶金的原因，又有应力和变形的作用。焊接缺陷通常出现在焊缝及其附近区域，而这些部位正是焊接结构中拉伸残余应力最大的地方。焊接缺陷产生的主要原因见表 2-6。

表 2-6　影响焊接缺陷产生的因素

类别	名称	材料因素	结构因素	工艺因素
冷裂纹	氢致裂纹	①钢中 C 或合金元素含量高，使淬硬倾向增大 ②焊接材料含氢量较高	①焊缝附近刚度较大，如大厚度、高拘束度 ②焊缝布置在应力集中区 ③坡口形式不合适（如 V 形坡口拘束应力较大）	①熔合区附近冷却时间小于出现铁素体临界冷却时间，热输入过小 ②未使用低氢焊条 ③焊接材料未烘干，焊口及工件表面有水分、油污及铁锈 ④焊后未进行保温处理
	淬火裂纹	①钢中 C 或合金元素含量高，使淬硬倾向增大 ②对于多元合金的马氏体钢，焊缝中出现块状铁素体		①对冷裂倾向较大的材料，预热温度未作相应的提高 ②焊后未立即进行高温回火 ③焊条选择不合适
	层状撕裂	①焊缝中出现片状夹杂物（如硫化物、硅酸盐和氧化铝等） ②母材组织硬脆或产生时效脆化 ③钢中含硫量过多	①接头设计不合理，拘束应力过大（如 T 形填角焊、角接头和贯通接头） ②拉应力沿板厚方向作用	①热输入过大，使拘束应力增加 ②预热温度较低 ③焊根裂纹的存在导致层状撕裂的产生
热裂纹	结晶裂纹	①焊缝金属中合金元素含量高 ②焊缝金属中 P、S、C、Ni 含量较高 ③焊缝金属中 Mn/S 比例不合适	①焊缝附近的刚度较大，如大厚度、高拘束度 ②接头形式不合适，如熔深较大的对接接头和角焊缝（包括搭接接头、丁字接头和外角接焊缝）抗裂性差 ③接头附近应力集中，如密集、交叉的焊缝	①焊接热输入过大，使近缝区过热，晶粒长大，引起结晶裂纹 ②熔深与熔宽比过大 ③焊接顺序不合适，焊缝不能自由收缩
	液化裂纹	母材中的 P、S、B、Si 含量较多	①焊缝附近刚度较大，如大厚度、高拘束度 ②接头附近应力集中，如密集、交叉的焊缝	①热输入过大，使近热区晶粒粗大，晶界熔化严重 ②熔池形状不合适，凹度太大
	高温失塑裂纹	—		热输入过大，使温度过高，容易产生裂纹
	再热裂纹	①焊接材料的强度过高 ②母材中 Cr、Mo、V、B、S、P 含量较高 ③热影响区粗晶区组织未得到改善（未减少或消除马氏体组织）	①结构设计不合理造成应力集中（如对接焊缝和填角焊缝重叠） ②坡口形式不合适导致较大的拘束应力	①回火温度不够，持续时间过长 ②焊趾处咬边而导致应力集中 ③焊接次序不对使焊接应力增大 ④焊缝余高导致近缝区的应力集中

类别	名称	材料因素	结构因素	工艺因素
	气孔	①熔渣氧化性增大时,CO气孔倾向增加;熔渣还原性增大时,氢气孔倾向增加 ②焊件或焊接材料不清洁(有铁锈、油和水分等杂质) ③与焊条、焊剂的成分及保护气体的气氛有关 ④焊条偏心,药皮脱落	仰焊、横焊易产生气体	①当热输入不变,焊接速度增大时,增加了产生气体的倾向 ②电弧电压太高(即电弧过长) ③焊条、焊剂在使用前未烘干 ④使用交流电源易产生气体 ⑤气体保护焊时,气体流量不合适
	夹渣	①焊材的脱氧、脱硫效果不好 ②渣的流动性差 ③原材料夹杂中含硫量较高及硫偏析程度较大	立焊、仰焊易产生夹渣	①电流大小不合适,熔池搅动不足 ②焊条药皮成块脱落 ③多层焊时清渣不够 ④电渣焊时焊接条件突然改变,母材熔深突然减小
	未熔合	—	—	①焊接电流小或焊接速度快 ②坡口或焊道有氧化皮、熔渣及氧化物等高熔点物质 ③操作不当
	未焊透	焊条偏心	坡口角太小,钝边太厚,间隙太小	①焊接电流小或速度太快 ②焊条角度不对或运条方法不当 ③电弧太长或电弧偏吹
形状缺陷	咬边	—	立焊、仰焊时易产生咬边	①焊接电流过大或焊接速度太慢 ②立焊、横焊和角焊电弧太长 ③焊条角度不正确或运条不当
形状缺陷	焊瘤	—	坡口太小	①焊接工艺不当,电压过低,焊速不合适 ②焊条角度不对或未对准焊缝 ③运条不正确
形状缺陷	烧穿和下塌	—	①坡口间隙过大 ②薄板或管子的焊接易产生烧穿和下塌	①电流过大,焊速太慢 ②垫板托力不足
形状缺陷	错边	—	—	①装配不正确 ②焊接夹具质量不高
形状缺陷	角变形	—	①与坡口形状有关,如对接V形坡口的角变形大于X形坡口 ②与板厚有关,中等板厚角变形最大,厚板、薄板的角变形较小	①焊接顺序对角变形有影响 ②热输入增加,角变形也增加 ③反变形量未控制好 ④焊接夹具质量不高
形状缺陷	焊缝尺寸、形状不合要求	①熔渣的熔点和黏度太高 ②熔渣的表面张力较大,不能很好地覆盖焊缝表面,使焊纹粗、焊缝高、表面不光滑	坡口不合适或装配间隙不均匀	①焊接工艺参数不合适 ②焊条角度或运条手法不当
	电弧擦伤	—	—	①焊工随意在坡口外引弧 ②接地不良或电气接线不好
	飞溅	①熔渣的黏度过大 ②焊条偏心	—	①焊接电流过大 ②电弧过长 ③碱性焊条的极性不合适 ④焊条药皮水分过多 ⑤焊接电源动特性、外特性不佳

　　熔化焊常见焊接缺陷的产生原因及防止措施见表 2-7，堆焊常见焊接缺陷及防止措施见表 2-8，点焊和缝焊常见焊接缺陷及其产生原因见表 2-9。

表 2-7　熔化焊常见焊接缺陷的产生原因及防止措施

缺陷	产生原因	防止措施
气孔	①焊条、焊剂潮湿，药皮剥落 ②填充金属与母材坡口表面油、水、锈及污物等未清理干净 ③电弧过长，熔池过大 ④焊接电流过大，焊条发红，保护作用减弱 ⑤保护气体流量小，纯度低，气体保护效果差 ⑥气焊火焰调整不合适，焊炬摆动幅度大 ⑦操作不熟练 ⑧焊接环境湿度大	①不使用药皮剥落、开裂、变质、偏心和焊芯锈蚀的焊条，焊条和焊剂应按照规程要求进行烘烤 ②根据焊接要求严格作好焊前清理工作 ③缩短电弧长度 ④选用适当的焊接工艺参数，控制焊接电流 ⑤保证气体纯度，调整适当流量 ⑥气焊时采用中性焰，加强火焰对熔池的保护 ⑦提高操作技术 ⑧采取去潮措施，改善焊接环境
夹渣	①多道焊层间清理不彻底 ②电流过小，焊接速度快，熔渣来不及浮出 ③焊条或焊炬角度不当 ④操作不熟练 ⑤坡口设计不合理，焊层形状不良	①彻底清理层间焊渣 ②选用合理的焊接电流和焊接速度 ③适当调整焊条或焊炬的倾斜角度 ④提高操作技术 ⑤合理选用坡口，改善焊层成形
未熔合和未焊透	①运条速度过快，焊炬角度不当，电弧偏吹 ②坡口设计不良 ③焊接电流过小，电弧过长等 ④坡口或夹层的渣、锈清理不彻底	①提高操作技术 ②选用合理的坡口形式 ③适当增加焊接电流，缩短焊接电弧 ④彻底清理坡口表面或层间锈渣等
咬边	①电流过大或电弧过长 ②焊条和焊丝的倾斜角度不合适 ③埋弧焊时电压过低	①适当增加焊接电流，缩短焊接电弧 ②调整焊条和焊丝的倾斜角度 ③提高埋弧焊电压
焊瘤和下塌	①焊接电流偏大或焊接速度太慢 ②施焊操作不熟练	①选用合适的焊接工艺参数 ②提高操作技术
错边和角度偏差	①焊件装配不好 ②焊接变形	①正确装配焊件 ②采取控制焊接变形的措施
电弧擦伤	①焊把与工件无意接触 ②焊接电缆破损 ③未按规程操作在坡口内引弧，而在母材上任意引弧	①启动焊机前，检查焊把，避免与工件短路 ②将破损焊接电缆包裹绝缘带 ③在坡口内引弧
飞溅	①焊接电流过大 ②未采取防护措施 ③CO_2 气体保护焊焊接回路电感不合适	①适当减小焊接电流 ②采用涂白垩粉等措施进行防护 ③调整 CO_2 气体保护焊焊接回路的电感

表 2-8　堆焊常见焊接缺陷及防止措施

缺陷名称	产生原因	防止措施
堆焊层或焊件尺寸、形状不合技术要求	①堆焊工艺参数选用不当 ②焊前准备不好 ③堆焊夹具结构不良 ④堆焊操作不良	①正确选用堆焊工艺参数 ②防止变形或预变形 ③超差的过大尺寸用机械方法除去，不足尺寸可补焊
气孔	①堆焊材料选用不当 ②堆焊保护不良 ③堆焊电流过小，弧长过大，堆焊速度过快 ④工艺措施不当，如预热温度过低等	①正确选用堆焊材料和堆焊工艺 ②加强焊接过程的保护 ③铲除气孔处的金属，然后补焊
夹渣	①堆焊材料质量差 ②堆焊电流太小，堆焊速度过快 ③多层堆焊时，层间处理不好 ④熔渣或焊剂密度太大	①正确选用堆焊材料 ②调整堆焊工艺参数 ③加强层间清理 ④铲除夹渣处的金属，然后补焊

续表

缺陷名称	产生原因	防止措施
裂纹	①堆焊材料选用不当 ②堆层内应力大 ③堆焊工艺措施不合理 ④材料裂纹敏感性强 ⑤堆焊结构设计不合理 ⑥由其他缺陷导致的裂纹	①正确选用堆焊材料 ②调整堆焊工艺参数 ③正确设计堆焊焊件结构 ④改善堆焊操作,如改进堆焊顺序等 ⑤在裂纹两端钻止裂孔或铲除裂纹处的金属进行补焊
未熔合	①堆焊电流太小 ②堆焊速度过快,操作技术不佳 ③堆层间熔渣未清除干净	①正确选用堆焊工艺参数 ②铲去未熔的金属重新堆焊
稀释率过大	①基体或堆焊材料选用不当 ②堆焊工艺参数不当 ③堆焊操作技术欠佳 ④堆焊层的成分性能不符合要求	①正确匹配基体和堆焊材料 ②正确编制和执行堆焊工艺 ③提高堆焊操作水平 ④当影响耐磨、耐蚀性时,应予以报废
晶间腐蚀	①堆焊时合金元素被烧损 ②熔合比不当 ③堆焊材料、方法和工艺选用不当	①正确选用堆焊材料和工艺参数 ②铲除缺陷重新堆焊或予以报废
堆焊层耐腐性差	①堆焊材料、方法和工艺参数不当 ②堆焊不当 ③保护不良 ④焊后热处理不当	①正确选用堆焊材料和方法及工艺参数 ②保护良好 ③改善焊后热处理工艺 ④铲除堆焊层重新堆焊

表 2-9　点焊和缝焊常见焊接缺陷及其产生原因

缺陷形貌	产生原因
焊点压痕或缝焊缝痕形状不正确	①电极工作面形状不正、磨损不均匀,或电极倾斜 ②缝焊速度太快
电极压痕过深及过热	①电极压力过大、电流过大 ②脉冲时间过长
局部烧穿或熔化金属强烈飞溅	①焊件或电极表面不干净 ②电极压力不足 ③接触面形状不正确
内部飞溅	①电流过大,压力不足 ②焊件倾斜 ③对于钢和镍铬合金钢,电极过分靠近搭接边边缘
接头边缘被压坏和产生裂纹	①焊点过分靠近边缘 ②电流过大,脉冲时间较长 ③锻压力过大
焊点被拉开或撕破	装配不良,焊件过分被拉紧
未焊透或焊点核心小	①工件表面清理不好 ②接触面过大,电流过小 ③电极压力过大 ④焊有色金属时,搭接边缘太小,焊点布置不合理
焊点核心分布不对称	电极接触面的面积大小选择不当
焊透深度过大	电流过大,压力不足
缝焊接头不气密	①点距不适当,电流、焊速、电极压力、脉冲时间、滚盘表面尺寸稳定性被破坏 ②上、下盘直径相差太大

续表

缺陷形貌	产生原因
径向裂纹和缩孔	①电极压力不足,脉冲时间短 ②表面清理不良,锻压迟缓
环形裂纹	电流脉冲时间过长
合金钢接头变脆	①焊接过程热循环不良 ②电流脉冲时间太短
熔化金属扩展到接头表面和接头表面发黑	①焊件或电极表面清理不够仔细 ②电极压力不足,脉冲时间过长,电流过大

2.1.3　焊接缺陷对产品质量的影响

焊接结构的生产朝着大型化、高温、高压、耐蚀、低温等方向发展的同时,所用钢材的强度和厚度不断提高,这就给焊接质量控制提出了新的难题,其中防止和控制焊接缺陷是提高焊接产品质量的关键。据统计,在世界上各种焊接结构的失效事故中,除少数是属于设计不合理、选材不当和操作上的问题之外,绝大多数是由焊接缺陷,特别是焊接裂纹所引起的。

对有焊接产品设计规程或法定验收规则的产品,焊接缺陷应按这些规定,确定相应的级别。对无产品设计规程或法定验收规则的产品,可根据表 2-10 所列因素来确定焊接缺陷的级别。

表 2-10　确定焊接缺陷级别应考虑的因素

因素	内容
载荷性质	静载荷;动载荷;非强度设计
服役环境	温度;湿度;介质;磨耗
产品失效后的影响	能引起爆炸或因泄漏而引起严重人身伤亡并造成产品报废;造成产品损伤且由于停机造成重大经济损失;造成产品损伤,但仍可运行
选用材料	相对产品要求有良好的强度及韧性裕度;强度裕度不大但韧性裕度充足;高强度低韧性;焊接材料的相配性
制造条件	焊接工艺方法;企业质量管理制度;构件设计中的焊接可行性;检验条件

焊接缺陷的分级在国家标准 GB/T 6417.1—2005《金属熔化焊接头缺欠分类及说明》中有明确的规定,见表 2-11。

表 2-11　钢熔化焊接头的焊接缺陷分级

缺陷	GB/T6417.1 代号	缺陷分级			
		Ⅰ	Ⅱ	Ⅲ	Ⅳ
焊缝外形尺寸	—	按选用坡口由焊接工艺确定只需符合产品相关规定要求,本标准不作分级规定			
未焊满	511	不允许		$\leqslant 0.2+0.02\delta$ 且 $\leqslant 1mm$,每 100mm 焊缝内缺陷总长 $\leqslant 25mm$	$\leqslant 0.2+0.02\delta$ 且 $\leqslant 2mm$,每 100mm 焊缝内缺陷总长 $\leqslant 25mm$
根部收缩	515 5013	不允许	$\leqslant 0.2+0.02\delta$ 且 $\leqslant 0.5mm$	$\leqslant 0.2+0.02\delta$ 且 $\leqslant 1mm$	$\leqslant 0.2+0.04\delta$ 且 $\leqslant 2mm$

缺陷	GB/T6417.1 代号	缺陷分级			
		Ⅰ	Ⅱ	Ⅲ	Ⅳ
咬边	5011 5012	不允许①		≤0.05δ 且≤0.5mm,连续长度≤100mm 且焊缝两侧咬边总长≤10%焊缝全长	≤0.1δ 且≤1mm,长度不限
裂纹	100	不允许			
弧坑裂纹	104	不允许			个别长≤5mm 的弧坑裂纹允许存在
电弧擦伤	601	不允许			个别电弧擦伤允许存在
飞溅	602	清除干净			
接头不良	517	不允许		造成缺口深度≤0.05δ 且≤0.5mm,每米焊缝不得超过一处	缺口深度≤0.1δ 且≤1mm,每米焊缝不得超过一处
焊瘤	506	不允许			
未焊透（按设计焊缝厚度为准）	402	不允许		不加垫单面焊允许值≤15%δ 且≤1.5mm,每100mm 焊缝内缺陷总长≤25mm	≤0.1δ 且≤2.0mm,每100mm 焊缝内缺陷总长≤25mm
表面夹渣	300	不允许		深≤0.1δ 长≤0.3δ 且≤10mm	深≤0.2δ 长≤0.5δ 且≤20mm
表面气孔	2017	不允许		每50mm 焊缝长度内允许直径≤0.3δ 且≤2mm 的气孔二个,孔间距≥6倍孔径	每50mm 焊缝长度内允许直径≤0.4δ 且≤3mm 的气孔二个,孔间距≥6倍孔径
角焊缝厚度不足（按设计焊缝厚度计）	—	不允许		≤0.3+0.05δ 且≤1mm,每100mm 焊缝内缺陷总长≤25mm	≤0.3+0.05δ 且≤2mm,每100mm 焊缝内缺陷,总长≤25mm
角焊缝焊脚不对称②	512	差值≤1+0.1a		差值≤2+0.15a	差值≤2+0.2a
		a 设计焊缝有效厚度			
内部缺陷	—	GB3323 Ⅰ级	GB3323 Ⅱ级	GB3323 Ⅱ级	不要求
		GB11345 Ⅰ级		GB11345 Ⅱ级	

①咬边如经修磨并平滑过渡则只按焊缝最小允许厚度值评定。

②特定条件下要求平缓过渡时不受本规定限制,如搭接或不等厚板的对接和角接组合焊缝。

注：除表明角焊缝缺陷外,其余均为对接、角接焊缝通用。δ 为板厚。

焊接缺陷对产品质量的影响主要是对结构负载强度和耐腐蚀性能的影响。由于缺陷的存在减小了结构承载的有效截面面积,更主要的是在缺陷周围产生了应力集中。因此,焊接缺陷对结构的静载强度、疲劳强度、脆性断裂以及抗应力腐蚀开裂都有重大的影响。由于各类焊接缺陷的分布形态不同,所产生的应力集中程度也不同,因而对结构的危害程度也各不一样。

（1）应力集中

焊缝中的气孔一般呈单个球状或条虫形,因此气孔周围应力集中并不严重。而焊接接头中的裂纹常常呈扁平状，如果加载方向垂直于裂纹的平面，则裂纹两端会引起严重的应力集中。焊缝中的夹杂物具有不同的形状和包含不同的材料，但其周围的应力集中也不严重。如果焊缝中存在密集气孔或夹渣时，在负载作用下，如果出现气孔间或夹渣间的连通，则将导致应力区的扩大和应力值的急剧上升。

另外，对于焊缝的形状不良、角焊缝的凸度过大及错边、角变形等焊接接头的外部缺陷，也都会引起应力集中或者产生附加应力。

（2）静载强度的影响

焊缝中出现成串或密集气孔时，由于气孔的截面较大，同时还可能伴随着焊缝力学性能的下降，使强度明显降低。因此，成串气孔要比单个气孔危险得多。夹渣对强度的影响与其形状和尺寸有关。单个小球状夹渣并不比同样尺寸和形状的气孔危害大，当夹渣成连续的细条状且排列方向垂直于受力方向时，是比较危险的。

裂纹、未熔合和未焊透比气孔和夹渣的危害大，它们不仅降低了结构的有效承载截面积，而且更重要的是产生了应力集中，有诱发脆性断裂的可能。尤其是裂纹，在其尖端存在着缺口效应，容易出现三向应力状态，会导致裂纹的失稳和扩展，以致造成整个结构的断裂，所以裂纹是焊接结构中最危险的缺陷。

（3）疲劳强度

缺陷对疲劳强度的影响要比静载强度大得多。例如，气孔引起的承载截面减小 10% 时，疲劳强度的下降可达 50%。焊缝内的平面形缺陷（如裂纹、未熔合、未焊透）由于应力集中系数较大，因而对疲劳强度的影响较大。含裂纹的结构与占同样面积的气孔的结构相比，前者的疲劳强度比后者降低 15%。对未焊透来说，随着其面积的增加疲劳强度明显下降。而且，这类平面形缺陷对疲劳强度的影响与负载的方向有关。

对于焊缝内部的球状夹渣、气孔，当其面积较小、数量较少时，对疲劳强度的影响不大，但当夹渣形成尖锐的边缘时，则对疲劳强度的影响十分明显。

咬边对疲劳强度的影响比气孔、夹渣大得多。带咬边接头在 10^6 次循环条件下的疲劳强度大约为致密接头的 40%，其影响程度也与负载方向有关。此外，焊缝的成形不良，焊趾区及焊根处的未焊透、错边和角变形等外部缺陷都会引起应力集中，很易产生裂纹而造成疲劳破坏。

（4）脆性断裂

脆性断裂是一种低应力下的破坏，而且具有突发性，事先难以发现和加以预防，因此，危害性较大。一般认为，结构中缺陷造成的应力集中越严重，脆性断裂的危险性越大。裂纹对脆性断裂的影响最大，其影响程度不仅与裂纹的尺寸、形状有关，而且与其所在的位置有关。如果裂纹位于拉应力高值区就容易引起低应力破坏；若位于结构的应力集中区，则更危险。

另外，错边和角变形等焊接缺陷也能引起附加的弯曲应力，对结构的脆性破坏也有影响，并且角变形越大，破坏应力越低。

（5）应力腐蚀开裂

应力腐蚀开裂通常总是从表面开始。如果焊缝表面有缺陷，则裂纹很快在缺陷处形核。因此，焊缝的表面粗糙度、焊接结构上的拐角、缺口、缝隙等都对应力腐蚀有很大的影响。这些外部缺陷使侵入的介质局部浓缩，加快了电化学过程的进行和阳极的溶解，为应力腐蚀裂纹的扩展成长提供了条件。

应力集中对腐蚀疲劳也有很大的影响。焊接接头的腐蚀疲劳破坏，大都是从焊趾处开始，然后扩展，穿透整个截面导致结构的破坏。因此，改善焊趾处的应力集中程度也能大大提高接头的抗腐蚀疲劳的能力。

焊接结构中存在焊接缺陷会明显降低结构的承载能力，甚至还会降低焊接结构的耐蚀性和疲劳寿命。所以，焊接产品的制造过程中应采取措施，防止产生焊接缺陷，在焊接产品的使用过程中应进行定期检验，以及时发现缺陷，采取修补措施，避免事故的发生。

2.2 焊接质量检验及方法

2.2.1 焊接质量检验内容

(1) 焊缝外观形状尺寸检验与要求

外观检验焊缝是用肉眼或借助样板，或用低倍放大镜（不大于 5 倍）观察焊件外形尺寸的检验方法。焊缝外观形状尺寸检验包括直接和间接外观检验。直接外观检验是用眼睛直接观察焊缝的形状尺寸，检验过程中可采用适当的照明，利用反光镜调节照射角度和观察角度，或借助于低倍放大镜进行观察；间接外观检验必须借助于工业内窥镜等工具进行观察，用于眼睛不能接近被焊结构件，如直径较小的管子及焊制的小直径容器的内表面焊缝等。测量焊缝外形尺寸时可采用标准样板和量规，如图 2-3 和图 2-4 所示。

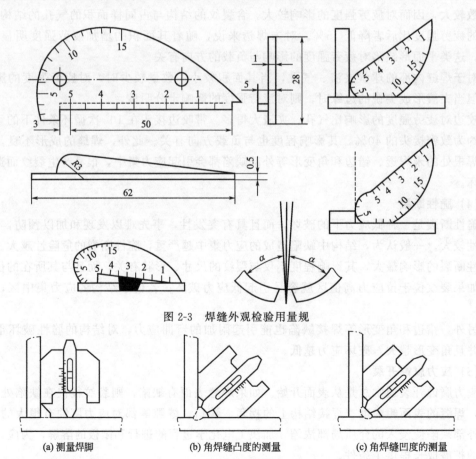

图 2-3 焊缝外观检验用量规

(a) 测量焊脚   (b) 角焊缝凸度的测量   (c) 角焊缝凹度的测量

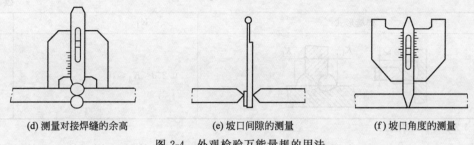

| (d) 测量对接焊缝的余高 | (e) 坡口间隙的测量 | (f) 坡口角度的测量 |

图 2-4　外观检验万能量规的用法

熔化焊钢结构焊缝宽度与余高允许范围见表 2-12。焊缝边缘直线度见表 2-13。焊缝表面凹凸，在焊缝任意 25mm 长度范围内焊缝余高最大值与最小值之差不得大于 2mm。CO_2 气体保护焊角焊缝焊脚尺寸要求见表 2-14。

表 2-12　熔化焊钢结构焊缝宽度与余高允许范围

焊接方法	焊缝形式	焊缝宽度 c/mm		焊缝余高 h/mm
		最大值 c_{max}	最小值 c_{min}	
埋弧焊	Ⅰ形焊缝	$b+8$	$b+28$	0～3
	非Ⅰ形焊缝	$g+4$	$g+14$	
焊条电弧焊及气体保护焊	Ⅰ形焊缝	$b+4$	$b+8$	平焊：0～3
	非Ⅰ形焊缝	$g+4$	$g+8$	其余：0～4

注：1. b 为实际装配值。

2. g 为装配后坡口面处的最大间隙。

表 2-13　焊缝边缘直线度

焊接方法	焊缝边缘直线度 f/mm	测量条件
埋弧焊	≤4	任意 300mm 长度的连续焊缝
焊条电弧焊及气体保护焊	≤3	

表 2-14　CO_2 气体保护焊角焊缝的焊脚尺寸要求　　　　mm

焊缝形式	K_1	δ	K_{min}
	$0.25\delta < K_1 \leqslant 10$	5～12	3
		12～25	4
		25～40	6
		40～50	8
	—	3～4.5	2
		4.5～12	3

焊缝形式	K_1	δ	$K_{\min}$
	$0.25\delta < K_1 \leqslant 10$	—	—

注：δ 为较薄板的厚度。

GB/T 12467—2009《金属材料熔焊质量要求》对金属结构熔化焊对接和角接头的外形尺寸做了规定。焊缝外形应均匀，焊道与焊道、焊道与基体金属之间应平滑过渡。I 形坡口对接焊缝（包括 I 形带垫板对接焊缝）如图 2-5(a) 所示，焊缝宽度 $c = b + 2a$，余高 h 值 $0\sim3$mm；V 形坡口对接焊缝如图 2-5(b) 所示，焊缝宽度 $c = g + 2a$，其中 V 形坡口：$g = 2\beta(\delta - p) + b$ [见图 2-6(a)]，U 形坡口：$g = 2\beta(\delta - R - p) + 2R + b$ [见图 2-6(b)]。焊缝最大宽度和最小宽度的差值，在任意 50mm 焊缝长度范围内不得大于 4mm，整个焊缝长度范围内不得大于 5mm。

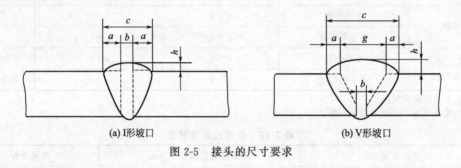

(a) I 形坡口　　　　　　　(b) V 形坡口

图 2-5　接头的尺寸要求

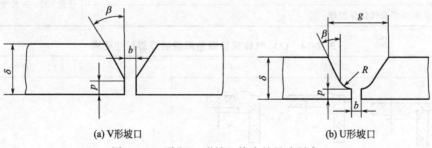

(a) V 形坡口　　　　　　　(b) U 形坡口

图 2-6　V 形和 U 形坡口接头的尺寸要求

焊缝的外观检验在一定程度上有利于分析和发现内部缺陷。例如，焊缝表面有咬边和焊瘤时，其内部则常常伴随有未焊透；焊缝表面有气孔，则意味着内部可能不致密，有气孔和夹渣等。另外，通过外观检验可以判断焊接工艺是否合理，如电流过小或运条过快，则焊道外表面会隆起和高低不平，电流过大则弧坑过大和咬边严重。多层焊时，要特别重视根部焊道的外观检验，对于有可能发生延迟裂纹的钢材，除焊后检查外，隔一定时间（15～30 天）还要进行复查。有再热裂纹倾向的钢材，热处理后也必须再次检验。

焊接外观形状缺欠的分级实质上就是缺欠容限的分级。GB/T 12467.1～5—2009《金属材料熔焊质量要求》把接头的外观缺欠分为四级，见表 2-15。

表 2-15 钢熔化焊接头的焊接缺欠分级

缺欠	缺欠分级			
	Ⅰ	Ⅱ	Ⅲ	Ⅳ
焊缝外形尺寸	按选用坡口由焊接工艺确定只需符合产品相关规定要求,本标准不作分级规定			
未焊满	不允许		$\leq 0.2+0.02\delta$ 且 ≤ 1mm,每 100mm 焊缝内缺陷总长 ≤ 25mm	$\leq 0.2+0.02\delta$ 且 ≤ 2mm,每 100mm 焊缝内缺陷总长 ≤ 25mm
根部收缩	不允许	$\leq 0.2+0.02\delta$ 且 ≤ 0.5mm	$\leq 0.2+0.02\delta$ 且 ≤ 1mm	$\leq 0.2+0.04\delta$ 且 ≤ 2mm
咬边	不允许[①]		$\leq 0.05\delta$ 且 ≤ 0.5mm,连续长度 ≤ 100mm 且焊缝两侧咬边总长 $\leq 10\%$焊缝全长	$\leq 0.1\delta$ 且 ≤ 1mm,长度不限
裂纹	不允许			
弧坑裂纹	不允许			个别长 ≤ 5mm 的弧坑裂纹允许存在
电弧擦伤	不允许			个别电弧擦伤允许存在
飞溅	清除干净			
接头不良	不允许		造成缺口深度 $\leq 0.05\delta$ 且 ≤ 0.5mm,每米焊缝不得超过一处	缺口深度 $\leq 0.1\delta$ 且 ≤ 1mm,每米焊缝不得超过一处
焊瘤	不允许			
未焊透(按设计焊缝厚度为准)	不允许		不加垫单面焊允许值 $\leq 0.15\delta$ 且 ≤ 1.5mm,每 100mm 焊缝内缺陷总长 ≤ 25mm	$\leq 0.1\delta$ 且 ≤ 2.0mm,每 100mm 焊缝内缺陷总长 ≤ 25mm
表面夹渣	不允许		深 $\leq 0.1\delta$;长 $\leq 0.3\delta$ 且 ≤ 10mm	深 $\leq 0.2\delta$;长 $\leq 0.5\delta$ 且 ≤ 20mm
表面气孔	不允许		每 50mm 焊缝长度内允许直径 $\leq 0.3\delta$ 且 ≤ 2mm 的气孔二个,孔间距 ≥ 6 倍孔径	每 50mm 焊缝长度内允许直径 $\leq 0.4\delta$ 且 ≤ 3mm 的气孔二个,孔间距 ≥ 6 倍孔径
角焊缝厚度不足(按设计焊缝厚度计)	不允许		$\leq 0.3+0.05\delta$ 且 ≤ 1mm,每 100mm 焊缝内缺陷总长 ≤ 25mm	$\leq 0.3+0.05\delta$ 且 ≤ 2mm,每 100mm 焊缝内缺陷,总长 ≤ 25mm
角焊缝焊脚不对称[②]	差值 $\leq 1+0.1a$		差值 $\leq 2+0.15a$	差值 $\leq 2+0.2a$
	a 设计焊缝有效厚度			

①咬边如经修磨并平滑过渡则只按焊缝最小允许厚度值评定。
②特定条件下要求平缓过渡时不受本规定限制,如搭接或不等厚板的对接和角接组合焊缝。
注:除表明角焊缝缺陷外,其余均为对接、角焊缝通用,δ 为板厚。

(2) 焊缝内部缺陷的检验

焊缝内部缺陷常用的检验方法有射线检验、超声波探伤、磁粉探伤、渗透探伤和声发射探伤等。射线检验和超声波探伤主要检验焊缝内部的焊接缺陷,磁粉探伤和渗透探伤主要检验焊缝表面或贯穿表面的缺陷,声发射探伤属于动态状况下的焊缝质量检测方法。各种检验方法的特点及适用范围见表 2-16。其中射线检验可采用不同能量的射线,如 X 射线、γ 射线和高能射线等,采用这些射线检验焊件的厚度也不相同,见表 2-17。

实际应用中,由于焊接结构使用的环境、条件不同,对质量的要求也不一样,焊缝检验所需要的方法及所要求达到的质量等级也不同。常用焊接结构的检验方法及焊缝质量等级见表 2-18。

表 2-16　各种无损检验方法的特点及适用范围

检验方法		检验缺陷	可检验焊件厚度	灵敏度	检验条件	适用材料
射线检验	X 射线	内部裂纹、未焊透、气孔及夹渣等	0.1～60mm	能检验尺寸大于焊缝厚度1%～2%的缺陷	焊接接头表面不需加工，正反两个面都必须是可接近的	适用于一般金属和非金属焊件，不适用于锻件及轧制或拉制的型材
	γ 射线		1.0～150mm	较 X 射线低，一般约为焊缝厚度的3%		
	高能射线		25～600mm	较 X、γ 射线高，一般可达到小于焊缝厚度的1%		
超声波探伤		内部裂纹、未焊透、气孔及夹渣等	焊接厚度上几乎不受限制，下限一般为 8～10mm，最小可达 2mm	能检验出直径大于 1mm 以上的气孔、夹渣。检验裂纹时灵敏度较高，检验表面及近表面的缺陷时灵敏度较低	表面一般需加工至 $Ra6.3$～$1.6\mu m$，以保证同探头有良好的声耦合，但平整而仅有薄氧化层者也可探伤，如采用浸液或水层耦合法则可检验表面粗糙的工件，可检验钢材厚度约为 1～1.5mm	适用于管材、棒材和锻件焊缝的探伤检验
磁粉探伤		表面及近表面缺陷（如微细裂纹、未焊透及气孔等），被检验表面最好与磁场正交	表面及近表面	与磁场强度大小和磁粉质量有关	工件表面粗糙度小则探伤灵敏度高，如有紧贴的氧化皮或薄层油漆，仍可探伤检验，对工件形状的无严格限制	限于铁磁性材料
渗透探伤		贯穿表面的缺陷（如微细裂纹、气孔等）	表面	缺陷宽度小于 0.01mm 深度小于 0.03～0.04mm 者检验不出	工件表面粗糙度小则探伤灵敏度高，对工件形状的无严格限制，但要求完全去除油污及其他附着物	适用于各种金属和非金属焊件

表 2-17　不同能量射线检验焊件的厚度

射线种类	X 射线				γ 射线			高能射线		
能源类别	50kV	100kV	150kV	250kV	镭	钴	铱 192	1MV 静电加速器	2MV 静电加速器	24MV 电子感应加速器
焊件厚度/mm	0.1～0.6	1.0～5.0	≤25	≤60	60～150	60～150	1.0～65	25～130	25～230	60～600

表 2-18　常用焊接结构的检验方法及焊缝质量等级

焊接结构类型	实例				焊缝质量等级
	名称	工作条件	接头形式	检验方法	
核容器、航空航天器件、化工设备中的重要构件	核工业用储运六氟化铀、三氟化氯、氟化氢等容器	工作压力：40Pa～1.6MPa 工作温度：－196～200℃	对接	外观检验、射线探伤、液压试验、气压试验或气密性试验、真空密封性试验	Ⅰ级
锅炉、压力容器、球罐、化工机械、采油平台、潜水器、起重机械等	钢制球形储罐	工作压力≤4MPa	对接、角接	外观检验、射线或超声波探伤、磁粉或渗透探伤、液压试验、气压试验或气密性试验	Ⅱ级

焊接结构类型	实例				焊缝质量等级
	名称	工作条件	接头形式	检验方法	
船体、公路钢桥、液化气钢瓶等	海洋船壳体	—	对接、角接	外观检验、射线或超声波探伤、致密性试验	Ⅲ级
一般不重要结构	钢制门窗	—	对接、角接、搭接	外观检验	Ⅳ级

(3) 焊接成品密封性检验

锅炉、压力容器、管道及储罐等焊接结构件焊完后，要求对焊缝进行密封性检验。检验方法有煤油试验、水压试验、气压试验等。

① 致密性检验

a. 煤油试验　煤油试验适用于敞开的容器和储存液体的储器以及同类其他产品的密封性检验。试验时在便于观察和焊补的一面，涂以白垩粉，待干，然后在焊缝另一面涂以煤油，试验过程中涂 2～3 次，持续 15min～3h。涂油后立即开始观察白垩粉一侧，如在规定时间内，焊缝表面未出现油斑和油带，即定为合格。碳钢和低合金钢作煤油试验所需时间推荐值见表 2-19。

表 2-19　碳钢和低合金钢作煤油试验所需时间推荐值

板厚/mm	时间/min	备注
≤5	20	
5～10	35	当煤油透漏为其他位置时,煤油作用时间可适当增加
10～15	45	
>15	60	

b. 载水试验　适用于不受压的容器或敞口焊接储器的密封性试验。试验时，仔细清理容器焊缝表面，并用压缩空气吹净、吹干。在气温不低于 0℃ 的条件下，在容器内灌入温度不低于 5℃ 的净水，然后观察焊缝，其持续时间不得少于 1h。在试验时间内，焊缝不出现水流、水滴状渗出，焊缝及热影响区表面无"出汗"现象，即为合格。

c. 冲水试验　适用于难以进行水压试验和载水试验的大型容器。试验时，用出口直径不小于 15mm 的消防水带往焊缝上冲水。水射流方向与焊缝所在表面夹角不小于 70°。试验水压应不小于 0.1MPa，以造成水在被喷射面上的反射水环直径不小于 400mm。试验时的气温应高于 0℃、水温高于 5℃。对垂直焊缝应自上而下进行检查，冲水同时对焊缝另一面进行观察。

d. 沉水试验　只适用于小型焊接容器，如汽车油箱等的密封性检验。试验时将工件沉入水中 20～40mm 处深，然后试件内充满压缩空气，观察焊缝处有无气泡出现，出现气泡处即为焊接缺陷存在的位置。

e. 吹起试验　用压缩空气流吹焊缝，压缩空气压力不小于 0.4MPa，喷嘴与焊缝距离不大于 30mm，且垂直对准焊缝，在焊缝另一面涂以 100g/L 的水肥皂液，观察肥皂液一侧是否出现肥皂泡来发现缺陷。

f. 氨气试验　适用于可封闭的容器或构件。试验时，在焊缝上贴以浸透 5% 硝酸银

（汞）水溶液的试纸（其宽度比焊缝宽度大20mm）。在焊件内部充入含10%（体积含量）氨气的混合压缩空气（其压力按焊件的技术条件制定），保压3～5min，以试纸上不出现黑色斑点为合格。对于致密性要求较高的焊缝，检查时，将容器抽真空，然后喷射氨气或在容器内通入微量氨气，由专用氨气质谱检漏仪进行检漏。

② 耐压试验　焊接容器的耐压检验法有水压试验和气压试验。水压试验是以水为介质进行压力试验。水压试验可用于容器的密封性检验和强度试验。当对管道进行水压试验时，宜用阀门将管道分成几段，依次进行试验。为了检查强度，试验压力比工作压力大几倍或相当于材料屈服极限的压力值。试验时应注意观察应变仪，防止超过屈服点。试验后的焊接试件必须经过退火处理，以消除因试验而引起的残余压力，然后依次进行试验。

气压试验一般用于低压容器和管道的检验，气压试验比水压试验更为灵敏和迅速。由于试验后产品不用排水处理，因此气压试验特别适用于排水困难的容器和管道，此外气压试验的危险性比水压试验大。水压和气压试验方法及要求见表2-20。

表 2-20　焊缝耐压检验方法及试验要求

试验方法	试验要求	结果分析与判定
水压试验	用水泵加压试验： ①待容器内灌满水，堵塞容器上的所有孔 ②根据技术条件规定，试验压力为工作压力的1.5倍 ③一般在无损探伤和热处理后进行试压 ④加压后距焊缝20mm处，用小铁锤轻轻锤击	在试验压力下保持5min后，检查容器的每条焊缝是否有渗水现象，如无渗水表明合格
气压试验	①气压试验用于低压容器和管道的检验 ②试验要在隔离场所进行 ③在输气管道上要设置一个储气罐，储气罐的气体出入口均装有气阀，以保证进气稳定。在产品入口端管道上需安装安全阀、工作压力计和监控压力计 ④所用气体应是干燥、洁净的空气、氮气或其他惰性气体，气温不低于15℃ ⑤当试验压力达到规定值（一般为产品工作压力的1.25～1.5倍）时，关闭气阀门，停止加压 ⑥施压下的产品不得敲击、振动和修补焊接缺陷 ⑦低温下试验时，要采取防冰冻的措施	停止加压后，用涂肥皂水检漏或检验工作压力表数值变化，如没有发现漏气或压力表数值稳定，则为合格

2.2.2　焊接检验方法与实施

(1) 焊接接头的无损检验

① 射线检验　射线检验是利用射线可穿透物质和在物质中具有衰减的特性来发现缺陷的检验方法。根据所用射线种类，可分为X射线、γ射线和高能射线检验。根据显示缺陷的方法，又分为电离法、荧光屏观察法、照相法和工业电视法。但目前应用较多、灵敏度高、能识别小缺陷的理想方法是照相法。

射线照相检验焊接产品的主要操作步骤如下：

a. 确定产品检查的要求　对工艺性稳定的批量产品，根据其重要性可以抽查5%、10%、20%、40%，抽查焊缝位置应在可能或经常出现缺陷的位置、危险断面与应力集中部位。对制造工艺不稳定，又是重要的产品，应对所有焊缝做100%的检查。

b. 照相胶片的选用　射线检验用胶片要求反差高，清晰度高。胶片按银盐颗粒度由小到大的顺序，分为Ⅰ、Ⅱ、Ⅲ三种。若要缩短曝光时间，则需提高射线透照的底片质量，使用号数较小的胶片。胶片一般要求放在湿度不超过8%，温度为17℃的干燥箱内，避免受潮、受热和受压，同时要防止氨、硫化氢和酸等腐蚀气体的损害。

c.增感屏的选用 使用增感屏,可以减少曝光时间,提高检验速度。焊缝检验中常用金属增感屏,增感屏要求厚度均匀,杂质少,增感效果好;表面平整光滑,无划伤、褶皱及污物;有一定的刚性,不易损伤。金属增感屏有前后屏之分,前屏较薄,后屏较厚。金属增感屏的选用见表 2-21。

表 2-21 金属增感屏的选用

射线种类	增感屏材料	前屏厚度/mm	后屏厚度/mm
<120kV	铅	—	≥0.10
120~250kV	铅	0.025~0.125	≥0.10
250~500kV	铅	0.05~0.16	≥0.10
1~3MeV	铅	1.00~1.60	1.00~1.60
3~8MeV	铅、铜	1.00~1.60	1.00~1.60
8~35MeV	铅、钨	1.00~1.60	1.00~1.60
Ir192	铅	0.05~0.16	≥0.16
Co60	铅、铜、钢	0.50~2.00	0.25~1.00

d.像质计的选用 像质计是用来检查透照技术和胶片处理质量的,像质计应按照透照厚度和像质计级别所需要达到的像质指数。像质计的选用列于表 2-22。

表 2-22 像质计的选用

要求达到的像质指数	线直径/mm	透照厚度/mm		
		A 级	AB 级	B 级
16	0.100	—	—	≤6
15	0.125	—	≤6	>6~8
14	0.160	≤6	>6~8	>8~10
13	0.200	>6~8	>8~12	>10~16
12	0.250	>8~10	>12~16	>16~25
11	0.320	>10~16	>16~20	>25~32
10	0.400	>16~25	>20~25	>32~40
9	0.500	>25~32	>25~32	>40~50
8	0.630	>32~40	>32~50	>50~80
7	0.800	>40~60	>50~80	>80~150
6	1.000	>60~80	>80~120	>150~200
5	1.250	>80~150	>120~150	—
4	1.600	>150~170	>150~200	—
3	2.000	>170~180		
2	2.500	>180~190		
1	3.200	>190~200		

e.焦点和焦距的选用 γ 射线的焦点,是指射线源的大小。X 射线探伤所指的焦点,是指 X 光管内阳极靶上发出的 X 射线范围。随着 X 光管阳极结构的不同,其焦点有方形及圆形两大类。减小焦点尺寸,增加焦点至工件缺陷的距离和减少底片到工件缺陷的距离,可以提高影像的清晰度。焦距是指焦点到暗盒之间的距离。在选定射线源后,改变焦距便能提高清晰度。通常采用的焦距为 400~700mm。

f.底片上缺陷的识别 在曝光工艺和暗室处理都正确选择的条件下，射线拍摄的照片上便能够正确反映接头的内部缺陷，如裂纹、气孔、夹渣、未熔合和未焊透等，从而对缺陷性质、大小、数量及位置进行识别。常见焊接缺陷的影像特征见表2-23。

表 2-23　常见焊接缺陷的影像特征

缺陷种类	缺陷影像特征
气孔	多数为圆形、椭圆形黑点，其中心处黑度较大，也有针状、柱状气孔。其分布情况不一，有密集的，单个和链状的
夹渣	形状不规则，有点、条块等，黑度不均匀。一般条状夹渣都与焊缝平行，或与未焊透、未熔合混合出现
未焊透	在底片上呈现规则的，甚至直线状的黑色线条，常伴有气孔或夹渣。在V、X形坡口的焊缝中，根部未焊透出现在焊缝中间，K形坡口则偏离焊缝中心
未熔合	坡口未熔合影像一般一侧平直，另一侧有弯曲，黑度淡而均匀，时常伴有夹渣。层间未熔合影像不规则，且不易分辨
裂纹	一般呈直线或略有锯齿状的细纹，轮廓分明，两端尖细，中部稍宽，有时呈现树枝状影像
夹钨	在底片上呈现圆形或不规则的亮斑点，且轮廓清晰

根据GB/T 3323—2005《金属熔化焊焊接接头射线照相》，焊接缺陷评定分为Ⅰ、Ⅱ、Ⅲ、Ⅳ级。其中焊缝内无裂纹、未熔合、未焊透和条状夹渣为Ⅰ级。焊缝内无裂纹、未熔合和未焊透为Ⅱ级。焊缝内无裂纹、未熔合以及双面焊和加垫板的单面焊中的未焊透为Ⅲ级，不加垫板的单面焊中的未焊透允许长度按条状夹渣长度的Ⅲ级评定。焊缝缺陷超过Ⅲ级者为Ⅳ级。

长宽比小于或等于3的缺陷定义为圆形缺陷。圆形缺陷的评定区域尺寸及等效点数见表2-24。圆形缺陷的分级见表2-25。长宽比大于3的缺陷定义为条状夹渣。条状夹渣的分级见表2-26。在圆形缺陷评定区域内，同时存在圆形缺陷和条状夹渣（或未焊透）时，应各自进行评级，将级别之和减1作为最终的质量等级。

表 2-24　圆形缺陷的评定区域尺寸及等效点数

母材厚度 δ/mm	≤25		25~100		>100	
评定区域尺寸/mm	10×10		10×20		10×30	
圆形缺陷的等效点数						
缺陷长径/mm	≤1	1~2	2~3	3~4	4~6	6~8	>8
点数	1	2	3	6	10	15	25
不计点数的圆形缺陷尺寸						
母材厚度 δ/mm	≤25		25~50		>50	
缺陷长径/mm	≤0.5		≤0.7		≤1.4%δ	

表 2-25　圆形缺陷的分级

评定区域/mm			10×10		10×20		10×30	
母材厚度 δ/mm			≤10	10~15	15~25	25~50	50~100	>100
质量等级	Ⅰ	允许缺陷点数的上限值	1	2	3	4	5	6
	Ⅱ		3	6	9	12	15	18
	Ⅲ		6	12	18	24	30	36
	Ⅳ	点数超出Ⅲ级者						

注：当圆形缺陷长径大于1/2δ时，评定为Ⅳ级。评定区域应选在缺陷最严重的部位。

表 2-26　条状夹渣的分级

质量等级	母材厚度 δ/mm	单个夹渣的最大长度/mm	条状夹渣的总长度/mm
Ⅱ	$\delta \leqslant 12$	4	在任意直线上，相邻两夹渣间距不超过 $6L$ 的任一组夹渣，其累计长度在 12δ 焊缝长度内不超过 δ
	$12 < \delta < 60$	$\delta/3$	
	$\geqslant 60$	20	
Ⅲ	$\delta \leqslant 9$	6	在任意直线上，相邻两夹渣间距不超过 $3L$ 的任一组夹渣，其累计长度在 6δ 焊缝长度内不超过 δ
	$9 < \delta < 45$	$2\delta/3$	
	$\geqslant 45$	30	
Ⅳ			大于Ⅲ级者

注：1. L 为该组夹渣中最长者的长度。

2. 长宽比大于 3 的长气孔的评级与条状夹渣相同。

3. 当被检焊缝长度小于 12δ（Ⅱ级）或 6δ（Ⅲ级）时，可按比例进行折算。当折算的条状夹渣总长度小于单个条状夹渣的长度时，以单个条状夹渣的长度为允许值。

由于射线对人体是有危害的，尤其是长期接受高剂量射线照射后，人体组织会受到一定程度的生理损伤而引起病变。因此，射线检验时一定要注意采取安全防护措施。

a. 屏蔽防护　是指在人与射线源之间设置一定厚度的防护材料。当射线贯穿防护材料时，其透过射线强度减弱而引起剂量水平的下降，当降低到人体的最高允许剂量以下时，人身安全就得到保证。屏蔽材料应根据放射源的能量、材料的防护性能以及有关的防护标准规定进行选择。

b. 距离防护　是指采用远距离操作的方法达到防护的目的。距离射线源越近，射线强度越大；距离越远，射线强度越弱。因此，对于某一射线源，通过对照射场各个方位的实际测量，得出该检验场所的安全距离。在安全距离之外操作可以避免发生射线伤害。

c. 时间防护　是指控制操作人员与射线的接触时间。时间防护法要求操作者在一天之中的某一段时间内受到的剂量达到最高允许剂量值时，应立即停止工作，剩余工作由另一操作者进行。时间防护只有在既无任何屏蔽遮挡，又必须在离射线源很近的地方操作时采用。

② 超声波探伤　超声波探伤是利用超声波探测焊接接头表面和内部缺陷的检测方法。探伤时常用脉冲反射法超声波探伤，是利用焊缝中存在缺陷与周围组织在超声探伤中具有不同的声阻抗和声波特点，进而在缺陷和周围组织界面产生反射的原理来发现缺陷的。探伤过程中，由探头中的压电换能器发射脉冲超声波，通过声耦合介质（水、油、甘油或浆糊等）传播到焊件中，遇到缺陷后产生反射波，经换能器转换成电信号，放大后显示在荧光屏上或打印在纸带上。根据探头位置和声波的传播时间（在荧光屏上回波位置）可找出缺陷位置，观察反射波的波幅，可近似评估缺陷的大小。

a. 探伤仪　超声波探伤仪的作用是产生电振荡并激励探头发射超声波，同时将探头送回的电信号进行放大，通过一定的方式显示出来，从而判断被探工件内部有无缺陷以及获得缺陷位置和大小等信息。按缺陷显示方式有 A 型、B 型和 C 型探伤仪。目前在工业探伤中应用最广泛的是 A 型脉冲反射式超声波探伤仪。

超声波探伤仪的选择通常是根据工件的结构形状、加工工艺和技术要求来选择，具体选择原则包括：对定位要求较高时，应选用水平线性误差小的探伤仪；对定量要求较高时，应选用垂直线性好，衰减器精度高的探伤仪；对大型工件探伤应选用灵敏度余量高、信噪比高、功率大的探伤仪；为有效发现表面缺陷和区分相邻缺陷，应选择盲区小，分辨力好的探伤仪；对于在生产现场进行产品探伤，则需要选用质量小、荧光屏亮度好、抗干扰能力强的携带式探伤仪。

b.探头　探头在超声波探伤中起着将电能转化为超声能（发射超声波）和将超声能转换为电能（接受超声波）的作用。探头的形式有很多种，根据在被探材料中传播的波形可以分为直立的纵波探头（直探头）和斜角的横波、表面波、板波探头（斜探头）；根据探头与被探材料的耦合方式，可以分为直接接触式探头和液浸探头；根据工作的频谱，探头可以分为宽频谱的脉冲波探头和窄频谱的连续波探头。

探头应根据工件可能产生缺陷的部位及方向、工件的几何形状和探测面情况进行选择。焊缝通常选用斜探头横波探伤；对于锻件、中厚钢板，应以纵波直探头直接接触法进行探测，使声束尽量与缺陷反射面垂直；管材、棒材一般采用液浸聚焦探头进行探测；薄板（厚度小于 6mm）的探伤则较多选用板波斜探头；平行于探测面的近表面缺陷则宜选用分割式双探头进行检测。

探头圆晶片尺寸一般为 $\phi10\sim20mm$。探伤面积大时或探测厚度较大的工件时，宜选用大晶片；探测小型工件时，为了提高缺陷定位和定量精度，宜选用大晶片；探伤表面不平整，曲率较大的工件时，为了减小耦合损失，宜选用小晶片探头。

c.试块　试块分为标准试块和对比试块。标准试块的形状、尺寸和材质由权威机构统一规定，主要用于测试和校验探伤仪和探头性能，也可用于调整探测范围和确定探伤灵敏度。对比试块是由各部门按某些具体探伤对象规定的试块，主要用于调整探测范围，确定探伤灵敏度和评价缺陷大小，它是对工件进行评价和判废的依据。

超声探伤步骤：焊缝超声探伤一般安排 2 人同时工作，并由于超声检验通常要当即给出检验结果，因此至少应有一名Ⅱ级探伤人员担任主探。探伤人员应在探伤前先了解工件和焊接工艺情况，以便根据材质和工艺特征，预先清楚可能出现的缺陷及分布规律。同时，向焊接操作人员了解在焊接过程中偶然出现的一些问题及修补等详细情况，可有助于对可疑信号的分析和判断。

a.工件准备　主要包括探伤面的选择、表面准备和探头移动区的确定等。探伤面应根据检验等级选择。超声波检验等级分为 A、B、C 三级，其中 A 级最低，C 级最高，B 级处于A 和 C 级之间，其难度系数按 A、B、C 逐渐增高。A 级检验适用于普通钢结构；B 级检验适用于压力容器；C 级检验适用于核容器与管道。各检验级别的探伤面和探头角度见图 2-7和表 2-27。焊缝侧的探伤面应平整、光滑，清除飞溅物、氧化皮、凹坑及锈蚀等，表面粗糙度不应超过 $6.3\mu m$。

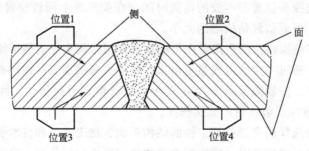

图 2-7　探伤面积和探伤侧

表 2-27　探伤面及探头折射角的选择

板厚/mm	探伤面			探伤方法	探头折射角
	A	B	C		
<25	单面单侧			直射法及一次反射法	70°
>25~50	单面双侧(1和2或3和4)或双面单侧(1和3或2和4)			直射法	70°或60°
>50~100	—				45°或60° 45°和60° 45°和70°并用
>100	双面双侧				45°和60°并用

b.探伤频率选择　超声波探伤频率一般在 0.5~10MHz。探伤频率高、灵敏度和分辨力高、指向性好，可以有利于探伤。但如果探伤频率过高，近场区长度大，衰减大，则对探伤造成不利影响。因此，探伤频率的选择应在保证灵敏度的前提下，尽可能选用较低的频率。对于晶粒较细的锻件、轧制型材、板材和焊件等一般选用较高的频率，常用 2.5~5.0MHz；对于晶粒较粗的铸件，奥氏体钢等宜选用较低的频率，常用 0.5~2.5MHz。

c.调节仪器　仪器调节主要有两项内容：一是探伤范围的调节。探伤范围的选择应以尽量扩大示波屏的观察视野为原则，一般受检工件最大探测距离的反射信号位置应不小于刻度范围的 2/3。二是灵敏度的调整。为了扫查需要，探伤灵敏度要高于起始灵敏度，一般应提高 6~12dB。调节灵敏度的常用方法有试块调节法和工件底波调节法。试块调节法是根据工件对灵敏度的要求，选择相应的试块，通过调整探伤仪有关控制灵敏度的旋钮，把试块上人工缺欠的反射波调到规定的高度；工件底波调节法，是以被检工件底面的反射波为基准来调整灵敏度。

d.修正操作　修正操作是指因校准试样与工件表面状态不一致或材质不同而造成耦合损耗差异或衰减损失，为了给予补偿，要找出差异而采取的一些实际测量步骤。

e.粗探伤和精探伤　粗探伤以发现缺陷为主要目的。主要包括纵向缺陷的探测、横向缺陷的探测以及其他取向缺陷的探测以及鉴别结构的假信号等。精探伤主要以发现的缺陷为核心，进一步明确测定缺陷的有关参数（如缺陷的位置、尺寸、形状及取向等），并包含对可疑部位更细致的鉴别工作。

探伤结果评定：超声波探伤结果评定内容包括对缺陷反射波幅的评定、指示长度的评定、密集程度的评定及缺陷性质的评定，然后根据评定结果给出受检焊缝的质量等级。但是，焊缝超声探伤有其特殊性，有些评定项目并不规定等级概念，而往往与验收标准联系在一起，直接给出合格与否的结论。

根据 GB/T 11345—2013《焊缝无损检测　超声检测　技术、检测等级和评定》中的规定，超过评定线的信号应注意它是否具有裂纹等危害性缺陷特征。如有怀疑时，应改变探头角度，增加探伤面，观察动态波形，结合结构工艺特征作出判定。如对波形不能准确判断时，应辅以其他检验作综合判定。

最大反射波幅超过定量线的缺陷应测定其指示长度，其值小于 10mm 时，按 5mm 计，相邻两缺陷各向间距小于 8mm 时，两缺陷指示长度之和作为单个缺陷的指示长度。最大反射波幅位于定量线以上的缺陷，根据其指示长度，按表 2-28 规定进行评级。

最大反射波幅不超过评定线的缺陷，均评为Ⅰ级；最大反射波幅超过评定线的缺陷，检验者判定为裂纹等危害性缺陷时，无论其波幅和尺寸如何，均评为Ⅳ级；反射波幅位于定量线与评定线之间区域的非裂纹性缺陷，均评为Ⅰ级；反射波幅位于判废线以上区域的缺陷，无论其指示长度如何，均评为Ⅳ级。不合格的缺陷，应进行返修。返修区域修补后，返修部位及补焊受影响的区域，应按原来的探伤条件进行复验，复验部位的缺陷也按上述方法评定。

表 2-28　焊接缺陷的等级分类

检验等级		A		B		C	
板厚/mm		8～50		8～300		8～300	
评定等级	Ⅰ	$\frac{2}{3}\delta$，最小 12	$\frac{1}{3}\delta$	最小 10 最大 30	$\frac{1}{3}\delta$	最小 10 最大 30	
	Ⅱ	$\frac{3}{4}\delta$，最小 12	$\frac{2}{3}\delta$	最小 12 最大 50	$\frac{1}{2}\delta$	最小 10 最大 30	
	Ⅲ	$<\delta$，最小 20	$\frac{3}{4}\delta$	最小 16 最大 75	$\frac{2}{3}\delta$	最小 12 最大 50	
	Ⅳ	超过Ⅲ级者					

注：1. δ 为坡口加工侧母材的板厚，母材板厚不同时，以较薄的板厚为准。
2. 对于管座角焊缝，δ 为焊缝截面中心线高度。

③磁粉探伤　磁粉探伤是利用强磁场中，铁磁场材料表层缺陷产生的漏磁场吸附磁粉的现象而进行的无损检验方法。对于铁磁材质焊件，表面或近表层出现缺陷时，一旦被强磁化，就会有部分磁力线外溢形成漏磁场，对施加到焊件表面的磁粉产生吸附，显示出缺陷痕迹。根据磁粉痕迹（磁痕）来判定缺陷的位置、取向和大小。

磁粉探伤方法可检测铁磁性材料的表面和近表面缺陷。磁粉探伤对表面缺陷灵敏度最高，表面以下的缺陷随深度的增加，灵敏度迅速降低。磁粉探伤方法操作简单，缺陷显现直观，结果可靠，能检测焊接结构表面和近表面的裂纹、折叠、夹层、夹渣、冷隔、白点等缺陷。磁粉探伤适用于施焊前坡口面的检验，焊接过程中焊道表面检验，焊缝成形表面检验，焊后经热处理、压力试验后的表面检验等。

a. 磁化方法　对工件进行磁化时，应根据各种磁粉探伤设备的特性、工件的磁特性、形状、尺寸、表面状态、缺陷性质等，确定合适的磁场方向和磁场强度，然后选定磁化方法和磁化电流等参数。磁粉探伤时常用的磁化方法有通电法、触头法、中心导体法、线圈法、磁轭法等。各种磁化方法的选用原则及特点见表 2-29。

表 2-29　各种磁化方法的特点及应用

磁化方法	优点	缺点	适用工件
通电法	迅速易行；通电处有完整的环状磁场；对于表面和近表面缺陷有较高的灵敏度；简单或复杂的工件通常都可在一次或多次通电后检测完；完整的磁路有助于使材料剩磁特性达到最大值	接触不良时会产生放电火花，对于长工件应分段磁化，不能用长时间通电来完成	实心、较小的铸锻件及机加工件
	在较短时间内可对大面积表面进行检测	需要专门的直流电源供给大电流	大型铸、锻件
	通过两端接触可使全长被周向磁化	有效磁场限制在外表面，不能用于内表面检测；端部必须有利于导电，并在规定电流下发生过热	管状工件，如管子和空心轴
触头法	通过触头位置的摆放，可使周向磁场指向焊缝区域，使用半波整流电流和干磁粉检测表面和近表面缺陷的灵敏度高，柔性电缆和电流装置可携带到探伤现场	一次只能探测较小面积，接触不好时，会产生电弧火花；使用干磁粉时，工件表面必须干燥	焊缝

续表

磁化方法	优点	缺点	适用工件
触头法	可对全部表面进行探伤,可将环状磁场集中在易于产生缺陷的区域,探伤设备可携带到工件不易搬动处;对不易检测出来的近表面缺陷,使用半波整流和干磁粉法进行检测,灵敏度很高	大面积检测时需要多向通电,时间较长;接触不好可能产生电弧火花;使用干磁粉时工件表面需干燥	大型铸、锻件
中心导体法	工件不能通电,消除了产生电弧的可能性;在导体周围所有表面上均产生环状磁场;理想情况下可使用剩磁法;可将多个环状工件一起进行探伤,以减少用电量	导体尺寸必须满足电流要求的大小;理想情况下,导体应处于孔的中心;大直径工件需要反复磁化	有孔、能让导体通过的复杂工件,如空心圆柱体、齿轮和大型螺母等
	工件不直接通电;可以检测内、外表面;工件的全长都可以周向磁化	对大直径和管壁很厚的工件,外表面的灵敏度比内表面有所下降	管状工件,如管子和空心轴等
	对于检测内表面的缺陷有较好的灵敏度	壁厚大时,外表面的灵敏度比内表面有所下降	大型阀门壳体等
线圈法	所有纵向表面均能被纵向磁化,可以有效地发现横向缺陷	由于线圈位置的改变,需要进行多次通电磁化	长度尺寸为主的工件,如曲轴
	用缠绕电缆可方便获得纵向磁场	由于工件外形的改变,需要进行多次磁化	大型铸、锻件或轴类工件
	方便、迅速,可用剩磁法;工件不直接通电;可以对比较复杂的工件进行探伤	工件端部灵敏度因磁场泄磁有所下降;在长径比较小的工件上,为使端部效应减至最小,需要有快断电路	各种各样的小型工件
磁轭法	不直接通电,携带方便;只要取向合适,可发现任何位置的缺陷	探伤所需要的时间较长;由于缺陷取向不定,必须有规则地变换磁轭位置	检测大面积表面缺陷
	不直接通电,对表面缺陷灵敏度高;携带方便;干、湿磁粉均可使用;在某些情况下可以通交流电,可作为退磁器	工件几何形状复杂探伤困难;近表面缺陷的探伤灵敏度不高	需要局部检测的复杂工件

b. 磁化设备 磁粉探伤机分为固定式、移动式和携带式三类,进行磁粉探伤时,可根据探伤现场、工件大小和需要发现工件表面缺陷的深浅程度进行选择。为验证被检工件是否达到所要求的探伤灵敏度,应采用灵敏度试片。在灵敏度试片上刻有人工缺陷,能用磁粉显示,显示的磁痕直观,使用简便。用它可以考查磁化方法与参数、磁粉和磁悬液性能、操作方法正确与否等综合指标。灵敏度试片有 A、B、C 三种类型,常用灵敏度试片见表 2-30。

表 2-30 常用灵敏度试片

型号	厚度/mm	人工缺陷槽深/mm	主要用途
A-15/100	100	15	检查探伤装置、磁粉、磁悬液综合性能及磁场方向、探伤有效范围等
A-30/100	100	30	
A-60/100	100	60	
B	孔径 $\phi 1.0$	孔深分别为 1mm、2mm、3mm、4mm 四种	检查探伤装置、磁粉、磁悬液综合性能
C	0.05	0.008	几何尺寸小,可用于狭小部位,作用同 A 型试片

磁粉在探伤过程中的作用是能被缺陷所形成的漏磁场所吸引,堆积成肉眼可见的图像。在磁粉探伤中,磁粉的磁性、粒度、颜色、悬浮性等对工件表面的磁痕显示有很大的影响。

磁粉的磁性用磁性称量仪来测定，磁粉的称量值大于 7g 时可以使用。磁粉应有高的导磁性和低的顽磁性，这样的磁粉对漏磁场有较高的灵敏度，去掉外加磁场时，剩磁又很小。球形磁粉具有很高的流动性和很好的吸附性，狭长、锯齿状的磁粉具有很好的吸附性但流动性差，使用时，两种形状的磁粉应混合使用。磁粉的粒度不低于 200 目。

c.操作步骤　磁粉探伤操作包括预处理、磁化和施加磁粉、观察磁痕等。

预处理：用溶剂等把试件表面的油脂、涂料以及铁锈等去掉，以免妨碍磁粉附着在缺陷上。用干磁粉时还应使试件表面干燥。组装的部件要将各部件拆开后进行探伤。

磁化：选定适当的磁化方法和磁化电流值。然后接通电源，对试件进行磁化操作。

施加磁粉：磁粉是一种磁性强的微细铁粉（Fe_3O 和 Fe_2O_3），通常有黑色的 Fe_3O_4、棕色的 Fe_2O_3 和灰白色的纯铁三种，另外还有荧光磁粉，它由一种磁粉上附着一层荧光物质而制成，在紫外线照射下发出黄绿色或橘红色的荧光。探伤时，根据试样表面颜色及状态等可分别选用，以取得最好的对比度为准则。如：表面具有金属光泽的工件，选用黑色磁粉或红色磁粉为好；色泽较暗的工件，宜选用白色磁粉；经发黑、发蓝的零件及零件内孔、内壁等难以观察的部位，选用荧光磁粉比较合适。

磁粉的喷撒分为干式和湿式两种。干式磁粉的施加是在空气中分散地撒在试件上，而湿式喷撒是将磁粉调匀在水或油中作为磁悬液来使用的。磁悬液有油悬液、水悬液和荧光磁悬液。磁悬液在使用过程中应保持清洁，不允许混有杂物，当磁悬液被污染或浓度不符合要求时，应及时重新配制。常用磁悬液的配方见表 2-31。

表 2-31　常用磁悬液的配方

类型	序号	材料名称	比例/%	磁粉含量/(g/L)
油悬液	1	灯用煤油	100	15～35
	2	灯用煤油 变压器油	50 50	20～30
	3	变压器油	100	15～35
	4	灯用煤油 10 号机械油	50 50	15～35
水悬液	5	乳化剂 10g,三乙醇胺 5g,亚硝胺 5g,消泡剂 1g,水 1000mL	—	1～2g
	6	肥皂 4g,亚硝酸钠 5～15g,水 1000mL	—	10～15g

观察磁痕：用非荧光磁粉探伤时，在光线明亮的地方，用自然日光和灯光进行观察；用荧光磁粉探伤时，则在暗室等暗处用紫外线灯进行观察。注意不是所有的磁痕都是缺陷，形成磁痕的原因很多，应对磁痕进行分析判断，把假磁痕排除掉，有时还需用其他探伤方法（如渗透探伤法）重新探伤进行验证。

d.探伤结果评定　磁粉探伤是根据磁痕的形状和大小进行评定和质量等级分类的。GB/T 26952—2011《焊缝无损检测 焊缝磁粉检测 验收等级》根据缺陷磁痕的形态，将缺陷的磁痕分为圆形和线形两种。凡长轴与短轴之比小于 3 的缺陷磁痕称为圆形磁痕；长轴与短轴之比大于或等于 3 的称线形磁痕。然后根据缺陷磁痕的类型、长度、间距以及缺陷性质分为Ⅰ、Ⅱ、Ⅲ和Ⅳ共 4 个等级，其中Ⅰ级质量最高，Ⅳ级质量最低。焊缝磁粉检验缺陷迹痕分级标准见表 2-32。

表 2-32 焊缝磁粉检验缺陷迹痕分级标准

质量等级		I	II	III	IV
不考虑的最大缺陷迹痕长度		≤0.3	≤1.0	≤1.5	≤5
缺陷迹痕类型	裂纹	不允许	不允许	不允许	不允许
线形	未焊透	不允许	不允许	允许存在的单个缺陷迹痕长度≤0.5δ,且≤2.5mm,100mm焊缝长度范围内允许存在缺陷迹痕的总长度≤25mm	允许存在的单个缺陷迹痕长度≤0.2δ,且≤3.5mm,100mm焊缝长度范围内允许存在缺陷迹痕的总长度≤25mm
	夹渣或气孔	不允许	允许存在的单个缺陷迹痕长度≤0.3δ,且≤4mm,相邻两缺陷迹痕的间距应不小于其中较大缺陷迹痕长度的6倍	允许存在的单个缺陷迹痕长度≤0.3δ,且≤10mm,相邻两缺陷迹痕的间距应不小于其中较大缺陷迹痕长度的6倍	允许存在的单个缺陷迹痕长度≤0.3δ,且≤20mm,相邻两缺陷迹痕的间距应不小于其中较大缺陷迹痕长度的6倍
圆形	夹渣或气孔	不允许	任意50mm焊缝长度范围内允许存在长度≤0.15δ,且≤2mm的缺陷迹痕2个;缺陷迹痕的间距应不小于其中较大缺陷迹痕长度的6倍	任意50mm焊缝长度范围内允许存在长度≤0.3δ,且≤3mm的缺陷迹痕2个;缺陷迹痕的间距应不小于其中较大缺陷迹痕长度的6倍	任意50mm焊缝长度范围内允许存在长度≤0.4δ,且≤4mm的缺陷迹痕2个;缺陷迹痕的间距应不小于其中较大缺陷迹痕长度的6倍

注:δ为焊缝母材的厚度,当焊缝两侧的母材厚度不相等时,取其中较小的厚度值作为δ。

当出现在同一条焊缝上不同类型或不同性质的缺陷时,可选用不同的等级进行评定,也可选用相同的等级进行评定。评定为不合格的缺陷,在不违背焊接工艺规定的情况下,允许进行返修。返修后的检验和质量评定与返修前相同。探伤完毕后,根据需要,应对工件进行退磁、除去磁粉和防锈处理。

e.安全操作规程 磁粉探伤系带电作业,操作时必须穿上绝缘鞋,同时还要注意以下几点:操作前认真检查电气设备、元件及电源导线的接触和绝缘等,确认完好才能操作;室内应保持干燥清洁,连接电线和导电板的螺栓必须牢固可靠;零件在电极头之间必须紧固,夹持或拿下零件时,必须停电;充电、充磁时,电源不准超过允许负荷,在进行上述工作或启闭总电源开关时,操作者应站在绝缘垫上;干粉探伤时要戴上口罩;荧光磁粉探伤时,应避免紫外线灯直接照射眼睛;防止探伤装置和电缆漏电,避免引起触电事故;浇注油悬液时,不许抽烟,不许明火靠近;触头或工件表面上由于接触电阻发热会引起烧伤。

④ 渗透探伤 渗透探伤是以物理学中液体对固体的润湿能力和毛细现象为基础,先将含有染料且具有高渗透能力的液体渗透剂,涂敷到被检工件表面,由于液体的润湿作用和毛细作用,渗透液便渗入表面开口缺陷中,然后去除表面多余渗透剂,再涂一层吸附力很强的显像剂,将缺陷中的渗透剂吸附到工件表面上来,在显像剂上便显示出缺陷的迹痕,观察迹痕,对缺陷进行评定。

渗透探伤作为一种表面缺陷探伤方法,可以应用于金属和非金属材料的探伤,例如钢铁材料、有色金属、陶瓷材料和塑料等表面开口缺陷都可以采用渗透探伤进行检验。形状复杂的部件采用一次渗透探伤可做到全面检验。渗透探伤不需要大型的设备,操作简单,尤其适用于现场各种部件表面开口缺陷的检测,例如,坡口表面、焊缝表面、焊接过程中焊道表面、热处理和压力实验后的表面都可以采用渗透探伤方法进行检验。

a.**渗透探伤方法** 渗透探伤方法按渗透剂种类可分为荧光渗透探伤和着色渗透探伤,其中荧光渗透探伤包括用水洗型(FA)、后乳化型(FB)和溶剂去除型(FC)荧光渗透探伤;着色渗透探伤也包括用水洗型(VA)、后乳化型(VB)和溶剂去除型(VC)着色渗透探伤。按显像方法,渗透探伤可分为干式显像法(C)、湿式显像法(W或S)和无显像剂显像法(A)。各种渗透探伤方法的特点及应用范围见表2-33。渗透探伤方法应根据焊接缺陷的性质、被检验焊件以及被检表面粗糙度等进行选择,见表2-34。

表2-33 渗透探伤方法的特点及应用范围

类别		特点和应用范围
荧光法	水洗型荧光	零件表面上多余的荧光渗透液可直接用水清洗掉。在紫外线等下有明亮的荧光,易于水洗,检查速度快,广泛应用于中、小型零件的批量检查
	后乳化型荧光	零件上的荧光渗透液要用乳化剂乳化处理后,方能用水洗掉。有极明亮的荧光,灵敏度高于其他方法,适用于质量要求高的零件
	溶剂去除型荧光	零件表面上多余的荧光渗透液用溶剂清洗,检验成本比较高,一般情况不采用
着色法	水洗型着色	与水洗型荧光相似,不需要紫外线灯
	后乳化型着色	与后乳化型荧光相似,不需要紫外线光源
	溶剂去除型着色	一般装在喷灌内使用,便于携带。广泛用于焊缝、大型工件的局部检查,高空及野外和其他没有水电的场所

表2-34 渗透探伤方法的选择

条件		渗透剂	显像剂
根据缺陷选定	宽深比大的缺陷	后乳化型荧光粉渗透剂	湿式或快干式,缺陷较长也可用干式
	深度在10μm以下的缺陷		
	深度在30μm左右的缺陷	水洗型、溶剂去除型荧光或着色渗透剂	湿式、快干式、干式(仅适于荧光法)
	深度在30μm以上的缺陷		
	密集缺陷及缺陷表面形状的观察	水洗、后乳化型荧光渗透剂	干式显像
按被检工件选择	批量小工件的探伤	水洗、后乳化型荧光渗透剂	湿式、干式
	少量而不定期的工件	溶剂去除型荧光或着色渗透剂	快干式显像
	大型工件及构件的局部探伤		
根据表面粗糙度选择	螺纹等的根部	水洗型荧光或着色渗透剂	湿式、快干式、干式(仅适于荧光粉)
	铸、锻件等粗糙表面(R_{max}为300μm左右)		
	机加工表面(Ra为5~100μm)	水洗、溶剂去除型荧光或着色渗透剂	干式(仅适于荧光法)、湿式、快干式显像剂
	打磨、抛光表面(Ra为0.1~6μm)	后乳化型荧光渗透剂	
	焊波及其他较平缓的凸凹表面	水洗、溶剂去除型荧光或着色渗透剂	
根据设备选择	无法得到较暗的条件	水洗、溶剂去除型着色渗透剂	湿式、快干式
	无电源及水源的场合	溶剂去除型着色渗透剂	快干式
	高空作业、携带困难		

b.**渗透探伤操作步骤** 渗透探伤主要包括四个基本操作过程。

预处理:对受检表面及附近30mm范围内进行清理,去除表面的熔渣、氧化皮、锈蚀、油污等,再用清洗剂清洗干净,使工件表面充分干燥。

渗透：首先将试件浸渍于渗透液中或者用喷雾器或刷子把渗透液涂在试件表面，并保证足够的渗透时间（一般为 15～30min）。如果试件表面有缺陷时，渗透液就深入缺陷。若对细小的缺陷进行检验，可将焊件预热到 40～50℃，然后进行渗透。渗透探伤常用着色渗透剂见表 2-35，荧光渗透剂见表 2-36。

表 2-35　渗透探伤常用着色渗透剂

成分(体积比)	1 号	2 号	3 号	4 号
乳百灵	10%	10%	10%	10%
苯馏分	70%	60%	—	—
170～200℃蒸馏汽油	20%	—	20%	30%
丙酮	—	—	50%	30%
苯甲酸甲酯	—	—	20%	20%
变压器油	—	—	—	10%
170～200℃蒸馏汽油	—	30%	—	—
蜡红	20g/L	20g/L	—	100g/L
玫瑰红	—	—	80g/L	—

表 2-36　渗透探伤常用荧光渗透剂

	基本物质	活化剂	发光颜色	最大发光波长/nm	激发光波长/nm
固体渗透剂	CaS	Mn	绿色	510	420
	CaS	Ni	红色	780	420
	CaS	Ni	蓝色	475	420
	ZnS	Mn	黄绿色	555	420
	ZnS	Cu	蓝绿色	535	420
	配方(体积比)			发光颜色	发光波长/nm
液体渗透剂	25%石油＋25%航空油＋50%煤油			天蓝色	460
	变压器油与煤油成 1:2 混合后加 5%鱼油			鲜明天蓝色	50
	变压器油与煤油成 1:2 混合后 加 5%鱼油和 0.11%的蒽油			玫瑰色	600
	苯甲酸甲酯 70%＋(甲苯＋丙酮＋正己烷)10% 混合后加增白处理(均为质量分数)			乳白色	—

乳化：使用乳化型渗透剂时，在渗透后清洗前用浸浴、刷涂方法将乳化剂涂在受检表面。乳化剂的停留时间根据受检表面的粗糙度确定，一般为 1～5min。常用乳化剂配方见表 2-37。

表 2-37　常用乳化剂配方

编号	成分	比例	备注
1	乳化剂 工业乙醇 工业丙酮	50% 40% 10%	—
2	乳化剂 油酸 丙酮	60% 5% 35%	必须配用 50～60℃热水冲洗
3	乳化剂 工业乙醇	120g/100mL 100%	加热互溶成膏状物即可使用

清洗：待渗透液充分地渗透到缺陷内之后，用水或清洗剂把试件表面的渗透液洗掉。所用清洗剂有水、乳化剂及有机溶剂，如酒精和丙酮等。

显像：把显像剂喷洒或涂敷在试件表面上，使残留在缺陷中的渗透液吸出，表面上形成放大的黄绿色荧光或红色的显示痕迹。渗透探伤所用显像剂见表 2-38。

表 2-38　渗透探伤所用显像剂

类型	成分
干式显像剂	氧化锌、氧化钛、高岭土粉末
湿式显像剂	氧化锌、氧化钛、高岭土粉末和火棉胶
快干式显像剂	粉末加挥发性有机溶剂

观察：对着色法，用肉眼直接观察，对细小缺陷可借助 3～10 倍放大镜观察；对荧光法，则借助紫外线光源的照射，使荧光物发光后才能观察。荧光渗透液的显示痕迹在紫外线照射下呈黄绿色，着色渗透液的显示痕迹在自然光下呈红色。

c.结果评定　渗透探伤是根据缺陷显示迹痕的形状和大小进行评定和质量等级分类的。GB/T 26953—2011《焊缝无损检测 焊缝渗透检测 验收等级》根据缺陷迹痕的形态，可以分为圆形和线形两类，凡长轴与短轴之比小于 3 的缺陷迹痕属圆形迹痕，长轴与短轴之比大于或等于 3 的称线形迹痕。然后根据缺陷显示迹痕的类型、长度、间距和缺陷性质分为Ⅰ、Ⅱ、Ⅲ、Ⅳ四个等级。

当出现在同一条焊缝上不同类型或不同性质的缺陷时，可选用不同的等级进行评定，评定为不合格的缺陷，在不违背焊接工艺规定的情况下，允许进行返修，返修后的检验和质量评定与返修前相同。

(2) 焊接接头力学性能试验

焊接接头力学性能主要通过拉伸、弯曲、冲击和硬度等试验方法进行检验。大多数焊接接头力学性能试验用试样制备、试验条件及试验要求等都有相应的国家标准。焊接接头力学性能试验方法及主要内容见表 2-39。

表 2-39　焊接接头力学性能试验方法及应用

标准名称	标准代号	主要内容	适用范围
焊接接头机械性能试验取样方法	GB/T 2649—1989（已废止）	焊接接头拉伸、冲击、弯曲、压扁、硬度及点焊剪切等试验的取样方法	熔焊及压焊焊接头
焊接接头拉伸试验方法	GB/T 2651—2008	焊接接头横向拉伸试验和点焊接头剪切试验方法，分别测定接头的抗拉强度和抗剪负荷	熔焊及压焊对接接头
焊缝及熔敷金属拉伸试验方法	GB/T 2652—2008	焊缝及熔敷金属的拉伸试验方法，测定其抗伸强度和塑性	采用焊条或填充焊丝的熔焊
焊接接头冲击试验方法	GB/T 2650—2008	焊接接头的夏比冲击试验方法，测定试样的冲击吸收功	熔焊及压焊对接接头
焊接接头弯曲及压扁试验方法	GB/T 2653—2008 和 GB/T 246—2017	焊接接头横向正弯及背弯试验、横向侧弯试验、纵向正弯及背弯试验、管材压扁试验，检验接头拉伸面上的塑性及缺陷	熔焊及压焊对接接头
焊接接头应变时效敏感性试验方法	GB/T 2655—1989（已废止）	用夏比冲击试验测定焊接接头的应变时效敏感性	熔焊对接接头

① 焊接接头拉伸试验（GB/T 2651—2008）　焊接接头拉伸试验样坯可以从焊接试件上垂直于焊缝轴线截取，机械加工后，焊缝轴线应位于试样平行长度的中心。样坯截取位置、方法及数量应按 GB/T 2651—2008 中的规定。

对每个试验试样应进行标记，以确定在被截试件中的位置。采用机械加工或磨削方法制备试样，试验长度内，表面不应有横向刀痕或刻痕。试样表面应去除焊缝余高，保持与母材原始表面齐平。

接头拉伸试样的形状分为板形、整管和圆形三种。板状拉伸试样的形状尺寸见图 2-8 和表 2-40。整管拉伸试样见图 2-9。圆形拉伸试样见图 2-10。

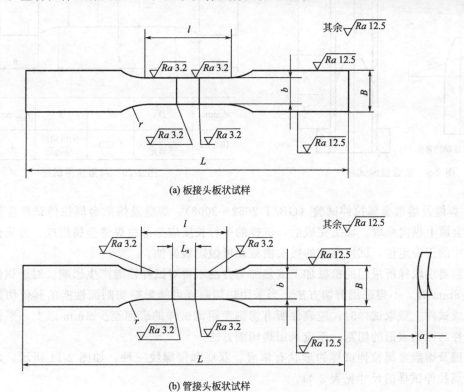

(a) 板接头板状试样

(b) 管接头板状试样

图 2-8　板状拉伸试样的形状

表 2-40　板状拉伸试样的尺寸　　　　　　　　　　　　　　　　　　　　　mm

总长		L	根据试验仪器确定
夹持部分宽度		B	$b+12$
平行部分宽度	板	b	$\geqslant 25$
	管	b	12（当 $D \leqslant 76$） 20（当 $D > 76$）
			当 $D \leqslant 38$，取整管拉伸
平行部分长度		l	$> L_s + 60$ 或 $L_s + 12$
过渡圆弧		r	25

注：L_s 为加工后焊缝的最大宽度；D 为管子外径。

试验仪器及试验条件应符合 GB/T 228.1—2010《金属材料 拉伸试验 第 1 部分：室温试验方法》规定，测定焊接接头的抗拉强度，然后根据相应标准或产品技术条件对试验结果进行评定。

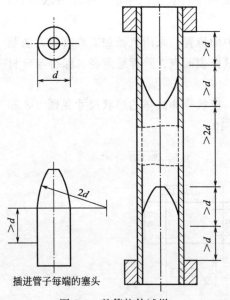

插进管子每端的塞头

图 2-9　整管拉伸试样

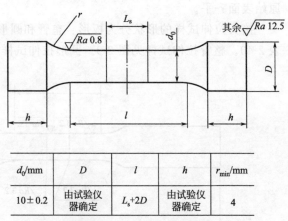

d_0/mm	D	l	h	r_{min}/mm
10±0.2	由试验仪器确定	L_s+2D	由试验仪器确定	4

图 2-10　圆形拉伸试样

② 焊缝及熔敷金属拉伸试验（GB/T 2652—2008）　焊缝及熔敷金属拉伸试样应从焊缝及熔敷金属上纵向截取。加工完成后，试样的平行长度应全部由焊缝金属组成。为确保试样在接头中的正确定位，试样两端的接头横截面可做宏观腐蚀。

试验要求取样所采用的机械加工或热加工方法不得对试样性能产生影响。对于钢件，厚度超过 8mm 时，不得采用剪切方法，当采用热切割或可能影响切割面性能的其他切割方法从焊件或试件上截取试样时，应确保所有切割面距离试样的表面至少 8mm 以上，平行于焊件或试件的原始表面的切割，不应采用热切割方法。

焊缝及熔敷金属拉伸试样的形状有单肩、双肩和带螺纹三种，如图 2-11 所示。焊缝及熔敷金属拉伸试样的尺寸见表 2-41。

表 2-41　焊缝及熔敷金属拉伸试样的尺寸　　　　　　　　　　　　　mm

d_0	一般尺寸		短试样		长试样	
	r_{min}		l	L	l	L
	单、双肩	带螺纹				
3±0.05	2	2				
6±0.1	3	3.5	$5d_0$	$l+d_0$	$10d_0$	$l+d_0$
10±0.2	4	5				

注：1. 试样直径 d_0 在 l 长度内的波动（最大值与最小值）不得超过 0.01mm（当 $d_0<5$mm）、0.02mm（当 5mm≤$d_0<10$mm）、0.05mm（当 $d_0=10$mm）。

2. 试样头部尺寸根据试验仪器的夹具结构而定。

拉伸试验设备及试验条件等均应符合 GB/T 228.1—2010《金属材料 拉伸试验 第1部分：室温试验方法》规定，测定焊缝及熔敷金属的抗拉强度，根据相应的标准或产品技术条件对试验结果进行评定。

③ 焊接接头弯曲及压扁试验法（GB/T 2653—2008 和 GB/T 246—2017）

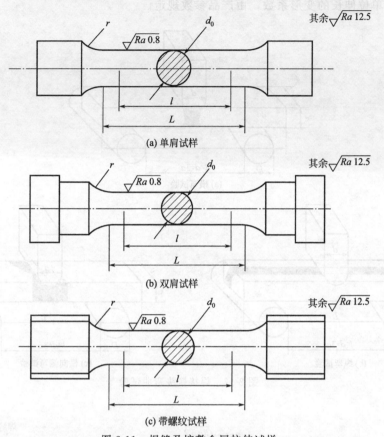

图 2-11　焊缝及熔敷金属拉伸试样

　　a. 弯曲试验　试样应符合 GB/T 2653—2008 的规定。横弯试样应垂直于焊缝轴线截取，加工后焊缝中心线应位于试件长度的中心。纵弯试样应平行于焊缝轴线截取，加工后焊缝中心线应位于试样宽度中心。每个试样打印标记，以记录在被截试件中的准确位置。试验长度范围内，试样表面不能有横向刀痕或刻痕，整个长度上应有恒定形状的横截面。焊缝的正、背表面均应用机械方法修整，使之与母材的原始表面齐平。

　　弯曲试验时，将试样放在两个平行的支撑辊子上，在跨距中间位置、垂直于试样表面施加集中载荷，试样发生缓慢连续弯曲，如图 2-12 所示。当弯曲角达到使用标准中规定的数值时，完成试验。检查试样拉伸面上出现的裂纹或焊接缺陷的位置和尺寸。

　　b. 压扁试验　压扁试验的目的是测定管子对接接头的塑性。管子的压扁试验有环缝压扁和纵缝压扁，试样尺寸见图 2-13。环、纵焊缝管接头压扁试验见图 2-14，环焊缝应位于加压中心线上，纵焊缝应位于作用力相垂直的半径平面内。当管接头外壁距离压至 H 值时（见图 2-14），检查焊缝拉伸部位有无裂纹或焊接缺陷，按相应标准或产品技术条件进行评定。

　　两压板间距离 H 值按下式计算：

$$H = \frac{(1+e)S}{e+S/D}$$

式中　S——管壁厚，mm；

　　　　D——管外径，mm；

e——单位伸长的变形系数，由产品参数规定。

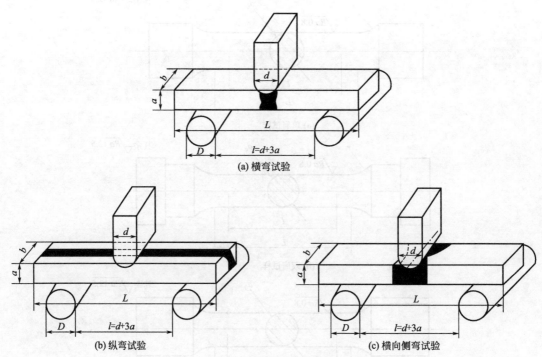

(a) 横弯试验

(b) 纵弯试验

(c) 横向侧弯试验

图 2-12　焊接接头弯曲试验

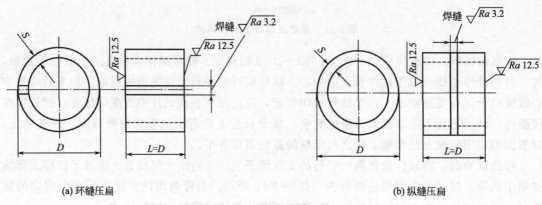

(a) 环缝压扁

(b) 纵缝压扁

图 2-13　压扁试样尺寸

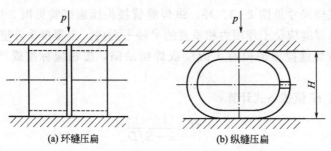

(a) 环缝压扁

(b) 纵缝压扁

图 2-14　压扁试验

④ 焊接接头冲击试验（GB/T 2650—2008）　冲击试样尺寸为 10mm×10mm×55mm，开 V 形缺口。试样缺口底部应光滑，不能有与缺口轴线平行的明显划痕。也可以采用带有 U 形缺口的试样进行冲击试验。采用机械加工或磨削方法制备试样，试样号一般标记在试样的端面、侧面或缺口背面距端面 15mm 以内。试样缺口处如有肉眼可见的气孔、夹杂、裂纹等缺陷则不能进行试验。

试样缺口可开在焊缝、熔合区或热影响区。试样的缺口轴线应垂直焊缝表面。开在焊缝、熔合区和热影响区上的缺口位置如图 2-15 所示。开在热影响区的缺口轴线试样纵轴与熔合区交点的距离 t 由产品技术条件规定。

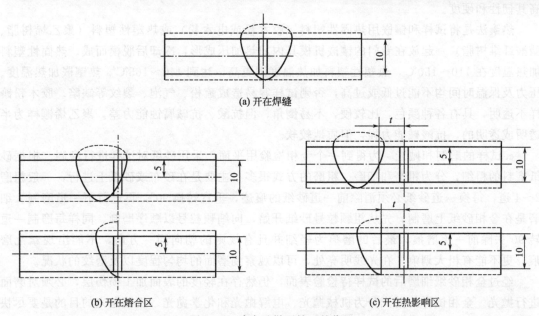

(a) 开在焊缝

(b) 开在熔合区

(c) 开在热影响区

图 2-15　冲击试样开缺口的位置

试验应符合 GB/T 229—2007《金属材料夏比摆锤冲击试验方法》的要求。根据所使用技术条件的要求，试验结果用冲击吸收功（J）表示，也可用冲击韧性（J/cm^2）表示。当用 V 形缺口试样时，分别用 A_{kV} 或 a_{kV} 表示；采用 U 形缺口试样时，相应用 A_{kU} 或 a_{kU} 表示。然后根据相应的标准或产品技术条件对试验结果进行评定。

(3) 焊接接头金相检验

① 金相试样制备

a. 试样的截取　焊接接头的金相试样应包括焊缝、热影响区和母材三部分。试样的形状尺寸一般根据焊接结构件的特点和焊接接头的形式进行确定，应从便于金相分析和保持试样上储存尽可能多的信息两方面考虑。金相试样不论是在试板上还是直接在焊接结构件上取样，都要保证取样过程不能有任何变形、受热和使接头内部缺陷扩展和失真的情况。

试样的切取可以采用手工锯割、机械加工、砂轮切割、专用金相切割和线切割等方法。对于硬度在 350HBS 以下的焊接件，可按取样要求，选择不影响被检验表面的部分在台虎钳上夹紧，然后用钢锯将需要的部分锯割下来。采用锯削、车削、铣削、刨削等机械加工手段都可以截取焊接接头试样，适用于加工截面较大的焊接件。砂轮切割机切割面积大，切出的截面比较平整光滑，使用也比较方便，但只能进行直线切割。

专用金相切割机主要用于切割硬度很高的金属。电火花线切割适用于截取各种软、硬金属材料焊件，切割后试样精度高，切割面平整，光洁度高，几乎无变形。切割面的变质层很薄，可以用砂轮机稍加磨削予以消除。

b. 试样的镶嵌　对于很小、很薄或形状特殊的焊接件，截取金相试样后难以进行磨制，可以采用机械工具夹持或对试样进行镶嵌。镶嵌分为冷镶嵌和热镶嵌两种。冷镶法是在室温下使镶嵌用环氧塑料固化，适用于不宜受压的软材料或金相组织对温度变化非常敏感以及熔点较低的材料。冷镶法采用的环氧塑料由环氧树脂加硬化剂组成，硬化剂主要是胺类化合物，通常硬化剂用量约占 10%。环氧塑料中还可以加入增韧剂或填料（如氧化铝粉）以提高其韧性和硬度。

热镶法是将试样和镶嵌用热固性塑料（胶木粉或电木粉）或热塑性塑料（聚乙烯树脂、醋酸纤维树脂）一起放在专门的镶嵌机模具内加热加压成形，冷却后脱模而成。热固性塑料加热温度在 110～150℃，热塑性塑料加热温度则更高，达到 140～165℃。热镶嵌加热温度、压力及保温时间均不能过低或过高，否则试样容易造成疏松、气泡、裂纹等缺陷。胶木粉镶样不透明，具有各种颜色，比较硬，不易倒角，但抗酸、抗碱腐蚀能力差。聚乙烯镶样为半透明或透明的，抗酸碱能力强，但质地较软。

c. 试样的磨制和抛光　为得到一个金相检验用平面，采用砂纸对试样进行磨制。根据砂纸磨料的粗细，分为粗磨和细磨。粗磨的方式很多，主要是在砂布或砂纸上进行，一般粗磨 2～4 道，每换一道砂纸必须消除前一道砂纸的痕迹，垂直转换 90°，再进行下一道磨制。细磨是在金相砂纸上磨制，先从粗颗粒号砂纸开始，向细颗粒号以顺序磨制。同样每磨制一道转 90°去除前一道磨痕，最后的磨痕为轻细并且有规则的朝向同一方向，不能出现紊乱磨痕，更不能有粗大划痕。在光线明亮处，可以观察到磨面的均匀程度以及磨纹的状况。

经过金相砂纸细磨后的试样待检验表面，仍然存在轻度的表面加工损伤层，必须对磨面进行抛光。金相试样的抛光分为机械抛光、电解抛光和化学抛光。机械抛光的目的是要尽快把磨制工序留下的损伤层除去。机械抛光一般分两步进行：一是粗抛，以最大抛光速率除去磨制时的损伤层；二是精抛，除去粗抛所产生的表面损伤，使抛光损伤减到最小程度。

电解抛光是利用金属与电解液之间通过直流电流时发生的电解化学过程为基础的。一定密度电流通过电路时，试样为阳极，表面发生选择性的溶解，原来的粗糙表面被逐渐整平达到与机械抛光相同的结果。主要用于低碳、低合金钢、不锈钢焊接接头以及铝、铜、钛、镍基合金等焊接接头。

化学抛光是依靠化学溶解作用得到光滑的抛光表面。在溶解过程中，表层产生氧化膜。经过化学试剂抛光的金属表面，虽然平滑仍然有起伏形状，但已能观察到金属的组织形态。尤其在现场，只要能把金属组织形态观察清楚，不用再进行浸蚀。低碳低合金钢、不锈钢-钢、铝-钢焊接接头及钛合金焊接接头采用化学抛光都能够获得良好的结果。焊接接头的化学抛光对某些焊接结构的现场非破坏性金相检查尤为适用。

d. 试样的显示　焊接接头金相试样组织常用的显示方法有化学试剂法和电解浸蚀法。化学试剂法是将抛光好的试样磨面在化学试剂中腐蚀一定时间，从而显示出试样的组织。对于纯金属和单相合金焊接接头试样，经过化学试剂腐蚀作用后，首先溶去了抛光时造成的表面变形层，显示出晶界及各晶粒的位向。

电解浸蚀是在直流电的作用下，试样作为阳极，有一定电流密度通过时，试样表面与电解液发生选择性的溶解，达到显示金属表面组织作用。电解浸蚀主要适用于抗腐蚀性强、难以用化学试剂法进行组织显示的材料。对于抗腐蚀性较强的材料，如果采用化学试剂显示，消耗时间长，效果差；如果采取加热化学显示剂的措施，又将对劳动环境造成严重污染。因此对于抗腐蚀性较强的焊接接头试样（如不锈钢和镍基合金）宜采用电解浸蚀法，消耗时间短，显示效果好。

异种材料接头的显微组织分析较为困难，其显微组织的显示是分析工作的技术关键。不同的母材金属及焊缝金属对同一种浸蚀剂表现出完全不同的腐蚀行为，很难同时显示出熔合线两侧的不同组织。浸蚀异种材料焊接接头组织最好采用不同的化学浸蚀剂或化学浸蚀和电解浸蚀相结合。典型异种金属焊接接头金相组织的显示方法见表 2-42。

表 2-42　典型异种金属焊接接头金相组织的显示方法

接头材料	显示剂和显示次序	备注
不锈钢＋钢	方法一： ①10g 铬酸酐（CrO_3）＋100mL 水溶液，电解腐蚀：电压 6V，电流密度 0.05～0.1A/cm^2，时间 30～50s ②4％硝酸酒精溶液，或 5g 氯化铁＋2mL 盐酸＋100mL 酒精溶液	浸蚀奥氏体钢部分 浸蚀碳素钢和低合金钢部分
	方法二： 50mL 水＋50mL 盐酸＋5mL 硝酸溶液（加热至出现水蒸气为止）	碳钢和不锈钢同时浸蚀
铜＋不锈钢	①8％氯化铜氨水溶液 ②10g 铬酸酐（CrO_3）＋100mL 水溶液，电解腐蚀：电压 6V，电流密度 0.05～0.1A/cm^2，时间 30～50s	浸蚀铜部分 浸蚀奥氏体不锈钢部分
铜＋低合金钢	①8％氯化铜氨水溶液 ②4％硝酸酒精溶液，或 5g 氯化铁＋2mL 盐酸＋100mL 酒精溶液	浸蚀铜部分 浸蚀碳素钢和低合金钢部分
钛＋钢	①100mL 水＋3mL 硝酸 ②4％硝酸酒精溶液，或 5g 氯化铁＋2mL 盐酸＋100mL 酒精溶液	浸蚀钛部分 浸蚀碳素钢和低合金钢部分
铝＋不锈钢	①95mL 水＋1mL 氢氟酸＋2.5mL 硝酸 ②10g 铬酸酐（CrO_3）＋100mL 水溶液，电解腐蚀：电压 6V，电流密度 0.05～0.1A/cm^2，时间 30～50s	浸蚀铝部分 浸蚀不锈钢部分
高镍铸铁＋不锈钢	12.5mL 盐酸＋37.5mL 硝酸＋50mL 冰乙酸，时间约为 10～20s	高镍铸铁和不锈钢同时浸蚀
铝＋低合金钢	①95mL 水＋1mL 氢氟酸＋2.5mL 硝酸 ②4％硝酸酒精溶液，或 5g 氯化铁＋2mL 盐酸＋100mL 酒精溶液	浸蚀铝部分 浸蚀低合金钢部分
Fe_3Al＋碳钢	①5％硝酸酒精溶液 ②75mL 盐酸＋25mL 硝酸溶液	浸蚀碳钢部分 浸蚀 Fe_3Al 部分
Fe_3Al＋不锈钢	75mL 盐酸＋25mL 硝酸溶液	同时浸蚀 Fe_3Al 和不锈钢但 Fe_3Al 的浸蚀时间长于不锈钢的浸蚀时间

② 金相检验的内容

a. 接头的宏观分析　宏观分析包括低倍分析和断口分析。低倍分析可以了解焊缝柱状晶生长变化形态、宏观偏析、焊接缺陷、焊道横截面形状、热影响区宽度和多层焊道层次情况。断口分析可以了解焊接缺陷的形态、产生的部位和扩展情况。通过对焊接接头金相试样的宏观分析，可以检查焊缝金属与母材是否完全熔合并显示出熔合区的位置，研究接头在结晶过程中引起的成分偏析情况。

在大型焊件断裂的事故现场，宏观分析通常是唯一的重要分析手段。通过宏观分析，根据断口各区形貌及放射线的方向，确定出断裂源，为微观分析取样提供依据。另外，通过断口表面的颜色、反光与否、表面粗糙度、断口花样（人字纹、疲劳纹等）、断口边缘的形貌（剪切唇及延性变形大小）、尺寸较大的冶金缺陷等，初步判断破坏的性质。

如果断开的两个残片匹配在一起，缝隙较宽处为裂纹源区；断口上有人字形花样，而无应力集中时，人字形花样的交汇处为裂纹源区；如果断口上有放射形花样，放射线的发源处为裂纹源区；断口表面无剪切唇处通常也为裂纹源区。断口颜色主要是指氧化色、腐蚀痕迹和夹杂物的特殊颜色。如断口面有氧化铁时，断口发红。

b.接头的显微金相分析　显微金相分析是指在大于100倍的放大倍数下对试样的分析，主要包括焊缝和焊接热影响区的组织类型、形态、尺寸、分布等内容。焊缝的显微组织有焊缝铸态一次结晶组织和二次固态相变组织。一次结晶组织分析是针对熔池液态金属经形核、长大，即结晶后的高温组织进行分析。一次晶常表现为各种形态的柱状晶组织。一次晶的形态、粗细程度以及宏观偏析情况对焊缝金属的力学性能、裂纹倾向影响很大。一般情况下，柱状晶越粗大，杂质偏析越严重，焊缝金属的力学性能越差，裂纹倾向越大。

二次固态相变组织是高温奥氏体经连续冷却相变后，在室温下的固态相变组织。焊缝凝固所形成的奥氏体主要发生向铁素体和珠光体的相变。相变后的组织主要是铁素体和珠光体，有时受冷却条件的限制，还会有不同形态的贝氏体和马氏体组织。

铁素体组织形态有呈细条状分布于奥氏体晶界上的先共析铁素体、以板条状向晶内生长的侧板条铁素体、针状铁素体和在晶内分布的细晶铁素体组织。在连续冷却条件下，焊缝通常为这几种不同形态铁素体的混合物。

焊接条件下的贝氏体转变较为复杂，大多是形成非平衡条件下的过渡组织。根据贝氏体的形成温度区间和形态特征，贝氏体组织有上贝氏体、下贝氏体和粒状贝氏体。上贝氏体组织特征为铁素体沿奥氏体晶界析出，并平行向奥氏体晶粒中扩展，在金相显微镜下呈羽毛特征。下贝氏体由于碳偏聚和碳化物的析出，在显微镜下则呈板条状分布。粒状贝氏体是待转变的富碳奥氏体呈岛状分布在块状铁素体之中，它不仅可以在奥氏体晶界上形成，也可在奥氏体晶内形成。

低碳低合金钢焊缝金属在连续快速冷却条件下，可形成板条马氏体。在光学显微镜下板条马氏体的组织特征是在奥氏体晶粒内部形成细条状马氏体板条束，在束与束之间有一定的角度。当焊缝金属的碳含量较高时，会形成片状马氏体。在光学显微镜下，片状马氏体的组织特征是马氏体片互相不平行，先形成的马氏体片可贯穿整个奥氏体晶粒，后形成的马氏体片受到先形成马氏体片的限制，尺寸较小，马氏体片之间也呈一定角度。

焊接热影响区的组织情况非常复杂，尤其是靠近焊缝的熔合区和过热区，常存在一些粗大组织，使接头的冲击吸收功和塑性大大降低，同时也常是产生脆性破坏裂纹的发源地。接头热影响区的性能有时决定了整个接头的质量和寿命，所以热影响区的显微组织分析应着重分析靠近焊缝的熔合区和过热区。

观察分析焊接接头显微组织时，对于常用的钢材、正常焊接工艺条件下的组织分析和鉴别，可以根据组织形态特征加以辨认。对于焊缝中非典型的组织形态（如混合组织），可根据化学成分、焊接工艺参数、冷却条件以及该材料的 CCT 图推测可能产生的组织类型、形态、数量和分布。对于不锈钢焊缝金属，还可利用舍夫勒图或德龙图半定量地进行分析。

c.定量金相分析　显微组织分析除定性研究外，有时需要进行定量研究。定量分析的常用方法有比较法、计点法、截线法和截面法。比较法是将被测像与标准图进行比较，和标准图中哪一级接近就定为那一级，如晶粒度、夹杂物及偏析等都可以用比较法判定其级别。比较法简便易行，但误差较大。

计点法一般常选用 3mm×3mm，4mm×4mm，5mm×5mm 的网格进行测量。截线法是采用有一定长度的刻度尺来测量单位长度测试线上的点数 P。截面法是用带刻度的网格来测量单位面积上的交点数 P 或单位测量面积上的物体个数 N，也可以用来测量单位测试面积上被测相所占的面积百分数。

近年来开发的焊接金相自动图像分析仪是结合光学、电子学和计算机技术对金属显微组织图像进行计算机智能化分析的自动图像分析系统。其中成像系统主要是将试样的光学显微组织转变成电子图像，以便于利用计算机进行图像处理和数据分析。采用计算机智能化金相分析，可用于实现晶粒的测量与分析（包括晶粒平均直径、平均面积、晶界平均长度和晶粒度等级等）、第二相粒子的测量与分析（包括体积分数、平均直径、质点间的平均距离等）、非金属夹杂物的测量与显微评定（包括等效圆直径、面积百分数、形状参数及分布状态等）。

d.电子显微分析　在光学显微镜下，细小的组织、析出相、缺陷、夹杂物等难以分辨时，或需要确定微区成分时，常规的光学方法很难完成，这就需要采用适当的电子显微方法做进一步的分析。

采用电子显微镜可对晶界的结构、位错状态及行为、第二相结构、夹杂物的种类和成分、显微偏析、晶间薄膜、脆性相、超显微的组织结构、裂纹或断口形貌特征及其上面富集的物质、焊接接头中微量元素的含量及分布等进行分析。电子显微分析方法有扫描电镜、透射电镜、X 射线衍射、微区电子衍射、电子探针等，这些分析方法的性能和用途见表 2-43。

表 2-43　电子显微分析方法的性能和用途

方法	最小分析的线性范围	放大倍数范围	主要用途
扫描电镜	$0.06\sim0.1\mu m$	$20\sim20000$	断口、组织、缺陷
透射电镜	$(1\sim3)\times10^{-4}\mu m$	$50\sim100000$	组织、相结构、点阵缺陷（空位、位错等）
X 射线衍射	$0.1mm$	—	相结构分析
微区电子衍射	$0.1\sim1\mu m$	—	相结构
电子探针	$0.1\sim1\mu m$	$50\sim400000$	微区成分、表面形貌
激光探针	$10\mu m$	—	微区成分（灵敏度高）
离子探针	$10\mu m$ 或表面 $0.01\mu m$	—	微量元素（10^{-9} 数量级）、H、B、C 的分布
俄歇电子能谱分析	表面 $0.01\mu m$	—	2～3 个原子层的成分和组织

第3章

焊缝外观缺欠

常见的焊缝外观缺欠主要有咬边、未熔合、焊瘤、凹陷及焊接变形等，有时还有表面气孔和裂纹、单面焊根部未焊透等。这些缺陷的存在直接影响焊接结构的安全使用，尤其是在锅炉压力容器和管道运行中带来的隐患和危害更为突出。

3.1 焊缝咬边分析

3.1.1 焊缝咬边类型及特点

咬边是焊接过程中由于熔敷金属未完全覆盖在母材的已熔化部分，在焊趾处产生的低于母材表面的沟或是由于焊接电弧把焊件边缘熔化后，没有得到焊条熔化金属的补充所留下的缺口。咬边是焊缝成形缺陷的一种，严重咬边可能影响构件性能甚至引起断裂。根据咬边在焊缝中的分布，可分为连续咬边和间断咬边；根据咬边的形状，可分为宽型咬边、狭型或极狭型咬边和浅狭型咬边。

① 宽型咬边 宽型咬边是在大的热输入和熔池呈紊流状态下施焊时，将邻近焊趾的母材金属熔化或冲刷掉，而焊缝金属在没有熔融金属流回充填焊趾而产生的沟槽凹缝。焊趾沟槽的宽度与深度属同一数量级，大约 1mm，利用量规可以测量和评定。

② 狭型或极狭型咬边 与宽型咬边相反，沟槽几乎被焊缝填满。目测沟槽底部的形貌难以评定，可用干式渗透或磁粉检测方法检测表面的非连续性，但难以测量其深度。当沟槽较深且结构可达性较好时，可采用超声波探伤检测。

③ 浅狭型咬边 与宽型和狭型咬边相比，浅狭型咬边属于显微裂缝性质。一般在 0.25mm 深度以内，这种沟槽是由焊趾部位存在冶金残渣，并在邻近焊趾的母材金属上有黏稠区或软化区所引起的。焊缝金属收缩中横向作用在焊趾上的焊后残余拉应力达到材料的屈服极限，使其在应力集中作用下类似潜在的显微裂缝开口。

3.1.2 焊缝咬边对接头质量影响

咬边或焊趾沟槽是沿着焊缝焊趾伸展的连续的或断续的缺口，势必增大局部应力值。咬边底部应力、局部应力升高的幅度取决于沟槽底部的形状。如果沟槽底部比较尖锐，咬边对焊缝形状和截面变化造成的应力会较大。咬边对接头质量的影响与作用在焊接结构上的应力有关。如果施加于结构上的应力大致平行于咬边或焊趾沟槽，咬边对焊趾沟槽扩展成明显裂缝的影响较小；但如果施加的应力或其中一个分力与焊趾沟槽相垂直，根据结构局部形状和载荷类型，可能引起结构件的严重破坏。

（1）静载荷

塑性结构中咬边引起的局部应力会促使沟槽底部局部屈服，以塑性变形释放应力。拉伸载荷卸载后底部弹性伸长的材料在弹性恢复后将受压，相反，受压构件卸载后沟槽底部端处的残余应力将是拉应力。如果施加的载荷极高，超过总屈服则弹性恢复可减至最小限度。所以咬边构件在塑性状态下在残留的咬边平面内随载荷大小可呈全拉伸或全压缩状态。咬边对对接接头、T形接头或腹板截面的影响如图3-1所示。咬边会减小接头的截面积，升高局部应力。但如果咬边与所加应力平行，又处于塑性状态，则不会影响接头性能。

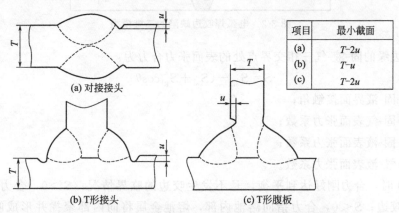

项目	最小截面
(a)	$T-2u$
(b)	$T-u$
(c)	$T-2u$

(a) 对接接头

(b) T形接头　　(c) T形腹板

图 3-1　咬边对对接接头、T形接头或腹板截面的影响

在脆性状态下任何形式的咬边都会增加脆断的危险，对于一些高强度材料或厚壁焊件，可容许的咬边值极低，甚至不容许有咬边缺陷。

（2）动载荷

咬边或焊趾沟槽对疲劳强度的作用比较复杂，与咬边的类型、咬边底部的尖锐程度及咬边深浅有关。如圆形沟槽、尖锐沟槽或显微裂纹等对疲劳强度的影响不同。尖锐的焊趾沟槽会深及部分截面，并在显微裂纹处引起扩展；圆形沟槽如表面上无显微裂纹，应力集中则较小。咬边深度与疲劳强度的关系是：咬边越深，疲劳强度越低。如厚度为9.5mm的800MPa钢焊缝，咬边深度为0.3mm时，疲劳寿命缩短10%～20%；咬边深度为0.64mm时，疲劳寿命缩短1/3。咬边将减少母材的有效截面积、在咬边处可能引起应力集中，特别是低合金高强钢的焊接，咬边的边缘组织被淬硬，易引起裂纹。

（3）腐蚀

咬边或焊趾沟槽在腐蚀环境中由于积聚腐蚀产物会加速局部腐蚀，较低的干燥速度与潮湿的焊趾沟槽会使应变加剧，在含有冶金残渣的区域危害更大。焊趾周围由停滞不动至紊流状态的液流对咬边腐蚀也有影响。经过保护性处理的构件，会使咬边或焊趾沟槽处难以湿润填满。残留内容物或其腐蚀产物的膨胀和收缩，或残存内容物的腐蚀反应，均有可能破坏金属与保护层之间的结合力而使构件失效。因此，应慎重选取表面层保护方法和咬边或焊趾沟槽的容限规范。

3.1.3 咬边原因及防止措施

(1) 咬边的原因

咬边的形成与焊缝表面固-液-气三相界面张力密切相关。如果不考虑电弧压力，从静力学角度考虑，稳定状态下电弧平板焊接熔化金属的形状可由图 3-2 所示的二维模型来说明。

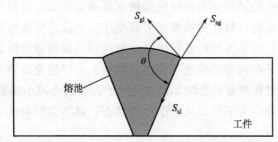

图 3-2　电弧焊咬边缺陷的二维模型

在熔池边缘的固-液-气三相交界点处的表面张力合力为：

$$S = S_{sg} - (S_{sl} + S_{gl}\cos\theta) \tag{3-1}$$

式中　θ——固-液界面接触角；

$\quad S_{sg}$——固-气表面张力系数；

$\quad S_{sl}$——固-液表面张力系数；

$\quad S_{gl}$——气-液表面张力系数。

当 $S=0$ 时，合力刚好达到平衡，是不发生咬边的临界情况；$S>0$，合力指向熔池外部，不发生咬边；$S<0$，合力指向熔池内部，熔池金属将向内部聚拢并形成咬边。因此，采取减小接触角、减小熔宽和增加熔敷量的措施可以避免咬边。

(2) 焊接参数对咬边的影响

① 临界焊接速度　咬边是电弧冲刷或熔化了近缝区母材金属后又未能充填的结果，这与焊接速度有密切关系。当焊接速度过大时，熔池液态金属凝固过快，缺乏充足的时间流至焊趾并填补母材熔缺部位，容易形成咬边。钨极氩弧焊（TIG 焊）和 CO_2 气体保护焊方法产生咬边的临界焊接速度 v 分别为：

$$v = K_1 U / I^{0.5} T_m \text{（TIG 焊）} \tag{3-2}$$

$$v = K_2 U / I^{1.22} T_m \text{（CO}_2 \text{ 焊）} \tag{3-3}$$

式中　K_1, K_2——常数；

$\quad U$——电弧电压，V；

$\quad I$——焊接电流，A；

$\quad T_m$——母材金属的熔点，℃。

不同焊接方法形成咬边的临界焊接速度如图 3-3 所示。

② 电弧电压和焊接电流的影响　电弧电压和焊接电流决定焊接热输入。焊接 T 形角焊缝时，采用较大的热输入单道焊最可能产生咬边。由于熔池尺寸大，焊缝金属在凝固成三角形前即行下垂而在上表面留有缺口产生的咬边。如在腹板两侧施行并列双弧焊时会在腹板两侧同时产生咬边。热输入过大时，特别是焊接电流过高，焊接速度过快，不但有未焊透的可能，还会削减熔合区的材料导致焊趾局部下凹，故应适当控制焊接热输入。

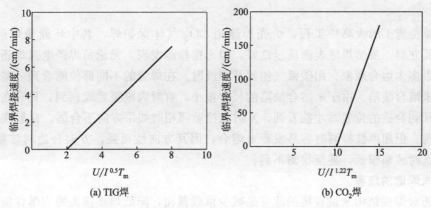

图 3-3　不同的焊接方法形成咬边的临界焊接速度

此外，焊接操作不当，如电弧过长、运条方式和角度不当、坡口两侧停留时间太长或太短均可能产生咬边。

（3）防止咬边的方法及措施

咬边的形成与熔池的扰动、熔融金属形成紊流及焊缝金属在凝固前未能填满相关。促使熔池两侧急剧搅动的因素有焊条类型、电弧长度、电流大小及电特性、待焊件的结构状态等。

① 熔池特征、近缝区金属的特性及两者间的某些反应，或熔池因冲刷而削弱，或部分邻接金属因过多熔化，都会影响熔化金属的容量。焊缝金属应能随着熔池边缘适时凝固，稳定地熔化，以获得正确的熔池侧缘形状。比较理想的熔化应使熔池凝固时表面的几何形状既无咬边或焊趾沟槽，又无未熔合。

② 操作者必须控制焊条位置，即保证完全熔化，又赋予焊接熔池以正确的外形。注意调整焊条倾斜角度，使熔池凝固时有足量的熔融金属来充填。

③ 采用摆动焊工艺时，要注意运条方式。摆动至两边缘时，焊条应短时停顿，可使焊缝金属与邻接板料之间的温度接近，并使填充金属与母材金属混合均匀，焊缝金属外形饱满，还可减少该接头区的热收缩应变。

④ 有经验的操作者选用的焊条角度能最低限度减少电弧吹力咬边的任何倾向。

⑤ 当有可能形成过量咬边时，可考虑避免在水平位置进行角焊缝的操作，如采用船形位置焊接。过量的摆动有时会产生咬边，因此宜采用多道焊工艺。当咬边的容限非常小时，应寻求适当的工艺，必要时可先行试验探索。

⑥ 焊接时要控制好焊接电流，应选用合适的电流，避免电流过大；操作时电弧不能拉得过长，并控制好焊条的角度和运条的方法。

3.2　未熔合及未焊透分析

3.2.1　未熔合及未焊透的危害

（1）未熔合的危害

未熔合不仅减少了结构的有效厚度，而且在工件使用过程中，未熔合的边缘处容易产生应力集中，会在其边缘处向外扩展形成裂纹，导致整个焊缝的开裂。未熔合缺陷一般都产生在焊缝内部，在焊缝表面看不到，如果检测不及时或检测不到，会对整个工件的质量造成严重影响。

如某单位施工的大高炉工程，炉壳焊缝用 CO_2 气体保护焊，其中环缝是焊条电弧焊，纵缝是电弧立焊。虽然焊缝表面质量良好，但无损检测发现，无论是焊条电弧焊还是电弧立焊，都有很多未熔合现象。用碳弧气刨刨开焊缝时，在焊缝的不同部位能看到一些细小、方向不一的未熔合缺陷。由于未熔合缺陷的尺寸很小，有时肉眼很难观察到，只有在大到一定尺寸和刨开到合适的位置时才能看到，X 射线检验照相时如果方向不合适，在射线底片上也不容易发现。但超声波检测时容易发现未熔合，因其方向性很强，方向合适时波幅会很高，方向不合适时波幅很低，甚至检测不到。

（2）未焊透的危害

未焊透对焊接结构来说直接的危害是减少承载截面，降低焊接接头的力学性能。未焊透引起的应力集中远比强度降低的危害性还要大，承受交变载荷、冲击载荷、应力腐蚀或低温下工作的焊接结构，常常由此导致脆性断裂，主要存在以下几个方面：

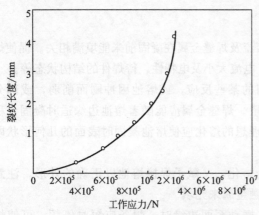

图 3-4　工作应力与疲劳裂纹扩展速度之间的关系

① 对疲劳强度的危害　无论是平焊或立焊，随着未焊透缺陷存在程度的加剧，静载强度与韧性急剧下降。而且，它对疲劳强度的影响更为严重。未焊透缺陷在拉伸和压缩残余应力区域时，对疲劳强度的影响不同。如未焊透在压缩残余应力的作用下所导致的裂纹生成周期相当长，存在一个扩展期；而在拉伸残余应力作用下，不存在裂纹的孕育期，裂纹扩展速度随着工作应力的增加而明显加快。接头中不同工作应力与疲劳裂纹扩展速度之间的关系见图 3-4。

未焊透缺陷的部位不同，它的抗疲劳能力不同。当采用双面焊接时，未焊透深埋在焊缝中间，不至于在短期内失效。当单面焊对接接头存在未焊透时，缺陷位于焊缝根部表面，几何上的不对称引起附加弯矩作用，在缺陷率相同的条件下，比埋在焊缝内部的未焊透缺陷对疲劳强度的影响更大。未焊透的方向也起重要作用。缺陷的方向与载荷方向相同时，未焊透对疲劳强度无不利影响。但是同样程度的未焊透方向与载荷正交，将严重削弱疲劳强度。因此，未焊透对焊接结构的危害是很严重的。

② 应力集中及裂纹扩展　未焊透在焊接缺陷中是被当作平面二维缺陷来处理的，通常可以当作裂纹情况来研究。图 3-5(a) 为焊缝内部存在未焊透时的应力分布，由图可见，未焊透两个尖端形成了峰值应力区。未焊透在板厚度方向的应力分布见图 3-5(b)，由图可见，未焊透在板厚度方向上也造成很严重的应力集中，并显著削弱了承载截面。

从焊缝金属的形成特征来看，焊缝在母材半熔化晶粒的界面上，非自发晶核依附在这个表面，以柱状晶的形态不断长大，形成交互结晶或联生结晶，最终形成焊缝。柱状晶交界面处杂质较多，力学性能相对较差。特别是柱状晶由两侧的半熔化晶粒界面生成、长大并交汇后形成了一条界面，这部分是最后结晶部分，为焊接热裂纹诱发产生带，是个脆弱部分。而热影响区晶粒粗大，也是焊缝承载截面上的一个脆弱带。而未焊透导致的峰值应力正好处在这两个脆弱带上，是诱发疲劳裂纹产生的根源之一。因此，未焊透在焊接结构的疲劳载荷作用下，可能导致新缺陷产生在焊趾尖角应力集中的部位，即热影响区粗晶区产生并沿粗晶区向上方扩展，还

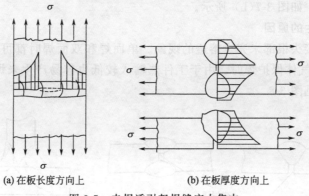

(a) 在板长度方向上　　　　　(b) 在板厚度方向上

图 3-5　未焊透引起焊缝应力集中

可能沿柱状晶近乎垂直向上扩展,或在长度方向上沿两个未焊透尖端向外扩展。

3.2.2　未熔合及未焊透产生的原因

(1) 未熔合产生的原因

焊接时熔池金属在电弧力作用下被排向尾部而形成沟槽,电弧向前移动时沟槽中又填进熔池金属,如果这时槽壁处的液态金属层已经凝固,填进的熔池金属的热量不能使金属再熔化,则形成未熔合。未熔合常出现在焊接坡口侧壁,多层焊的层间及焊缝的根部。产生未熔合的原因是焊接热输入太低,电弧发生偏吹,操作不当,坡口侧壁有锈蚀和污物,焊层间清渣不彻底等。

未熔合往往发生在焊缝底部,在焊缝表面看不到,须借助超声波或射线检测才能检查到。平焊时,未熔合多发生在沿母材的坡口面或多层焊的层间,如图 3-6 所示。

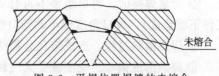

图 3-6　平焊位置焊缝的未熔合

此外,焊接电流太大而焊接速度又太慢,导致焊丝熔化后的液态金属流向离熔池较远的地方,铁水与周围的母材接触,覆盖在低温的焊道表面,从而造成未熔合;再一种情况就是坡口较宽时焊丝摆动幅度不够大而导致焊道两侧温度低,焊丝熔化后的铁水被快速降温后覆盖在坡口上造成未熔合。

横焊时,未熔合多发生在沿母材的上、下坡口面和焊道的层间,如图 3-7(a) 所示。产生这种现象的原因是焊接电流太大而焊接速度又过慢,从而导致液态金属沿母材的下坡口面向外流,覆盖在低温的下坡口面造成未熔合;沿上坡口面的每层焊道边缘处也容易产生未熔合现象。立焊时一般是 CO_2 气电立焊,属于自动焊。自动焊时由于母材厚度太大而焊丝又不摆动或摆动幅度不够大,从而造成离焊丝较远的沿坡口面的某些部位温度过低,形成未熔合。这种现象多发生在沿母材

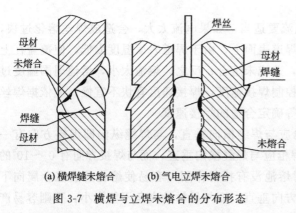

(a) 横焊缝未熔合　　(b) 气电立焊未熔合

图 3-7　横焊与立焊未熔合的分布形态

坡口面的两侧位置，如图 3-7（b）所示。

（2）未焊透产生的原因

未焊透是焊接接头根部未完全熔透的现象。单面焊和双面焊时都可能产生未焊透缺陷。细丝短路过渡 CO_2 气体保护焊时，由于工件热输入较低也容易产生未焊透现象。未焊透在焊缝中的形态特征见图 3-8。

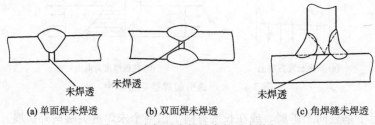

(a) 单面焊未焊透　　　　(b) 双面焊未焊透　　　　(c) 角焊缝未焊透

图 3-8　未焊透在焊缝中的形态特征

形成未焊透的主要原因是焊接电流太小、焊接速度过快、坡口尺寸不合适或焊丝未对准焊缝中心等，具体包括如下几方面。

① 焊接电流偏小，焊速过快，热输入小，致使产生的电阻热减小，使电弧穿透力不足，焊件边缘得不到充分熔化；

② 焊接电弧过长，从焊条金属熔化下来的熔滴不仅过渡到熔池中，而且也过渡到未熔化的母材金属上；

③ 焊件表面存在氧化物、锈、油、水等污物；

④ 管道焊接时，管口组装不符合要求，如管口组装间隙小（有时是人为造成、有时是工件下沉造成），坡口角度偏小，管口钝边太厚或不均匀等；

⑤ 焊件散热过快，造成熔化金属结晶过快，导致与母材金属之间得不到充分熔合；

⑥ 焊条药皮偏心、受潮或受天气影响；

⑦ 操作人员技术不熟练，如焊条角度、运条方法不当，对控制熔池经验不足；

⑧ 接头打磨和组装不符合要求。

3.2.3　未熔合及未焊透的防止措施

（1）未熔合防止措施

防止未熔合的主要措施是熟练掌握焊接操作技术，注意运条角度和边缘停留时间，使坡口边缘充分熔化以保证熔合。

① 采用正确的焊接工艺参数。焊接电流要适当，如果电流太大，会造成焊丝熔化过快，熔化的液态金属会流到焊丝的前面覆盖到焊道表面上，由于焊道表面温度太低，使覆盖在上面的液态金属来不及与母材熔合就已凝固，造成未熔合；反之，熔池太小，熔池周围温度过低，也会在熔池边缘造成未熔合。其次是控制焊接速度，焊接速度宜快不宜慢，应依据焊丝直径、电流大小以及坡口形式和焊接位置等确定合适的焊接速度。

② 选择合适的焊接角度。平焊时焊枪应与焊缝横向垂直，与焊缝纵向即焊接方向有一个向前约 20°的倾角。如果是手工立焊，焊枪应与焊缝横向垂直，而与焊接方向有 0°～10°的倾角。横焊时由于 CO_2 焊不产生熔渣，对熔池没有托付作用，容易使熔化的液态金属向下流，产生未熔合，因此焊枪角度应与焊接方向垂直，而与母材的夹角不能太小，否则容易产

生上坡口面的未熔合。

③ 保证焊丝摆动幅度。焊接时应根据母材厚度和坡口形式保证一定的焊丝摆动幅度，尤其是在平焊和立焊时，母材厚度较大的情况下，焊丝摆动和摆动幅度尤为重要。

④ 依据母材厚度确定焊接层数，尽量多层多道焊。要严格控制每一层的厚度，这也与焊接速度有关，焊接速度较快的焊层厚度小，这样能避免未熔合；焊接速度慢，每一焊层的厚度会增加，易产生未熔合。所以每条焊缝应多焊几层，即减小每一焊层的厚度，减少焊丝的摆动幅度，这样能杜绝未熔合。多层焊时底层焊道的焊接应使焊缝呈凹形或略凸。

焊前预热对防止未熔合有一定的作用，适当加大焊接电流可防止层间未熔合。高速焊时为防止未熔合缺陷，应设法增大熔宽或采用双弧焊等。

（2）未焊透防止措施

① 选用合理的坡口形式。手工 CO_2 焊采用大坡口小间隙比小坡口大间隙更便于操作，有利于提高焊透性。采用衬垫的对接焊缝，为使根部完全熔透，不带钝边的坡口比带钝边的更好，衬垫与零件之间应留有膨胀间隙。为保证接头根部焊透，焊缝结构设计应避免焊丝达不到的死角。

② 选用正确的焊接电流和焊接电压。在进行 T 形接头的 CO_2 气体保护焊时，由于平焊位置难以施焊，可将其置于横焊位置进行焊接。尽管如此也常产生未焊透。为防止产生未焊透缺陷应注意以下事项：

a. 焊接中等厚度以上的板材时，CO_2 焊应选用较大的焊接电流（大于 250A）；

b. 应选用比平焊时略高 4～5V 的电弧电压；

c. 坡口角度不能过小，否则将因母材的熔融不良而造成未熔合及未焊透。

③ 管道焊缝未焊透缺陷的防止。大型管道建设中，管道焊缝未焊透缺陷是不允许存在的。检测中一旦发生未焊透，立即会被判定为不合格。管道焊缝未焊透缺陷的防止措施如下：

a. 在满足焊接工艺的前提下，选择焊接电流、管口组装间隙、钝边、坡口角度的最佳组合；

b. 清理干净焊接表面的氧化物、铁锈、油污等杂质；

c. 在焊缝起焊与接头处，可先用长弧预热后再压低电弧焊接，焊缝根部应充分熔合；

d. 每次停弧后，用角向磨光机对接头进行打磨，其打磨长度一般为 15～20mm，且形成圆滑过渡。每次焊接时，在坡口内至起焊点 20～30mm 处引弧，然后以正常焊接速度运条，以保证焊接接头的充分熔合；

e. 进行根部焊接时，要严格控制熔孔直径，对要求单面焊双面成形的焊缝，操作者应将熔孔直径始终控制在 2.5～3mm 之间，并保持匀速运条，这样才能使内焊缝成形美观，符合质量要求；

f. 采用焊条电弧焊下向焊根部时，当环境风速大于 5m/s 时，必须采取防风措施，以保证焊接质量。

3.3　焊缝外观缺欠分析实例

3.3.1　耐热合金薄壁件脉冲激光焊接外观缺陷分析

GH3044 是航空发动机常用的耐热合金，属于固溶强化镍基抗氧化合金，在 900℃ 以下具有高的塑性和中等的热强性，适宜制造在 900℃ 下长期工作的航空发动机主燃烧室和加力燃烧室部件,并具有优良的抗氧化性和良好的焊接工艺性能。GH3044 高温合金激光焊接时,常见的焊接外观缺陷主要有未熔合、未焊透、背面缩沟、烧穿、飞溅、焊缝成形不良等。

(1) 外观缺陷分析

① 未熔合及未焊透 未熔合是薄壁件激光焊接时常见的焊接缺陷,主要有两种形式:一是焊缝正面的未熔合;二是焊缝根部的未熔合和未焊透,如图 3-9 所示。其主要危害有:造成有效承载面积减小,焊缝强度降低;缺陷部位应力集中,造成疲劳性能下降等。

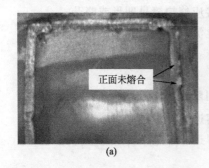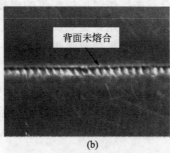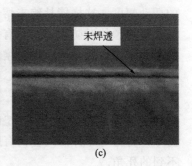

(a)　　　　　　　　　　　(b)　　　　　　　　　　　(c)

图 3-9　未熔合和未焊透

② 背面缩沟 正常焊接时,焊缝背面应有不超过板厚 1/4 的背面余高,如图 3-10(a)所示;实际焊接中常发现焊缝背面向上凹陷,多伴有飞溅和咬边,焊缝表面有氧化色,如图 3-10(b) 所示。其主要危害同未熔合。

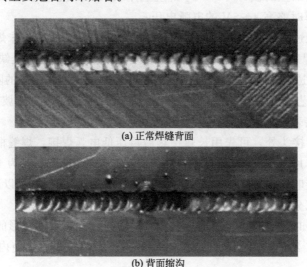

(a) 正常焊缝背面

(b) 背面缩沟

图 3-10　正常焊缝的背面与缩沟

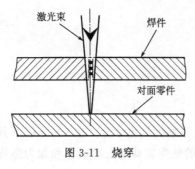

图 3-11　烧穿

③ 烧穿 多层零件焊接时会出现激光束穿过焊接部位,烧伤对面零件的情况,如图 3-11 所示。其危害主要是直接损伤零件表面,造成零件性能改变,可能造成报废。

④ 严重飞溅 严重飞溅表现为焊缝正面出现大量飞溅,焊缝处材料减少,焊缝正面余高不足,严重时产生咬边,如图 3-12 所示。其主要危害为:焊缝缺欠,无加强余高,有效承载面积减小;飞溅产物剥落造成多余物

污染；飞溅污染透镜表面，造成透镜表面热变形，降低焊接能量。

图 3-12　严重飞溅

⑤ 焊缝表面成形不良　正常情况下，焊缝宽度及高度应均匀一致，焊缝表面光滑。但实际焊接中可能出现焊缝宽度偏差超过焊缝宽度的 50%，焊缝高度超过焊件厚度 25% 的情况，如图 3-13（a）所示，有时还会存在背面成形粗糙的情况，如图 3-13（b）所示。其危害为：造成应力集中；降低零件疲劳寿命；使用中易出现裂纹。

⑥ 焊缝重叠率不足　焊接时正面焊缝的波纹细密，重叠率均能满足产品需要，如图 3-14（a）所示，但焊缝背面经常出现重叠率不足的情况，如图 3-14（b）所示。其主要危害有：焊缝不连续，有效承载面积减小；不连续部位易产生应力集中，造成零件在使用中早期开裂。

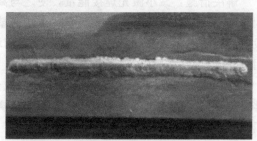

(a) 焊缝宽度偏差和余高过大

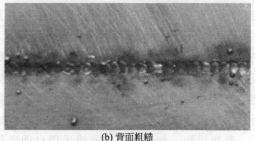

(b) 背面粗糙

图 3-13　焊缝表面成形不良

(2) 缺陷产生原因及对策

① 未焊透及未熔合　原因分析：激光能量低，造成基体或焊丝熔化不充分。激光能量低的原因有：激光参数设置不合理；透镜变脏遮蔽了部分激光；泵浦灯老化，造成激光能量不足；正离焦量过大，使到达焊件的激光束

焊缝正面

焊缝背面

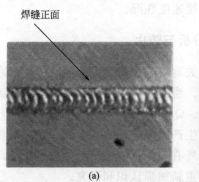

(a)

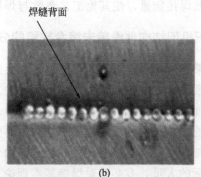

(b)

图 3-14　背面焊缝重叠率不足

发散，降低激光穿透能力，造成基体、焊丝熔化不充分；零件装配后，焦点位置不正确，相对激光的对中性不足，会造成偏焊，使背面焊缝单侧未熔合；光束入射角度不正确，也会造成未焊透。

解决措施：针对以上原因分析逐个排除，制订正确的焊接工艺参数，保证装配时对中性。

② 背面缩沟　原因分析：激光焊接能量过大，使焊缝区域金属受热膨胀，冷却时收缩量较大，造成焊缝金属上凹，形成缩沟。

解决措施：适当降低焊接能量，保证工件熔透但不会产生过度收缩；加强背面防护和冷却，使焊缝金属快速冷却，对防止背面缩沟也有一定效果。

③ 烧穿　原因分析：激光焊接能量与离焦量不匹配造成烧穿后，烧伤背面零件；装配间隙过大，造成激光穿过间隙，烧伤零件；采用负离焦造成激光穿透能力增强。

解决措施：减小激光焊接能量，使之与离焦量相匹配，保证焊缝成形但不会造成烧穿；调整离焦量，使之与其他参数匹配，焊接薄壁件时尽量避免采用负离焦；调整装配间隙，一般对口间隙不超过 0.5mm，超过时，应采用填丝焊；在焊接部位背面可达的情况下，可采用铜片等遮蔽物，保护对面零件。

④ 飞溅　原因分析：离焦量过小，造成局部能量过度集中，使金属气化，导致熔池搅拌过于剧烈，造成飞溅；透镜装反，改变了离焦量，同时造成光束能量分布改变，使熔池金属气化，造成飞溅。

解决措施：增加正离焦，使之与其他参数匹配；若发现飞溅有规律地偏向一侧，则检查透镜是否装反，正确安装透镜；在聚焦装置上安装空气刀，防止飞溅污染透镜。

⑤ 焊缝成形不良　原因分析：采用手工填丝时，送丝速度不均匀。在其他工艺参数不变的情况下，送丝快时焊缝余高变高，焊缝变窄；送丝慢时，焊缝宽度变大，余高变低。研究表明焊丝反射部分的能量，即反射的激光功率受送丝速度的影响很大，送丝速度的提高将使激光的反射能量明显增加。因此，送丝速度的不均匀造成焊缝成形不良；当背面保护不良时，焊缝背面成形也会变差，主要表现在焊缝波纹不规则、表面氧化及背面飞溅增多等。

解决措施：加强焊工技能或采用自动送丝，保证送丝速度均匀一致，保持焊接过程的稳定性；加强背面保护，背面通保护气体可实现薄壁件的单面焊双面成形。

⑥ 焊缝背面重叠率不足　原因分析：焊接速度与激光出光频率不匹配。正常焊缝背面尺寸小于正面尺寸，因此正面焊缝重叠率足够情况下，背面焊缝可能还未出现重叠。

解决措施：调整焊接速度与出光频率，如在出光频率不变的情况下，降低焊接速度，同时要适当降低焊接能量，使其他工艺参数与焊接速度匹配。

3.3.2　液压机架结构件焊接未熔合缺陷的分析与防止

液压支架在煤炭生产的安全支护中起着至关重要的作用。支架产品的质量除保证结构设计尺寸等因素外，主要在于焊接质量是否过关。当前的高端液压支架结构尺寸越来越大，所选材料的强度级别越来越高，从 Q345、Q460、Q550 到 Q690、Q900、Q960、Q980，对于支架结构件的焊接来说，难度也大幅增加。要生产出高质量的焊接件，必须对相应材料的焊接工艺进行细致的研究与把握。尽管目前国内外有关焊接的理论已经相当成熟，但对于从事焊接生产实际的人员，有必要对焊接基本理论重新加强认识和研究。

（1）液压支架结构件的主要焊接方法及各种因素对焊接质量的影响

液压支架结构件的焊接目前主要采用 CO_2 气体保护焊，在高强板焊接时常采用混合气体保护焊，焊接时根据材料的强度级别常采用直接焊接或焊件焊前预热和焊后去应力退火等工艺方法。焊接过程的各种影响因素主要有以下几点：若焊接速度高，则焊缝狭窄、熔深小、余高小、咬边和飞溅增加；若焊枪呈逆向倾角时，则焊缝狭窄、余高大、熔深大、易产生气孔；若焊丝直径太粗，则飞溅多、电弧不稳定、熔深小；若导电嘴与母材之间的距离大了，则在一定送丝速度情况下电流减小，熔深减小，焊缝容易弯曲；若弧长长时，焊缝高、余高小、熔深小、飞溅颗粒大；若焊接电流大，则焊缝宽、熔深大、余高大、飞溅颗粒小而少、焊缝成形不好；若焊嘴高度过高，则气体保护效果变坏，产生气孔，若过低，则由于飞溅容易堵塞而不能长时间焊接，焊接线不清晰；若母材表面有大量的附油、铁锈等就会产生气孔；若保护气体流量小或风大则产生气孔，随保护气体种类的不同而有不同的电弧状态、焊缝形态等。

（2）支架结构件焊接过程中的缺陷及产生未熔合缺陷的原因

焊接缺陷主要有裂纹、孔穴、固体夹杂、未熔合、未焊透及形状缺陷等，而在支架结构件焊接中未熔合是极为严重的焊接缺陷。产生焊接缺陷的原因很多，而且不同的焊接缺陷其原因也各不相同，各有特点。主要影响因素有母材、焊接材料、结构设计因素、焊接工艺及规范、操作者技能水平等。未熔合是指在焊缝金属和母材之间或焊道金属和焊道金属之间未完全熔化结合的部分，未熔合一般分为侧壁未熔合、层间未熔合、焊缝根部未熔合几种。未焊透是指焊接接头的根部未完全熔透的现象。

产生未熔合的主要原因：

① 焊接时焊枪行走速度过快，角度不当，也就是理论上说的焊接热输入太低；

② 坡口角度、大小不合适；

③ 焊接电流过小、电弧过长；

④ 坡口与焊层的焊渣、锈垢及污物清理不彻底；

⑤ 作业人员焊接随意，焊接技能水平不高，以及未严格执行焊接工艺及规范。

（3）对支架结构件焊接未熔合现象的实际表现及危害性分析

在日常焊接作业中发生的焊缝未熔合事件，往往在液压支架的加压形式试验中暴露出来，如图 3-15、图 3-16 所示。图 3-15 是 ZF4000 支架连杆较为典型的焊接未熔合案例。从图 3-16 可以看到焊缝与连杆基本没有熔合，在受力后发生与焊缝轴线平行的纵向开裂，剖开断面可以看到，连杆主筋板侧壁与焊缝基本没有熔合。

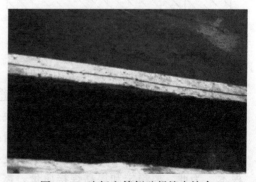

图 3-15　连杆焊缝未熔合　　　　　　　图 3-16　连杆主筋侧壁焊缝未熔合

　　焊接缺陷易引起应力集中,一般认为,结构件中缺陷造成的应力集中越严重,脆性断裂危险性越大,另外缺陷对结构件疲劳强度的影响比静载强度大得多。这是由于缺陷的存在,减小了结构承载的有效截面积,更主要的是在缺陷周围产生了应力集中。

　　焊接缺陷中未熔合是一种潜在的重大危险源,如果不能及时检查出,在结构件的关键部位一旦发生开裂,后果极为严重。例如,发生在20世纪90年代的南方某电厂压力容器吊装事故,压力容器在吊装过程中吊耳焊接处突然开裂,导致百余吨的压力容器从空中坠落,当场造成一死两伤的惨状,给社会造成极坏的影响。液压支架也是如此,关键结构件一旦因未熔合发生开裂,支撑力急剧下降,造成支架失效,后果相当严重。由此可见,焊接未熔合的危害性极大。

(4) 防止焊接未熔合的措施办法

　　① 提高操作者的操作技能水平,加强员工焊接技能培训以及责任意识的教育,经考核合格并持证上岗。

　　② 选用合适的坡口形式和尺寸,尽量避免窄而深的坡口。

　　③ 选用合适的焊接参数,使焊接电流、电压匹配合适。

　　以 CO_2 气体保护焊为例,其建议选用的焊接参数如表3-1所示。

表 3-1　焊接工艺参数

焊丝直径/mm	焊接电流/A	喷嘴距离/mm	气体流量/(L/min)
	100～150	10～15	15～20
1.2	150～250	15	20
	250～380	20～25	20

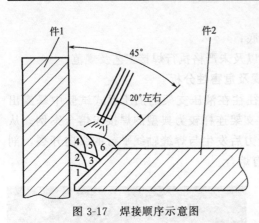

图 3-17　焊接顺序示意图

　　④ 采取短弧焊焊接,避免焊接电弧偏吹。

　　严格按焊接顺序焊接,尤其是中厚板焊接时采用的多层多道焊;焊接顺序如图3-17所示,件1和件2构成单面单边V形坡口,通过3层6道多层多道焊形成焊缝,焊接时考虑件2容易熔合,件1相对不易熔合,可以适当减小将焊枪与件2坡口间角度,使焊接电弧面向件1侧壁,焊接过程中应适当摆弧,使件1能够较好地熔合。

　　⑤ 加强焊接作业完毕的自检和完工检验,及时发现问题,对不合格焊缝按要求进行返工处理。

　　⑥ 结构件焊后进行消除应力处理。

　　⑦ 进行必要的形式试验,对构件焊缝进行检测。

　　总之,防止焊接未熔合最根本的解决途径还是加强科学的焊接结构设计,研究优化焊接工艺方法,提高焊工的操作技能水平和责任心。液压支架的焊接工作量在支架生产过程中占有相当大的比例,焊接质量直接影响到支架的品质,焊接作业的过程控制是保证焊接质量的根本。为此,要稳定和提高焊接质量,需要不断地继续努力研究和探索。

3.3.3 高速焊钢管焊缝凹陷和咬边分析

螺旋焊管在机组作业率、钢板厚度、钢板宽度、成形角度一定的条件下，其生产效率取决于焊接速度。

(1) 焊接工艺

钢管尺寸为 $\phi 478mm \times 5.6mm$，采用埋弧焊，焊丝为 CHW-SG（大西洋），焊剂为 SJ101G。内焊和外焊前丝焊采用林肯 DC-1500 焊机，外焊后丝焊采用 AC-1200 焊机。内、外焊点均处于下坡焊位置，如图 3-18 所示。焊接工艺参数见表 3-2。

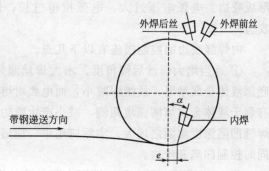

图 3-18　内外焊点示意图
α—焊丝后倾角度；e—焊点偏心距

表 3-2　钢管的高速焊的工艺参数

项目	工艺参数		
	内焊（单丝、直流反接）	外焊	
		前丝（直流反接）	后丝（交流）
焊接电流/A	850	800	400
电弧电压/V	30	32	36
焊丝直径/mm	4	4	3.2
焊丝干伸长/mm	25	30	25
焊点偏心距离/mm	15	45	33
焊丝倾角/(°)	8	4	12
与前丝的距离/mm	—		12

(2) 内焊缝凹陷的原因分析及控制措施

螺旋焊与在水平面上进行的直缝焊不同，焊接面是倾斜的，无论内焊点处于上坡焊还是下坡焊，熔池金属在凝固过程中都会因重力的作用而流动。当内焊点处于下坡焊位置时，随焊速的提高，熔池拉长，熔池金属流动倾向增大，焊缝凹陷深度增加。如果内焊点处于上坡焊位置，尤其当管径较小时，焊缝余高过大，两侧容易出现严重咬边，焊缝成形明显恶化；上坡焊位置正好处于带钢递送边与自由边咬合点附近，还易产生裂纹、气孔、夹渣等缺陷，因此在实际应用中应尽量避免采用上坡焊。采用下坡焊时，焊缝的熔深和余高均有减小，而熔宽略有增加，焊缝成形得到改善，产生咬边的倾向减小。

为获得良好的焊缝成形，须按焊缝成形的规律调节相关参数。其他条件不变时，增加焊接电流，焊缝熔深和余高都增加，而熔宽几乎保持不变；增大电弧电压，熔宽显著增加，而熔深和余高略有减小。高速焊时，熔深、熔宽及余高随焊速的增加而减小；焊丝外伸长增加，余高增加，熔深略有下降；偏心距增大，内凹深度增加；焊丝后倾角度增大，焊缝内凹深度增大。

(3) 产生咬边的原因分析及控制措施

咬边是在焊缝边缘形成的凹陷。产生咬边的主要原因是焊接电流过大和焊速太快，这时电弧对熔池金属的后排作用很强，弧坑很深，又没有足够的液体金属来填满弧坑两侧，因此形成咬边。电弧电压过大，电弧拉得过长，焊点位置不正确，焊丝倾角不当等也会造成咬边。

内焊缝咬边的控制措施有以下几点。

① 适当增大焊丝后倾角度。增大焊丝倾角时，电弧力后排熔池金属的作用减弱，熔池底部液体金属增厚，故熔深减小，而电弧对熔池前方的母材预热作用加强，故熔宽增大，这有利于液体金属填满弧坑两侧，减小产生咬边的倾向。咬边随下坡焊倾角的增大而减小，但焊缝凹陷深度则随之增大。实际应用中，应通过适当减小偏心距和适当增大焊丝倾角的办法同时控制凹陷和咬边。

② 适当降低电弧电压，缩短电弧长度。电弧电压太大，电弧拉得过长，则电弧摆动倾向增大，容易使母材金属两边局部过烧，造成咬边。

③ 避免焊丝左右偏斜。保证焊丝沿焊接方向前倾，而不能偏离焊接方向左右偏斜。如果焊丝偏离焊接方向向左或向右偏斜，必然使焊道两侧受热不均，容易导致偏流（焊缝一边高一边低）及单侧咬边。

④ 使用耐磨导电嘴并及时更换。导电嘴磨损严重时，导电性能降低，焊丝在导电嘴内摆动增大，既影响焊缝成形又因电弧摆动而使母材局部过烧，造成局部咬边。

⑤ 焊头固定牢靠。焊接过程中，导电杆颤动及焊头摆动，同样会使母材金属局部过烧，造成局部咬边。

⑥ 消除磁偏吹的影响。磁偏吹可导致电弧偏斜，致使母材金属两侧受热不均，导致偏流及单侧咬边。引起磁偏吹的原因是由于电弧周围磁场分布不均匀。生产中，常采取工件电缆选择恰当的接线部位来克服磁偏吹。低速焊时，内外焊工件电缆固定在成形机转盘同一位置；高速焊时将外焊工件电缆移接到了扶正器上。

⑦ 使焊枪与钢管轴线方向一致。原有的螺旋焊管机组内焊采用前入式（焊枪从带钢进入成形器方向伸入管内），微调装置多固定于成形器内压杆梁上，虽然微调装置与钢管轴线方向一致，但焊枪与钢管轴线方向却有一定角度。经过对内焊装置进行改造，保证了焊枪与钢管轴线方向的一致。

⑧ 确保成形稳定。成形焊缝时紧时松、螺距窜动、局部错边，板边切口不齐、波浪、毛刺以及坡口不规则等均会导致焊缝成形不良及咬边等缺陷。焊接时必须及时调整成形的稳定性。

此外，焊接设备性能稳定，送丝可靠，卷板、焊丝、焊剂匹配适当，工艺参数正确，操作熟练是确保焊接质量的先决条件。

3.3.4 高炉立峰管极电渣焊接头未熔合缺陷的防止

管极电渣焊具有焊接效率高，坡口边缘要求不严格，多数情况下不需要预热等诸多优点。武钢 2 号高炉及热风炉、1 号高炉热风炉立焊缝均采用管极电渣焊焊接（如图 3-19 所示），电渣焊焊机为 DZ5-1250，采用平特性匹配等速送丝。

平特性电源焊接电压一旦选定，就保持恒定，焊接电压与一定的潜入弧长相对应。而焊接电流随着弧长的伸长或缩短而减小或增加，以保持潜入弧长稳定。电流值的波动正是等速送丝自动焊自身调节功能的体现。电渣焊时，用水冷结晶盒强制成形。在水冷结晶盒之间存在一冷却"死区"，焊至该处时，温度会骤然升高，焊丝熔化速度加快，潜入弧长会增加。由于等速送丝的自动调节作用，电流会自然减小，熔化速度减慢，使潜入弧长恢复至原来长度。施焊过程中如出现这种情况，若将已经减小的电流盲目地调高，会破坏焊接平衡，造成未熔合。

施焊过程中常出现未熔合缺陷，影响工程整体质量。出现未熔合时，母材没有熔化，它与焊缝之间造成一定缝隙，内部夹有熔渣，在焊缝表面用肉眼即可发现。造成未熔合的原因主要有参数选择不合适、渣池不稳定、操作不当等。减少或防止未熔合的措施如下。

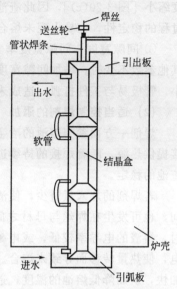

图 3-19　管极电渣焊示意图

（1）正确选择焊接参数

① 焊接电流（送丝速度）　电渣焊是利用电流流经高温熔渣产生的电阻热为热源。若焊接电流过小，热量不足，母材不能熔化，可能导致未熔合［见图 3-20(a)］；但是，若焊接电流过大，致使温度过高，又会使管状焊丝表面药皮熔融而失去绝缘性，在熔池电磁力的作用下，焊丝与母材接触，造成短路，从而破坏了渣池的稳定性，导致未熔合。根据经验归纳出的焊接电流关系式为 $I = (5 \sim 7)F_t$，式中 F_t 为管极横截面积（mm^2）。

② 焊接电压　焊接电压增大，渣池内析出的功率增大，熔宽增加［见图 3-20(b)］。因此，适当增加电压，可以防止出现未熔合。但电压过高，会破坏焊接过程的稳定性，甚至在渣池的表面产生明弧，造成未熔合。合理的焊接电压范围为 $38 \sim 55V$。

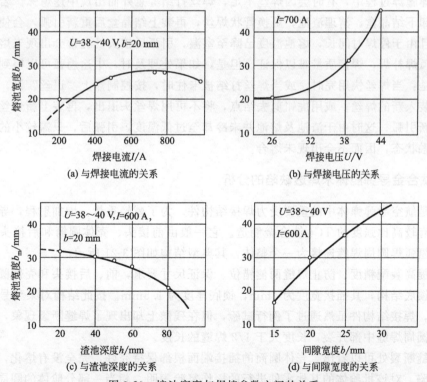

图 3-20　熔池宽度与焊接参数之间的关系

③ 渣池深度　渣池深度对熔池的宽度影响比较大。随着渣池深度的增大，金属熔池宽

度缩小 [图 3-20(c)]，因此渣池过深，易造成未熔合；但渣池过浅，会产生明弧，破坏焊接过程的稳定性，也易出现未熔合，渣池深度应 35～55mm 为宜。

④ 间隙宽度　间隙宽度增大，金属熔池深度基本不变，而熔池宽度增大 [图 3-20(d)]。其他参数不变时，增加间隙宽度会使热输入增大。间隙宽度一般为 25～40mm。间隙宽度过小，管极易与工件打弧，造成未熔合。

(2) 适当控制焊剂的添加

焊剂一方面参与熔池的冶金反应，补充合金元素，另一方面在通电时产生电阻热，为焊接提供热源。随着焊接的持续进行，焊剂不断地消耗，因此要经常向渣池补充焊剂，以保持渣池的稳定。

若焊剂的加入量过少，使渣池过浅，会出现明弧放电现象。放电可发生在焊丝与熔渣之间，也可发生在焊丝与母材之间，取决于以何种方式容易放电。当管状焊丝的直线度不高时，熔渣的电导率较低，或电磁力造成管状焊丝摆动，可能会出现焊丝与母材之间明弧放电，使热量转移而导致未熔合。若焊剂的加入量过多，使渣池过深，则热量不够集中且散热加快，从而降低熔池的温度，造成热量不足，而产生未熔合。

为了使电渣焊过程稳定，渣池深度应控制在 35～55mm。渣池稳定后，焊剂的补充应以保持渣池的稳定为原则，要少量多次添加。这样既能保证渣池深度稳定，又可避免因一次加入焊剂过多而造成渣池温度的骤然降低。现场施焊时可根据经验听渣池的声音来判断：清脆的沸腾声为正常，无声或有猛烈的爆破声为焊剂过多或过少。

(3) 中途熄弧的处理

电渣焊施焊过程中，有时会因焊丝不足，焊丝打结等意外而出现中途熄弧。若采用传统做法，即卸下结晶盒，清理渣池，更换管状焊丝，再装上结晶盒后重新引弧，会使劳动量成倍增加，且由于停焊时间长，熔池温度已降至室温，引弧后接头处经常会出现未熔合，只能用焊条电弧焊补焊，焊接质量难以保证。但是，如果处理及时，中途熄弧可以得到很好地解决。方法是：当焊丝快用完时，或当焊丝打结被卡住时，按控制盒上"退丝"键，使焊丝退出，迅速装入新的焊丝；或用虎钳剪去结点，将不可用焊丝头退出，再装上新焊丝，按"启动"键重新引弧。这时由于渣池及熔池并未冷却至过低温度，引弧后，只需较小的热输入便恢复至熔融状态，因而不会出现未熔合。

3.3.5　钛合金导弹舱体未焊透缺陷的分析

舱体是航空导弹弹体中的重要受力焊接结构件。为了减轻重量，增加射程，导弹舱体一般采用具有较高比强度的 TC4 钛合金制造。它一般由前接头、壳体圆筒和后接头通过两条自动钨极氩弧焊圆周焊缝连接为一个整体，其典型结构如图 3-21 所示。

为了提高装配精度、防止焊缝两侧错位、保证尺寸要求，前、后接头和壳体圆筒之间采用插接即锁底结构，其插接宽度为 4mm，锁底厚度为 1.5mm。按此结构对某型号导弹舱体进行焊接，焊接结构件虽然通过了例行试验，但在残骸上却出现了焊缝断裂现象，其位置是沿后接头圆周焊缝中部开裂，长度大于 1/2 焊缝的长度。

从焊缝断裂处可以看出，壳体圆筒的插接端面根部保持完好，完全没有熔化，是典型的未焊透缺陷。对该批舱体的其他零件进行的探伤复验表明，相当一部分舱体的圆周焊缝存在不同程度的未焊透缺陷，有的贯穿于整个圆周长度，严重地影响了产品的焊接质量及舱体的承载能力。

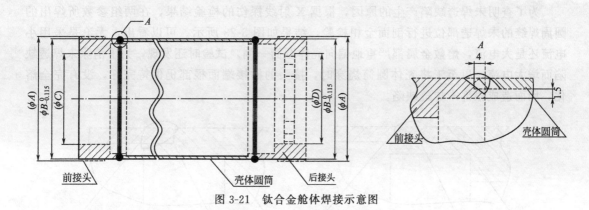

图 3-21　钛合金舱体焊接示意图

根据有关技术要求,未焊透和裂纹、未熔合缺陷是焊接接头中最危险的三种缺陷,在任何航空产品和一、二级焊缝中是不允许存在的,应予彻底消除。

(1) 未焊透缺陷的原因分析

为了查清钛合金舱体圆周焊缝产生未焊透缺陷的原因,对接头进行工艺性试验。试验所用的材料、接缝的尺寸与结构和实际产品完全相同,试验时在接缝两侧各开有 $0.5\text{mm} \times 45°$ 的坡口,采用自动钨极氩弧焊进行焊接,所用设备为美国 Jetline 公司生产的 CWL-108 型圆周氩弧焊机,焊丝牌号为 TC3,直径为 $\phi1.2\text{mm}$,焊接时钨极与接缝对中。舱体圆周焊缝的工艺参数见表 3-3。

表 3-3　舱体圆周焊缝的工艺参数

序号	焊接电流/A	焊接速度/(mm/min)	电弧电压/V	送丝速度/(mm/min)	焊接脉冲(刻度)			气体流量/(L/min)		
					脉宽	脉幅	频率/Hz	正面	背面	拖后
1	78	130	10	260～300	50%	50%	1.75	15	5	3
2	89	130	10.5	260～300	50%	50%	1.75	15	5	3

试验时所用的钛合金壳体圆筒试件的长度为 100mm,前、后接头试件的长度各为 30mm,共分成两组,即焊接电流分别为 78A、89A。试验时发现,两组试件的焊接熔池均严重地偏向壳体圆筒一侧,与焊接圆筒母线对接焊缝时的钨极左右对称形成了明显的区别,如图 3-22 所示。

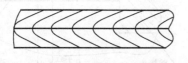

(a) 两侧热容相等的壳体圆筒母线焊缝

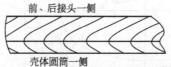

(b) 两侧热容不相等的舱体圆周焊缝

图 3-22　焊缝外观特征对比

随后对两组焊接试件的圆周焊缝进行 X 射线探伤检验,结果表明,它们均存在不同程度的未焊透缺陷,其中参数 1 的未焊透长度贯穿于整个圆周,参数 2 的未焊透长度占到整个圆周长度的 3/4。焊缝中均存在不同程度的熔合区气孔,但未超出有关技术要求,焊缝气孔属于合格的缺欠范围。

为了查明未焊透缺陷产生的原因，根据 X 射线探伤的检验结果，在两组参数所焊出的圆周焊缝的未焊透部位进行剖面金相检验，结果如图 3-23 所示。可以看出，无论是采用小电流还是大电流，熔敷金属都严重地偏向壳体圆筒一侧。试验时还发现，为了消除未焊透缺陷而增大电流，以至于将壳体圆筒烧穿时，接头的插接端面根部仍保持完好，没有完全熔化，因而造成根部未焊透缺陷。

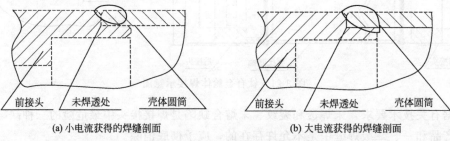

(a) 小电流获得的焊缝剖面　　　　　　　　　(b) 大电流获得的焊缝剖面

图 3-23　未焊透缺陷示意图

通过对试验现象的观察和对试验结果的分析，认为这是由于前、后接头和壳体圆筒的热容不平衡，两者相差过于悬殊造成的。前、后接头筒壁厚，热容大，又有夹具传热，而壳体圆筒筒壁薄，热容小，给予相同的热输入量，壳体圆筒的温度迅速上升，而前、后接头却升温慢、温度低，锁底处未达到熔化温度，从而造成未焊透缺陷。

（2）消除未焊透缺陷的工艺方案和对策

① 改变前、后接头的接缝形式和热源输入位置　焊接接头的接缝形式是指焊前待焊处的几何形状与尺寸。经查证，焊缝两侧的热容不平衡和内插接锁底结构是造成根部未焊透的主要原因。经试验验证，提出了如下三项改进措施。

a.改变接头形式　接头的几何形状及尺寸改变前、后的比较见图 3-24。为了保证接缝处焊透，把原来的接缝两侧各开 0.5mm×45°的坡口，改为前、后接头一侧开 2.0mm×30°的坡口，壳体圆筒一侧开 1.2mm×45°的坡口。为了减小锁底结构对热容的影响而又不至于丧失定位功能，将其 1.5mm×4.0mm 的尺寸改为 1.0mm×0.7mm。

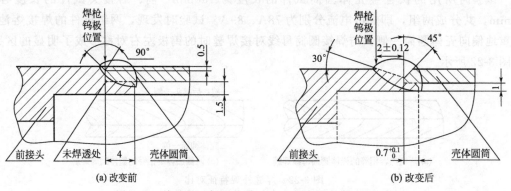

(a) 改变前　　　　　　　　　　　　　　(b) 改变后

图 3-24　接缝的几何形状及尺寸改变前与改变后的比较

b.改变热源输入位置　由于改变后的接缝形式仍然是插接锁底结构，接缝两侧的热输入和热传导没有得到根本改变，焊接时熔池仍会偏向壳体圆筒一侧，为了加大对前、后接头的热量输入，焊枪钨极不是对中接缝而是应偏向前、后接头 1.5～2.0mm。

c.选用合适的焊接参数　根据改变后的接缝形式和热源输入位置，重新改进的焊接工艺参数见表 3-4。

表 3-4　舱体圆周焊缝改进的焊接工艺参数

焊接电流/A	焊接速度/(mm/min)	电弧电压/V	送丝速度/(mm/min)	焊接脉冲（刻度）			气体流量/(L/min)		
				脉宽	脉幅	频率/Hz	正面	背面	拖后
98	130	10.5	340～360	50%	50%	1.75	15	5	3

此外，前、后接头与壳体圆筒之间的配合间隙不大于 0.3mm，如图 3-25 所示。

② 采用整体填料方法　在前、后接头的待焊处，用机械加工的方法加工出一个凸台止口，该凸台在焊接过程中，既用于壳体圆筒的定位，同时又作为填料使用，代替了焊丝。接头形式如图 3-26 所示。装配时，将壳体圆筒的待焊端装入凸台止口内。焊接时，焊枪钨极对准整体填料接头的合适位置，使其熔化形成焊缝。

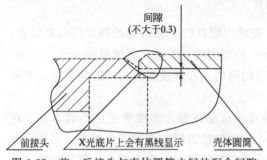

图 3-25　前、后接头与壳体圆筒之间的配合间隙

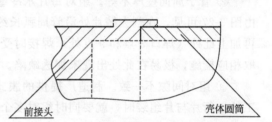

图 3-26　整体填料接头形式示意图

采用这种方法不但彻底消除了未焊透缺陷，并部分消除了热量不平衡带来的不利影响；同时，由于凸台充当填料，在焊接过程中不需外加焊丝，且操作方便、成形均匀，避免了因送丝对焊接质量的影响。由于填料和基体成分完成相同，焊接冶金缺陷相对较少。

③ 采用真空电子束焊　真空电子束焊具有能量密度高、穿透能力强、热量输入迅速等的特点，焊接时能够形成深而窄的穿透焊缝。故接缝两侧的热量不平衡和内插接锁底结构对其焊接质量不会构成影响，不会产生未焊透缺陷。这已在某小型导弹发动机壳体的焊接中得到了证实。但其缺点是成本高、效率低，而且要求接头与壳体圆筒之间的配合精度要高，原因是电子束焊方法不能进行填丝焊接。

3.3.6　安装膜式壁打底焊道未焊透原因及防止

某电站锅炉用水冷壁是由 $\phi60\text{mm}\times5\text{mm}$ 的管子与 $6\text{mm}\times20.5\text{mm}$ 的扁钢组焊成的膜式水冷壁管屏。在锅炉安装现场，先在地面上将膜式壁管屏水平组焊成整体（如图 3-27 所示），然后再吊装就位。水平组焊采用手工钨极氩弧焊打底和焊条电弧焊盖面。经 X 射线探伤检查有相当一部分焊缝有未焊透缺陷。

(1) 未焊透缺陷产生的原因

产生未焊透的原因是多方面的，当焊工技能、焊接参数等能够满足焊接质量要求时，产生此缺陷的主要原因有以下几方面：

① 膜式水冷壁管屏工地进行管子对接安装时，由于窄间隙有障碍操作极易在 3、9 钟点位置（见图 3-27）产生未焊透、未熔合缺陷。

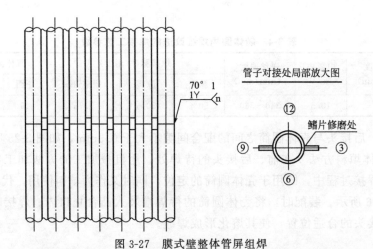

图 3-27　膜式壁整体管屏组焊

② 管子周向壁厚不等。组对每片水冷壁时，先将距焊口约 50mm 处的鳍片用气割切去。由图 3-27 可见，在割去鳍片处沿管周弧长约 12mm 的范围内，管壁比其他处厚 1.5～2mm。再加上此处（焊口 3 点和 9 点处）焊接时受两侧管的障碍，在焊接参数相同的情况下，不采取相应措施，极易在此处出现未焊透缺陷。

③ 组对间隙不一致。制造厂提供的膜式水冷壁半成品件是由多根管子组焊成 1 片。在工地进行片与片组装时，就要同时组对多个焊口，然而使组对间隙相同非常困难。另外，多个焊口不可能同时焊接，当焊完一部分焊口，其余尚未焊的焊口间隙会缩小，甚至为零。这些焊口在施焊中容易出现未焊透缺陷。

④ 强力组对出现的错口。由于半成品水冷壁在制造、长途运输和存放过程中会产生一定的变形，在现场地面水平预制时，多个焊口有可能不在一条水平线上，也就是说产生焊口组对不平齐的现象。此时若采取强力组对，被强行组对的管子在 TIG 打底焊热源的作用下，有可能复原产生错口。如果此时正好由于上述原因使对口间隙趋于零时，就会导致单侧或双侧未焊透现象。

(2) 未焊透缺陷的防止

① 每片半成品水冷壁组对前，应认真校验焊口平齐情况，对于较轻微的变形可采用火焰矫正或机械方法矫形后再组对。有的鳍片管变形太大，整体矫形困难大的可先将制造厂所焊鳍片间的连结焊缝割开，其割缝长度根据变形程度及应力大小而定，一般不超过 1500mm，然后再单根管矫形。待整片水冷壁组焊完后，再将割开的鳍片焊缝采用分段退焊法重新焊好。

② 严格控制多个焊口组对的最小间隙和最大间隙。使其中最小组对间隙能满足焊接质量要求，最大组对间隙不超过 5mm。施焊时，采取先焊间隙较小的焊口，后焊间隙大的焊口。这样既能避免产生未焊透，还有助于减小焊接应力和变形，同时可减少焊口浪费。

③ 每片最后焊的焊口间隙过小而不易保证焊接质量时，可使用端部修磨较尖锐的钨极施焊，以使电弧集中，易于焊缝根部熔透。

④ 改变原来在下面施焊焊工的操作方式，把添加焊丝的工作改由上面的焊工进行。这样，下面的焊工可以集中精力操作焊枪，将电弧始终准确地对准焊缝根部。以确保熔透。为了保证焊丝能够准确地加入熔池，先将焊丝端部按管子直径弯曲，由上面的焊工手持焊丝并

将焊丝上提，使其紧贴坡口间隙，然后由下面的焊工引燃电弧将坡口钝边和焊丝同时熔化形成封底焊缝。如此焊出的封底焊缝不仅能实现单面焊双面成形，还可以保证焊缝背面的余高不超标，满足水冷壁管内通球的要求。同时可提高焊缝一次合格率和封底效率，并节约焊丝。

⑤ 当焊至鳍片部位焊口 3 和 9 钟点处，因此处受管间距限制，除最好使用端部修磨较尖锐的钨极施焊，增大焊枪可达性外，关键应适当降低焊接速度，增加电弧在此处的停留时间，待熔池尺寸与其他部位相等，熔融金属成渗入状态时再前移。同时下面的操作者尽量向上多焊一段，为焊缝接头创造条件。焊后可用手电筒从尚未焊的坡口间隙向管内照明观察已焊部位的熔透情况，发现问题及时处理。需指出的是，当采用尖锐的钨极施焊且现场风大时，需采取防风措施，避免产生气孔缺陷。

第**4**章

焊缝成分偏析和夹杂

偏析是焊缝金属在不平衡结晶过程中由于快速冷却造成的合金元素不均匀分布的现象。偏析常出现在焊缝及熔合区中，严重的偏析易导致接头产生焊接热裂纹缺陷。焊缝中的夹杂物是由于焊接冶金过程中熔池中一些非金属夹杂物在结晶过程中来不及浮出而残存在焊缝内部。成分偏析和非金属夹杂物对焊接裂纹起源、焊缝金属韧性以及在延性断裂过程的影响等引起人们的关注。

4.1 焊缝成分偏析分析

4.1.1 焊缝中成分偏析分类

焊接过程的快速冷却条件导致焊缝金属的化学成分不均匀，严重的即出现偏析现象。根据成分偏析分布的特点，可将焊缝中的偏析分为显微偏析（微观偏析）、层状偏析和区域偏析（宏观偏析）三种类型。

(1) 显微偏析

显微偏析是在一个柱状晶或亚结构内，其晶粒内部与晶粒边界成分的不均匀现象，又称为微观偏析、晶间偏析或晶界偏析。这种偏析发生在焊缝柱状晶内或晶界，常见于液相线和固相线温度区间较宽的钢或合金焊缝金属中。这是由于焊接熔池在凝固过程中，先结晶的固相（相当于晶内中心部分）其溶质的含量较低，溶质在结晶界面浓聚，使后结晶的固相溶质含量较高，并富集了较多的杂质。

根据金属平衡结晶过程的理论可知，合金在结晶过程中，液、固两相的合金成分是在不断变化的。在熔池结晶的过程中，当温度降到液相线后，首先结晶形成的晶体含有的高熔点成分较多，随着温度的不断下降和结晶过程的继续进行，剩余液相中的低熔点成分越来越多。焊缝完全结晶后，由于冷却速度很快，焊缝金属中的合金元素来不及扩散，合金元素的分布是不均匀的，很大程度上保持着由于结晶先后之分造成在晶粒尺度上发生化学成分不均匀现象。

S、P 和 C 是最容易偏析的元素，焊接过程中要严加控制。合金元素的交互作用也往往促进偏析。当钢中的碳含量由 0.1% 增加到 0.47% 时，可使 S 偏析增加 65%～70%。但在 Cr18-

Ni8 奥氏体不锈钢焊缝金属中，当 Mn 含量为 1.5％～2.0％时，使 S 偏析下降 20％～30％。

由于柱状晶内胞状晶的亚结构界面多，其偏析远比柱状晶的晶间偏析低。树枝晶存在很多的晶间毛细间隙，它比胞状晶界有更大的亚晶界偏析倾向。亚结构晶间偏析程度较低，这种偏析可通过热处理或大变形量热轧、热锻消除。焊接冷却速度很小时，偏析减小。柱状晶界面的偏析可能引起热裂纹。

（2）层状偏析

层状偏析是由于结晶过程周期性变化导致化学成分呈层状分布的不均匀现象。焊缝金属横剖面经浸蚀可看到颜色深浅不同的分层组织。这是由于焊缝金属化学成分不均匀形成的，称为层状偏析或结晶层偏析。层状偏析是由于焊缝结晶过程放出结晶潜热和熔滴过渡时热能输入周期性变化，使树枝状晶生长速度周期变化，从而使结晶界面上溶质原子浓聚程度周期性变化的结果。

熔池金属结晶时，在结晶前沿的液态金属中，低熔点溶质的浓度最高。当冷却速度较低时，这一层浓度较高的低熔点溶质可以通过扩散来减轻偏析的程度。但冷却速度很快时，还没有来得及均匀化就已结晶，形成了低熔点溶质较多的结晶层。由于结晶过程放出结晶潜热和熔滴过渡时热能输入周期性变化，致使结晶界面的液态金属成分也发生周期性的变化。根据采用放射性同位素进行焊缝中元素分布规律的研究证明，层状偏析是由于热的周期性作用而引起的。

层状偏析是不连续的有一定宽度的链状偏析带，带中常集聚一些有害的元素（如 C、S和 P 等），并往往促使出现气孔、裂纹等缺欠。层状偏析也会引起焊缝金属的力学性能不均匀、耐腐蚀性下降及韧性降低等。

（3）区域偏析

焊缝柱状晶从熔合区联生向焊缝中心外延生长过程中，结晶界面杂质含量增高，形成偏析，称为区域偏析，也称为宏观偏析。

区域偏析实质上是从焊缝金属的熔化边界附近一直到中心部位成分逐渐发生变化的偏析。焊缝结晶时受温度梯度影响，柱状晶的生长方向是从熔合区指向焊缝中心的，由于柱状晶不断长大和推移，会把一些低熔点溶质"赶向"熔池的中部，致使最后结晶的部位低熔点溶质的浓度最高，导致焊缝边缘到焊缝中心存在化学成分不均匀现象。

4.1.2 偏析产生的原因及防止措施

（1）偏析产生的原因

① 焊接材料选用不当、焊接热输入太大都会导致焊缝金属晶粒粗化，容易引起偏析。因为当焊缝的结晶组织呈胞状晶长大时，在胞状晶的中心，含低熔点溶质的浓度最低，而在胞状晶相邻的边界上，低熔点溶质的浓度最高。当固相呈树枝晶长大时，先结晶的树干含低熔点溶质的浓度最低，后结晶的树枝含低熔点溶质浓度略高，最后结晶的部分，即填充树枝间的残液，也就是树枝晶和相邻树枝晶之间的晶界，低熔点溶质的浓度是最高的，导致在晶粒尺度上发生化学成分不均匀的现象。

② 当焊接速度较大时，成长的柱状晶最后都会在焊缝中心附近相遇，使低熔点溶质都聚集在那里，结晶后的焊缝中心附近出现严重偏析，在应力作用下，容易产生焊缝纵向裂纹。

(2) 防止偏析的措施

① 正确选用焊接材料，适当改善焊接工艺，以细化焊缝金属组织，因为随着焊缝金属晶粒的细化，晶界增多，可减弱偏析的程度。

② 适当降低焊接速度，因为高速焊接时，柱状晶近乎垂直地向焊缝轴线方向生长，在接合面处形成显著的区域偏析；而低速焊接时，熔池为椭圆形，柱状晶呈人字纹路向焊缝中部生长，区域偏析程度相应降低。

改善焊缝成分偏析的方法较多，其中控制焊缝凝固结晶过程、细化凝固组织，能有效地减少或消除焊缝偏析。例如，通过控制焊接工艺，如接头形式、工艺参数（焊接电流、焊接电压、焊接速度等）、填充金属等可以改变熔池温度梯度、冷却速度与焊缝形状尺寸，从而达到控制焊缝结晶生长方向、结晶形态与成分不均匀性的目的。

4.2 焊缝非金属夹杂物分析

非金属夹杂物聚集的地方易引起应力集中，降低焊缝的力学性能及加工性能，有些焊缝的断裂是由夹杂物引起的。焊条药皮类型和焊接工艺对焊缝中非金属夹杂物的形态和数量有很大影响。

4.2.1 焊缝中非金属夹杂物分类与特征

(1) 焊缝中夹杂物的分类

焊缝中的非金属夹杂物通常是指氧化物、硅酸盐、硫化物及氮化物等，其他的则属于钢中的第二相。焊缝中的氧和硫分别以氧化物和硫化物夹杂形式存在，这些夹杂物的分布形态、尺寸和数量对焊缝金属的质量有很大影响。

① 氧化物　主要由钢中的氧和脱氧剂作用而产生，由于来不及从熔池中排除到渣中而残留于焊缝中。降低钢中氧含量可以减少氧化物夹杂，提高焊缝冲击韧性。先进的冶炼工艺可以按不同钢种的要求，将氧含量控制在 0.003% 左右。

a. 氧化铝夹杂物。用铝脱氧的镇静钢中，绝大部分夹杂物是坚硬、不变形的细小固体颗粒（氧化铝）。因其表面张力大，不为液态熔池润湿，易于聚集成链状夹杂存在于焊缝中。氧化铝（Al_2O_3）的熔点很高（2050℃），密度 $3.96g/cm^3$，可作为其他夹杂物的析出核心，有时发现氧化铝存在于硫化物或硅酸盐夹杂物中。过多的氧化铝夹杂物使焊缝的力学性能下降。

b. SiO_2 夹杂物。焊缝中的 SiO_2 夹杂物呈球状，熔点 1723℃，密度 $2.23g/cm^3$，主要为硅脱氧的产物。

c. MnO 夹杂物。锰脱氧的产物，熔点 1850℃，密度 $5.36g/cm^3$。

d. Cr_2O_3、$FeO \cdot Cr_2O_3$ 夹杂物。

e. 锰铁混合夹杂物。

f. 其他氧化物夹杂。焊缝中的氧化物夹杂还有钙铁复合氧化物 $CaO \cdot Fe_2O_3$、铝酸铁 $FeO \cdot Al_2O_3$、钒铁矿 $FeO \cdot V_2O_3$、钛铁矿 $FeO \cdot TiO_2$ 等。用铝和稀土混合脱氧，将生成 Ce_2O_3 稀土氧化物和稀土硫化物。

② 硅酸盐　金属氧化物和硅酸根的化合物，是焊缝中常见的一类夹杂物。在焊条药皮采用硅锰、硅铁合金脱氧时，熔池中的 Mn 与渣中 SiO_2 之间的反应，或渣中的 MnO 被

MgO、FeO、CaO 等氧化物置换，形成可变形的硅酸盐，最常见的硅酸盐是硅酸亚铁和硅酸亚锰。硅酸亚锰也称锰橄榄石（$2MnO \cdot SiO_2$），熔点 1345℃，密度 $4.04g/cm^3$。硅酸盐能溶解多种化合物、氧化物、硫化物，成分比较复杂，可形成多种化合物共晶体及机械混合物。

硅酸盐夹杂物虽然成分复杂，但有些硅酸盐夹杂物具有独特的光学性质，如球状玻璃质硅酸盐，具有"暗十字"和"彩色环"的特征，这就给鉴别工作带来了方便。而有些复合硅酸盐，由于硅酸盐多数为透明的玻璃质，可利用偏振光和暗场观察其光学特征，将其与其他氧化物或硫化物区别开来。

③ 铝酸盐　在钢中的非金属夹杂物中，CaO 和 Al_2O_3 可以互相置换到不同的程度，形成不同含 Ca 量的铝酸钙相。钢中多数铝酸钙在夹杂物中是以 $CaO \cdot 2Al_2O_3$ 形式出现，这类夹杂物有较规则的形状：板条状、矩形或针状等。在高铝含量熔渣焊成的焊缝中容易形成 $CaO \cdot 6Al_2O_3$ 形式富铝的铝酸钙夹杂物，而且大多也是以规则形状出现。

④ 硫化物　主要以硫化亚铁（FeS）、硫化锰（MnS）以及它们的固溶体（Mn，Fe）S 形式存在于焊缝中。在锰和碳含量低的钢中存在较多量的硫，会出现大量 FeS 夹杂物。在一般碳钢焊缝的 S、Mn 含量下，形成的硫化物是以 MnS 为主的（Mn，Fe）S。当铝加入量过多时，除了一部分与氧结合为氧化铝外，一部分与硫化合而出现 $MnS\text{-}FeS\text{-}Al_2O_3$ 的复合夹杂物。钢中含有稀土元素的焊缝中可能形成稀土硫化物。

⑤ 氮化物　碳钢焊缝中的氮化物主要是 Fe_4N，在含 Ti、Zr、V 钢的焊缝中，即含有和氧亲和力强的形成稳定氮化物元素钢的焊缝中，有可能存在氮化物夹杂。含 Ti 的不锈钢焊缝中常见的是氮化钛（TiN）。在含有 Ti 而碳含量不高的钢中，除了氮化物外，还可能存在碳氮化物（$TiC \cdot TiN$）。氮化物夹杂的形状有规则，在显微镜下呈现正方形、矩形。低合金钢焊缝中的夹杂物还有氮化锆（ZrN）、氮化铝（AlN）、氮化钒（VN）等。当焊接时具有良好保护条件时，焊缝中氮化物很少，当保护效果不良时，焊缝中会产生较多氮化物。

（2）夹杂物的基本特征

虽然非金属夹杂物种类很多，但许多类型的夹杂物都具有特定的外形和变形行为。根据显微镜明场观察，可将夹杂物概括为具有代表性的以下几种特征。

① 在熔融状态由于表面张力的作用形成的滴状夹杂物，凝固后一般呈球状存在，如硅酸盐夹杂物。

② 具有较规则的结晶形状，如方形、长方形、三角形、六角形及树枝状等。对这些夹杂物规则的几何形状起主导作用的不是表面张力，而是结晶学因素起主导作用。

③ 当先生成相的尺寸具有一定大小时，后生成相分布在先生成相的周围，形成复合夹杂物。

④ 有的夹杂物呈连续或断续的形式沿着晶粒边界分布。

⑤ 按夹杂物的变形行为不同，可分为塑性夹杂物、脆性夹杂物及点状夹杂，塑性变形的夹杂物包括硫化物和硅酸盐。

⑥ 根据夹杂物的大小，分为尺寸小于 $0.2\mu m$ 的超显微夹杂，$0.2 \sim 100\mu m$ 的显微夹杂和大于 $100\mu m$ 的大型夹杂。

4.2.2　焊缝中非金属夹杂物防止措施

钢铁制造技术的进步需要焊接工艺和焊接材料不断发展，以便使焊缝金属具有与母材相匹配的力学性能。为了实现这一目的，需要在焊接过程中控制众多交互作用的因素，使焊缝金属具有一定的化学成分和所需的组织性能。

影响焊缝中产生夹杂物的因素主要有冶金因素、工艺因素和焊接结构等几个方面，见表 4-1。冶金因素主要是熔渣的流动性、药皮或焊剂的脱氧程度等；工艺因素主要有焊接电流和操作技巧等方面的影响；结构因素主要是焊缝形状和坡口角度等方面的影响。

表 4-1　影响夹杂形成的主要因素

冶金因素	结构因素	工艺因素
① 焊条和焊剂的脱氧、脱硫效果不好 ② 熔渣的流动性差 ③ 原材料中含硫量较高及硫的偏析程度较大	① 立焊、仰焊易产生夹杂 ② 深坡口易产生夹杂物	① 电流大小不合适，熔池搅动不足 ② 焊条药皮成块脱落 ③ 多层焊时层面清渣不够 ④ 电渣焊时焊接条件突然改变，母材熔深突然减小 ⑤ 操作不当

控制焊缝氧含量和减少焊缝中的非金属夹杂物是保证焊接质量、提高焊缝金属韧性的重要措施。防止焊缝中产生夹杂的最重要措施就是控制原材料（包括母材和焊丝）中的夹杂物，正确选择焊条、焊剂等，使之更好地脱氧、脱硫。其次是注意工艺操作：

① 选用合适的焊接工艺参数，以利于熔渣的浮出；

② 多层焊时，应注意清除前层焊缝的熔渣；

③ 焊条要适当地摆动，以便熔渣浮出；

④ 操作时注意保护熔池，防止空气侵入。

4.3　缺陷检验方法

4.3.1　夹杂物的显微观察

任何夹杂物都具有固有的色彩，通过显微镜明场、暗场观察，可以发现其中一些特殊的现象和本质特征。

① 明场下观察　由于入射光一部分经试样的抛光表面反射出来，另一部分经过夹杂物折射入金属基体与夹杂物的交界处，再经该处反射出来的光与金属表面反射出来的光混淆折射入物镜。此时在明视场下观察到夹杂物的色彩是被金属抛光表面反射光混淆后的色彩，而不是夹杂物本身固有的色彩。

② 暗场下观察　如果夹杂物是透明的，而且带有固有色彩，光线由夹杂物折射到金属基体与夹杂物的交界处，被反射后再经夹杂物射入物镜。由于试样的观察表面与物镜光轴垂直，没有反射光射入物镜，所以在暗场下能够准确观察到夹杂物的固有色彩，而且，物镜的分辨率越高，放大倍数越大时，夹杂物的颜色越清楚，色彩越真实。利用显微镜暗场观察可以确定夹杂物的透明度、夹杂物本身的色彩以及在明场下难以发现的细小夹杂物。

在明场下由于金属抛光表面反射光的混淆，无法判断夹杂物的透明度。但是，在暗场下不存在金属表面反射光混淆现象，可以观察夹杂物的透明度。暗场下观察到的夹杂物一般分为透明、半透明和不透明的三种类型。

在明场下观察夹杂物时，由于未经腐蚀的抛光表面对光具有强烈的反射能力，细小的夹杂物因为所占面积极小，它所反射出来的光与面积相当大的金属基体相比是微不足道的，因此就难以发现细小的夹杂物。在暗场下观察夹杂物时，物镜中没有吸收金属基体的反射光，仅有夹杂物折射出来的光。虽然夹杂物小，由于没有金属基体反射光的混淆，仍能清楚地看到细小的夹杂物相，所以在暗场下能够观察到明场时难以发现的细小夹杂物。

4.3.2　夹杂物及物相的测试法

夹杂物及物相分析的方法分为几个方面：

① 形态分析　研究夹杂物及物相的大小、形貌、分布、数量及性质等，试验方法有金相法、岩相法、扫描电镜分析、显微射线照相法、印痕法、差热分析法等。

② 成分分析　研究夹杂物及物相的组成和元素含量，其中有电子探针、离子探针、化学分析及光谱分析等。

③ 结构分析　主要是晶体结构、晶体学参数等测定，其中有 X 射线衍射、电子衍射、中子衍射及红外光谱分析等。

每种方法都有其优点及局限性，应根据夹杂物及物相分析的对象和目的选择分析方法。有时需要多种方法的相互配合，综合分析各种方法所得到的结果。

夹杂物的研究方法包括以下几个步骤。

① 首先在低倍（100～500 倍）显微镜明场下，观察夹杂物的大小、数量、分布形态、色彩、可磨性及可塑性等。初步判定夹杂物的基本类型，选择有代表性的视场和夹杂物，作下一步深入观察。

② 在中倍（400～800 倍）显微镜明场下，观察夹杂物形态、分布、组织特征、反光能力、用测微目镜测量夹杂物的大小，测微目镜上的刻度用物台微尺校准。夹杂的形状和分布与夹杂物的类型及来源有关：

a. 若夹杂物形成时间早，多以固态夹杂的形式存在于焊缝金属中，一般具有一定的几何形状，如方形、三角形的 TiN 夹杂物；

b. 若夹杂物以液态的第二相存在于焊缝中，由于表面张力的作用大多呈球状，如硅酸盐夹杂物；

c. 若夹杂物析出时间晚，多沿晶界分布，按夹杂物与晶界润湿情况的不同，或呈颗粒状（如 FeO），或呈薄膜状（如 FeS）；

d. 对变形后的试样进行分析，脆性氧化物（如 Al_2O_3）多呈串链状，而塑性夹杂物（如硫化物及含 SiO_2 低于 60% 的硅酸盐）则沿变形方向呈条带状分布；

e. 对于较大的夹杂物，可观察到其组织是单相还是复相，是固溶体、共晶体还是机械混合物等。

③ 在暗场下观察夹杂物的透明度以及透明夹杂物本身固有的颜色和组织。硅酸盐夹杂物在明场下多为暗灰色，不好区别，但在暗场下常呈现各种色彩鲜艳的颜色，较易于区别。因此，暗场下能够观察到明场中难以发现的细小透明夹杂物。

④ 在偏振光下观察夹杂物的各向异性效应、夹杂物的颜色、透明度及黑十字现象等。偏振光下根据夹杂物的亮度，可以区别夹杂物的透明度，因为不透明夹杂只能呈现黑色。球状各向同性透明夹杂物（如球状 SiO_2 及某些硅酸盐）在正交偏振光下可观察到特有的黑十字现象。球状各向异性夹杂物在偏振光下具有一种特殊的异性效应（等色环现象），如球状 $MnO \cdot SiO_2$ 除了具有黑十字现象外，还可观察到红绿黄等颜色的等色同心环。这是由于入射偏振光从球状各向异性夹杂物的内表面上反射的光线相互干涉作用的结果。

⑤ 在高倍（＞1000 倍）显微镜明场下观察。在暗场、偏振光观察的基础上，换上油浸物镜并在镜头上滴上一滴松柏油，观察夹杂物的光反射能力和色彩，尤其是透明度不高夹杂物的色彩，如 MnS 夹杂可观察到绿色的内部反光。松柏油的滴入使物镜聚光能力增强，提高了物镜的鉴别能力，可以观察复杂夹杂物的组织，如可清楚地观察到沿晶界分布的 FeS-FeO 共晶夹杂物。

夹杂物的类型不同，其显微硬度值也各不相同，即力学性质不同。根据所测得的显微硬度值的大小，可以对夹杂物进行粗略的分类。焊缝中各类夹杂物的显微硬度及金相特征见表 4-2。

表 4-2　焊缝中各类夹杂物的显微硬度及金相特征

名称	晶系及存在形态	分布状态	塑性	显微硬度（HM）	熔点/℃	光学特征		
						明场	暗场	偏振光
FeO	立方晶系，大多数为球形，变形后呈椭圆	无规则，偶尔沿晶界分布，常呈共晶结构	稍可变形	约 430	1370	灰色，边呈淡褐色	完全不透明（一般比基体更黑），有亮边	各向同性
MnO	立方晶系，呈不规则形状，有时为树枝状	成群分布，变形后沿形变方向略伸长	稍可变形	约 280	1850	暗灰色，在薄层中可观察到内部反光	在薄层中透明，本身呈绿宝石色彩	各向同性，在薄层中呈绿色
FeO·MnO	立方晶系，MnO 含量高时为八面体或不规则形状，有时呈树枝状，FeO 含量高时，可能为球形颗粒	多数情况下为成群分布	稍可变形	约 440	—	色彩随 Mn 含量增加，由灰色到灰紫色，并在中心部分红色反光	透明，透明度随 MnO 含量而增大，本身呈血红色并带有各种色彩	各向同性，橙黄到血红色并带有各种色彩
TiO₂	正方晶系		—	约 1500	2148	亮灰色	有时中心透明红色	各向异性
FeO·TiO₂	三角晶系，呈细小不规则形颗粒，有时见有圆形轮廓	成群或孤立分布，变形后呈链状分布	不变形	约 1000	1370	紫灰色	薄层时透明，有各种色彩，如玫瑰色、褐色等	各向异性，闪耀明亮的玫瑰红色彩
SiO₂	非晶体，圆球状	无规律	不变形	约 700	1695～1720	深灰色，中心有亮点并有光环	闪光，很透明	各向同性，有黑十字特征
MgO·Al₂O₃	立方晶系，呈规则形状（菱形、三角形、梯形等）		不变形	2100～2400	2135	灰色，稍带紫色	薄层透明	各向同性
FeO·Al₂O₃	立方晶系，呈规则形状		不变形	1150～1250	1780	暗灰色	稍透明并带黄绿色	各向同性
MnO·Al₂O₃	立方晶系			1000	1560	暗灰色	半透明棕红色	各向同性
2FeO·SiO₂	斜方晶系，呈球状，带有 SiO₂ 和 FeO 析出物	无规则	易变形	350～700	1205	暗灰色	透明，色彩由黄绿色到暗红色或亮红色，有亮环	各向异性，透明

续表

名称	晶系及存在形态	分布状态	塑性	显微硬度 (HM)	熔点 /℃	光学特征		
						明场	暗场	偏振光
2MnO·SiO₂	斜方晶系，主要呈球状	无规则	易变形	600~750	1300	暗灰色	透明，色彩由玫瑰红到褐色	各向异性
MnO·SiO₂	三斜晶系，主要呈球状	无规则	易变形	620~680	—	暗灰色	透明，由无色到五彩色（红、黄、绿）	各向异性
3Al₂O₃·2SiO₂	斜方晶系，常呈三角形和针状	无规则	不变形	1500	—	深灰色	透明，无色	各向异性，透明，无色
CaO·SiO₂	三斜晶系	无规则	不易变形	400~700	1540	暗灰色，有粗糙表面	透明，闪光	弱各向异性，透明
2CaO·SiO₂	单斜晶系				2130			
FeS	六角晶系，常呈球状或共晶状	无规则，在晶粒内部和沿晶界呈网状	易变形，沿变形方向伸长	约240	1170~1185	亮黄色	不透明	各向异性，深黄色或浅黄色
MnS	立方晶系	无规则，在晶内或沿晶界分布，变形后呈椭圆形或条状	可变形	180~210	1620	蓝灰色	弱透明，可观察到绿色的内部反光	各向同性，透明，黄绿色
FeS-MnS	主要呈球状或条带状	无规则，在晶粒内或沿晶界分布	易变形，沿变形方向伸长	200~240	—	随 MnS 含量的减少，色彩由灰蓝变为亮黄色	不透明	各向同性
TiN	立方晶系，呈规则的几何形状，如方形、三角形等	成群或孤立分布，变形后呈链状	不变形	约3000	约3000	金黄色	不透明，沿周界有亮线	各向同性，不透明
Ti(C,N)	立方晶系，呈规则形状或不规则形状	成群分布，变形后成链串状	不变形	高	—	随碳含量的不同由浅黄色到紫玫瑰色	不透明，沿周界有亮线	各向同性，不透明
VN	立方晶系，呈规则的几何形状	孤立或成群分布	不变形	高	2050	淡粉色	不透明，沿周界有亮线	各向同性
V(C,N)	立方晶系，呈不规则形状	孤立或成群分布	不变形	高	—	淡粉色到淡紫色	不透明，沿周界有亮线	各向同性
AlN	六角晶系，呈六角形、长方形、三角形等	晶内或沿晶粒边界分布	不变形	900~1000	2150~2200	紫灰色，中心有亮芯或亮带	透明，亮黄色到五彩色	强各向异性，尤其是亮芯或亮带处

名称	晶系及存在形态	分布状态	塑性	显微硬度（HM）	熔点/℃	光学特征		
						明场	暗场	偏振光
NbN	立方晶系	晶内或沿晶粒边界分布	不变形	—	—	亮黄色	不透明	各向同性

由表可见，硫化物的显微硬度值最低，约在 $180\sim240HM$ 的范围；氧化物（多数为双氧化物夹杂）的显微硬度值较高，约在 $1000\sim3500HM$ 的范围；硅酸盐夹杂物的显微硬度值在硫化物与氧化物之间，约在 $600\sim800HM$ 的范围。

焊缝金属中的硅酸盐夹杂物呈点（球）状分布。这些微小的点（球）状夹杂物在一般低倍光学显微镜下是难以发现的，但是在高放大倍数的电子显微镜下很容易观察到。可用电子探针（EPMA）对这些球状夹杂物进行分析和判定。通过分析各元素浓度变化可以判定夹杂物的种类和不均匀程度。

有棱角的铝酸盐夹杂物对焊缝金属性能危害很大，Al_2O_3 的热膨胀系数较小，急冷时的收缩小于基体；而且 Al_2O_3 的热塑性差，显微形态常呈棱角状，容易在尖角处造成较大的应力集中，促使微裂纹的萌生和扩展。焊缝总的氧含量从某种程度上反映出氧化物夹杂在焊缝中所占的比例，随着焊缝金属氧含量和夹杂物实际比例的增加，焊缝金属的缺口冲击韧性显著下降。

4.4 焊缝偏析与夹杂物分析实例

4.4.1 高强钢焊缝金属中的非金属夹杂物分析

近年来随着长距离能源管道材料与焊接技术的发展，管线钢的焊接性得到极大的关注，例如已经广泛采用的 X80 管线钢以及更高级别的 X100 管线钢。但这些钢焊缝的力学性能有很大的差异，例如来源于焊接材料、焊接工艺的改变，焊接位置以及熔合比的变化等。有时用化学成分的变化可以解释这种差异，但更多的情况却无法解释。因此，需要更好地了解高强钢焊缝金属的成分、组织、非金属夹杂物与性能之间的关系。

试验材料包括从低强钢 A36 钢板到 X80 和 X100 高强管线钢等不同材料的母材，见表 4-3。多数母材的板厚为 20mm，加工成 $152mm\times711mm$ 的试板，以满足各种焊接试验的要求。

表 4-3 试验母材、焊材、焊接工艺及焊缝金属编号

焊缝编号	母材	焊接工艺	焊接条件	焊接材料	保护气体
W1	SA-36 板材	FCAW	半自动	E71T-1	CO_2
W2	SA-36 板材	FCAW	半自动	E71T-1	CO_2
W3	X70 管线钢	GMAW	半自动	ER70S-7	CO_2
W4	X70 管线钢	GMAW	半自动	ER70S-6	CO_2
W5	X80 管线钢	SMAW	手动	E8010-G	—
W6	X80 管线钢	SMAW	手动	E9010-G	—

续表

焊缝编号	母材	焊接工艺	焊接条件	焊接材料	保护气体
W7	X80 管线钢	SMAW	手动	E90T8-G	—
W8	X80 管线钢	SMAW	半自动	E91T8-G	—
W9	X100 板材	GMAW	自动	ER100S-1	内/外,100%CO$_2$
W10	X100 板材	GMAW	自动	ER100S-1	内/外,脉冲 85%Ar+15%CO$_2$
W11	X100 板材	GMAW	自动	ER100S-1	内/外,双焊炬,脉冲 85%Ar+15%CO$_2$
W12	X100 板材	GMAW	自动	ER100S-1	外,脉冲 95%Ar+5%CO$_2$
W13	X100 板材	GMAW	自动	ER120S-1	内/外,100%CO$_2$
W14	X100 板材	GMAW	自动	ER120S-1	内/外,脉冲 85%Ar+15%CO$_2$

(1) 焊接方法和焊接材料

针对不同的焊接工艺和焊接材料。采用渣-气联合保护的药芯焊丝电弧焊（FCAW）、焊条电弧焊（SMAW）和熔化极气体保护焊（GMAW）进行焊接。药芯焊丝电弧焊既有自保护（T-8 型）焊丝，又有气保护焊丝。焊条电弧焊采用纤维素型和碱性焊条。焊缝熔敷金属名义强度为 490~840MPa。焊接工艺参数见表 4-4。

表 4-4　W1~W14 焊缝熔敷金属的焊接条件

焊缝编号	焊接材料		预热/层间温度 /℃	热输入 /(kJ/cm)
	根部焊道	填充焊道		
W1	E71T-1	E71T-1	室温/150	18~20
W2	E71T-1	E71T-1	室温/150	18~20
W3	ER70S-7	ER70S-7	—	—
W4	ER70S-6	ER70S-6	—	—
W5	E8010-G	E8010-G	室温/120	13
W6	E9010-G	E9010-G	室温/120	15
W7	ER70S-6,STT	E9018-G	室温/120	13
W8A	ER70S-6,STT	E9018-G	室温/120	9.0
W8B	ER70S-6,STT	E9018-G	室温/120	12
W8C[①]	ER70S-6,STT	E9018-G	室温/52	11
W8D[②]	ER70S-6,STT	E9018-G	室温/120	10
W9	ER100S-1	ER120S-1	50/150	7.6
W10	ER100S-1	ER120S-1	50/150	8.0
W11	ER100S-1	ER120S-1	50/150	9.0
W12	ER120S-1	ER120S-1	50/150	8.2
W13	ER120S-1	ER120S-1	50/150	7.7
W14	ER120S-1	ER120S-1	50/150	8.5

①低层间温度（冷）。
②高层间温度（热）。
注：STT 为表面张力过渡电源（sueface-tension-transfer power source，STT 电源）。

(2) 焊缝组织结构分析方法

焊缝金属成分分析时，从拉伸试样的颈缩区选取进行化学成分分析的样品，采用 LECO

光谱仪对焊缝金属中的 C、S、O、N 等元素进行分析。采用光学显微镜、扫描电镜和高分辨电镜分析组织。鉴于夹杂物对组织演变及焊缝熔敷金属的力学性能有重要的影响，对夹杂物的特性给予特别的关注，包括夹杂物的体积分数、尺寸分布、形态和成分。采用碳复型萃取技术进行夹杂物的成分和形态分析。

选取每道焊缝的横截面制备金相试样。为了复型萃取，试样先用 800 号砂纸打磨，然后用 $6\mu m$、$3\mu m$、$1\mu m$ 的金刚石软膏依次研磨，最后用 $1\mu m$、$0.05\mu m$ 的氧化铬溶液进行抛光，制成光镜和扫描电镜试样。这种制备方法可以避免试样的氧化铝污染。用 2% 硝酸酒精溶液显示焊缝金属的组织，5% 的硝酸酒精试剂进行复型萃取。采用轻腐蚀显示试样表面的夹杂物及允许对其萃取。为了避免在抛光过程中夹杂物的溶解或损失，更是为了复型萃取，整个制备过程用乙醇去除金刚石软膏以保持试样的清洁，避免长时间的超声清洗也是基于同样的原因。

试样中夹杂物大小及尺寸分布的扫描电镜测量应在抛光（未腐蚀）状态下进行，拍摄不少于 20 张的背散射电子像进行夹杂物大小及分布的分析。这些背散射电子像沿板厚方向焊缝区的中心部位随机获取。采用带有化学成分分析的 XEDS 高分辨场发射显微镜进行扫描电镜分析。

(3) 非金属夹杂物的特征

表 4-5 为不同焊缝金属中非金属夹杂物的测量数据，包含夹杂物的平均尺寸、最大尺寸、夹杂物分布密度以及体积分数。

表 4-5　W1～W14 焊缝金属中非金属夹杂物的一般特性

样本	平均夹杂物粒径/μm	最大夹杂物尺寸/μm	夹杂物分布密度/(10^8 个/mm^3)	夹杂物体积分数/%
W1	0.532	1.40	1.21	0.34
W2	0.517	1.60	1.36	0.40
W3	0.391	1.16	4.00	0.57
W4	0.320	1.56	5.39	0.59
W5	0.491	1.48	1.94	0.45
W6	0.354	1.20	3.68	0.49
W7	0.311	3.35	4.55	0.48
W8	0.314	1.40	5.39	1.09
W9	0.401	1.60	4.64	1.09
W10	0.298	1.10	3.53	0.30
W11	0.326	1.40	3.54	0.39
W12	0.367	1.70	4.22	0.81
W13	无	无	无	无
W14	0.299	1.20	2.17	0.23

注：观察到的最大夹杂物尺寸，但该尺寸比指定焊缝上观察到的夹杂物尺寸分布尾端数字大得多。

① 体积分数和夹杂物分布密度　多数高强钢焊缝金属中的非金属夹杂物体积分数为 0.2%～0.6%，也有的焊缝中非金属夹杂物的体积分数高达 0.8%～1.1%。为了控制夹杂物的含量，焊缝中的 Mn/Si 比是非常重要的。由于 Mn 和 Si 的含量可改变夹杂物的熔化范围，使夹杂物更容易从液态熔池中进入熔渣中得以去除，从而影响焊缝中夹杂物的体积

分数。

随着焊缝中氧＋硫质量分数的提高，夹杂物的体积分数也增加。当焊缝中氧＋硫质量分数小于 0.055％时对夹杂物的密度分布没有明显的关系；当氧＋硫质量分数达到 0.055％～0.060％时，夹杂物的密度会随着氧＋硫质量分数的增加而降低。焊缝中夹杂物的分布密度从 1.2×10^8 个/mm³ 增加到 5.4×10^8 个/mm³。

② 尺寸分布　从表 4-5 中的数据可见，熔敷金属中夹杂物的平均直径 0.3～0.6μm，大的从 0.9～1.7μm。图 3-3(a)、(b) 举例给出了夹杂物尺寸分布的直观图。其中图 3-3(a)、(b) 分别对应 W5 和 W7 焊缝中非金属夹杂物数目的统计结果。在 W5 焊缝中，夹杂物的平均尺寸、最大尺寸及分布密度分别是 0.491μm、1.48μm 和 1.94×10^8 个/mm³。在 W7 焊缝中，夹杂物的平均尺寸、最大尺寸及分布密度分别是 0.311μm、3.35μm 和 4.55×10^8 个/mm³。

从图 4-1 可见，在一些呈现夹杂物稀疏分布的尾部区域，W7 焊缝较 W5 焊缝中的夹杂物明显粗化，单个夹杂物的最大尺寸分别为 3.35μm 和 1.48μm。

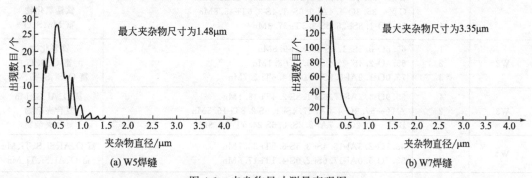

图 4-1　夹杂物尺寸测量直观图

在焊条电弧焊焊缝金属中，夹杂物粒子大小的分布取决于渣的碱度。与采用碱性焊条（W7）相比，纤维素焊条的焊缝金属（W5 和 W6）具有较大的夹杂物平均尺寸及较低的夹杂物数量，因为纤维素焊条有较高的氧含量和较低的渣脱硫能力。但两种条件下夹杂物的体积分数具有同样的量级（分别为 0.45％和 0.49％），意味着与碱性焊条相比，含有较高氧硫含量的纤维素焊条具有不同的夹杂物尺寸分布，这是两者之间主要的区别。

气保护药芯焊丝电弧焊（W1 和 W2）与自保护药芯焊丝电弧焊（W8）相比，熔敷金属中的夹杂物尺寸分布具有相似的变化趋势。与气保护药芯焊丝电弧焊相比，自保护药芯焊丝电弧焊焊缝中较低的氧＋硫含量导致有较细小的夹杂物尺寸分布，在 W1 和 W8 中，氧＋硫的质量分数分别为 0.061％和 0.018％。

当焊缝中氧＋硫质量分数小于 0.04％时，夹杂物平均尺寸变化不显著，但超过 0.04％时，随着氧＋硫含量的增加，夹杂物的平均尺寸将增大。从试验曲线末端最大尺寸分布规律可见，夹杂物的最大尺寸并不完全取决于焊缝金属中的氧＋硫质量分数。

在氧＋硫质量分数为 0.03％～0.06％时，稀疏分布的夹杂物尺寸较粗大，最大的可达 3.2μm。随着夹杂物尺寸增大，浮向熔池表面的能力也加强。从液态熔池的脱氧作用看，氧化物的浮出速度取决于它的长大速度，因此大夹杂物比小夹杂物逸出更快，这也与斯托克斯定律（Stokes′Law）吻合。

熔池中的夹杂物浮向表面的能力与其大小的关系有助于解释当氧＋硫质量分数超过 0.05％时，随氧＋硫质量分数的增加，非金属夹杂物的体积分数和密度减小的原因。当夹杂物平均尺寸增大时，将增大更多的夹杂物浮向熔池表面的几率，有可能降低非金属夹杂物的总体积分数和夹杂物密度。

③ 焊缝金属夹杂物的形状和成分　由于合金化复杂，非金属夹杂物的形状（多角或球形）和成分（多相颗粒）几乎总是不均匀的。观察到的焊缝金属中的夹杂物有球形、多面菱形和团聚的颗粒块等。表 4-6 给出不同焊缝金属中观察到的夹杂物化学成分。

表 4-6　不同焊缝金属中观察到的非金属夹杂物特征

焊缝金属	夹杂物	夹杂物特征	
		化学成分	描述
W1	1	A 区—50.1O-0.7Mg-1.6Al-3.9Si-2.8S-19.6Ti-21.4Mn	富 O、Al、Si、S、Ti、Mn
		B 区—48.2O-0.9Mg-1.6Al-3.4Si-2.3S-22.2Ti-21.4Mn	—
	2	A 区—32.2O-0.5Al-1.3Si-0.9S-51.4Ti-13.7Mn(Ti-O₂)	复合夹杂物
		B 区—33.2O-0.6Al-1.4Si-0.8S-47.5Ti-16.5Mn	复合化合物
	3	A 区—32.3O-1.5Al-0.7Si-50.4Ti-15.1Mn	钛锰氧化物
		B 区—35.4O-3.2Al-6.1Si-0.8S-26.5Ti-28.0Mn	钛锰氧化物
		C 区—35.3O-4.4Al-9.6Si-1.4S-3.6Ti-45.8Mn	钛锰氧化物
	4	30.9O-1.8Si-26.5S-3.5Ti-37.3Mn	富 Mn、S、O
W2	1	65.5O-0.5Si-1.4S-22.8Ti-9.8Mn	钛氧化物
	2	65.4O-2.4Si-13.0S-16.0Ti-3.1Mn	富 O、S、Ti
	3	73.0O-1.9Al-6.9Si-1.0S-14.6Ti-2.7Mn	富 O、Si、S、Ti、Mn
W3	1	55.9O-4.2Al-17.6Si-1.8S-2.4Ti-18.1Mn	富 O、Al、Si、Mn
	2	A 区—57.9O-4.6Al-17.4Si-1.9S-2.8Ti-15.5Mn	复合夹杂物
		B 区—60.2O-1.7Al-2.2Si-0.6S-24.5Ti-10.8Mn	复合夹杂物
W4	1	33.7O-2.3Al-15.4Si-3.5S-6.5Ti-38.7Mn	富 O、Al、Si、S、Ti、Mn
	2	53.7O-5.0Al-17.6Si-2.0S-4.1Ti-17.6Mn	富 O、Al、Si、Ti、Mn
W5	1	68.6O-0.9Al-6.1Si-1.5S-2.9Ti-10.6Mn	富 O、Al、Si、S、Ti、Mn
	2	80.6O-0.7Al-14.0Si-2.1S-2.6Ti	富 O、Al、Si、S、Mn
W6	1	A 区—49.9O-10.9Si-1.1S-12.0Ti-26.2Mn	富 O、Si、S、Ti、Mn
	2	B 区—49.3O-13.4Si-3.8S-3.9Ti-29.6Mn	富 O、Si、Ti、Mn
	3	62.0O-9.8Si-0.7S-10.5Ti-29.6Mn	富 O、Si、Ti、Mn
	4	56.8O-1.9Al-16.0Si-2.1S-2.2Ti-21.1Mn	富 O、Al、Si、S、Ti、Mn
W8	1	47.0C-14.4N-10.9O-1.2Mg-2.0Al-24.5Zr	Zr 的碳氮化合物-Al₂O₃
	2	A 区—23.0N-1.9Mn-7.9Al-65.6Zr-0.7Ti	复合夹杂物
		B 区—39.9N-23.4O-1.0Mg-30.3Al-5.4Zr	Zr 的碳氮化合物
	3	45.4C-14.6N-15.6O-0.8Al-23.9Zr	Zr 的碳氮化合物
	4	A 区—18.9N-29.2O-2.95Mg-3.0Al-46.0Zr	复合夹杂物
		B 区—17.2N-40.8O-3.8Mg-13.9Al-24.3Zr	复合化合物
	5	62.7O-3.4Mg-2.0Al-31.9Zr	富 O、Mg、Al、Zr
	6	63.7O-36.3Si	SiO₂
W9	1	59.3O-13.2Al-9.0Si-6.1Ti-12.4Mn	富 O、Al、Si、Ti、Mn
	2	65.0O-10.0Al-5.9Si-6.7Ti-12.5Mn	富 O、Al、Si、Ti、Mn
W10	1	59.5O-10.4Al-13.8Si-2.3Ti-14.0Mn	富 O、Al、Si、Ti、Mn
	2	63.7O-5.3Al-5.2Si-11.1Ti-14.7Mn	富 O、Al、Si、Ti、Mn

注：化学成分中元素符号前的数字为质量百分数。

夹杂物的核心由不同比例的 Ti、Mn、Si、Al 等氧化物的混合体构成，反映出是一个复杂的脱氧产物。在熔池达到稳定状态下，强脱氧剂（如 Ti、Al）在夹杂物中的比例高于在焊缝金属中的比例。也观察到富 Mn、S、Si 或 Zr、C、N 元素，意味着存在 MnS、SiO₂ 或 Zr(C，N) 等。

通常夹杂物为一个在先期脱氧阶段形成的氧化物核心，脱氧产物的化学成分变化范围很宽，主要取决于焊缝金属中 Al、Ti、Si、Mn、O 的活度，氧化物的部分表面被 TiN 和 MnS 覆盖，这些相的析出发生在焊缝金属脱氧反应完成后，也可能发生在枝晶间富溶质的液相凝固过程中。

4.4.2 微合金钢焊缝金属中夹杂物的分析

大量细小的针状铁素体（AF）有利于焊缝金属获得良好的综合力学性能。针状铁素体一般是在夹杂物上形核并长大的，夹杂物尺寸和分布对焊缝金属的组织性能有很大的影响。当夹杂物在原奥氏体晶粒内弥散分布时，有利于针状铁素体的形核与长大。夹杂物尺寸与焊缝金属中氧含量有关，随着氧含量的增加，夹杂物尺寸减小。低合金钢焊缝金属中的夹杂物及其组分决定于焊剂和金属添加物的成分。

随着金属微观分析手段的发展，通过电子显微镜能够更加清晰地分析微合金钢焊缝中夹杂物对显微组织的影响，例如分析改变焊接热输入对微合金钢焊缝金属中夹杂物尺寸和数量的影响，对夹杂物进行成分分析并确定组成夹杂物的相结构。

(1) 试验与焊接工艺

试验母材为厚度 8mm 的 X60 钢，采用埋弧自动焊对接焊。用配套研制的焊丝和烧结焊剂 SJ101。母材和焊缝金属的化学成分见表 4-7、表 4-8，试验用焊接参数见表 4-9。采用 LEICA Q 5001W 图像分析仪测量和统计焊缝金属中夹杂物的数量和尺寸。在 JEM2010 型透射电子显微镜下观察焊缝金属薄膜样品并进行电子衍射。用 PHILIPS XL-30 型扫描电子显微镜对夹杂物进行分析。

表 4-7 X60 钢的化学成分 %

C	Si	Mn	P	S	Nb	V	Ti
0.09	0.18	1.63	0.016	0.017	0.064	0.01	0.027

表 4-8 焊缝金属的化学成分 %

C	Si	Mn	S	P	V	Ti	B	Al	Mo	N	Nb
0.071~0.085	0.26~0.29	1.36~1.44	0.005~0.006	0.010~0.014	0.012~0.023	0.0025~0.0058	0.0011~0.0015	0.0010~0.0028	0.065~0.081	0.0050~0.0063	0.026~0.029

表 4-9 焊接工艺参数

试样号	焊接电流/A	焊接电压/V	焊接速度/(mm/s)	焊接热输入/(kJ/cm)
111	550	30	24.09	6.88
121	550	30	16.67	9.90
131	600	32	14.00	13.60
141	600	32	11.87	15.18
151	650	34	11.87	18.62

(2) 焊接热输入对夹杂物数量的影响

焊缝中夹杂物数量的统计结果见表 4-10。统计数据表明，焊接热输入对夹杂物数量几乎没有影响或影响不明显。在焊缝横截面的不同位置，夹杂物数量有明显不同，表现出一定的规律性：在焊缝横截面的中心位置夹杂物含量多，在熔合区附近夹杂物含量少。

表 4-10　夹杂物数量统计

试样号	视野中夹杂物数量/个					
	1	2	3	4	5	平均数
111	949	615	632	296	203	539
121	1054	596	665	316	249	576
131	989	594	639	287	256	553
141	963	613	648	309	277	562
151	937	623	633	315	281	558

　　焊缝横截面上不同位置夹杂物数量的变化规律适用于不同的焊接热输入,可把它作为夹杂物在焊缝横截面上不同位置的分布规律。分析认为,熔池凝固结晶过程中溶质元素的再分布和熔池各处冷却速度的不同,是焊缝横截面上不同位置夹杂物含量不同的原因。其中,熔池中合金元素的再分布是影响焊缝金属中夹杂物分布不均匀的主要因素。表 4-11 是不同尺寸范围的夹杂物数量占视野内夹杂物总数的百分数。

　　表 4-11 中的数据表明:随着焊接热输入的增加,焊缝金属中夹杂物尺寸增大。熔池液态金属在高温停留时间延长,过冷度减小,有利于已形核的夹杂物长大。但并不是所有的夹杂物尺寸都随热输入的增加而增大,热输入增加只是为夹杂物长大提供了能量条件,而夹杂物尺寸增大的另一决定性因素是夹杂物晶核四周液态金属中合金元素的浓度条件。

表 4-11　不同尺寸范围内夹杂物的数量百分数　　　　　%

尺寸范围 /μm	试样号				
	111	121	131	141	151
<0.6	63.19	60.47	59.65	58.24	56.81
0.6~0.6	20.08	20.74	21.05	21.45	21.88
0.8~1.0	9.45	10.85	11.31	11.69	12.09
1.0 以上	7.28	7.95	7.99	8.43	9.21

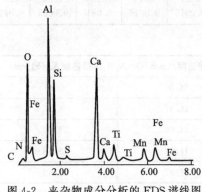

图 4-2　夹杂物成分分析的 EDS 谱线图

　　在熔池中满足浓度条件的夹杂物只占极少数。只有那些同时满足能量条件和浓度条件的夹杂物尺寸才会随焊接热输入的增加而增大。夹杂物长大的浓度条件决定了焊缝金属中约有 60% 夹杂物的尺寸小于 $0.6\mu m$,而大于 $1.0\mu m$ 的夹杂物在数量上不足 10%。也就是说,90% 以上的夹杂物的尺寸都小于 $1.0\mu m$。

(3) 夹杂物的电子显微分析

　　用电子探针(EPMA)对夹杂物的针状铁素体形核核心进行微区成分分析,该夹杂物尺寸为 $0.37\mu m$。图 4-2 是夹杂物成分分析的 EDS 谱线图。谱线图中各元素的质量百分数见表 4-12。从图 4-2 的谱线峰及表 4-12 中数据可以得出,电子探针微区成分分析谱线中含有 C、N、O、Al、Si、Ca、Ti、Mn 和 Fe 等元素,S 元素含量为 0。一般认为,谱线中的 Fe 元素是基体中的元素。

表 4-12　EDS 谱线图中各元素的质量百分数　　　　　　　　%

C	N	O	Al	Si	S	Ca	Ti	Mn	Fe
0.31	1.48	36.05	18.99	9.07	0.00	18.73	1.46	6.37	7.56

对提供针状铁素体（AF）形核的夹杂物微区成分分析的所有谱线都含 Ca 元素。其他元素如 C、N、O、Al、Si、Ti、Mn 等的含量都明显高于其在基体相中的含量，可确认为是夹杂物的组成元素。对其他 AF 形核夹杂物的成分分析也发现 S 元素的含量均为零。可以认为在试验条件下提供 AF 形核的夹杂物成分中不含 S 元素。上述分析可以定性地确定焊缝金属中夹杂物的组成元素有 C、N、O、Al、Si、Ca、Ti、Mn 等元素。

经电子衍射花样标定的相有：α-Fe、MnO_2、$3MnO \cdot Al_2O_3 \cdot SiO_2$、TiN、$CaO \cdot 2Al_2O_3$、$SiO_2$、$CaO \cdot 2TiO_2$ 和 Al_2O_3 等，其中，α-Fe 是基体组织。因此可以确定作为 AF 形核核心的夹杂物是由多个物相组成的复合物，其组成相有：MnO_2、$3MnO \cdot Al_2O_3$、SiO_2、TiN、$CaO \cdot 2Al_2O_3$、SiO_2、$CaO \cdot 2TiO_2$ 和 Al_2O_3 等。

(4) 夹杂物对焊缝中 AF 形成的影响

在透射电子显微镜下观察到夹杂物表面可生长一个、两个乃至多个针状铁素体（AF）。这表明 AF 可以夹杂物为核心形核长大，并且一个夹杂物可为 AF 提供多个形核位置。在透射电镜下还可以观察到，并不是所有的夹杂物都可以作为 AF 形核的核心，只有那些尺寸较大的夹杂物表面才会为 AF 提供形核位置。在透射电镜下对 60 个作为 AF 形核核心的夹杂物尺寸进行随机统计分析，分析结果见表 4-13。

表 4-13　AF 形核核心的夹杂物尺寸统计分析

尺寸范围/μm	0.2～0.3	0.3～0.4	0.4～0.5	0.5～0.6	0.6～0.7	0.7 以上
个数/个	8	11	16	21	3	1
百分数/%	13.33	18.33	26.67	35.00	5.00	1.67

统计分析发现，AF 只能在尺寸大于 0.2μm 的夹杂物表面形核长大，其中约 93% 以上的夹杂物尺寸集中在 $0.2～0.6\mu$m 范围。焊缝金属中 AF 只能在原奥氏体晶内适合尺寸的夹杂物表面形核长大，并且 AF 在同一个夹杂物上具有多维形核现象。当尺寸较小的夹杂物位于原奥氏体晶界上时，不仅可以阻止奥氏体晶粒长大，还可以降低先共析铁素体的相变驱动力，促进先共析铁素体沿原奥氏体晶界析出。

在原奥氏体晶粒内部，适合尺寸的夹杂物作为一种惰性介质的表面，降低了 AF 的形核功。使得 AF 容易在夹杂物表面上形核长大。夹杂物形状呈球形或近似球形。而尺寸 $<0.2\mu$m 的夹杂物很难作为 AF 形核核心。

如果在夹杂物与原奥氏体间的界面上存在高能区，那么 AF 很容易在能量较高的界面上形核，以降低形核势垒。夹杂物是由不同的物相组成，每一物相又具有不同的表面能。熔点越高，表面能越大，而夹杂物的组成相都具有很高的熔点。夹杂物表面会具有几个高表面能的区域，所以 AF 在同一个夹杂物上具有多维形核现象。

小尺寸夹杂物的表面积较小，而表面能与表面积成正比，当表面积小到一定程度时（小于 0.2μm），表面能对 AF 的形核势垒降低的作用不够大；相反，当夹杂物平均尺寸太大时，其曲率半径较大，夹杂物与基体两相晶格上的原子在界面处吻合程度增大，失配度减小，界面处晶格应变减小，使得 AF 形核难度增大，因此 AF 只能在适合尺寸的夹杂物上形核。

4.4.3 埋弧焊接钢管焊缝边缘夹杂物分析

在轧制过程中，管线钢中的非金属夹杂物会沿轧制方向产生线状或长条状变形，从而导致钢性能的各向异性。同时母材中非金属夹杂物也是导致管线钢氢致裂纹的主要原因之一。2009 年 9 月，某钢管厂在进行某管道项目 X65 级 $\phi813mm×19.1mm$ 直缝埋弧焊接钢管生产期间，对钢管进行全焊缝自动超声波探伤时，批量出现间断缺陷超标报警的情况，手动超声波复探报警部位也显示超标缺陷存在。但按该项目钢管技术要求进行 X 射线检测时并未发现焊缝部位存在超标的缺陷。

(1) 无损检测

① 检测设备　无损检测仪器为 CTS-9003 手动超声波探伤仪。该设备的斜探头角度为 60°，探头频率为 2.5MHz，晶片尺寸为 10mm×12mm；直探头为双晶探头，探头频率为 5MHz，晶片尺寸为 $\phi8mm$；探伤灵敏度按照 $\phi6mm$ 平底孔及 80% 波幅执行。

采用该无损检测设备对 $\phi813mm×19.1mm$ 规格焊管 $\phi1.6mm$ 竖通孔和 $\phi6mm$ 平底孔校验样块进行检测后准确报伤，校验合格。

② 超声波探伤结果　从存在疑似缺陷的钢管中随机选取一根编号为 1570450# 的钢管，采用 CTS-9003 进行焊缝全长斜探头和焊缝边缘 25mm 范围内直探头扫查，探伤结果见表 4-14。

表 4-14　1570450# 钢管人工超声波探伤结果

缺陷编号	扫查方式	缺陷位置/m	指示长度/mm	缺陷深度/mm	缺陷离焊趾位置/mm	缺陷和基准当量差/dB
1#	纵波	S 1.58	3~5	12~14	2~4	−6(低 6)
	横波					+1(高 1)
2#	纵波	N 4.53	3~5	12~14	3~5	−6(低 6)
	横波					+2(高 2)

由表 4-14 可知，此管有两处缺陷，缺陷深度均位于钢管壁厚约 3/4 处，缺陷长度为 3~5mm。与 $\phi1.6mm$ 竖通孔当量为基准灵敏度对比，最大高出 2dB，超标；以 $\phi6mm$ 平底孔当量为基准灵敏度对比低 6dB，不超标。探伤灵敏度按照 $\phi1.6mm$ 竖通孔 80% 波幅执行。

(2) 金相分析

对 1570450# 钢管超声波探伤反射回波较大的 2# 缺陷部位取样进行金相分析，检验结果如下。

试样横向（垂直于焊缝）解剖后，焊缝处未发现缺陷，距离焊趾 3.2mm 母材区域上存在长度为 0.52mm，宽为 0.009mm 的片状夹杂物，此夹杂物距离钢管上表面 13.9mm。

2# 样经纵向（平行于焊缝）解剖后，存在长度为 3.54mm，宽为 0.008mm 的片状夹杂物。纵向和横向两次解剖后发现的片状夹杂物附近组织均为"粒状贝氏体＋块状铁素体＋珠光体＋M-A 颗粒"，属钢管母材组织。

金相分析结果表明，样品缺陷为片状非金属夹杂物，沿焊缝纵向长为 3.54mm，横向宽为 0.52mm，厚为 0.008~0.009mm。片状非金属夹杂物均位于钢管母材内，与焊缝无关。

(3) 扫描电子显微镜及能谱分析

对 2# 样的非金属夹杂物进行扫描电镜及能谱分析，结果见表 4-15 和表 4-16。扫描电镜能谱分析结果表明，靠近心部夹杂物中，Ca 的质量分数最大为 29.84%，Al 的质量分数最大为 25.25%，O 的质量分数最大为 43.13%，说明靠近心部夹杂物主要为 Al 和 Ca 的氧化物。与心部夹杂物比较，靠近表面夹杂物除 Fe 和 O 含量高外，C 含量相对较高，说明靠近表面夹杂物主要为 Fe 的氧化物，C 可能属外界异常带入。

表 4-15　2# 样纵向截面能谱分析结果（靠近表面）

元素	质量百分数/%		
	1（夹杂物）	2（夹杂物）	3（母材）
C	46.04	28.37	2.83
O	26.07	19.09	—
Al	0.53	0.80	—
Si	0.61	—	—
S	0.57	0.52	—
Ca	0.87	0.97	—
Mn	0.58	1.21	1.90
Fe	24.73	49.05	95.26

表 4-16　2# 样能谱分析结果（靠心部块状）

元素	质量百分数/%	原子质量/%
O	43.13	61.02
Mg	0.42	0.40
Al	25.25	21.18
Ca	29.84	16.85
Fe	1.36	0.55

（4）非金属夹杂物成因分析

通过金相和扫描电镜分析可确定，母材中的非金属夹杂物都是以平行于表面的片状形态存在的，其主要成分为氧化铁、氧化钙和氧化铝。究其产生原因，应追溯至钢板轧制甚至钢坯铸造过程。

钢中非金属夹杂物的来源如下：①脱氧、脱硫产物，特别是一些密度大的产物没有及时排除；②随着钢液温度降低，S、O 和 N 等杂质元素的溶解度相应下降，于是这些不溶解的杂质元素就呈非金属化合物在钢中沉淀；③带入钢液中的炉渣、熔渣或耐火材料；④钢液被大气氧化所形成的氧化物。通常将前两类夹杂物称为内生夹杂物，后两类夹杂物称为外来夹杂物。

外来夹杂物系偶然产生，通常颗粒大，呈多角形，为成分复杂的氧化物，分布也没有规律；内生夹杂物的类型和组成取决于冶炼的脱氧制度和钢的成分，其根本影响因素是与 S、O、N 亲和力强的元素的含量。这些元素含量的变化，将对夹杂物的类型、组成和形态等产生强烈影响。

根据以上原理分析，本批钢管母材中存在的非金属夹杂物主要是钢液中的脱氧产物或二次氧化产物。钢厂在本批管线钢的生产过程中，尽管采取了双重精炼（LF＋RH）、大容量中间包（6065t）、增加连铸机垂直段长度（2.66m）、在浇铸过程中采用较低的浇铸速度、合适的过热度等手段以促进夹杂物的上浮消除，但是根据 Stokes 公式计算，微小颗粒夹杂物很难上浮，且在连铸结晶过程中，钢液的流动性逐渐减弱，加大了这些颗粒存在于钢中的几率。经轧制后，这些非金属夹杂物颗粒沿轧制方向延长，以条状或片状的形式存在于轧制后的钢板中。

（5）非金属夹杂物对钢管工艺性能的影响

① 静水压爆破试验　为进一步确认此类非金属夹杂物对钢管工艺性能的影响，对焊缝附近母材同样存在此类非金属夹杂物的钢管中随机挑选一根钢管（编号 1561600#）进行静水压爆破试验。根据标准计算的理论承压值为 25.1MPa，实际最大承受压力测量值为 32.6MPa，实际爆破压力测量值为 32.0MPa。爆破口中心距离注水口 1160mm（非打压口），爆破口全长 1460mm，最大宽度 290mm，爆破口位于 180° 位置。静水压爆破试验结果表明，焊缝边缘母材上存在非金属夹杂物缺陷的钢管，其承压能力未受影响。

国内油气输送用埋弧焊管生产，常用标准如 GB/T 9711—2017《石油天然气工业 管线输送系统用钢管》或 API SPEC 5L 其规定采用射线检测时，焊缝上允许的单个条状夹杂物最小尺寸为长 12mm，宽 1.6mm。对于焊缝边缘的母材分层，规定探伤灵敏度采用 ϕ6mm 平底孔或宽度为 6mm 刻槽进行超声波检测时，单个分层允许的最小长度为 40mm。对于母材夹杂物的极限尺寸，标准未作规定，但由于钢管管体母材断裂韧性比焊缝要高，因此可推测母材夹杂物的极限尺寸要大于焊缝夹杂物的极限尺寸。对 1570450# 钢管超声波探伤反射回波较大的 2# 缺陷部位所进行金相分析中所测量的焊缝边缘母材条状夹杂物尺寸结果，与标准规定的焊缝条状夹杂极限尺寸还有较大差距，因此，此类非金属夹杂物对钢管的工艺性能是无害的。

② 热影响区范围测定　根据钢管通用技术条件要求，如 GB/T 9711—2017《石油天然气工业 管线输送系统用钢管》或 API SPEC 5L，焊缝和母材的超声波检测应采用不同的探头及方法进行检测。因此，确定焊缝两侧热影响区的范围有利于根据疑似缺陷部位选用对应的超声波检测方式。对 1570450# 钢管随机选取了 10 个焊缝横切样进行宏观金相分析来测定焊接接头的热影响区范围，以白色区域为界分别测量焊缝左右两侧共 4 个数值 d。通过记录每个焊接接头焊缝两侧 4 个点的测量结果，以此作为焊缝区域检测范围的参考依据，记录测量结果见表 4-17。

表 4-17　ϕ813mm×19.1mm 钢管热影响区测量结果

编号	热影响区测量数据/mm					
	d_1	d_2	d_3	d_4	最大	平均
1	1.75	1.92	1.67	1.84	1.92	1.795
2	2.28	2.34	2.42	2.00	2.42	2.26
3	2.25	2.25	2.51	2.09	2.251	2.275
4	1.75	1.75	1.42	1.42	1.75	1.585
5	2.67	2.34	2.25	2.17	2.67	2.357
6	2.09	1.75	2.00	1.84	2.09	1.92
7	1.75	1.84	1.67	1.59	1.84	1.712
8	2.34	2.00	2.25	2.51	2.51	2.275
9	2.34	2.51	1.84	2.17	2.51	2.215

编号	热影响区测量数据/mm					
	d_1	d_2	d_3	d_4	最大	平均
10	2.17	2.34	2.00	1.92	2.34	2.107
合计					2.67	2.05

根据上述测量结果可以看到，对于 19.1mm 壁厚焊缝的热影响区域最大为 2.67mm，平均为 2.05mm，热影响区的范围可界定在距离外焊缝焊趾 2.7mm 的范围内。

③ 非金属夹杂物位置测定　表 4-14 中超声波探伤发现的 2# 缺陷的位置为距焊趾 3mm 外，这与该缺陷金相分析的位置是相吻合的。由此可见，实际出现批量性此类夹杂物时，可通过宏观金相测定热影响区范围，再根据超声波探伤确定其距焊趾的位置，从而确定此类夹杂物位于焊缝、热影响区或母材上，采用相应的焊缝或母材标准进行验收。

4.4.4　螺旋管焊缝夹杂物分析及防止措施

螺旋埋弧焊管生产中，由于焊接速度较快，液态熔池金属须在高速旋转的钢管上完成凝固结晶过程。螺旋埋弧焊管成形过程中的错边、板边挤厚、成形缝间隙变化及大桥摆动等，均会影响焊接质量，导致焊缝易产生夹杂、气孔等缺陷。生产厚壁螺旋埋弧焊管时比生产薄壁埋弧焊管更容易出现夹杂、气孔等缺陷。焊缝中的夹杂和气孔减小了焊缝的有效工作截面积，降低了焊接接头的塑性和韧性，从而降低了螺旋钢管预期的使用性能。

(1) 夹杂物的分布

某钢管厂在生产原油管线用螺旋埋弧焊管时（直径 ϕ711mm×13.7mm），部分钢管焊缝中出现了夹杂和气孔，从这些钢管接头区截取宏观金相试样，发现内外焊缝熔合良好，无焊偏或未焊透现象，但肉眼明显可见有夹杂、气孔等缺陷，既有位于内焊缝的，也有位于外焊缝的，大多位于内外焊缝中间部位及熔合区部位。

(2) 夹杂物的原因分析

① 焊接材料　针对上述缺陷对焊接材料进行检验，板卷化学成分符合技术要求，表面无油污、锈蚀；焊丝成分检验合格，镀层良好，干净无油污、锈蚀；焊剂颗粒符合要求，干净且按工艺要求烘干。分析认为，缺陷的产生不是焊接材料引起的，可能是在焊接过程中由于某种原因导致焊剂进入焊缝，熔化过程中焊剂与熔池金属在冶金反应过程中产生的气体和残渣未能完全排出，导致产生了气孔、夹杂等缺陷。

② 冶金因素　螺旋埋弧焊管熔深一部分由电弧直吹母材形成，另一部分由过热的熔池金属熔化母材形成，且整个焊接熔池在运动状态下结晶。由于内焊缝根部窄间隙位置较深，焊接电弧不能直接作用，所以这部分金属是依靠过热的熔池金属来熔化的。在熔化底部窄间隙部位，窄间隙内的细小焊剂颗粒部分或全部熔入到液态熔池中，并与熔池金属发生剧烈氧化还原反应，产生大量的一氧化碳气体和其他反应产物。在接近熔池结晶温度时，熔入熔池中而没有浮出的部分夹杂物成为一氧化碳气孔的形核质点，随着一氧化碳气泡形核、长大、聚集而逐渐上浮，其中一部分气体和反应产物浮出熔池表面。由于熔池底部及熔合区附近过冷度较大，液态金属凝固较快，随着底部熔池金属温度的降低，电弧搅拌能力减弱，熔池流动性降低，黏度不断增加。部分气体及反应产物所处的位置较深，在上浮过程中阻力增大，未能浮出而滞留在焊缝中形成气孔和夹杂。

③ 板边形状　螺旋埋弧焊管生产中板边的加工方式有圆盘剪、刨边或铣边等。不同加工方式得到的板边形状和精度不同。板边形状对焊缝成形有不同的影响，甚至某些成形状态会直接导致气孔、夹杂的产生。

用圆盘剪加工的板边精度最低，如果剪刃侧间隙和重合量选择不当，带钢板边由于受剪切力的作用，会发生一定角度的弯斜、翘曲，剪切后的板边会形成一个斜面。如果剪刃悬臂轴的刚性不足，在剪切力的作用下，剪刃会在垂直方向发生一定的偏斜，从而加剧板边的倾斜程度。另外，剪刃间隙不当、剪刃磨钝或剪切厚板时，板边还可能撕裂，导致剪切后的板边出现台阶。无论是板边的偏斜还是台阶现象都会影响焊缝的成形，出现内紧外松或内松外紧的成形焊缝，导致焊缝内侧存在窄间隙的不良焊缝状态，致使部分细小的焊剂颗粒及少量氧化皮进入焊缝，产生夹杂等缺陷。

(3) 防止措施

① 严格控制带钢、焊丝等原材料中夹杂物的含量。做好焊丝、卷板的保管工作，避免油污和锈蚀；严格按工艺要求烘干焊剂，并保持焊剂清洁、干燥、颗粒度均匀。

② 避免人为硬弯，减少原料宽度及递送位置的变化，及时调整立辊位置，使带钢边沿平整，不出现挤厚或尽量减少挤厚，从而稳定成形。

③ 合理调整圆盘剪刃侧间隙和重合量，及时更换磨钝的剪刃，确保圆盘剪处于良好的工作状态，使板边不出现台阶、斜面等。

④ 对于厚壁螺旋埋弧焊管的生产，选择合适的坡口形式和坡口角度，采用先剪边后铣边或粗铣＋精铣的双铣边装置，提高板边精度。

⑤ 选择合理的焊接参数，保持良好的焊缝成形系数，避免出现窄而深的间隙；采用较大的热输入进行焊接，使熔池缓慢冷却，增加熔池的搅拌作用，促进熔池中的气体及其他反应物的浮出。

⑥ 调整内焊缝的焊点位置，让焊点偏离接合区，处于稳定的合缝状态，以减少接合区成形对内焊缝的影响。

⑦ 调整焊剂送入的位置，使焊剂供料口紧靠焊接点，以减少焊剂进入成形焊缝的机会。

4.4.5　船体结构焊缝非金属夹杂物对断裂韧度的影响

焊接接头是焊接结构的薄弱环节，焊接结构的失效多发生在这个位置，主要原因是焊缝区存在非金属夹杂物、夹渣等缺陷及热影响区的组织脆化。查明焊接缺陷产生的原因及其对断裂韧性度影响的规律，对提高焊接接头质量，实现焊接结构的断裂控制有重要意义。

(1) 试验材料及方法

试板由 24mm 厚某船用低合金钢板按实船焊接工艺焊制，采用 CH40A 焊条、V 形坡口、手工电弧焊对接接头。试样由试板上切取形式如图 4-3 所示，试样尺寸为 10mm×10mm×55mm 和 10mm×20mm×100mm 两种。经线切割缺口，并预制疲劳裂纹至 $a/W \approx 0.5$。

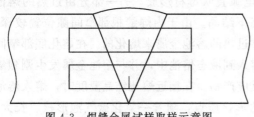

图 4-3　焊缝金属试样取样示意图

断裂韧度（J_{IC}）试验在 Instron 4505 型材料试验机上参照 GB/T21143—2014《金属材料 准静态断裂韧度的统一试验方法》进行，压头位移速率为 0.5mm/min，载荷速率约为 $K = 10^6 \text{MPa} \cdot \text{m}^{1/2}/\text{s}$。试验温度范围为 −80～20℃，低温条件用液氮和酒精混合调制获得。

试验后试验经过氧化染色并压断，用数显显微镜测量裂纹的初始尺寸 a_0 和裂纹扩展量 Δa。用扫描电镜对断口进行分析。

（2）试验结果及分析

非金属夹杂物引起的局部断裂现象及原因

焊缝试样断裂度测试时发现，有的试样在加载过程中发生局部"失稳"现象，表现为载荷-位移（P-Δ）曲线上的载荷突降，类似 K_{IC} 试验中的"突进"，如图 4-4 所示。有的试样"失稳"发生于塑性变形开始不久，有的发生于显著塑性变形之后，其共同点是载荷突降后，试样并不脆断，而是继续亚临界扩展。

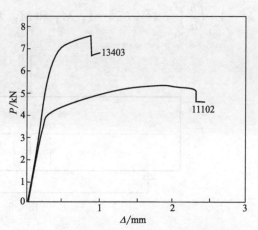

图 4-4 局部断裂引起 P-Δ 曲线的载荷陡降

为了了解局部断裂的原因，将试样压断后，利用扫描电镜观察后发现"断裂失稳区"位于预制裂纹前沿，呈结晶状断口，微观呈解理断裂特征，其成分为 34.1% O、1.22% Si、0.41%Cr 以及 64.27%Fe，主要化合物为 Fe_2O 和少量 SiO_2，均为焊缝中的氧化物夹杂。因此，局部断裂起源于该氧化物夹杂。夹杂物开裂时，裂纹前方伸张区平均宽度约为 0.02mm，未达到饱和。

为了了解该氧化物夹杂的形成原因，用刻线工具标记夹杂物在断口上的位置，然后将断口面研磨并侵蚀，发现该夹杂物位于两相邻焊道交界处，说明该氧化物夹杂系由多道焊时焊道未清理干净所致。

分析表明，P-Δ 曲线上的局部断裂是由焊缝金属内氧化物夹杂受力后的开裂引起的。氧化物则是焊道未清理干净剩下的残留物。从冶金质量方面看，这类氧化物夹杂属于外来的大型夹杂，具有一定的偶然性。这类夹杂对焊缝金属测试结果的影响决定于其尺寸、含量和分布特点。显然，尺寸越大，距裂纹顶端越近，开裂越早（见图 4-4），含量越多，分布越集中，对性能影响越大。因此，在夹杂物尺寸小于探伤鉴别能力或漏检的情况下，这类缺陷会被带到焊接结构中，成为服役中发生结构破损的起源。

（3）断裂力学分析

氧化物夹杂在室温下即可解理断裂，断裂时的载荷即解理断裂载荷，并可进一步假定，此时断裂终止。因此可用线弹性断裂力学理论对夹杂物引起的上述局部断裂进行简要分析。SEM 断口分析中，试样截面尺寸为 10mm×20mm，跨距为 80mm，夹杂物位于预制裂纹顶端约 0.3mm 处，其尺寸为 0.78mm×0.56mm，预制裂纹尺寸为 10.34mm，局部断裂时，伸张区宽度约为 0.02mm，局部断裂的最大载荷为 7.59kN。解理断裂始于夹杂物，将夹杂物简化为 $2a=0.78$mm，短轴 $2b=0.56$mm 的椭圆形裂纹，因夹杂物位于预裂纹近前方，裂纹体可用近边椭圆裂纹承受弯曲载荷的情况近似，如图 4-5 所示。裂纹前缘的应力强度因子 K_1' 为：

$$K_1' = \frac{M_B(c-b)}{1} M_T \frac{\sqrt{\pi b}}{E(k)} + M_L \frac{M_B b \sqrt{\pi b}}{IE(k)} \left[1 + \frac{k^2 E(k)}{(1+k^2)E(k)-k^2 K(k)}\right] \quad (4-1)$$

式中，$I = \dfrac{Bh^2}{12}$ 为试样截面惯性矩；B 为试样厚度；h 为韧带宽度；c 为韧带中面至椭圆裂纹长轴距离；$M_B = \dfrac{1}{4}PS$ 为弯矩；$K(k)$ 和 $E(k)$ 为第一、第二类完全椭圆积分；$k^2 = 1 - \left(\dfrac{b}{a}\right)^2$，$k^2 + k^{-2} = 1$；$M_T$ 和 M_L 为系数。

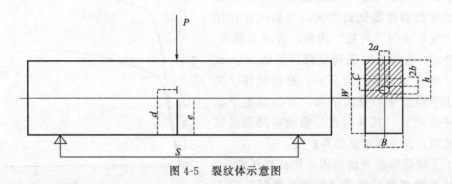

图 4-5　裂纹体示意图

考虑预裂纹对夹杂物裂纹应力强度因子的影响，需要引入共线不等长裂纹的集合因子对公式(4-1)进行修正，对于无限大板中两共线不等长裂纹的几何因子 F' 为：

$$F' = \sqrt{\frac{(d-b+e)(d-b-e)}{2b}}\left[\frac{d+b-eE(k_1)}{d-b-eK(k_1)}-1\right] \tag{4-2}$$

进而，还需要引入有限板单边裂纹几何因子 f_w 对式(4-2)进行修正：

$$f_w = 1.122 - 1.40\frac{a'}{W} + 7.33\left(\frac{a'}{W}\right)^2 - 13.08\left(\frac{a'}{W}\right)^3 + 14.0\left(\frac{a'}{W}\right)^4 \tag{4-3}$$

其中，$e = a_0 + \Delta a$；d 为两裂纹间距；$K(k_1)$ 和 $E(k_1)$ 分别为第一、二类完全椭圆积分，$k_1 = \left[1 - \dfrac{d^2 - (e+b)^2}{d^2 - (e-b)^2}\right]^{1/2}$；$W$ 为试样宽度；$a' = d + b$。

合并公式(4-1)~式(4-3)，得到裂纹应力强度因子：

$$K_1 = F' f_w K_1' \tag{4-4}$$

测得正常焊缝金属的 $J_{IC} = 126\text{kJ/m}^2$，由此换算得到 $K_{IC} = 163\sqrt{m}$，令 $K_1 = K_{IC}$，代入相应参数，得到 $f_w = 1.72$，$F' = 4.0$，最终可得到失稳载荷为：$P = 8.53\text{kN}$。

实际测得的失稳载荷 $P_s = 7.59\text{kN}$，计算值略大于实测值，考虑到焊缝组织的不均匀性及参与应力等的影响，可以认为上述结果与实测值一致，进一步证明上述关于焊缝内残留的氧化物夹杂开裂引起试样局部断裂的判断是正确的。

(4) 非金属夹杂物对断裂韧度的影响

根据 J 积分测试方法规定，对于裂纹扩展量 $\Delta a < 0.05\text{mm}$ 即发生断裂的情况，可以不绘制 J_R 阻力曲线而直接用试验的最大载荷计算 J_{IC} 值。对本实验中发生局部断裂的试验，按局部断裂时的载荷计算 J_{IC} 值，结果列于表 4-18。与正常焊缝金属 J_{IC} 相比，可见局部断裂试样的 J_{IC} 值要低很多，例如 13404 和 13406 试样的 J_{IC} 值仅约为正常焊缝试样的 1/3，这时的韧性水平与该船体结构母材冲击试验的下平台（低阶）韧度水平相当。

表 4-18　含夹杂物焊缝试样的 J_{IC} 值

试样号	$\Delta a/\text{mm}$	P_s/kN	$J_{IC}/(\text{kJ/m}^2)$
13402	0.99	7.08	106

续表

试样号	$\Delta a /mm$	P_s/kN	$J_{IC}/(kJ/m^2)$
13403	0.88	7.59	88
13404	0.59	6.94	46
13406	0.60	7.54	47

试样受载后，裂纹前方的氧化物夹杂在较低的应力作用下即可脆性开裂，但由于周围基体材料韧性水平较高，此时的裂纹尺寸尚不满足失稳扩展的条件，因此裂纹将继续亚临界扩展过程。然而当此类缺陷，如果因漏检等原因而被带到船体结构中，情况会更加复杂或危险。如受冲击载荷和低温时，材料的断裂韧度将大幅下降，这类缺陷的解理裂纹便有可能直接传入周围的焊缝金属中，而导致灾难性破坏。因此，此类缺陷在船体结构中是不可接受的。

4.4.6 非金属夹杂物对 N6 等离子弧焊接头性能影响

西部某有色金属公司采用等离子弧焊为主的镍板带拼焊技术主要问题已解决，但生产中发现部分批次纯镍 N6 经过焊接以后，在进入冷轧工序之前或经过冷轧加工以后会出现断裂，而且焊接接头的母材区域、热影响区以及焊缝均会出现断裂的情况。研究分析表明，夹杂物的存在对纯镍焊接接头发生断裂起到关键的作用。

(1) 实验材料

实验材料采用经过固溶和保护气氛退火热处理后的热轧 N6 板带，其化学成分见表 4-19。

表 4-19 N6 化学成分（质量分数）   %

Si	C	S	Ti	Ni	Fe	Al
0.073	0.081	0.015	0.056	99.7~99.8	0.062	余量

(2) 实验方法

在镍及镍合金板带材生产线上进行取样（取样位置如图 4-6 所示），板厚厚度为 6mm，所取试样包括生产过程中合格的焊缝以及发生断裂的焊缝，试样的断裂主要是在生产过程中受到拉力牵引的作用发生断裂，采用 VGT-1730QT 超声波清洗机对截取的断裂试样的断口进行清洗，采用线切割将试样加工成金相试样以及电解试样（尺寸 5mm×5mm×10mm）。金相试样经砂纸研磨、抛光机抛光；电解试样放入电解萃取装置进行电解萃取，并提取分离电解得到的非金属夹杂物；采用 Quanta450 扫描电镜及自带能谱分析仪对断口、金相以及提取的非金属夹杂物进行 SEM 与 EDS 分析。将试样加工成拉伸试样（如图 4-7 所示）。

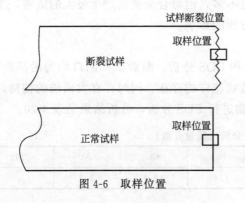

图 4-6 取样位置

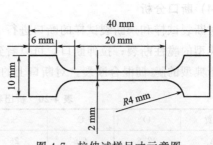

图 4-7 拉伸试样尺寸示意图

（3）金相分析

采用扫描电镜背散射观察抛光的金相试样表面的夹杂物，并且对夹杂物的数量、尺寸、分布进行统计并综合分析。对断裂试样进行 SEM 分析表明，可以明显发现黑点状夹杂物，其数量、尺寸都比较小，而且分布松散，没有呈现出聚集状态，大部分夹杂物尺寸小于 $5\mu m$；有的夹杂物尺寸大小不一，有呈现圆形的，单个夹杂物尺寸最大为 $20\mu m \times 20\mu m$，夹杂物数量明显要多于正常试样且呈现出聚集分布的趋势；局部区域夹杂物的分密度也较大，还存在尺寸比较大且都带有棱角的非金属夹杂物。

对抛光试样表面夹杂物的尺寸及数量进行统计并分析，结果如图 4-8、图 4-9 所示。从图 4-8、图 4-9 可以看出，1 和 4 号试样中夹杂物的尺寸均小于 $10\mu m$，且单位面积中夹杂物数量均小于 50 个/mm^2；而 2、3、5、6 号试样中单位面积中夹杂物数量均大于 50 个/mm^2，而且试样中存在尺寸大于 $10\mu m$ 的夹杂物，其中 2 号试样中，尺寸在 $10\sim50\mu m$ 的夹杂物占夹杂物总数的 28%；3 号试样尺寸在 $10\sim50\mu m$ 的夹杂物占夹杂物总数的 3.2%，大于 $50\mu m$ 的夹杂物占 16.1%；5 号试样中尺寸在 $10\sim50\mu m$ 的夹杂物占夹杂物总数的 14.3%；6 号试样中尺寸在 $10\sim50\mu m$ 的夹杂物占总夹杂物总数的 4.1%。这说明纯镍试样的断裂与金属基体中非金属夹杂物的尺寸，数量均有很大关系，分析表明断裂试样表面夹杂物的尺寸、数量均大于未断裂试样，当纯镍中单位面积夹杂物数量大于 50 个/mm^2 同时尺寸大于 $10\mu m$ 时，试样表现出较大的断裂倾向。

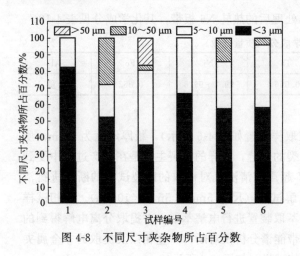

图 4-8 不同尺寸夹杂物所占百分数

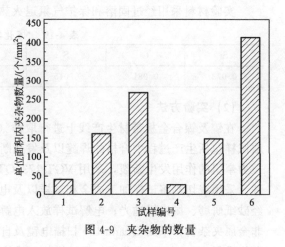

图 4-9 夹杂物的数量

因此，非金属夹杂物存在于合金中的数量虽不多，但对合金质量产生极大的危害，主要表现为对合金的强度、延性、韧性、疲劳等诸方面的影响。

（4）断口分析

对断裂试样和未断裂试样的断口进行 SEM 和 EDS 分析，断裂试样断口均为沿晶断裂，属于典型的脆性断裂；拉伸断口，可以看到河流状花样的存在，同时存在大而浅的韧窝，断口属于典型的脆-韧混合断裂。对断口上的夹杂物进行 EDS 分析，分析结果见表 4-20。

表 4-20 析出物成分分析（质量分数） %

位置	O	C	Si	Ni	Ca	Al	Mg
A	32.8	4.5	26	6.4	19.4	7.2	3.4

位置	O	C	Si	Ni	Ca	Al	Mg
B	35.6	22.4	13.6	9.2	12.3	4.4	2.4
C	26.5	—	0.8	44.1	1.3	—	27.2
D	29.4	27.9	0.3	17.4	28.6	13.8	2.7
E	30.5	5.3	32.1	8.3	7.2	14.4	2.2
F	45.8	6.5	—	3.5	—	44	0.2

断口上存在着大量的夹杂物，EDS 分析发现这些析出物主要由 Si、Al、Ca、Mg、C、O 等元素组成，正是这些元素组成硬脆相非金属夹杂物在纯镍 N6 断裂中起着重要作用。

（5）非金属夹杂物分析

采用金相法观察夹杂物具有一定的局限性，金相分析法不能完全观察到夹杂物的三维形貌及确切的尺寸大小，通过电解萃取试验，将非金属夹杂物从纯镍 N6 试样中完整无损地提取出来，通过扫描电镜观察提取出夹杂物的三维立体形貌、尺寸，并对非金属夹杂物进行 XRD 分析，确定非金属夹杂物的物相。通过电解萃取试验对纯镍 N6 断裂试样进行电解，发现纯镍中的夹杂物主要有棒状、层片状、不规则块状等，而且不同种类的夹杂物大小不一，对夹杂物进行 EDS 分析（见表 4-21）。试验结果表明夹杂物主要由 Si、Al、Ca、Mg、C、O、Fe 等元素组成，这与断口上的夹杂物的主要组成元素是一致的。

表 4-21　非金属夹杂物成分分析（质量分数）　　%

位置	O	Si	Ca	Al	Fe	Mg	C
G	54	43.3	—	—	2.4	0.2	—
H	41.1	0.1	0.4	36.5	21.2	0.8	—
I	52.6	0.1	44.3	—	2.4	0.4	—
J	28	20	2	20.8	5.9	0.4	22.9

通过对夹杂物进行 EDS 分析表明，这些夹杂物的存在与纯镍 N6 焊接接头的断裂有很大关系，金属基体中主要是氧化铝类、硅酸盐、铝酸盐、复相夹杂物以及氮化物类夹杂物。

这些氧化铝类、硅酸盐、铝酸盐、复相夹杂物及氮化物类夹杂物的存在，使金属应力发生再分布，引起金属内部产生应力集中，为材料的破坏提供了最薄弱的部位，而且非金属夹杂物与纯镍 N6 基体之间有着不同的弹、塑性性能及线膨胀系数，因此夹杂物无法与金属基体的变形保持一致性且夹杂物与金属基体的连接较差，通常情况下非金属夹杂物与金属基体为机械连接，在应力的作用下裂纹首先会在夹杂物与金属基体之间产生，这样就破坏金属基体的连续性，使金属基体品质变坏，降低金属性能，最终导致金属的断裂。

第5章

焊缝中的气孔

焊接熔池在结晶过程中由于某些气体来不及逸出残存在焊缝中形成气孔。气孔是焊接接头中常见的缺陷，碳钢、高合金钢、有色金属焊接接头中都可能产生气孔。气孔不仅削弱焊缝的有效工作断面，同时也会带来应力集中，显著降低焊缝金属的强度和韧性，对动载强度和疲劳强度更为不利。严重情况下，气孔还会引起裂纹，导致焊件报废。所以分析焊接气孔出现的原因及防止对策，对保证焊接质量有重要的意义。

5.1 焊缝中的气孔

5.1.1 气孔类型及特征

(1) 气孔的类型

从气孔的形态上看，有表面气孔，也有焊缝内部气孔；有时以单个分布，有时成堆密集，也有时贯穿整个焊缝断面，弥散分布在焊缝内部。按气孔颜色分，有乌黑的，有白亮的。气孔产生的根本原因是由于高温时金属溶解了较多的气体（如氢、氮），冶金反应时又产生了相当多的气体（CO、H_2O），这些气体在焊缝凝固过程中来不及逸出就会产生气孔。

根据产生气孔的气体来源，可分为析出型气孔和反应型气孔。析出型气孔是因溶解度差而造成过饱和状态气体析出所形成的气孔。这类气孔主要是由外部侵入熔池的氢和氮引起的。氢和氮在液态铁中的溶解度随着温度的升高而增大。高温熔池和熔滴中溶解了大量的氢、氮，当熔池冷却时，液态金属结晶时氢、氮的溶解度下降至1/4左右，于是过饱和状态的气体需要大量析出，但因为焊接熔池冷却非常快，析出的气体来不及逸出，在焊缝中形成气孔。反应型气孔主要是由于冶金反应而生成的 CO、水蒸气等造成的气孔。

根据产生气孔的气体种类，焊缝中的气孔主要有氢气孔、氮气孔和 CO 气孔。由于产生气孔的气体不同，因而气孔的形态和特征也不同。

① 氢气孔　对于低碳钢和低合金钢焊接接头，大多数情况下氢气孔出现在焊缝表面上，气孔的断面形状如同螺钉状，在焊缝表面上形成喇叭口形，而气孔的四周有光滑的内壁。这类气孔在特殊情况下也会出现在焊缝内部。如焊条药皮中含有较多的结晶水，使焊缝中的含氢量过高，在凝固时来不及上浮而残存在焊缝内部。

铝、镁合金焊接接头的氢气孔常出现在焊缝内部。高温时，氢在熔池和焊缝金属中的溶解度很高，吸收了大量的氢气。焊接熔池冷却时，氢在金属中的溶解度急剧下降，氢来不及逸出时，就会在焊缝中产生气孔。

② 氮气孔　氮气孔也较多集中在焊缝表面，但多数情况下是成堆出现，与蜂窝状类似。在焊接生产中由氮引起的气孔较少。氮的来源，主要是由于焊接过程保护不良，有较多的空气侵入熔池所致。

③ CO气孔　这类气孔主要是焊接碳钢时，由于冶金反应产生了大量的CO。CO不溶于金属，在高温阶段产生的CO会以气泡的形式从熔池中高速逸出，并不会形成气孔。当熔池开始结晶时，发生合金元素的偏析，对于结构钢来说，熔池中的氧化物和碳的浓度在熔池尾部偏高，有利于进行下述反应：

$$[FeO]+[C]=CO\uparrow+[Fe] \tag{5-1}$$

使冷却过程中产生的CO气体增多。随着结晶过程的进行，熔池温度降低，熔池金属的黏度不断增大，此时产生的CO不易逸出。特别是在枝状晶凹陷处产生的CO，更不容易逸出而形成CO气孔。由于CO气孔是在结晶过程中产生的，气孔沿结晶方向分布，并呈现条虫状。

根据气孔的分布形态，可分为均布气孔、密集气孔、链状气孔。均布气孔在焊缝中分布均匀，密集气孔则是许多气孔聚集在一起形成气孔群，链状气孔与焊缝轴线平行成串。根据气孔的形状，又分为球形气孔、长条形气孔、虫形气孔等。不同形状的气孔在焊缝中的分布形态见图5-1。

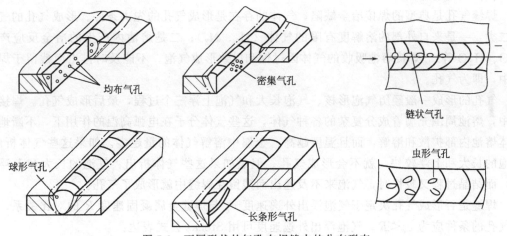

图 5-1　不同形状的气孔在焊缝中的分布形态

球形气孔在焊缝中的形态是近似球形的孔穴；长条形气孔是长度方向与焊缝轴线近似平行的非球形长气孔；虫形气孔是由于气孔在焊缝金属中上浮而引起的管状孔穴，其位置和形状取决于焊缝金属的凝固形式和气体的来源，通常成群出现并呈"人"字形分布。

(2) 铝及其合金焊缝气孔的分布特征

气孔是铝及其合金焊接时容易出现的焊接缺陷，它的存在降低了焊缝的致密性和耐蚀性，减小了接头的有效承载面积，容易形成应力集中，从而降低接头的强度和塑性。铝及其合金焊缝中气孔主要有临近焊缝表层的皮下气孔、集中于焊缝中部或根部的密集气孔以及存在于熔合区边界的氧化膜气孔。

① 皮下气孔　焊缝结晶过程中，当液态铝从高温冷却接近凝固点时，液态铝中的氢由于溶解度下降而脱溶形成氢气泡。在氢气泡上浮过程中，当上浮速度低于熔池的冷却速度时，已上浮到熔池表面附近的氢气泡来不及逸出而残留在焊缝的表层，从而形成皮下气孔，尺寸一般较大，如图 5-2(a) 所示。

② 局部密集气孔　熔池结晶过程中，氢的脱溶析出可能聚集在枝晶间大量存在的微小空穴中，形成密集的微小气泡，熔池完全结晶后而残留在焊缝的中部或根部，形成局部密集的气孔，其尺寸一般较小，如图 5-2(b) 所示。

③ 氧化膜气孔　在熔合区的边界处，由于母材坡口附近的氧化膜未能熔化而残存下来，氧化膜中的水分因受热分解而析出氢，并在氧化膜上形成气泡，熔池结晶后形成气孔，其内壁一般呈氧化色。这类气孔是由于氧化膜吸收水分所致，并位于熔合区边界 [如图 5-2(c) 所示]，对接头性能影响较大。

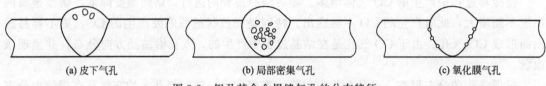

(a) 皮下气孔　　　　　　　(b) 局部密集气孔　　　　　　　(c) 氧化膜气孔

图 5-2　铝及其合金焊缝气孔的分布特征

5.1.2　气孔的产生及危害

(1) 气孔的形成

焊缝气孔是典型的焊接冶金缺陷，气体的存在是形成气孔的先决条件。形成气孔的气体有二类：一是来自外部的溶解度有限的气体（H_2、N_2）；二是熔池内产生的冶金反应产物（CO、H_2O 等）。焊接熔池吸收的气体因过饱和以致形成气泡，不能及时排出而残留于焊缝之中，即为气孔。

气孔的形成一般经历气泡形核、气泡长大和气泡上浮三个过程，最后形成气孔。焊接过程中，熔池周围充满着成分复杂的各种气体，这些气体分子在电弧高温的作用下，不断地向液体熔池内部扩散和溶解，而且温度越高，金属中溶解气体的量越多。如果这些气体析出、气泡的长大和上浮较快，就不会形成气孔。但是如果这些气体析出、气泡的长大和上浮较慢，而结晶过程又较快时，气泡来不及逸出而残留在焊缝中就形成了气孔。

焊缝是否形成气孔决定于气泡浮出外逸速度 v_e 与焊缝金属凝固速度 R 的对比关系。产生气孔的条件应为 $v_e < R$。气泡浮出外逸速度可用 Stocks 公式表达：

$$v_e = K(\rho_L - \rho_G)gr^2/\eta \tag{5-2}$$

式中　K——常数，2/9；

　　　g——重力加速度，980cm/s²；

　　　η——液体金属黏度，Pa·s；

　　　r——气泡半径，cm；

　　　ρ_L——液体金属密度，g/cm³；

　　　ρ_G——气泡密度，g/cm³。

焊缝金属凝固速度对气孔的产生有很大影响。凝固速度越快，越不利于气泡浮出，越易于产生气孔。材料一定时，焊缝金属的凝固速度主要受工艺条件制约。金属导热性能好或焊接速度快，可造成接头具有大的冷却速度，即焊缝具有大的凝固速度。

金属黏度对气孔影响也较大，液体金属迅速进入凝固阶段后，由于金属黏度急剧增大，气泡浮出困难，易于形成气孔。特别是焊缝根部（尤其大熔深时），气泡更难浮出，易在焊缝根部形成气孔。

气泡的浮出速度主要取决于液体金属的密度，液体金属密度越小，气泡浮出速度越小。所以，轻金属（Al、Mg 等）焊接时易于产生气孔。

气泡尺寸也影响气泡浮出速度。气泡半径越大，越有利于气泡浮出。当原始气体数量不足以使气泡半径增大时，产生气孔的倾向可能很大；而原始气体数量多，但可以使气泡半径增大到足以完全浮出时，反而可能不产生气孔。例如，刚刚涂压出来尚未烘干的焊条，焊接时并不一定产生气孔，而如烘干不足却会形成气孔。

如能造成 $v_e > R$ 的条件，即气泡可以完全排出的条件，或增大 v_e，或降低 R（预热或降低焊接速度），可以消除气孔。若气泡浮出外逸速度几乎与金属凝固速度相等（即 $v_e = R$），会形成外表可见的外气孔；若 $v_e < R$，即金属凝固速度超过气泡浮出外逸速度，则形成内气孔。所以，是否形成内气孔或外气孔，取决于 v_e 与 R 的对比关系，而与气体种类无关。因此，焊接时应尽可能减少金属吸收气体的数量和降低熔池金属中气体的过饱和度，以使气泡难以形成，即使形成气泡也不易达到临界尺寸，这样可以从根本上防止产生气孔。

（2）气孔的危害

气孔属于体积性缺陷，对焊缝的性能影响很大，主要危害有三个方面：导致焊接接头力学性能降低；破坏焊缝的气密性；诱发焊接裂纹的产生。

气孔的危害性之一是会降低焊缝的承载能力。这是因为气孔占据了焊缝金属一定的体积，使焊缝的有效工作截面积减小，降低了焊缝的力学性能，使焊缝的塑性特别是冲击韧性降低得更多。HT-80 高强钢埋弧焊焊缝气孔对接头力学性能的影响如图 5-3 所示。铝合金焊缝中的气体含量与抗拉强度的关系如图 5-4 所示。随着焊缝中气体含量的增加或接头有效承载面积的减少，接头的抗拉强度、伸长率和冲击吸收功逐渐下降，尤其是当气体含量增加到一定程度时，接头的力学性能急剧下降。

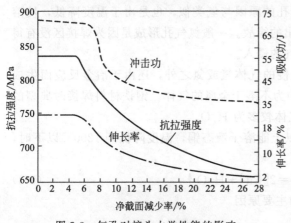

图 5-3　气孔对接头力学性能的影响
（HT-80 高强钢，埋弧焊）

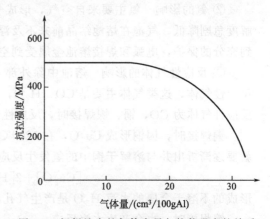

图 5-4　铝焊缝中的气体含量与抗拉强度的关系

如果气孔穿透焊缝表面，特别是穿透接触介质的焊缝表面，介质存在于孔穴内，当介质有腐蚀性时，将形成集中腐蚀，孔穴逐渐变深、变大，以致腐蚀穿孔而泄漏，从而破坏了焊缝的致密性，严重时会引起整个金属结构的破坏。如果是焊缝根部气孔和垂直气孔，可能造成应力集中，成为焊缝开裂源。

在交变应力的作用下，气孔对焊缝的疲劳强度影响显著。但如果气孔没有尖锐的边缘，一般认为不属于危害性缺陷，并允许有限度在焊缝中存在。但要按照规范中的规定进行评定，超过规范要求时须进行返修处理。

5.2 焊缝气孔分析

5.2.1 焊缝气孔的产生机理及影响因素

(1) 产生机理

焊缝中气孔的生成是几种气体共同作用的结果，起主要作用的气体是氢和氮。

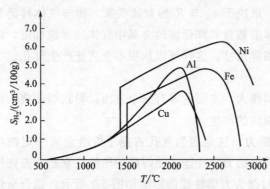

图 5-5 氢在金属中的溶解度与温度的关系

① 氢的影响 焊接区的氢来自各方面，如工件或焊丝表面有铁锈、油漆、油脂、水分等杂质，氩气中含有水分，冶炼钢材时残留的氢等。它们在电弧高温作用下，不断地向液体熔池扩散和溶解。氢在铜、铝、铁和镍中溶解度与温度的关系如图 5-5 所示。随着温度的升高，溶解度增大，并在一定温度下达到最大值，继续升温后，由于金属蒸气压剧增，氢的溶解度迅速降低。因此，在焊缝冷却过程中，氢在焊缝金属中的溶解度急剧下降，使氢析出并积聚在非金属夹杂表面形成气泡，并向外排出，当气泡在熔池结晶前来不及浮出时，便形成了氢气孔。

② 氮的影响 氮主要来自空气，形成气孔的原因与氢类似，也是由于温度降低，使溶解度急剧降低，气泡在熔池结晶前来不及浮出的缘故。一般氮气孔形成是因为焊接区没有得到充分的保护，电弧和焊接熔池金属受到空气的侵入。

③ 反应性气体的影响 熔池中除外部入侵的气体氢或氮之外，还由于冶金反应而生成反应性气体，这类气体主要是 CO、H_2O，均为不溶于金属的气体。钢铁材料焊接时典型的反应性气体为 CO，铜、镍焊接时，反应性气体较多为 H_2O。

铜焊接时，因铜形成 Cu_2O，在 1200℃ 以上能溶于液态铜，温度降低到 1200℃ 以下时，就要逐渐析出并与溶解于铜中的氢发生反应：

$$[Cu_2O]+2[H]=2[Cu]+H_2O\uparrow \qquad (5-3)$$

形成的不溶于金属的水汽 H_2O 是产生气孔的主要原因。

镍焊接时，也会产生水汽反应：

$$[Ni_2O]+2[H]=2[Ni]+H_2O\uparrow \qquad (5-4)$$

上述反应均属氧化性反应。这类氧化反应的前提条件是熔池金属存在氧化物。所以，为了防止产生气孔必须设法消除这类氧化物，或使之转化为不具有氧化能力的其他稳定氧化物

（脱氧措施）。对于合金钢尽可能降低碳含量是有利的，所以钢焊丝或焊条应尽可能低碳。对于铜、镍等金属应设法限制氢的溶入。

(2) 影响因素

① 气体的来源

a.焊接区周围的空气侵入熔池　如果焊接区没有受到很好的保护，周围的空气就会侵入熔池。空气的侵入是焊缝产生气孔在重要原因之一，特别是氮气孔的产生。低氢焊条引弧时容易产生气孔，就是因为药皮中的造气物质 $CaCO_3$，在引弧时未能及时分解，而产生足够的 CO_2 造成保护不良所致。

例如，仰焊时采用断弧焊操作，虽然可减小热输入，使熔池快速凝固。但在断弧焊不停的引弧、熄弧过程中，电弧被不断拉长。药皮产生的保护气在正常的短弧焊接时能起到有效的保护作用，如图 5-6（a）所示；但在电弧被拉长时易形成保护不良，如图 5-6（b）所示。由于断弧焊形成的焊道较厚，每一次引弧都要求焊条具有合适的空间位置，如焊条引弧位置距离前一焊波较近，焊条端部与前一焊道间的电弧被拉长，形成保护不良，如图 5-6（c）所示；如焊条引弧位置距离前一焊波相对较远（但还处在电弧燃烧距离内），则焊条端部与前一焊波间的电弧被拉长，形成保护不良，如图 5-6（d）所示。由于断弧焊中保护不良的存在，容易导致空气侵入液态金属。

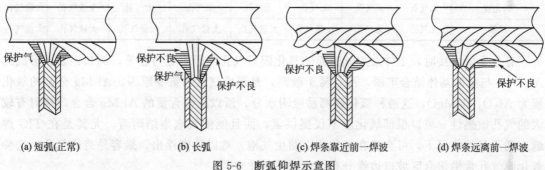

(a) 短弧(正常)　　　(b) 长弧　　　(c) 焊条靠近前一焊波　　　(d) 焊条远离前一焊波

图 5-6　断弧仰焊示意图

在稳定连弧焊过程中，由于不存在频繁的引弧、熄弧过程，大大降低了电弧拉长的可能；由于连弧焊焊条移动速度快，焊道薄，也基本不存在保护不良，因此连弧焊可使电弧、熔滴和熔池得到很好的保护，有利于气孔的减少。

空气的湿度也会影响电弧气氛中水蒸气的分解，水蒸气分解越多，越容易产生氢气孔。采用 MIG 焊方法焊接 5083 铝合金时，空气相对湿度对焊缝中气孔数量的影响见图 5-7。

b.焊接材料吸潮　空气中的水分很容易吸附在焊接材料上，特别是焊条药皮和焊剂。保护气体中水分含量的增加，也会增大气孔生成倾向。图 5-8 示出氩气中水的体积分数对气孔生成倾向的影响。

c.工件及焊丝表面杂质　工件及焊丝表面

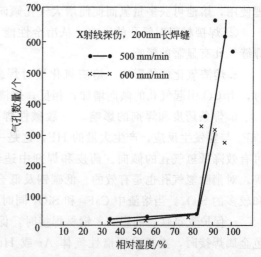

图 5-7　空气相对湿度对焊缝中气孔数量的影响

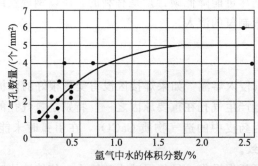

图 5-8　氩气中水的体积分数对气孔生成倾向的影响

的氧化膜、铁锈及油污等，在焊接过程中向熔池提供氢和氧，是焊缝产生气孔的重要原因之一。尤其是铁锈，不仅可以提供氧化物，促进形成 CO 的反应，而且可以提供水分，成为氢的来源。铁锈比不含水的氧化铁皮更容易促使产生气孔，如表 5-1 所示。

表 5-1　铁锈与氧化皮对气孔的影响

100mm 长坡口上覆盖的铁锈或氧化皮/g	0.3	0.4	0.5	0.6	0.8	1.0	1.2	1.4
氧化皮	无气孔	无气孔	无气孔	无气孔	无气孔	无气孔	少量气孔	大量气孔
铁锈	无气孔	无气孔	少量气孔	大量气孔	大量气孔	大量气孔	大量气孔	大量气孔

　　有色金属焊接时，工件及焊丝表面的氧化膜对气孔的影响更为显著，例如铝表面形成的 Al_2O_3，与金属基体结合牢固，而且易于吸潮，是形成气孔的重要原因。Al-Mg 合金的氧化膜为 Al_2O_3 和 MgO，这两种氧化膜都易吸附水分，所以高镁含量的 Al-Mg 合金焊接时有较大的气孔敏感性。坡口根部氧化膜不仅提供氢，而且能使气泡集结附着，尤其是在 TIG 焊缝熔透不足的情况下，可直接在氧化膜上萌生气泡，难以脱离浮出，最容易造成气孔。这种氧化膜气孔常沿熔合区坡口边缘分布，内壁呈氧化色彩。

　　采用焊丝的 MIG 焊有大的熔深，工件坡口端部的氧化膜能迅速熔化掉，利于氧化膜中水分的排出，坡口氧化膜对焊缝气孔的影响较小。但焊丝氧化膜的影响不容忽视，如不经清理使用，熔池可获多量氢而促使增大气孔倾向。

　　② 焊接材料对气孔的影响　从冶金性能上看，焊接材料的氧化性与还原性的平衡，对焊缝气孔有显著的影响。

　　a.熔渣氧化性的影响　熔渣氧化性对焊缝气孔敏感性有很大的影响。熔渣氧化性增大时，由 CO 引起气孔的倾向增加；相反，熔渣的还原性增大时，氢气孔的倾向增加。

　　b.焊条药皮和焊剂的影响　一般碱性焊条药皮中含有一定量的氟石（CaF_2），焊接时 CaF_2 与氢发生反应，产生大量的 HF，这是一种稳定的气体化合物，即使高温也不易分解，可有效降低氢气孔的倾向。药皮和焊剂中适当增加氧化性组成物，如 SiO_2、MnO 和 FeO 等，对消除氢气孔也是有效的。低碳钢及低合金钢埋弧焊用焊剂中，常含有一定量的 CaF_2 和较多的 SiO_2。当熔渣中 CaF_2 和 SiO_2 同时存在时，可有效防止氢气孔。

　　c.保护气氛性质的影响　钢材焊接时，保护气有 CO_2 及 CO_2＋Ar 混合气体两大类。有色金属焊接时，主要采用惰性气体 Ar 或 He，有时会在 Ar 中添加少许活性气体 CO_2 或 O_2。从抗气孔角度考虑，活性气体优于惰性气体。因为活性气体 CO_2 或 O_2 可促使降低氢的分压而限制溶氢，还能降低液态金属的表面张力，增大其活性，有利于气体排出。

焊接钢材时，保护气氛组成对气孔的影响如图 5-9 所示。可见，随着 Ar 增多，气孔倾向增大，而且在低电弧电压时更为明显。这是因为 Ar 增多时，金属活性较差，还可形成"指状"熔池，不利于气体排出。电弧电压降低时，电弧更不稳，易造成紊流，气孔倾向增大，如图 5-10 所示。所以富 Ar 焊接时，应仔细清除铁锈及油污。

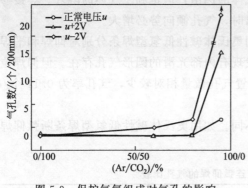

图 5-9　保护气氛组成对气孔的影响

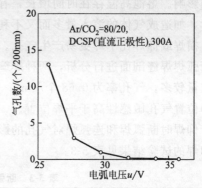

图 5-10　MAG 焊时电弧电压对气孔的影响

d. 焊丝成分的影响　焊丝能否适应母材的匹配要求，还须考虑与其组合的焊剂或保护气体的成分。焊丝与焊剂或保护气体有多种组合，有不同的冶金反应，形成不同的焊缝金属成分。一般希望形成充分脱氧条件，以抑制反应性气体的生成。

钢 MAG 焊接时，气氛中的 CO_2 在电弧作用下发生分解反应：

$$2CO_2 \rightarrow 2CO + O_2 \tag{5-5}$$

具有强烈的氧化性。若焊丝中无足够的脱氧元素，则发生铁的氧化反应：

$$[Fe] + CO_2 = CO + FeO \tag{5-6}$$

熔滴金属与熔池金属由于增加 FeO，可发生碳的氧化：

$$[FeO] + [C] = CO \uparrow + [Fe] \tag{5-7}$$

创造了生成气孔的条件。为防止生成 CO，焊丝或熔融金属中应有足够的脱氧元素 Mn、Si 等。所以，CO_2 气体保护焊时，焊丝的成分对气孔影响很大，见表 5-2。无保护气体时，空气入侵熔融金属，即使焊丝有足够脱氧元素，只因氮的作用，也会引起气孔。

表 5-2　保护气体和焊丝对气孔的影响（低碳钢焊接）

保护气体	焊丝	气孔原因	焊缝外观	X 射线照片
无	H08A	N_2、CO		
无	H08Mn2Si H08Mn2SiA	N_2		
CO_2	H08A H10MnSi	CO		
CO_2	H08Mn2Si H08Mn2SiA	无气孔		

CO_2 气体保护焊时，引起气孔的主要原因是 CO，所以须充分脱氧。采用 H08A 或

H10MnSi 不能防止产生气孔，必须采用合金钢焊丝 H08Mn2SiA。

③ 焊接工艺对气孔的影响　焊接工艺是通过影响电弧周围气体向熔融金属中溶入以及熔池中气体的逸出而对气孔形成产生影响的。焊接工艺不正常，以致电弧不稳定或失去正常的保护作用，会促使气体溶入，增大气孔倾向。

焊接参数的影响可归结为对熔池高温存在时间的影响，也就是对气体溶入时间和析出时间的影响。熔池高温存在时间增长，有利于气体的逸出，但也利于气体的溶入。焊接参数不当时，如造成气体的溶入量多而又不利于逸出时，气孔倾向势必增大。

横焊或仰焊比平焊更易产生气孔。如采用奥氏体碱性低氢型焊条分别对仰焊和平焊位置的断弧焊焊缝剖面进行分析，两种焊缝中均发现有内部光滑的圆形气孔存在。但仰焊位置气孔数量较多，气孔率为 0.68 个/cm^2；平焊位置气孔数量相对较少，气孔率为 0.11 个/cm^2，仰焊位置气孔敏感性高于平焊位置。

仰焊时断弧焊和连弧焊对气孔的影响也不同。如用奥氏体碱性低氢型焊条断弧仰焊和连弧仰焊的试验结果见表 5-3。

表 5-3　断弧仰焊和连弧仰焊的气孔比较

坡口类型	操作方式	气孔率/(个/cm^2)		
		直径大于 0.5mm	直径小于 0.5mm	总计
V 形坡口对接	断弧	0.29	0.39	0.68
	连弧	0.03	0.18	0.21
U 形槽试板	断弧	0.48	0.77	1.25
	连弧	0.03	0.06	0.09

断弧仰焊的气孔率较高，V 形坡口对接板和 U 形槽试板的焊缝剖面气孔率分别为 0.68 个/cm^2 和 1.25 个/cm^2，其中直径大于 0.5mm 的气孔约占气孔总数的 1/3，对 V 形坡口对接板的 X 射线探伤结果表明气孔情况仅为 4 级；连弧仰焊的气孔率较低，V 形坡口对接板和 U 形槽试板的焊缝剖面气孔率分别为 0.21 个/cm^2 和 0.09 个/cm^2，远低于断弧仰焊焊缝气孔率，且主要为直径小于 0.5mm 的小气孔，对 V 形坡口对接板的 X 射线探伤结果表明气孔达到 1 级要求。仰焊位置采用连弧焊能显著降低焊缝气孔率。

立焊时的气孔倾向与向上或向下施焊有关。向上立焊的气孔较少，向下立焊的气孔较多，因为向下立焊时熔融金属易向下坠落，不利于气体排出，且有卷入空气的可能。焊接过程中加脉冲可显著减少气孔的生成。

电源的种类、极性和焊接工艺参数对气孔的形成也有重要作用。一般情况下，交流焊接时的气孔倾向大于直流焊，直流正接时的气孔倾向大于直流反接，降低电弧电压可以减小气孔倾向。

5.2.2　焊缝中气孔的防止措施

(1) 消除气体来源

① 焊前清理　焊前须对焊丝表面、坡口及其附近 20～30mm 范围进行清理，去除表面锈蚀、氧化膜、油污和水分等杂质，露出金属光泽。

铁锈一般采用砂轮打磨和钢丝刷清理的机械清理方法。有色金属的氧化膜采用化学清洗和机械清理并用的方法。化学清洗分脱脂去油和除去氧化膜。清洗后到焊接前的间隔时间对

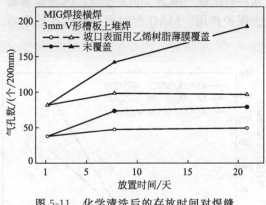

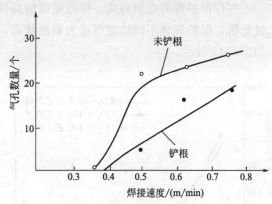

气孔的产生也有影响，如图 5-11 所示。清洗后最好及时施焊，存放时间不要超过 24h。焊丝清洗后最好放在 150～200℃ 烘干箱中，随取随用。

大型构件清洗后做不到立即焊接时，临焊接前可用刮刀刮削坡口端面。将坡口下端（根部）刮去一个倒角，成为倒 V 形小坡口（也叫倒角），对防止根部氧化膜引起的气孔比较有效，如图 5-12 所示。

图 5-11　化学清洗后的存放时间对焊缝
气孔的影响（Al-Mg 合金，MIG 焊）

图 5-12　倒角对铝镁合金 MIG 焊缝
气孔倾向的影响

② 焊接材料防潮与烘干　焊条焊剂必须防潮，烘干后放在专用烘干箱或保温筒中保管，随用随取。尤其是低氢型焊条对吸潮很敏感，吸潮量超过 1.4% 会明显产生气孔。各种焊条的临界吸湿量及烘干工艺如表 5-4 所示。

表 5-4　各种焊条的临界吸湿量及烘干工艺

钢种	焊条药皮类型	临界吸湿量/%	烘干温度/℃	烘干时间/min
低碳钢 500MPa 级高强钢	钛铁矿型	3	70～100	30～60
	钛钙型	2	70～100	30～60
	高氧化钛型	3	70～100	30～60
	铁粉氧化铁型	2	70～100	30～60
	低氢型	0.5	300～350	30～60
	超低氢型	0.5	350～400	60
600MPa 级高强钢	超低氢型	0.4	350～400	60
800MPa 级高强钢	超低氢型	0.3	350～400	60
低合金钢	钛铁矿型	3	70～100	30～60
	高氧化钛型	3	70～100	30～60
	低氢型	0.5	325～375	30～60
铁素体不锈钢	低氢型	0.5	300～350	30～60
奥氏体不锈钢	低氢型	1	150～200	30～60
镍基合金	各类	1	150～200	30～60

③ 加强防护　空气侵入熔池是气孔产生原因之一，主要是氮的作用。焊接电弧不稳定时，不能获得正常保护。低氢焊条引弧时易产生气孔，是由药皮中造气物质 $CaCO_3$ 未能及时分解而产生足够的 CO_2 所致。

气体保护焊时，保护气体纯度对焊接质量有较大的影响。如氩气中含有氧、氮和少量的其他气体，当含量超过标准规定时，会降低氩气的保护性能，使焊缝气孔增加，电弧不稳定。按我国现行标准，氩气纯度应达到 99.99%，可以满足氩弧焊的工艺要求。但当气瓶内的压力小于 2.0MPa 时，应停止使用。

气体流量也是影响保护效果的重要参数。当氩气流量太大时，不仅造成浪费，而且会产生紊流，将空气卷入保护区，降低保护效果。反之，氩气流量过小时，保护气体挺度不够，排除周围空气的能力弱，同样使保护效果变差。保护气体流量对气孔的影响如图 5-13 所示。

气体保护焊时必须防风。焊枪喷嘴前端保护气体的流速一般为 2m/s 左右，风速如果超过此值，保护气体不能稳定而成为紊流状态，失去保护作用。MAG 焊时风速对气孔的影响如图 5-14 所示。

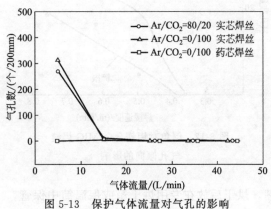

图 5-13　保护气体流量对气孔的影响

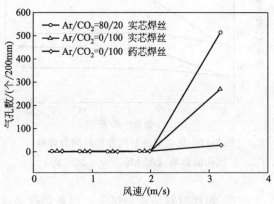

图 5-14　MAG 焊时风速对气孔的影响

(2) 正确选用焊接材料

① 适当调整熔渣的氧化性。如为减小 CO 气孔倾向，可适当降低熔渣的氧化性；为减小氢气孔的倾向，可适当增加熔渣的氧化性。

② 铝及其合金氩弧焊时，在 Ar 中添加氧化性气体 CO_2 或 O_2，但含量须严格控制，因为过量会使焊缝明显氧化。

③ 有色金属焊接时，更应注意脱氧。焊接纯镍时不用纯镍焊丝和焊条，而应采用含有铝和钛的焊丝和焊条；纯铜氩弧焊时也不用纯铜焊丝，而采用合金焊丝，如硅青铜和磷青铜焊丝等。

(3) 控制焊接工艺

① 选取正确的焊接工艺参数　焊接速度是主要的工艺参数之一。TIG 焊焊接速度过快时，由于空气对保护气层的影响，或遇侧向气流的侵袭，会使保护气层偏离钨极和熔池，使保护效果变差，产生气孔，所以施焊时应选择合适的焊接速度。

铝合金 TIG 焊时，采用小热输入以减少熔池存在时间，减少气氛中氢的溶入，因而须适当提高焊接速度；同时要保证根部熔合，以利于根部氧化膜中的气泡浮出，又须适当增大焊接电流。从图 5-15 可见，采用大焊接电流配合较高的焊接速度较为有利。否则焊接电流不够大，焊接速度又较快时，根部氧化膜不易熔掉，气孔倾向增大。

如图 5-16 所示为 Al/Mg 异种有色金属 TIG 焊接头 Mg 侧断口典型气孔组织。TIG 焊接头气孔的形成受弧柱气氛及焊丝中水分、被焊部位及焊丝表面氧化膜吸水性的影响。在高温下 H_2O 分解产生的 H_2 溶入焊接熔池中，当液态金属凝固时，气体的溶解度突然下降，来不及逸出而残留在焊缝中的气体形成气孔，气孔也是导致接头断裂的原因之一。如图 5-16

所示,在 Mg 侧断口表面存在一定的气孔,这些气孔主要分布在解理区域的凹陷部位,并且垂直于焊缝方向。不仅在断口上存在气孔,从宏观上也可见在焊缝横截面 Mg 侧熔合区附近存在大量的气孔。

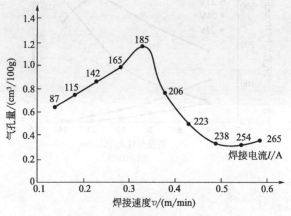

图 5-15　焊接参数对 5A06 铝合金
TIG 焊缝气孔倾向的影响

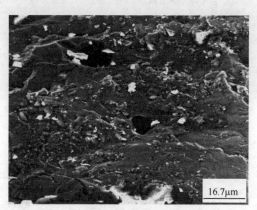

图 5-16　Al/Mg 异种有色金属 TIG 焊接头
Mg 侧断口典型气孔组织

在 MIG 焊条件下,焊丝氧化膜的影响更明显,减少熔池存在时间,难以有效地防止焊丝氧化膜分解出来的氢向熔池侵入。因此希望增大熔池时间以利于气泡逸出。从图 5-17 可见,降低焊接速度和提高热输入,有利于减少焊缝中的气孔。

铝合金横焊、立焊或仰焊条件比平焊时更易产生气孔,因为气体排出条件不利。立焊时的气孔倾向与向上或向下施焊有关。MIG 横焊时焊接热输入对气孔的影响如图 5-18 所示。焊接热输入对气孔的影响不是一个简单的规律,而与电弧电压有关。高电弧电压时气孔呈增加趋势,低电弧电压时呈减少趋势。

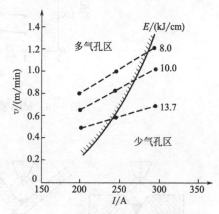

图 5-17　Al-Mg 合金 MIG 焊焊缝气孔
倾向与焊接参数的关系

TIG 焊时,应适当控制钨极伸出长度和电弧长度。钨极伸出过长,氩气保护钨极与熔池效果变差;伸出过短,保护效果虽好,但会阻挡操作者视线。通常钨极伸出长度以 3～4mm 为宜。电弧过长,增大了喷嘴与焊件之间的距离,保护效果变差,产生气孔;电弧过短,钨极与焊丝易碰撞发生短路,易造成夹钨并使焊接无法进行。因此应尽可能采用短弧焊接。

TIG 焊时,在不妨碍操作视线的情况下,焊枪应尽量垂直或倾 5°～15°夹角。夹角过大,内侧产生紊流,外侧氩气挺度不够,气体保护效果变差,易产生气孔。

② 焊接工艺措施　铝合金 TIG 焊时,氩气保护层极易受到外界气流的破坏,使保护效果变差,从而产生气孔。因此 TIG 焊不宜在室外进行操作,当必须在室外作业时,风速须小于 1m/s,并采取防风措施。在室内焊接时,焊接场地或通风设施风力不宜太大。对于管道焊接,应封闭管口,严禁穿堂风。对于不利于保护的接头,可附加挡板,以改进保护效

果，如图 5-19 所示。

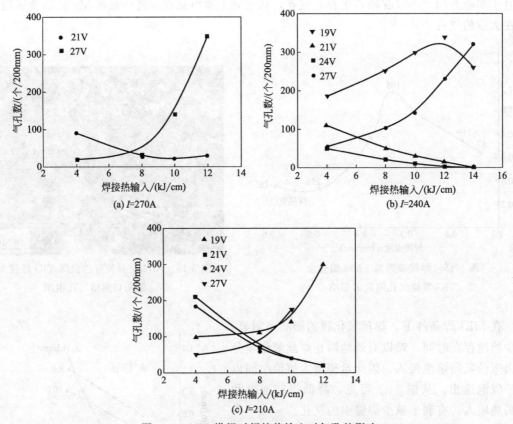

(a) I=270A

(b) I=240A

(c) I=210A

图 5-18　MIG 横焊时焊接热输入对气孔的影响

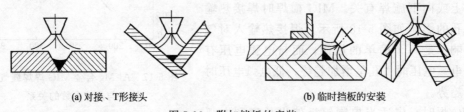

(a) 对接、T形接头　　　　　　　　　(b) 临时挡板的安装

图 5-19　附加挡板的安装

　　TIG 焊接引弧前提前 3～4s 输送氩气，以驱赶输气管内的空气，保证氩气纯度，防止钨极与熔池在引弧及焊接时氧化产生气孔。焊接结束时，焊枪暂不抬起，闭合控制开关，电流会逐渐减小至熄弧，同时氩气滞后 3～5s 停气，以保护尚未冷却的钨极和熔池。也可在焊接结束时，先停止送丝，同时压低电弧，以稍快的焊接速度沿坡口面向前移动 10mm 后，抬起断弧，同样也可以达到滞后关气保护熔池缓冷的目的。

　　施焊时焊枪、焊丝、工件之间必须保持正确的位置和相对角度，动作要协调配合，保证电弧稳定和弧长的高度均匀一致，严禁忽高忽低，送入熔池的填充焊丝不宜过快过猛（点滴熔入为宜）或不稳定，影响气体的保护效果，将空气带入熔池而产生气孔。同时注意观察熔池的变化，提高对气孔的排出能力。

5.3　焊缝气孔分析实例

5.3.1　铝合金分馏塔及管道焊接气孔分析

(1) 分馏塔的焊接气孔分析

天津某化工企业氮氧站二期扩建工程空分装置分馏塔分 3 段到货，现场组对焊接 2 道焊口。该塔直径为 $\phi1460mm$，塔身材质为 AlMg4.5Mn，所用焊丝型号为 ER5183。下道焊缝为氩弧焊对称焊，上道焊缝为加不锈钢衬板的单面焊。塔体下道焊缝施焊后进行 X 射线探伤，发现焊道中气孔缺陷较多。初步分析认为焊机老化，焊丝熔化及阴极破碎效果不好是产生气孔缺陷的原因，随后更换进口焊机对焊道进行返修处理，经探伤后发现气孔缺陷依然存在。

① 气孔产生原因　针对这种情况，从气孔产生的根源分析：Al-Mg 合金气孔主要为氢气孔。由于铝在液态时能溶解大量的氢，随着温度下降，氢的溶解度急剧下降。在凝固点时氢从 0.69mL/100g 降到 0.036mL/100g，相差近 20 倍（在钢中只相差不到 2 倍）。铝的导热性很强，在同样的工艺条件下，铝熔合区的冷却速度比高强钢快得多，不利于气泡的逸出。这样部分氢原子结合成氢分子形成气孔。

在横焊或仰焊位置，在焊缝金属凝固过程中气泡上升至焊缝上部熔合区附近，被上部固态金属阻挡而无法逸出，因而在焊缝上部形成链状气孔。焊缝中氢的来源主要是氩气中所含少量的水、氢及碳氢化合物；大气中水汽侵入；母材、焊材表面氧化膜 Al_2O_3 和 MgO 所吸附的水分；母材、焊材本身所固溶的氢等。

② 控制措施　为了防止焊缝中产生气孔，从两方面着手：一是限制氢溶入熔融金属，也就是减少氢的来源和缩短氢与熔融金属作用的时间；二是促使氢逸出熔池，即改变冷却条件。

a.施工准备　机具设备准备：棒式专用砂轮机、氩弧焊机及水分离设备、氧-乙炔割具等检查合格；材料准备：白的确良布、丙酮、合金砂轮片、钢丝网，尤其是氩气纯度必须在 99.96% 以上；人员准备：选择优秀持证上岗焊工；环境要求：选择晴好天气施焊，严禁在雨天、雾天焊接。

b.坡口加工　准确划出切割线，用合金砂轮片切除有缺陷的焊道，修磨上下切割面，并加工出 60°±5°坡口，使坡口组对间隙基本一致。将上坡口加工成正偏差，并在坡口端部磨出倒角。

c.预焊接　双人对弧 TIG 焊打底，外侧单人 TIG 焊盖面。首先焊接模拟试板，开始焊接时，氩气必须为饱瓶，放置作业平台上，短把线，坡口、预热、焊接方法与正式焊接相同，焊后进行 X 射线探伤，根据检测结果决定是否在塔体上正式施焊。

d.组对检查　用不锈钢带和缩紧卡扣调整塔体上下焊口的圆度，检查组对间隙，分段对称点固焊。点固焊焊缝长度约 15mm，间距 200mm。组对完毕后，检查坡口组对间隙，调整后使间隙基本保持一致。

e.焊前清理　用丙酮擦洗焊丝表面及坡口上下各 50mm 范围的塔体表面，清除油污。焊丝和塔体坡口处采用不同的方法清除氧化膜，采用不锈钢管加工的钢丝刷去焊丝表面的氧化膜，采用棒式合金砂轮清理坡口处的氧化膜。

f.焊前预热　焊接前对塔体坡口附近上下各 200～300mm 范围预热，预热温度为 100℃。

g.焊接　采用内外侧对弧分段对称同步 TIG 焊接，焊接工艺参数见表 5-5。在焊接过程中，必须始终保持焊丝端头在氩气的保护中，防止在施焊过程中氧化。塔体焊缝的点固焊、打底及盖面焊接应连续进行，不宜中断。盖面焊接前需对塔体按工艺要求预热。

表 5-5　焊接工艺参数

焊接层次	焊接方法	焊接材料		焊接电流 /A	焊接电压 /V	焊接速度 /(cm/min)	氩气流量 /(L/min)
		型号	直径/mm				
1	TIG	ER5183	4	120～160	16～18	6～10	15～18
2	TIG	ER5183	4	240～250	16～18	6～10	15～18

h.无损检测　焊后对焊缝进行 RT 检测，一次合格率达 100%，有效控制了产生气孔的不良因素，保证了焊道施工质量。塔体上层进行加不锈钢垫板的单面焊，按照以上程序进行，同样得到质量合格的焊缝。

(2) 冷箱内铝镁合金管道焊缝气孔分析

15000Nm³/h 制氧工程冷箱内铝镁合金管道，材质为 AlMg4.5Mn，尺寸为直径 ϕ(16～50)mm×(4～8)mm 等几种。采用手工钨极氩弧焊方法焊接，焊接电源为交流，焊后发现焊缝出现气孔较多，严重影响了工程质量。

由于铝镁合金不含碳，不存在 CO 气孔的生成条件，而氮又不溶于铝及其合金，因此，一般认为铝镁合金焊缝中的气孔为氢气孔。焊接区的氢可来自各个方面，弧柱气氛中水分、焊接材料及母材表面氧化膜吸附的水分都是主要来源，这些水分在电弧高温作用下形成气泡于熔池中，来不及浮出便形成气孔。

① 影响气孔形成的因素

a.材料特性　由于液态铝在高温时能吸收大量的氢，冷却时氢在其中的溶解能力急剧下降，在固态时又几乎不溶解氢，致使原来溶于液态铝的氢大量析出，形成气泡。铝镁合金密度小、导热性很强，不利于气泡逸出。此外，铝镁合金化学活性强，表面极易形成熔点高的氧化膜 Al_2O_3 和 MgO，由于 MgO 形成的氧化膜疏松且吸水性强，更难避免焊缝中产生密集气孔。TIG 焊虽然负半周瞬间氩离子对氧化膜具有"阴极雾化"作用，但并不能去除氧化膜中的水分，因而铝镁合金焊接比纯铝有更大的气孔倾向。

b.氩气流量与纯度　氩气流量是影响熔池保护效果的一个重要参数。流量过小，氩气挺度不够，排除周围空气能力弱，保护效果差，但是流量过大，不仅浪费氩气，而且使喷出气流层流区缩短，紊流区扩大，将空气卷入保护区，反而降低了保护效果，使焊缝易产生气孔，因此须选择合适的氩气流量。氩气流量与喷嘴直径大小有关。氩气的纯度对焊接质量也有较大的影响，氩气纯度低、杂质多，可增加弧柱气氛中氢的含量，同时也降低"阴极雾化"效果。铝镁合金焊接时氩气纯度应不小于 99.99%。输氩管改用聚乙烯塑料管代替橡胶管。气瓶用至内压 2MPa 左右时，含水量会有所增加，应停止使用。

c.焊接工艺　焊件坡口准备、组对方式和焊接工艺参数对防止气孔产生至关重要。焊件组对时根部留有间隙，可使氧化膜暴露在电弧作用范围内。改变焊接参数可影响气体逸出和溶入熔池条件。焊接速度过慢，熔池保留时间长，增加氢的溶入量；焊接速度较快，易产生未焊透和未熔合缺陷。实践证明，采用较快的焊接速度，并配以较大的焊接电流，可有效防止气孔的产生。增大焊接电流不仅能保证根部熔合，而且增加电弧对熔池的搅拌作用，有利于根部氧化膜中气泡的浮出，从而减少气孔的产生。

d.焊接操作技术　掌握熟练的操作技能也是防止气孔的重要环节。铝镁合金管道现场焊接一般为全位置焊接，施焊时金属熔池所处空间位置不断改变，操作难度较大。但焊枪与工件表面后倾角不能随熔池位置的改变而任意改变，若夹角过小，其内侧产生紊流，外侧则氩气挺度不够，气体保护效果差。水平管仰焊接头可采用交叉接头法，以避免接头部位产生密集气孔。钨极伸出长度过长、电弧过长或不稳等，都可能造成保护气体的污染而使焊缝产生气孔。

e.其他影响因素　还应注意环境因素等方面的影响。在高湿度的环境下，焊丝或输氩管内壁易吸附结晶水。环境相对湿度越低越好，一般相对湿度应控制在 80% 以下。环境温度低于 5℃ 施焊时要预热。在有风的天气，要做好防风措施，加强氩气的保护效果。

② 焊前准备

a.坡口加工及焊件清理　坡口用铣刀或锉刀加工，采用 V 形坡口。衬环、焊件坡口附近内外表面 50mm 范围内油污用丙酮去除，氧化膜用钢丝刷去除。焊丝使用化学方法清理：先用丙酮擦洗焊丝，再用 5%～10%、温度为 50～60℃ 的 NaOH 溶液清洗 5～10min，接着用清水冲洗去除氧化物；然后在室温下用浓度为 25%～30% 的 HNO_3 溶液钝化，钝化后用热水冲洗；最后使其完全干燥后放入约 150～200℃ 烘箱内备用。

b.焊接组对与定位焊　清理后的焊件应及时组对施焊。组对时根部预留间隙，间隙值随管壁厚度增加而增大。接管焊口均带衬环，组对时先将衬环与左端管段的内外壁进行定位点固焊，然后将右端管子套入衬环点固焊。管道纵缝定位焊的焊缝长度 10～20mm，间距 200～300mm。

c.焊前预热　正式施焊前应预热。对于铝镁合金，为避免温度过高降低合金的抗应力腐蚀裂纹能力，预热温度应不超过 150℃。可采用气焊加热，用中性焰或弱还原焰。

③ 焊接工艺参数　焊接时选用较大焊接电流和较高的焊接速度，电弧电压 22～28V，焊接工艺参数见表 5-6。

表 5-6　铝镁合金管道手工钨极氩弧焊的工艺参数

管壁厚/mm	间隙/mm	焊接层数	钨极直径/mm	钨极伸出长度/mm	焊丝直径/mm	焊接电流/A	电弧电压/V	喷嘴直径/mm	氩气流量/(L/min)
4	3～4	2 层 3 道	2.4～3.0	2.0～3.0	3	160～200	22～28	12	8～12
6	4～6	2 层 3 道	3.0～4.0	3.0～4.0	3～4	210～240	22～28	14	10～12
8	6～8	3 层 4 道	3.0～4.0	3.0～4.0	4	240～280	22～28	14	12～16

多层焊不采用先打底焊一次填满间隙，然后再逐层填充的方法，而是先焊管一端坡口与衬环的角焊缝，焊完一圈后，再焊另一端的角焊缝，最后中间填充一层或二层焊缝，层数视壁厚而定，见图 5-20。焊层间应用不锈钢丝刷清理表面氧化膜。

④ 操作要点

a.正式施焊前，在过渡板上进行堆焊试验，调整好工艺参数，并确认无气孔后再正式施焊。

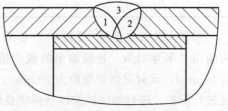

图 5-20　多层焊焊接示意图

b. 引弧须在引弧板上进行，待电弧稳定后迅速移至工件起弧点，停留约 10s，形成明亮清晰的熔池，再添加焊丝。施焊中途停止或焊接结束时，在熄弧板上以衰减法熄弧。

c. 焊丝送进时与焊缝表面的夹角为 15°左右，焊枪与工件表面的夹角 80°～90°。焊接中要使焊丝端部始终处于氩气保护中，钨极端部与工件距离约等于钨极直径。如发生钨极触及焊丝或熔池，应停止焊接，清理干净后重新施焊。

5.3.2 镁/铝异种金属激光焊气孔形成与防止措施

铝合金和镁合金具有密度小、比强度和比刚度高、耐蚀性好、易成形和可回收利用等优点，随着汽车车身轻量化要求的提出，镁、铝轻型合金在车身上的应用越来越广泛，而镁、铝异种金属的连接问题成为制约镁-铝复合结构件广泛应用的瓶颈。激光焊接具有能量密度高、热量集中、热源易控制、焊缝深宽比大、热影响区窄及焊接变形小等优点，是镁、铝合金优选的连接方法之一。气孔是镁/铝异种金属焊接常见的缺陷，气孔的存在减小了接头的有效工作面积，并产生应力集中，成为焊缝断裂的裂纹源，降低了焊件的强度和塑性，从而影响焊接质量。随着镁-铝复合结构件在航空航天、汽车等领域的广泛应用，镁、铝焊接气孔问题变得日益突出，低气孔率焊成为关注热点。

以 AZ91 镁合金与 6016 铝合金为研究对象，以获得优良焊缝的表面成形性为目标，对 1.8mm 厚 AZ91 镁合金和 1.2mm 厚 6016 铝合金板材进行了激光搭接焊试验，利用场发射扫描电镜及自带能谱仪，对镁/铝异种金属焊缝中存在的气孔缺陷的平均区域、内部不同区域、周围区域以及母材的微观形貌与元素的分布情况进行了研究，探讨了气孔产生的主要来源以及相应的防止措施。

(1) 实验方法

选用 50mm×30mm×1.8mm 的 AZ91 镁合金和 50mm×30mm×1.2mm 的 6016 铝合金板材作为实验材料，将两种材料组合后用夹具夹紧进行激光搭接焊试验，考虑到铝的反射率高于镁，实验时将镁板置于铝板的上面，同时为增加镁板表面吸收率和保护激光头，将激光束偏离垂直方向 30°入射到镁板表面，随着光束的移动，在搭接部位形成连续的焊缝。镁合金和铝合金的主要化学成分分别如表 5-7 和表 5-8 所示。

表 5-7　AZ91 镁合金化学成分

材料	质量分数/%							
	Si	Mg	Fe	Zn	Mn	Cu	Ni	Al
AZ91	<0.001	余量	<0.0005	0.0045～0.009	0.0039	<0.0005	<0.00005	0.085～0.095

表 5-8　6016 铝合金化学成分

材料	质量分数/%							
	Si	Mg	Fe	Zn	Mn	Cu	Ti	Al
6016	0.010～0.015	0.0025～0.006	<0.005	<0.002	<0.002	<0.002	<0.0015	余量

焊接实验设备采用 YLR-4000-C-WA 光纤激光器与 ABB 六轴机器人，光纤激光器的最大输出功率为 4kW，连续输出的激光模式为 TEM00，波长为 1.07μm，光束发散半角 α< 0.15mrad，反射聚焦镜焦距为 200mm，焦斑直径为 0.4mm。焊接时采用高纯度氩气对熔池区进行保护，进行焊接试验以获得优良焊缝的表面成形为目标。焊接完成后，线切割取样、打磨抛光至镜面，利用 JSM-6700F 场发射扫描电镜（scanning electron microscope, SEM）

观测焊缝中气孔的分布情况及其微观形貌，并利用其自带能谱仪（energy dispersive spectroseopy，EDS）对气孔的平均区域、气孔周围和母材进行区域扫描，气孔内部进行点扫描，以分析气孔区域、气孔内部、气孔周围及母材各元素的分布情况。

(2) 镁/铝异种金属激光焊气孔来源及形成原因

焊缝熔池的深宽比较大，并在铝板中形成了一定的熔深。由于激光焊接时熔池的快速剧烈搅拌作用使铝镁两种合金熔合不均匀，熔池的中、下部呈涡流状。焊缝中发现的气孔，大多分布在熔合界面上，底部气孔较小，而顶部气孔较底部气孔大。此外气孔形貌特征各不相同，焊缝底部气孔，小而呈圆球形，气孔内壁光滑；焊缝中部镁、铝熔合界面处的气孔，大而深且形状似喇叭，内壁呈氧化色；焊缝顶部气孔，靠近熔合边界，形状大不规则，且内壁不光滑。

① 镁/铝异种金属激光焊气孔来源分析　气体的存在是形成气孔的先决条件，镁/铝异种金属激光焊接时，气体主要来源于镁、铝母材以及焊接过程中外界气体的侵入。对镁、铝母材而言，焊前如不彻底清除镁板和铝板上下表面的氧化膜，那么残留在母材表面的高熔点氧化膜在激光焊接时未能完全熔化，附着在氧化膜中的水分因受热分解会析出氢；另外，母材中原始微气孔的存在，在激光加热过程中膨胀、流动，最后汇聚在一起形成较大气孔；此外镁/铝异种金属激光焊接，易产生不稳定小孔，镁合金中低熔点高蒸气压合金元素（如镁、锌）蒸发烧损，会导致金属蒸气卷入其中，在激光焊接快速冷却的条件下，在小孔内壁上被冷凝形成气孔。对本研究而言，由于采用高纯度氩气对熔池区进行保护，焊接时气体保护充分，外界气体侵入少，因此，元素蒸发烧损、残留母材表面的氧化膜以及母材中存在的原始微气孔是焊缝气孔产生的主要来源。

② 元素蒸发烧损对气孔形成的作用　表 5-9 中列出了气孔各位置的元素的原子数分数。由表 5-9 可知，焊缝气孔周围区域→气孔平均扫描区域→气孔内壁的Ⅰ点和Ⅱ点，Mg、Zn元素的原子数分数越来越小，均明显低于 AZ91 镁合金母材。这主要是合金中镁的沸点（1090℃）和锌的沸点（906℃）较低，在激光的高温搅拌作用下，镁和锌部分变成金属蒸气并逸出熔池，从而造成镁和锌在焊缝中的含量降低。镁/铝异种金属激光焊接，焊缝中镁和锌等合金元素过多地被烧损蒸发，造成焊缝金属不足，虽然激光的搅拌作用可促使熔池金属由下向上循环流动，将熔池底部的合金带到熔池上部，弥补熔池上部由于烧损而减少的合金，但激光焊接速度过快，熔池下部的合金还来不及向上进行及时弥补，上部熔池的金属就已经开始结晶凝固，因而导致焊缝顶部形成了大而不规则、内壁不光滑的气孔。

表 5-9　气孔各位置及周围区域元素的原子数分数

元素	AZ91 镁合金	平均区域	周围区域	点Ⅰ	点Ⅱ
Mg	0.8705	0.4908	0.7805	0.1454	0.2876
Zn	0.0053	0.0008	0.0039	0.0008	0.0014
O	0.0423	0.1222	0.0275	0.2413	0.2467

③ 母材原始微气孔在气孔形成中的作用　表 5-10 中列出了气孔各位置元素的原子数分数。由表 5-10 可知，气孔内壁Ⅰ点和Ⅱ点处 Zn、Mn 合金元素的原子数分数明显高于气孔周围区域、气孔平均区域及母材。一般情况下，氢在液态镁、铝合金中的溶解度比在固态镁、铝合金中要高很多，如 AZ91 镁合金中存在原始氢微气孔，在激光高温搅拌作用下，原始微气孔中的氢会重溶到液态镁中并与熔池下部的铝熔合在一起。随着结晶的进行，由未熔

化处的母材开始向焊缝中心结晶，并在结晶前沿的熔池中，氢的原子数分数越来越高，当氢的过饱和状态达到一定值后，最后在焊缝中心开始析出形成气泡；此外，焊缝结晶过程中，先结晶固相含低熔点溶质的原子数分数低，后结晶固相含低熔点溶质的原子数分数高，因而低熔点合金元素集中于最后凝固的熔池中心位置，造成低熔点合金元素在焊缝存在偏析现象。

表 5-10 气孔及其周围区域各位置元素的原子数分数

元素	AZ91 镁合金	6061 铝合金	平均区域	周围区域	点 I	点 II
Mg	0.8705	0.0330	0.5995	0.6518	0.4952	0.4697
Al	0.0763	0.9370	0.2932	0.3069	0.1532	0.1718
Zn	0.0053	0.0008	0.0082	0.0024	0.0604	0.0600
Mn	0.0009	0.0012	0.0017	0.0003	0.0152	0.0600
O	0.0423	0.0207	0.0921	0.0375	0.2272	0.2565

④ 氧化膜在气孔形成中的作用　表 5-11 中列出了气孔各位置元素的原子数分数。由表 5-11 可知，气孔位于镁、铝熔合界面，并靠近镁侧，气孔内壁呈氧化色，气孔内壁上 Mg 和 Zn 的原子数分数低于气孔周围（气孔靠近焊缝中心一侧）和镁合金母材，而氧元素的原子数分数高于气孔周围与母材。通常熔池结晶过程中，镁、铝熔合界面处，传热速度最快，是熔池最先结晶的部位，而低熔点合金在凝固时最后结晶，因此，最先凝固结晶固相中含低熔点 Mg、Zn 元素溶质的原子数分数低，如残留在母材表面的高熔点氧化膜（MgO 和 Al_2O_3）未完全熔化，氧化膜中附着的水分因受热分解而析出氢，并附着在高熔点的氧化膜上形成核并长大，熔池结晶后便会形成气孔。由于气孔依附于氧化膜，形成于熔池的早期，有条件充分长大，因此形成的气孔尺寸较大，并且形状不规则。

表 5-11 气孔各位置及周围区域元素的原子数分数

元素	AZ91 镁合金	平均区域	周围区域	点 I	点 II
Mg	0.8705	0.6338	0.7281	0.5651	0.5224
Zn	0.0053	0.0026	0.0048	0.0012	0.0018
O	0.0423	0.1858	0.0274	0.3423	0.3723

5.3.3　2A12 铝合金管件电子束焊气孔缺陷分析

2A12 铝合金是 Al-Cu-Mg 系硬铝合金，在高温下具有良好的塑性，焊接性能良好，常用于制造中等载荷零件、形状复杂锻件以及模锻件。2A12 铝合金管件电子束焊接的问题之一是焊接气孔。焊铝合金时，通常是采用较大的热输入及较低的焊接速度，目的是促使氢自熔池逸出。但对于电子束焊接，由于焊接速度快，热输入小，氢来不及从熔池逸出而易形成气孔。

(1) 焊接设备

2A12 铝合金管件焊接采用法国 TECHMETA 公司生产的 LARA52 中压高真空型电子束焊机，电子枪是加三极型枪，最大功率 30kW，加速电压为 20～60kV 可调，稳定性小于 ±0.1%；聚焦电流 0～4A 可调，稳定性小于 ±0.1%；束流强度为 0～500mA 可调，束流稳定性小于 ±0.2%；工作距离 50～500mm 可调；静电聚束功能由控制栅极兼顾实现，间热式阴极（钨制），加热方式为电阻加热；焊接工作室的真空度低于 $10^{-3}\,Pa$，工作室尺寸为 $6600\,mm \times 1000\,mm \times 1200\,mm$。

(2) 气孔的影响因素

2A12 铝合金焊接中，气孔的生成主要是由铝在固态和液态对氢溶解度的显著差异造成的。铝在液态下氢的溶解量是固态下氢的溶解量的 60 倍，而且随温度的升高进一步增加。焊接时，熔池的液态金属会吸收周围的氢，当焊缝金属凝固时，超过溶解极限的氢会析出并形成气孔。

① 清洗方法对气孔的影响　在焊接过程中限定氢源，控制熔池吸氢量是减少或消除焊接气孔的关键。影响熔池吸氢的因素很多，待焊部位的清洁度是影响焊缝气孔诸因素中的因素之一。拟定可靠的焊前处理方法对于获得理想的焊缝结合面，提高焊缝质量是非常重要的。

采用同一焊接参数，管件焊前表面经过不同的清洗方法，直接影响焊缝的气孔数，如图 5-21 所示。

尽管化学处理过程中，可在槽液中加入各种黏合剂，但并不能完全阻止氢的吸收。2A12 铝合金在电子束穿透焊接时的缺陷主要是焊接气孔。电子束焊所特有的钉尖气孔一般只出现在未穿透焊接中。接头表面清理质量和材料成分对焊缝成形影响很大。因此尽管焊接是在高真空中进行，接头表面仍需要仔细清理。由于焊接接头采用无间隙对接方式，所以对接结合面的清理要比对上、下表面的清理更为重要。

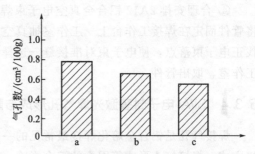

图 5-21　不同的清洗方法对气孔的影响
a—用无水酒精清洗；b—用丙酮清洗；
c—用刮刀刮削后，再用丙酮清洗

② 焊接参数对焊缝气孔的影响

a.焊接速度　焊接速度较小时，气孔数较少，随着焊接速度的增加，气孔数随之增多（在焊缝熔深不变的情况下）。因为焊接速度越快，冷却速度也越快，熔池金属液态停留时间越短，气体来不及逸出，致使气孔数增加。当焊接速度达到 0.7m/min 时，气孔数达到最多，然后随着焊接速度的增加，气孔数反而减少。这是因为焊接速度过快时，焊缝根部的气孔来不及扩散聚集，液体金属已凝固，导致气孔数减少。

b.单位面积热输入　单位面积热输入越高，气孔数越少。影响单位面积热输入的因素很多。单位面积能量越大、焊缝的深宽比越小，熔池中的气泡越容易逸出。

c.焊接次数　二次焊接消除气孔的效果较好，可以起修饰焊缝表面和消除表层气孔的作用。重复焊使焊缝的热输入增加，重熔可以起到消除气孔的作用。

③ 预热和重熔对焊缝气孔的影响　2A12 铝合金预热和重熔对焊缝气孔的影响如图 5-22 所示。采用预热方法可以降低接头冷却速度，以利于气体逸出；采用重熔的方法可以修饰焊缝表面成形，也可以使熔池高温存在时间增长，有利于氢的逸出，对减少焊缝气孔有一定的作

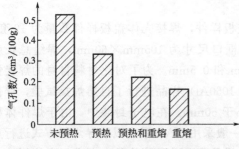

图 5-22　预热和重熔对焊缝气孔的影响

用，但多次重熔容易造成焊接接头晶粒长大和合金元素烧损，不应多次重复焊接。

（3）气孔的防止措施

2A12 铝合金气孔形成的原因是由于 Mg、Al_2O_3 和 MgO 氧化薄膜的部分气化。因此，从根本上防止气孔的产生应考虑如何对熔池进行充分搅拌。

① 适当的焊接参数是减小 2A12 焊缝中气孔产生的重要因素。选择较大的电子束斑、较慢的焊接速度以及复杂的电子束扫描图形都是减少气孔的重要措施。因为较大的电子束斑使熔池体积增大，熔池的表面积也相应增大；较慢的焊接速度可以使电子束在熔化区域的停留时间增长；复杂的电子束扫描图形可以使熔池的搅拌更加剧烈。

② 在保证焊透的情况下尽量采用较小的焊接电流，以防止金属杂质的过度气化。

③ 电子束焊对空气的敏感性相当大，因此尽可能采用高真空环境进行焊接，以有效控制焊缝中气孔的产生。

④ 合理安排 2A12 铝合金真空电子束焊接顺序：被焊工件的清洗及装配→打开工作室，将管件固定在焊接工作台上→工作室抽真空→启动及调整电子束焊机的各个部分→用小束流找正电子束落点，使电子束对准接缝→选择焊接参数→点焊接缝→按选好的参数施焊→打开工作室，取出管件。

5.3.4 Si/Al 电子封装激光焊气孔形成与防止措施

焊接气孔是铝合金熔化焊接最常见的一类焊缝缺陷，焊接气孔的形成受到合金成分、焊接方式、焊接接头形式等因素的综合影响。Si/Al 复合材料是在传统铝硅合金基础上大幅提高硅含量而形成的一类高体积分数颗粒增强铝基复合材料，高含量的硅颗粒可能对焊缝的冶金过程和焊接气孔演化产生较大影响。激光焊接具有焊接速率高、热影响区小、工件热变形小等特点，具有较大的技术竞争力；另一方面，与传统熔化焊接方法相比，激光焊接熔池从熔化至凝固冷却的热循环周期十分短暂（毫秒级），其焊接冶金动力学发生改变，可能形成特殊的焊缝组织，改变焊接气孔的种类和演化规律。由于焊缝尺寸小，无损检测表征困难，增加了焊接气孔定性分析和气孔缺陷控制的难度。因此，非常有必要围绕电子封装用 Si/Al 复合材料激光焊接中常见的典型焊接气孔缺陷进行深入的分析，阐明缺陷的产生原因，探索消除缺陷的工艺措施，提升典型 Si/Al 封装壳体产品的封装可靠性。

（1）试验材料与焊接工艺

采用粉末冶金（PM）方法制备 50％Si/Al 复合材料和 27％Si/Al 复合材料坯锭。以 99.7％纯度的气雾化球形纯铝粉（粒度 $10\sim20\mu m$）和 99.9％高纯硅粉（粒度 $5\sim15\mu m$）作为原材料。制备工艺为：粉末混合、冷等静压成形（压力 100MPa，时间 10min）、抽真空除气、热等静压致密化（温度 570℃±5℃，保压时间 2h）。热等静压后的复合材料相对致密度达到 100％。

将复合材料坯锭切割、机械加工制成壳体和盖板样件，焊接壳体盖板样件数量为 12 套。选取的焊接接头形式如图 5-23 所示。壳体的焊接框口尺寸为 105mm×60mm，焊缝总长度 330mm，盖板厚度和搭接部分的厚度分别为 1.0mm 和 0.5mm。为了对比材料自身的焊接性能，对 50％ Si/Al、27％Si/Al 以及纯铝板（轧制，1060Al）样品进行了自熔焊接试验，样件尺寸为 100mm×40mm×2mm，自熔焊缝长度不小于 50mm。在电子封装中，由于焊件体积小、焊接厚度较薄，对焊接过程稳定性要求很高，一般采用 YAG 激光以热导焊的方式进行点焊或连续焊接。所有样件表面都进行去油清洗和干燥处理。采用脉冲激光束进行壳体焊接密封，激光器为平均功率为 300W 的 Nd：YAG 固体激光器，采用芯径 0.6mm 的光纤传输，准直与聚焦均为 120mm。激光参数为：峰值功率 2.0～3.0kW，脉宽 3.0～4.0ms（单个脉冲作用时间），脉冲重复频率 20Hz，焊接速率 3.0mm/s（激光头或工作台的直线行走速率）。为确保获得可靠的密封质量，焊接过程采用流动氩气保护，密封腔体依据 GJB 548B—2005 规定的背压方法进行检测，分别采用氦质谱仪和氟油进行密封细检漏和粗检漏缺陷定位。为了可靠表征小尺寸焊缝内焊接气孔，借助于高分辨率工业 CT 扫描技术对焊缝进行逐层扫描成像，获得焊缝横剖面和纵剖面的缺陷形貌，以此为基础对气孔进行精准解剖分析。利用光学显微镜、扫描电镜和能谱分析等手段观察分析了焊缝气孔的形貌和成分。

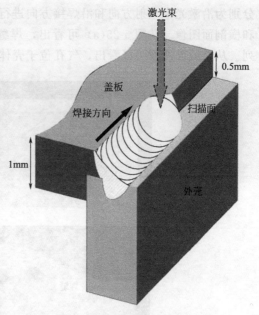

图 5-23　壳体-盖板搭接焊接示意图

（2）焊缝表面观察

抽取漏气的腔体进行焊缝表面观察，图 5-24 为漏气腔体的焊缝表面典型 SEM 形貌。焊缝表面有两类典型缺陷：大尺寸孔洞和颗粒状夹杂物，后者经 EDS 成分分析确认为氧化物（见能谱图）。焊缝表面大尺寸孔洞具有如下典型特征：孔洞开口直径为 $100～300\mu m$，几乎肉眼可见；孔洞纵向位于单个焊点的边缘、未被下一个焊点覆盖的位置，横向位于靠近盖板一侧约 1/3 的位置；孔洞开口普遍向所在焊点的中心倾斜。氟油粗检漏结果显示，此类大尺寸孔洞是腔体严重漏气位置。另一类缺陷，氧化物颗粒多分布于焊点熔池的边缘，50％Si/Al 壳体一侧多于 27％Si/Al 盖板一侧。

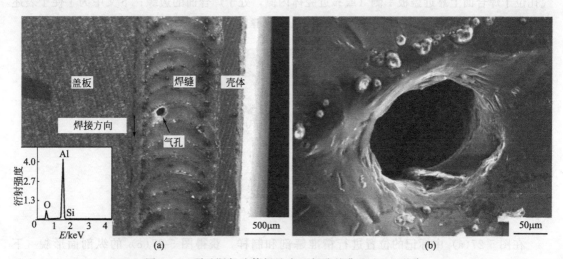

图 5-24　严重漏气腔体焊缝表面气孔的典型 SEM 形貌

（3）焊缝无损检测

为了探明焊缝内部气孔的特征，选取典型腔体进行了工业 CT 扫描，图 5-25(a)、（b）

分别为沿激光束入射方向和沿焊接方向进行逐层扫描获得的焊缝纵剖面（平行于盖板平面）和横剖面图像。从图 5-25(a) 可看出，焊缝内部大部分区域存在气孔，气孔沿焊缝一字排列。从横截面图像可以看出，气孔位于壳体与盖板的焊合面上方，位于腔体内侧。

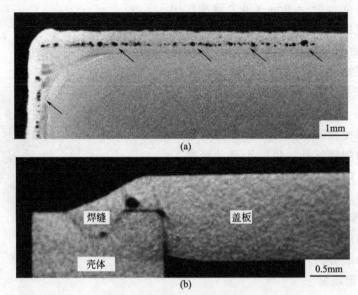

图 5-25　焊缝 CT 扫描图像

（4）焊缝剖面观察

对典型焊缝进行了精准剖切分析。图 5-26 为焊缝剖面中气孔的形貌与分布特征。焊缝表现出典型的热导焊特征，激光能量从表面逐步扩散至熔池边缘，边缘焊接热量累积较少，出现未充分焊合区（图中圆圈所指）。横剖面中存在两类截然不同的气孔缺陷。第一类气孔位于熔池底部（主要在壳体内部），尺寸小于 $30\mu m$，熔池两侧壁的气孔数量略多于熔池底部。第二类气孔位于焊合面上靠近盖板一侧（或靠近腔体内侧，处于焊合面的边缘；下文中为了便于表述将该位置命名为 A 位置）。图 5-27 为焊接气孔在焊缝内部与表面上的对照关系图。

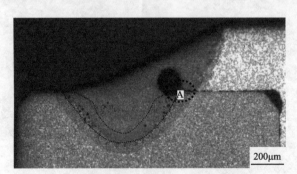

图 5-26　焊缝横剖面的焊接气孔典型形貌

在图 5-27(a) 中标记的位置进行精准解剖和制样，获得图 5-27(c) 的纵剖面形貌（下同）。对比图 5-27(b)、(c) 可知：①严重漏气腔体焊缝表面的开口孔洞——对应于焊缝内部的球形大气孔，大气孔几乎贯穿整个焊缝，其底部与腔体内部连通［见图 5-25(a)］，造成焊缝内外贯通，这是腔体漏气的直接原因。②孔洞的底部位于其开口所在焊点的前一个或前几个焊点内，孔洞开口则向焊点中心倾斜［对比图 5-27(b)、(c)］。③除了在焊缝表面开口的

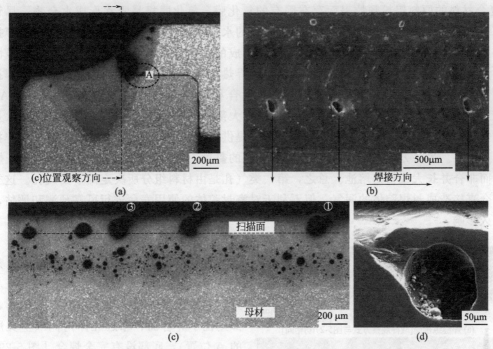

图 5-27　焊缝横剖面形貌以及纵向剖视方法及焊缝表面孔洞的 SEM 形貌

孔洞以外，内部还存在半封闭的球形气孔。对比可知，开口的孔洞和未开口的半封闭气孔的位置分布和形貌基本一致，属于同一类气孔。为便于区别，下文中将焊缝内大尺寸气孔普遍称为"大气孔"或"第二类气孔"，其中贯穿焊缝、在表面开口的气孔特别称为"孔洞"。④这一类特定位置的气孔位于壳体-盖板焊合面的 A 位置，此类气孔即使未贯穿焊缝，也会造成焊缝有效连接区减小，造成腔体密封性降低。

（5）第一类气孔形成原因

铝合金的焊接气孔产生原因一般有两种，一是材料自身焊接工艺性差导致的气孔，二是由焊接工艺相关的工艺气孔。为了鉴别气孔类别，对比了 50％ Si/Al、27％ Si/Al 和纯铝的激光自熔焊缝剖面，如图 5-28 所示。3 种材料采用相同激光工艺参数进行焊接，但由于硅可以增加铝合金对激光的吸收率，从纯铝到 50％ Si/Al 激光吸收率逐渐提高，焊缝熔深逐渐增大。50％ Si/Al 自熔焊缝中发现了类似于图 5-27 的小气孔，其形貌及分布特征基本一致；与之相比，27％ Si/Al 自熔焊缝中的气孔数量较少，分布无规律；而纯铝中没有发现气孔。一般认为，氢在固相和液相铝合金中的溶解度存在量级差异，焊接过程中水汽可能溶解进入熔池中，在冷却凝固时析出过饱和氢，形成气孔。粉末冶金 Si/

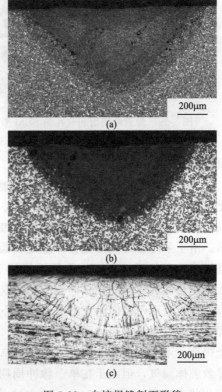

图 5-28　自熔焊缝剖面形貌

Al复合材料的原料铝粉颗粒表面存在固有的氧化膜，氧化膜极易吸水形成水合物，尽管进行了真空除气，材料内部依然会残留无法去除的水分子，这是粉末冶金Si/Al第一类焊接气孔的主要气体来源。由粉末表面氧化膜演变形成的氧化物夹杂物与Al-Si熔体的润湿性较差，大大降低了过饱和氢在颗粒表面形核的临界热力学条件，促进气孔形核。第一类焊接气孔还与高含量的Si颗粒紧密关联。Si/Al复合材料的固液两相区很宽（50% Si/Al为350℃，27%Si/Al为200℃），熔池凝固过程中大部分时间处于Al-Si液相、初生Si以及过饱和氢的共存状态，大量初生硅也为气体形核提供了便利条件。硅含量越高，第一类焊接气孔数量越多。另一方面，高含量Si增加了熔体的黏度，形核的气体倾向于稳定存在于熔体中，而非合并长大或析出熔池。总之，第一类气孔是由材料组分所决定的本征气孔。这类气孔不会直接造成封焊腔体的漏气，但不利于对密封腔体的使用寿命进行可靠预测和评估，构成持久影响。

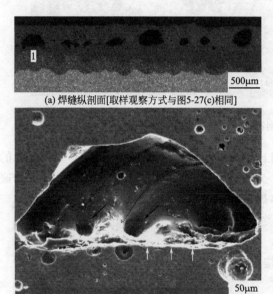

(a) 焊缝纵剖面[取样观察方式与图5-27(c)相同]

(b) 图(a)中1号气孔的SEM形貌

图5-29　焊缝纵剖面和气孔的SEM形貌

(6) 第二类气孔形成原因

对若干个大气孔进行SEM详细观察发现（见图5-29），此类大气孔的形貌特征与所处的位置紧密关联；气孔顶部接近球形，底部则位于焊合面、靠近腔体内侧（上文所述的A位置），底部没有完全焊合[图5-29(b)中白色箭头所指]。从熔池凝固角度考虑，气孔从形核到长大始终处于固-液两相界面。进一步观察发现，气孔顶部存在相邻焊点搭接界面[图5-29(b)中的黑色虚线所指]；在气孔底部，每个焊点内都分布有尺寸约为30～40μm的小孔洞（黑色箭头所指），平均间距约为100～150μm，与焊点平均间距基本一致。结合横剖面观察可知[见图5-27(a)]，这种小孔洞将大气孔与腔体内部连通。当大气孔尺寸足以贯穿焊缝、在焊缝表面露头时，便形成了连通腔体内外的通道，造成腔体严重漏气。

A位置的椭球气孔之所以能在焊缝凝固时演化为大气孔，这与激光焊接自身的特征紧密关联。焊缝与焊合面相交位置的示意图如图5-30所示。由于采用脉冲式激光，焊缝是由圆形焊点重叠搭接构成。Si/Al壳体-盖板焊接属于热导焊，激光能量以热传导的方式向熔池内部传输，单个

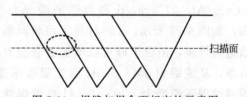

图5-30　焊缝与焊合面相交的示意图

焊点能量密度沿径向呈正态分布，中心位置能量密度最高，边缘能量密度迅速下降。因此，焊点中心的盖板与壳体可以完全焊合、实现有效连接，而焊点边缘（例如A位置）不能完全焊合，形成未焊合区。另一方面，单个焊点在焊合面的夹气本不足以长大乃至贯穿焊缝、导致腔体漏气，但由于在单个脉冲周期内（50ms）焊点未能凝固，出现多个焊点同时处于熔化状态的现象[图5-29(b)]；在这种情况下，相邻焊点的夹气区可以合并长大，在焊缝

凝固前以焊合面为基础、沿着凝固方向进一步向熔池表面膨胀长大形成球形大气孔。条件充分时气孔进一步突破焊缝表面，形成开口孔洞。因此，焊缝表面孔洞开口向凝固方向倾斜。

5.3.5　ZQ650-1 转轴焊修的气孔及消除措施

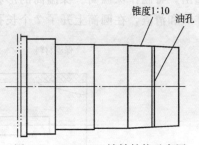

图 5-31　ZQ650-1 转轴结构示意图

ZQ650-1 转轴（见图 5-31）采用中碳合金钢 35CrMo 经调质处理后制造，通过电枢的 1∶10 锥度轴伸端将扭矩传递给齿轮，从而驱动机车运行，所以电枢转轴的损坏部位多在轴伸端 1∶10 锥度表面，其他部位损坏较少。其中一部分转轴锥面存在拉伤、碰伤、划痕等缺陷，按照修复技术要求，采用焊条电弧堆焊方法进行修复。

（1）焊接修复工艺

ZQ650-1 转轴材质属中碳合金调质钢，其淬硬倾向较大，冷裂倾向较严重，为提高抗裂性，应降低堆焊焊缝中的氢含量，因此须选用碱性低氢型焊条。由于堆焊层较薄，要防止堆焊后熔敷层剥离，采用强度等级低于母材的焊条 E5015 和 E4315。

堆焊设备为 GS-400S 可控硅弧焊整流器。工艺装备有预热转轴专用环形远红外加热器、表面温度计、远红外焊条烘干箱、电焊条保温筒、转轴支撑架、回火立式吊架、热处理用真空回火炉。

堆焊时，先将经煮洗去污的轴锥部径向车削去 1～1.5mm，经磁粉探伤无裂纹方可施焊，将需堆焊部位加热到 300～350℃，工作道间温度不低于 200℃，焊接电流 100～110A，用经烘焙的 ϕ3.2mm 焊条在专门的焊接室内进行堆焊。堆焊时后一道焊缝必须覆盖前一道焊缝的 1/3，采用短弧焊，焊后的转轴立即吊入真空回火炉中进行回火处理，回火起始温度为 200℃，加热速度小于 150℃/h，保温 1h，随炉冷却，出炉温度为 150～200℃。

焊接修复的转轴锥面经车削加工、磁粉探伤后，未发现有裂纹和夹渣，但有气孔存在，有分散的单个气孔，也有针状密集气孔。从其形状特点看，主要是氢气孔和氮气孔。

（2）产生气孔的原因分析

① 焊缝结晶速度的影响　由于转轴直径较大（一般锥度小头直径 120mm 以上），堆焊时所产生的热量无法把转轴均匀加热，虽然转轴锥部在堆焊前进行了预热，但中部未进行预热。预热源一经撤出，进行堆焊时，堆焊区的热量迅速向四周扩散，熔池温度下降，加快了焊缝金属的结晶，结晶速度越快，液体金属黏度增大越快。液体金属的黏度越大，气泡的逸出速度越小，致使一些气泡来不及逸出焊缝表面，残留在焊缝中而形成气孔。

② 电流极性的影响　直流反接时，工件为负极，熔池表面电子过剩，不利于发生 $H_2 \rightarrow$ $[H^+]+e$ 反应，因而气孔倾向小；当直流正接时，熔池表面偏正，容易进行生成质子的过程，这时质子一部分溶于金属，另一部分在电场作用下向负极飞去，故气孔倾向比直流反接要大。

③ 油污的影响　在转轴油孔附近有密集性气孔产生，从其形状特点看，主要是氢气孔。转轴在堆焊前虽经碱水煮洗，但仍无法将油孔中的余油洗净，在转轴锥部预热和堆焊时，冒出的油烟和流出的余油污染锥面，从而产生气孔。

④ 操作技术的影响　在轴端部 10mm 环形圈内的气孔，根据其形状特点看可能是氮气孔。主要是操作者在施焊到端部时，为了填充焊道，确保堆焊层高度而进行挑弧、灭弧动作，挑弧时，由于电弧拉长，电弧对熔池的保护作用减弱，使空气侵入熔池，又因冷却速度快，氮气来不及逸出而残留在焊缝内形成气孔。

（3）控制气孔产生的措施

① 为了保持在堆焊中的预热温度不变或变化很小，降低熔池的结晶速度，使气体充分逸出，特制作保温筒。保温筒的形状与预热转轴环形远红外加热器大体相同，只是为了便于堆焊和清渣，在圆筒上开了 7 个长孔，如图 5-32 所示。

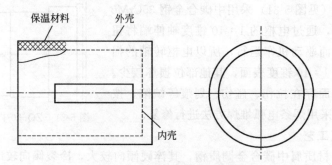

图 5-32　保温筒结构示意图

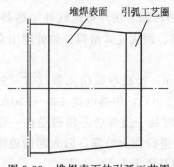

图 5-33　堆焊表面的引弧工艺圈

② 为避免极性的影响，每次焊前应仔细检查二次接线，采用直流反接。由于使用了保温筒，使施工不需在专门的焊接室内进行，不受环境温度的影响，降低了对环境要求。

③ 为避免油污的影响，预热时应将油孔朝下，使余油流出时不致污染锥面；堆焊时应首先将油孔焊住，堵住污染源，并将堆焊表面清理干净。

④ 针对轴端部的焊接问题，特制作了一些厚度 10mm、宽度 16mm 的引弧工艺圈，如图 5-33 所示。使焊条的引弧、熄弧都在工艺圈上进行，整个转轴锥部堆焊都以短弧操作，有效地保护了熔池，避免了气孔的产生。

5.3.6　船用铝镁合金 MIG 焊气孔形成与防止措施

铝合金常用的焊接方法是不熔化极惰性气体保护焊（TIG 焊）和熔化极惰性气体保护焊（MIG 焊），图 5-34 为两种焊接方法的示意图。针对船用铝合金焊接，MIG 焊具有许多突出优点。目前，国内铝合金焊接 95% 以上采用 MIG 焊，但在焊接时也存在诸多难点，焊缝气孔是铝合金熔焊时最常见的缺陷之一。以船舶常用铝合金材料 5083 铝镁合金的 MIG 焊为例，通过焊接工艺试验方法，分析船用铝镁合金 MIG 焊接工艺方法和参数对焊缝中气孔的影响，并提出了相应的预防和解决措施，在实际生产应用中取得了较好的效果。

（1）焊接工艺试验

本试验采用的基体材料为 Al-Mg 系 5083 铝合金，试板厚度为 6mm。焊接填充材料为 ER5183 焊丝，直径为 1.2mm。试验采用的保护气体为氩气（Ar），其中氩气的纯度为 99.99%。基体材料及焊丝的化学成分如表 5-12 所示。

表 5-12　基体材料及焊丝材料的化学成分（质量百分数）　　　　　　　　　　%

材料	Mg	Si	Zn	Cu	Cr	Ti	Mn	Fe	Al
5083Al	4.0～4.9	≤0.40	≤0.25	≤0.10	0.05～0.25	≤0.15	0.4～1.0	<0.40	余量
ER5183	4.3～5.2	<0.40	<0.25	<0.10	0.05～0.25	<0.15	0.4～1.0	<0.40	余量

本试验采用肯倍公司生产的 Fast MIG™ Pulse 350 焊接系统，Fast MIG™ Pulse 是一款全数字智能脉冲焊接系统，具备一元化和脉冲 MIG/MAG 功能。Fast MIG™ Pulse 焊接系统为用户提供了灵活的焊接应用程序，其中包括 WORKPACK（常用焊接专家程序软件包）和 PROJECTPACK（客户自选焊接专家程序软件包）。施焊时，焊工可以选择焊接专家程序，也可根据工艺管理要求设定最大送丝速度、最小送丝速度和最大电压及最小电压值的调整范围以用于实际现场焊接工艺管理。

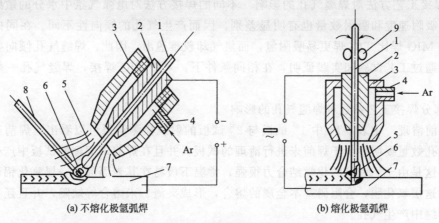

图 5-34　氩弧焊示意图

1—焊丝或电极；2—导电嘴；3—喷嘴；4—进气管；5—氩气流；6—电弧；7—工件；8—填充焊丝；9—送丝辊轮

焊接工艺试验选择了焊前坡口表面清理（先用丙酮清洗坡口及两侧，再用不锈钢钢丝刷）和表面未清理两种形式，70°和 90°两种 Y 形坡口角度，以及平位和横位两种焊接位置进行 MIG 焊接。焊后对焊接试板进行 100％的射线探伤检验，焊接工艺试验参数如表 5-13 所示。按照 CB/T 3929—2013《铝合金船体对接接头 X 射线检测及质量分级》进行焊缝质量评定，表 5-14 为各焊接试板 X 射线探伤检验结果。

表 5-13　MIG 焊工艺试验参数

序号	板厚/mm	焊接电流/A	焊接电压/V	焊接速度/(cm/min)	焊前清理	焊接位置	坡口角度
1#					未清理	平对接	90°
2#					清理	平对接	90°
3#	6	88~105	18~23	21~30	清理	横对接	90°
4#					清理	平对接	70°

表 5-14　铝合金焊缝 X 射线结果

序号	板厚/mm	底片长度/mm	焊缝缺陷	评定结果	备注
1#			气孔 4 个，未熔合	Ⅳ级	—
2#			无	Ⅰ级	—
3#	6	300	不计点气孔 8 个	Ⅰ级	集中出现在焊缝的上半部分
4#			不计点气孔 3 个	Ⅰ级	—

（2）焊接气孔的原因分析

① 铝合金材料特点对焊缝气孔的影响　氢是铝合金熔焊时产生气孔的主要原因，氢之所以能使焊缝形成气孔，与它在铝合金中溶解度的变化特性有关。氢在液态铝中的溶解度为 $0.7mL/100g$，而在 $660℃$ 凝固温度时，氢的溶解度突然降至 $0.04mL/100g$，使原来溶于液态铝中的氢大量析出，形成气泡。同时，铝合金的导热性强、密度小、熔池冷凝快，气泡在熔池中的上升速度较慢，因此，上升的气泡往往来不及逸出而在焊缝中产生气孔。

② 焊接工艺方法对焊缝气孔的影响　不同的焊接方法对电弧气氛中水分的敏感性不一样，氢的吸附速度和吸附数量也有明显差别，因而产生气孔的倾向性不同。在同样的条件下，由于 MIG 焊比 TIG 焊更易吸附氢，而氢气却较难逸出，因此，焊缝气孔倾向要比 TIG 焊时大。通过工艺试验和实践证明，在相同条件下，采用 TIG 焊接，焊缝气孔一般会有明显改善。

③ 部分焊接工艺参数对焊缝气孔的影响

a. 焊前清理　由表 5-14 中 $1^\#$ 试板与 $2^\#$ 试板的射线检测结果可以看出，焊前进行清理的试板气孔数量要明显少于焊前未进行清理的试板，并且在焊前未清理的试板中产生了气孔等缺陷。这是由于铝和氧的化学结合力很强，常温下极易在其表面形成一层氧化铝薄膜，如果不去除这层氧化膜，会阻碍基本金属的熔合，形成夹渣、未熔合等缺陷，并且还会吸附水分，在焊缝中产生气孔。

b. 坡口角度　焊缝的坡口角度的大小会直接影响到氩气的保护质量以及焊缝中氢逸出的难易程度。对于铝合金的焊接尤其如此，坡口角度过小时，一方面保护气体量不足不能排除弧柱气氛中的空气，空气中的水分将分解成氢进入熔池中产生氢气孔；另一方面由于铝合金的热导率比较大，可以较短时间内凝固，当焊缝冷却时，大量分布于细小的枝晶组织间的气泡不能及时逸出，而留在焊缝中成为气孔。结合表 5-14 可以看出，$90°$ 焊缝坡口在控制气孔方面要优于 $70°$ 焊缝坡口。当然，坡口角度也不是越大越好，要综合考虑焊缝金属的填充量以及焊接变形等各方面的因素，通过现场的试验来看，一般以 $90°$ 左右为佳。

c. 焊接位置　根据射线检测的结果来看，平焊位相对横焊位产生的气孔要少，这主要是由于焊枪的角度以及氩气的密度要大于空气所造成的。当进行平焊位置操作时，氩气可以附着在焊缝的表面，使得外界的水分以及氢气等无法靠近焊接熔池，从而起到很好的保护作用。但当进行横焊位置操作时，由于焊枪的角度为向下倾斜，以及氩气的密度比较大，使得氩气可以很好地保护焊缝的下半部分，而上部由于缺少氩气的有效保护，就极易吸收空气中的氢，从而产生气孔，射线检测的结果也很好地验证了这一点。

（3）焊接气孔的工艺防止措施

影响船用铝镁合金 MIG 焊接气孔生成的工艺因素主要有：焊接电流、电压和速度；保护气体的种类、纯度和流量；焊缝的形状和位置等。经过焊接工艺试验，应在以下几个方面采取措施加以控制。

首先，清理板材上的氧化皮、油污和灰尘等杂质。在实际生产中，铝合金的清理方式一般采用机械清理，可用不锈钢丝刷、风动角磨机等将焊缝区域的氧化膜和毛刺去除，使焊缝区露出金属光泽，为了避免焊缝处因油脂污染而影响焊接质量，必须在焊缝处用丙酮溶液进行除油处理。对接焊双面焊，单面堆满后，反面根部不允许碳刨，只可使用清根机、角磨机等机械加工工具进行清根处理。处理好的焊缝区域要注意保护，防止再度污染，并尽早进行焊接，否则会有新的氧化膜生成。如果清洁后超过 4h 未焊接，则应重新清理。

其次，焊接结构中如需开坡口，应尽量将坡口开大至 80°左右，以使得氩气可以很好地保护焊接熔池，但也不要过大，坡口过大不但会增加焊缝金属的用量，还会增加热输入，使焊件产生变形等。另外，在焊接过程中，应通过工装把焊缝摆成平焊位进行焊接，尽量避免横焊操作。如果横焊操作无法避免，应适当采取一些辅助的方法，如加挡气板、储气罩等，以减少气孔的产生。施焊时，应采取左向焊法，右向焊法非常容易导致焊缝发黑，产生气孔。此外，铝合金 MIG 焊时产生气孔的原因很复杂，空气流动的影响、环境空气湿度、温度的影响等都有可能会导致气孔的产生，在焊接过程中也要严格控制。

(4) 实际生产应用与检验

试验完成之后，将以上措施应用于模拟分段的建造过程中。

① 焊前准备　厚度大于 4mm 的铝合金板材开坡口，坡口角度为 80°左右；铝合金板接头附近 30mm 内用丙酮清洗表面油污等杂质，用不锈钢钢丝刷去除表面的氧化膜，最后用干抹布擦干净；焊丝使用前仔细检查：检查焊丝是否受潮、表面是否有油脂或脏物、盘装焊丝是否均匀缠绕；焊接前适当空放氩气，去除焊枪气管内的空气和水分；若天气寒冷，气温较低，焊前须用火焰将接头及其附近进行预热至 50℃左右，将水分烘干。

② 装配定位　对接焊缝接头的定位焊间距约为 50mm，定位焊长度约为 10～15mm。定位焊不可以焊在坡口内侧；角接缝接头的定位焊间距要根据工件的焊接要求来决定，如果工件是间断的，定位焊要定在间断焊缝的始端或尾端，长度约 20～30mm，如果工件是连续的，间距约为 200mm，长度约为 20～30mm。

③ 施焊　焊接设备采用肯倍公司生产的 Fast MIG^{TM} Pulse 350 焊接系统。为控制焊接变形，尽量采用自动焊机进行焊接。对于需要双面焊的铝合金板，在正面焊完后，要对反面进行清根后再进行焊接。焊缝背面清根要用专用铝合金清根机，并辅以低速角磨机将根部清理均匀，对于清根机清不到的地方要用低速角磨机完成清根工作。以 6mm 板为例，反面需清根 3mm 左右；焊后缺陷的修补必须采取与正式焊接时相同的工艺，返修范围一般应分别向缺陷两头扩展 50mm；施焊场地应尽量安排在室内，采取防潮、防尘、防风措施，风速大于 2m/s 时必须采用挡风措施，以确保氩气保护效果和焊接质量。通过严格按照上述要求对焊件进行清理和焊接，模拟分段的焊缝成形美观，焊缝气孔得到了有效控制。

5.3.7　小口径耐热合金钢管钨极氩弧焊气孔分析与防治

某工业锅炉过热器、省煤器部件中大量使用 ϕ38mm×3.5mm 和 ϕ32mm×4mm 的 15CrMoG 耐热合金钢。制造工艺经过焊接工艺评定已合格，但在制造过程中，产品焊缝出现了大量的焊接气孔。

15CrMoG 属于珠光体耐热钢，由于合金元素含量高，焊接性差，在焊接制造过程中，容易出现焊接缺陷。小口径钢管外径较小，曲率大，必须采用单面焊双面成形技术。但由于小口径耐热合金钢熔融金属的流动性差，而产品焊接为全位置，导致焊缝成形困难，对焊接操作技术要求较高。出现焊接缺陷后，一方面给生产单位带来大量的焊缝返修工作，另一方面给产品质量留下了安全隐患。

(1) 焊接工艺

焊接坡口采用 V 形，焊丝为 H13CrMoA，直径为 ϕ2mm；采用钨极氩弧焊（TIG）工艺，焊接电流 95～115A，气体流量 6～9L/min；装配定位位置于 12 点钟处，焊缝长度 10～15mm，收弧位置于 12 点钟处。

（2）气孔产生原因分析

经现场分析，耐热合金管 TIG 焊对接产生气孔的主要原因如下。

① 合金钢管采用涂刷油漆进行标识，操作者装配焊接前，人为疏忽，坡口内外壁油漆及污物清理不干净，导致焊接时产生气孔。

② 所使用焊丝为 H13CrMoA 为气焊丝，抗氧化性不强，焊接过程中易产生 CO 气孔。

③ 氩弧焊操作技能不熟练，未完全掌握小口径耐热合金钢管焊接性能，也可能导致气孔产生。

时钟 12 点及其附近为装配焊段及收弧点，因多次引弧、熄弧，焊接时产生熔渣较多，使该区域成为杂质最多聚集区，焊缝容易产生大量气孔及夹渣缺陷；焊接时钟 6 点位置，焊缝处于仰位，熔滴下挂，操作不当时，内侧焊缝易产生内凹或根部气孔。从时钟 6 点～9 点位置，处于仰位向立位过渡区，操作不当时内侧焊缝也易产生内凹或根部气孔。应采用焊接电流上限，施焊中充分利用维弧电流调节焊接熔池形状，利用电弧的吹力托住熔滴进行焊缝成形，避免焊缝产生内凹或根部气孔。在时钟 12 点及其附近位置，焊缝处于平位，内侧焊缝极易下挂并产生焊瘤或其他缺陷。因此应采用电流下限，施焊中充分利用维弧电流调节焊接熔池形状，利用熔滴重力进行焊缝成形，避免焊缝内侧产生焊瘤等缺陷。

（3）防止措施

① 焊前清理　管口在组对前使用管子砂轮打磨机，清理管子内壁和管子坡口两侧各 10～15mm 范围的油漆、锈蚀，清除焊丝锈迹，直至露出金属光泽，采用丙酮或酒精擦洗管口内外壁以去除残留污物。

② 装配组对

a. 焊接坡口为 V 形，钝边 1mm，控制焊接坡口组对间隙为（2±0.5）mm，并尽量使内壁齐平，如图 5-35 所示。

b. 装配位置于 12 点钟处，焊缝长度 10～15mm，焊接顺序如图 5-36 所示。

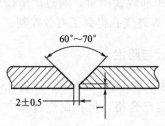

图 5-35　耐热合金管的坡口形式

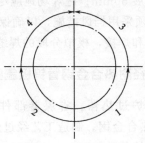

图 5-36　焊接顺序

③ 工艺参数

a. 15CrMoG 钢使用 H13CrMoA 焊丝焊接，C 含量较高，并且 Si、Mn 脱氧效果较小，焊缝气孔倾向较大。用 H08CrMn2SiMo 焊丝替代 H13CrMoA，焊丝中 Si、Mn 含量较高，可利用 Si、Mn 联合脱氧来提高焊缝抗气孔能力。焊丝直径为 $\phi2mm$。

b. 采用 TIG 焊工艺，焊接电流 110～120A，电弧电压 16～18V，气体流量 6～9L/min。

④ 焊接操作要点

a. 保持正确的持枪姿势，随时调整焊枪角度及喷嘴高度，既有可靠的保护效果，又便于观察熔池。

b.每次熄弧时，将电弧引至坡口一侧熄弧，注意填满弧坑，以避免焊缝产生焊接缺陷，同时须打磨熄弧处，以减少杂质聚集。

c.每焊至装配焊缝时，暂停焊接，应先打磨去除装配焊缝中可能存在的焊接缺陷。

d.注意焊后钨极形状和颜色的变化，焊接过程中如果钨极没有变形，焊后钨极端部为银白色，说明保护效果好；如果焊后钨极发蓝，说明保护效果差。

e.送丝要均匀，采用连续填丝，要求焊丝比较平直。点滴送丝时要保证焊丝末端始终处于氩气保护区内，填丝动作要轻，不得扰动氩气保护层，以防止空气侵入引起气孔。收弧处多添加些焊丝填满弧坑。焊丝撤离时，焊丝端头温度很高，氩气应延时 10s，且不要让焊丝末端撤出氩气保护区，以防止焊丝端头氧化产生氧化物夹杂或产生气孔。

f.控制接头质量。接头是两段焊缝交接的地方，由于温度的差别和填充金属量的变化，该处易出现夹渣、夹杂、气孔及未焊透等缺陷。所以焊接时应尽量避免停弧，减少冷接头的次数，控制接头处要有斜坡，不能有死角，重新引弧的位置在原弧坑后面，使焊缝重叠 20～30mm，重叠处一般不加或只加少量焊丝。熔池要贯穿到接头根部，以确保接头处熔透。

g.焊接过程中填丝和焊枪移动速度要均匀，保证焊缝质量和成形美观。

按上述防止措施和工艺要求进行施焊，焊后经过 X 射线探伤，未发现气孔缺陷，产品焊缝的一次合格率约 98％以上。

第6章

焊接应力与变形

焊接应力和变形是焊接结构生产中经常遇到的缺陷问题之一，不但对焊接结构的尺寸和外形有重要影响，还会降低结构的承载能力。焊接结构破坏事故许多是由焊接应力和变形所引起的。当焊接结构件出现变形时，需采用一定的工艺进行矫正。对于复杂变形，矫正的工作量可能比焊接工作量还要大。因此了解和掌握焊接应力和变形的基本规律、影响因素及防止对策，对控制焊接应力、提高焊接结构件性能具有重要的意义。

6.1 焊接应力分析

焊接应力在焊接构件中的存在，直接影响结构的承载能力，降低焊接接头及整个构件的疲劳强度，甚至会引发裂纹、产生疲劳断裂或脆性断裂而引起事故。

6.1.1 影响焊接应力集中的因素

确定焊缝方向的应力称为纵向应力，用 σ_x 表示；垂直于焊缝方向的应力称为横向应力，用 σ_y 表示；厚度方向的应力，用 σ_z 表示，一般在厚度不大（$\delta < 15 \sim 20\text{mm}$）的焊接结构中，$\sigma_z$ 很小，只有在大厚度的焊接结构中，σ_z 才有较高的数值。按照焊接应力产生的原因来看，应力可以分为以下三种：

① 热应力　它是在焊接过程中，焊件内部温度有差异引起的应力，故又称温差应力。热应力是引起热裂纹的力学原因之一。

② 相变应力　该应力是焊接过程中，局部金属发生相变，其比体积增大或减小而引起的应力。

③ 塑变应力　是指金属局部发生拉伸或压缩塑性变形后所引起的内应力。焊接过程中，在近缝高温区的金属热胀和冷缩受阻时便产生这种塑性变形，从而引起焊接的内应力。

(1) 纵向应力 σ_x

纵向应力的大小与试板类型、焊接材料热物理性能、试板尺寸、焊缝位置等因素有关。焊缝位于中心的低碳钢板对接，纵向残余应力分布的基本规律是焊缝及其附近处为拉应力，一般可达到材料的屈服强度 R_{eL} [钛约为 $(0.5 \sim 0.8)R_{eL}$，铝约为 $(0.6 \sim 0.8)R_{eL}$]，两侧为压应力。整个横截面上保持着内力平衡。在长焊缝中两端部的纵向应力分布与中部有区别，如图 6-1 所示。短焊缝中间稳定区将减小，或不出现。宽板对接与窄板对接的纵向应力分布也有区别，宽板对接表现出两侧压应力离焊缝越远越小，甚至为零。

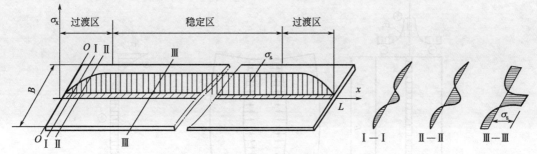

图 6-1　平板对接时焊缝各截面中 σ_x 的分布

圆筒环焊缝所引起的纵向（即圆筒的切向）残余应力 σ_x 的分布规律与平板直缝略有不同，它取决于圆筒直径、厚度和焊接压缩塑性变形区的宽度，其应力峰值随着圆筒直径的增大和板厚的减小而增大，其应力分布状态逐渐与平板对接的接近。当直径较小或压缩塑性变形区宽度增大时，σ_x 有所降低，如图 6-2 所示。由于圆筒环焊缝的半径在焊后缩小，焊缝在长度上的收缩比平板上的焊缝具有更大的自由度，因此环焊缝纵向残余应力的峰值比平板对接焊要小。

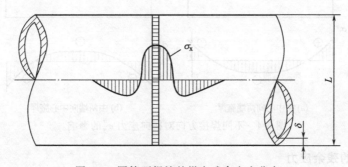

图 6-2　圆筒环焊缝的纵向残余应力分布

(2) 横向应力 σ_y

横向残余应力的直接原因是焊缝冷却的横向收缩，间接原因是焊缝的纵向收缩。表面和内部不同冷却过程和局部相变过程也是影响因素。

对于自由状态下平板对接焊缝 [图 6-3(a)] 的横向残余应力，主要起因于受拘束的纵向收缩。如果焊缝冷却没有横向拘束，两块板间瞬时完成的焊缝由于它的纵向收缩，两块板产生向外侧的弯曲变形 [图 6-3(b)]。由于焊缝冷却有横向连接，必然使焊缝中部受到横向拉伸，而两端受到压缩。其横向残余应力 σ_y' 如图 6-3(c) 所示，其压应力最大值比拉应力大得多。焊缝长度对纵向收缩引起的横向残余应力的分布也有影响，较长的焊缝试板中心部位的拉应力有所降低。

由于焊缝中不同部位的冷却过程不同步，使得焊缝的横向收缩互相限制，从而引起横向应力。这种横向应力与焊接方法、分段方法及焊接顺序有关。图 6-4 为同样的平板条对接，由中心向两端施焊和由两端向中心施焊。其横向残余应力 σ_y'' 分布完全不同。直通焊的横向应力尾部是拉应力，中段是压应力，起焊段由于必须满足平衡条件仍为拉应力。分段退焊和分段跳焊法的横向应力将出现多次交替的拉应力和压应力区，且分段跳焊法的横向应力峰值较其他焊接顺序高。由于焊缝纵向收缩和横向收缩是同时存在的，两种横向应力 σ_y' 和 σ_y'' 也是同时存在的，横向应力 σ_y 应是上述两部分的综合。

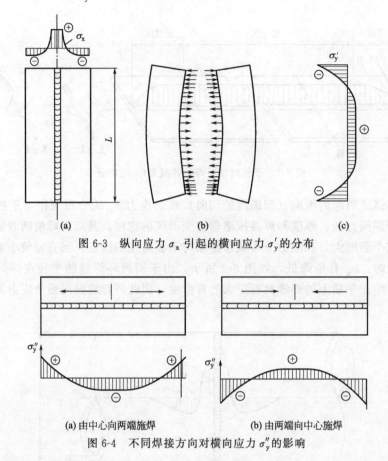

图 6-3 纵向应力 σ_x 引起的横向应力 σ_y' 的分布

(a) 由中心向两端施焊   (b) 由两端向中心施焊

图 6-4 不同焊接方向对横向应力 σ_y'' 的影响

(3) 厚板中的残余应力

厚板焊接接头中除有纵向和横向残余应力外，在厚度方向还有较大残余应力 σ_z。它在厚度上的分布不均匀，主要受焊接工艺方法的影响。图 6-5 为厚 24cm 的低碳钢电渣焊焊缝中心线上的应力分布。该焊缝中心存在三向均为拉伸的残余应力，且均为最大值，这与电渣焊工艺特点有关。因电渣焊时，焊缝正、背面装有水冷铜滑块，表面冷却速度快，中心部位冷却较慢，最后冷却的收缩受周围金属制约，故中心部位出现较高的拉应力。

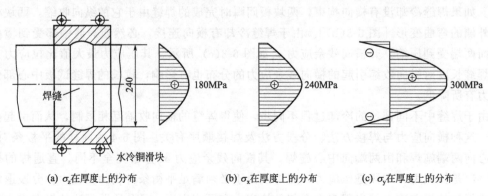

(a) σ_z 在厚度上的分布   (b) σ_x 在厚度上的分布   (c) σ_y 在厚度上的分布

图 6-5 厚板电渣焊中沿厚度上的内应力分布

图 6-6 为 80mm 厚的低碳钢板 V 形坡口多层焊焊缝横截面中心处残余应力沿厚度上的内应力分布。焊缝根部的横向应力数值很大，大大超过了屈服强度。这是由于每焊一层就产生一次角变形，在该处多次拉伸塑性变形的积累，造成应变硬化，使应力不断上升。严重时可能导致根部开裂。如果在焊接时限制焊缝的角变形，则在焊缝根部会出现压应力。

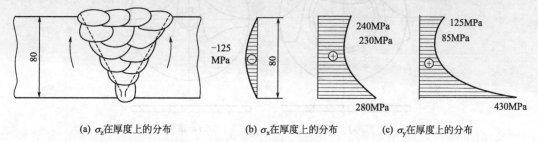

(a) σ_z 在厚度上的分布　　(b) σ_x 在厚度上的分布　　(c) σ_y 在厚度上的分布

图 6-6　厚板 V 形坡口多层焊沿厚度上的残余应力分布

(4) 拘束状态下的残余应力

在生产中构件多是在受拘束条件下焊接的，因此其焊接残余应力也受到拘束条件的影响。图 6-7 为拘束条件下焊接的内应力。在横向拘束条件下，焊缝焊接时横向收缩受到框架拘束，于是在中心构件上产生垂直焊缝轴线方向的横向拉应力 σ_f。该应力并不在该截面中平衡，而是在整个框架截面上平衡，故称反作用内应力。此焊接接头最后横向内应力是该反作用内应力和自由状态下横向内应力的综合。同样，如果试板在纵向约束条件下焊接，将产生纵向反作用内应力。由于反作用内应力是拉应力，且分布范围大，对结构影响较大，因此，在结构设计和施工中应尽量采取措施减小或避免。

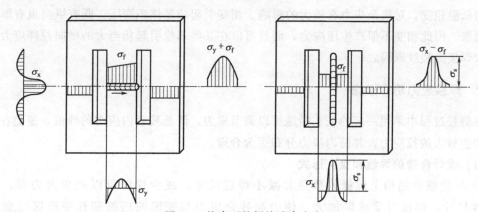

图 6-7　拘束下的焊接残余应力

(5) 封闭焊缝所引起的内应力

在容器、船舶等板壳结构中经常遇到接管、镶块和人孔等构造，从而形成封闭焊缝，这些焊缝是在较大拘束下焊接的，内应力都较大。其大小与焊件和镶入体本身的刚度有关，刚度越大，内应力也越大。图 6-8 为圆盘中焊入镶块后的残余应力分布。纵向应力（对环焊缝为切向应力）σ_θ 在焊缝附近为拉应力，最大值可达屈服强度，由焊缝向外侧逐渐下降为压应力。焊缝向中心拉应力逐渐下降并趋为均匀值；横向应力（即径向应力）σ_r 为拉应力。在镶块中部有一个均匀双轴拉应力场，且切向应力和径向应力相等。镶块直径 d 相对于圆盘外径 D 越小，拘束度越大，镶块中的内应力也越大。

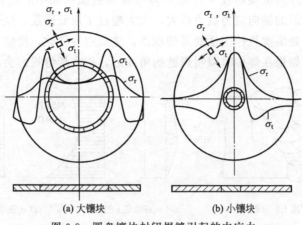

(a) 大镶块　　　　　　　　(b) 小镶块

图 6-8　圆盘镶块封闭焊缝引起的内应力

（6）相变应力

相变应力是因相变时比体积发生变化而引起的。这是由于不同的组织具有不同的晶格类型和不同的密度，因而具有不同的比体积。当相变温度发生在金属的塑性温度 T_p（金属已失去弹性，屈服点为零时的温度）以上时，比体积的变化并不影响残余应力的分布。如果是在冷却到远低于 T_p 才发生相变，则对残余应力的分布和大小发生影响。例如奥氏体转变为铁素体或马氏体时，比体积增大，它不但能抵消一部分压缩塑性变形，减少残余拉应力，还可能出现较大的压应力。

在焊接高强钢或异种钢时可能在热影区或焊缝金属（其化学成分与母材不同或相近）中发生的低温相变，对残余应力有较大的影响。相变引起的是体积膨胀，既有纵向也有厚度方向的膨胀。因此相变不但产生压应力，而且可以在某些部位引起相当大的横向拉伸应力，它是导致焊接冷裂纹原因之一。

6.1.2　焊接应力防止措施

在焊接过程中采用一定的工艺措施可以调节应力，降低残余内应力的峰值，避免在大面积内产生较大的拉应力，并使内应力分布更为合理。

（1）设计合理的焊缝和接头形式

① 尽量减少结构上焊缝的数量和减小焊缝尺寸。减少焊缝可以减少内力源，过大的焊缝尺寸，焊接时受热区加大，使引起残余应力与变形的压缩塑性变形区或变形量增大。

② 避免焊缝过分集中，焊缝间应保持足够距离。焊缝过分集中不仅使应力分布更不均匀，而且可能出现双向或三向复杂的应力状态。

③ 采用刚性较小的接头形式（如图 6-9 所示），左边设计刚度大，焊接时引起很大拘束应力而极易产生裂纹；右边的接头已削弱了局部刚性，焊接时不会开裂。

（2）选择合理的焊接顺序和方向

① 尽量使焊缝能自由收缩，先焊收缩量比较大的焊缝，从而减少内应力。

② 先焊工作时受力较大的焊缝。

③ 长焊缝宜从中间向两头焊，避免从两头向中间焊。

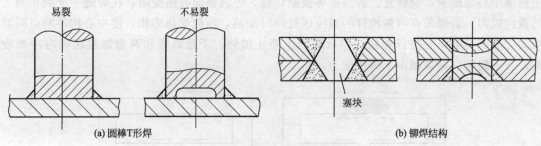

图 6-9　减小接头刚性措施

④ 交错布置的焊缝应先焊交错的短焊缝，后焊直通的长焊缝。如图 6-10 为大面积平板拼接，按图中焊缝①、②、③顺序施焊是合理的。若按③、②、①顺序焊接，则焊接②、①焊缝时，它们的横向收缩就受到先焊的缝③拘束，必然产生较大残余应力，严重时在焊缝①、②上会产生裂纹，或整个拼板凸起，构成波浪变形。

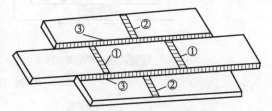

图 6-10　拼板时选择合理的焊接顺序
①，②—短焊缝；③—长焊缝

(3) 降低焊缝的拘束度

平板上镶板的封闭焊缝焊接时拘束度大，焊后焊缝纵向和横向拉应力都较高，极易产生裂纹。为了降低残余应力，应设法减小该封闭焊缝的拘束度。如图 6-11 所示是焊前对镶板的边缘适当翻边，作出角反变形状，焊接时翻边处拘束度减小。若镶板收缩余量预留得合适，焊后残余应力可减小且镶板与平板平齐。

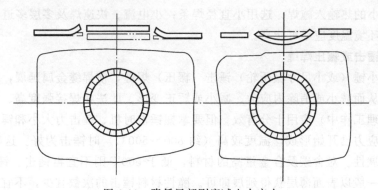

图 6-11　降低局部刚度减少内应力

(4) 预热或加热"减应区"

预热法是在施焊前，预先将焊件局部或整体加热到 150～650℃。对于焊接或焊补那些淬硬倾向较大的材料的焊件，以及刚性较大或脆性材料焊件时，常常采用预热法。低碳钢和有色金属的塑性较好，只是对大截面零件进行焊修和在气温较低的情况下焊修时才进行预热，预热温度约 100℃。中碳钢预热温度为 200～250℃。高碳钢视含碳量不同，可以预热到 300℃以上。铸铁零件则应预热到 600℃以上。

焊接时加热那些阻碍焊接区自由伸缩的部位（称减应区），使之与焊接区同时膨胀和同时收缩，起到减小焊接应力的作用，即加热减应区法。图 6-12 示出了此法的减应原理。图中框架中心已断裂，须修复。若直接焊接断口处，焊缝横向收缩受阻，在焊缝中受到相当大的横向应力。若焊前在两侧构件的减应区处同时加热，两侧受热膨胀，使中心构件断口间隙增大。此时对断口处进行焊接，焊后两侧也停止加热。于是焊缝和两侧加热区同时冷却收缩，互不阻碍。结果减小了焊接应力。

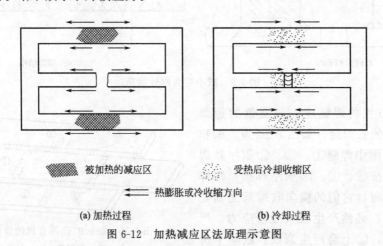

被加热的减应区　　　　　　受热后冷却收缩区

←—— 热膨胀或冷收缩方向

(a) 加热过程　　　　　　　　(b) 冷却过程

图 6-12　加热减应区法原理示意图

加热"减应区"法在铸铁焊接修复中应用最多，也最为有效。方法成败的关键在于正确选择加热部位，选择的原则是：只加热阻碍焊接区膨胀或收缩的部位。检验加热部位是否正确的方法是：用气焊炬在所选处试加热一下，若待焊处的缝隙是张开的，则表示选择正确，否则不正确。

(5) 冷焊法

冷焊法是通过减少焊件受热来减小焊接部位与结构上其他部位间的温度差。具体做法有：尽量采用小的热输入施焊；选用小直径焊条；小电流、快速焊及多层多道焊。另外，应用冷焊法时，环境温度应尽可能高。

(6) 随焊锤击或辗压焊缝

利用圆头小锤（或小尺寸辗压轮）锤击（辗压）焊缝，使焊缝金属延展，抵消一些焊缝区内的收缩，从而减小或消除内应力、减小或矫正变形。此法在焊接强度高、塑性差的材料时（尤其在修理工作中）应用十分有效。但要掌握锤击时机、锤击力大小和锤击次数。在时机上一般以拉应力已开始形成，温度较高（约 800～500℃）时锤击为好。这时金属具有较高的塑性和延展性。对含碳及合金量高的材料，低于 500℃ 则不宜再锤击。锤击力要适度，过度会开裂，一般以表面薄层获得延展即可。脆性材料锤击的次数宜少，不宜多，一般不锤击底层和表面层。

6.2　焊接变形分析

6.2.1　焊接变形特点及分类

焊件由于受焊接过程中产生的不均匀温度场的影响而产生的变形即焊接变形。焊接变形与焊件形状尺寸、材料的热物理性能及加热条件等因素有关。焊接是不均匀加热过程，热源只集中在焊接部位，且以一定速度向前移动。局部受热金属的膨胀能引起整个焊件发生平面内或平面外的各种形态的变形。变形是从焊接开始时便产生，并随焊接热源的移动和焊件上温度分布的变化而变化。一般情况下一条焊缝正在施焊处受热发生膨胀变形，后面开始在凝固和冷却处发生收缩。膨胀和收缩在这条焊缝上不同部位分别产生。直至焊接结束并冷至室温，变形才停止。如果由热膨胀/收缩产生的应力超过了母材的屈服强度，材料就将发生局部塑性变形。塑性变形会导致焊接件尺寸的永久减小和结构扭曲。

　　焊接过程中随时间而变的变形称焊接瞬时变形，它对焊接施工过程发生影响。焊完冷却到环境温度后，焊件上残留下来的变形称焊接残余变形，它对结构质量和使用性能发生直接影响，因此焊接残余变形更受重视。一般所说的焊接变形，多是指焊接残余变形。按焊接变形的特点，焊接残余变形主要有以下 7 种类型，它们与焊件的形态、尺寸，焊缝在焊件上的位置，焊缝坡口的几何形状等因素有关。

　　① 纵向收缩变形　即构件焊后在焊缝方向发生收缩变形（图 6-13），属板平面内变形。

　　② 横向收缩变形　即构件焊后在垂直焊缝方向发生收缩变形（图 6-13），属板平面内变形。

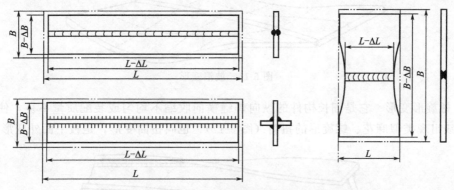

图 6-13　焊接纵向（ΔL）和横向（ΔB）的收缩变形

　　③ 挠曲变形　构件焊后发生挠曲，这种挠曲可由焊缝的纵向收缩引起 ［图 6-14(a)］，也可由焊缝横向收缩 ［图 6-14(b)］ 引起。这种变形也是板平面内变形。

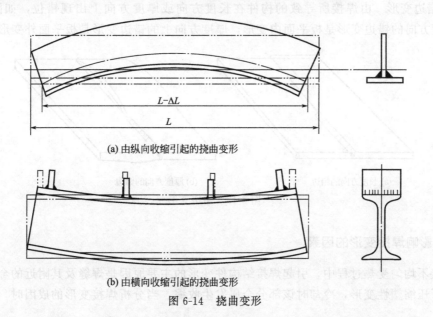

(a) 由纵向收缩引起的挠曲变形

(b) 由横向收缩引起的挠曲变形

图 6-14　挠曲变形

④ 角变形　焊后构件平面围绕焊缝产生的角位移，常见角变形见图 6-15。角变形是一种板平面外变形。

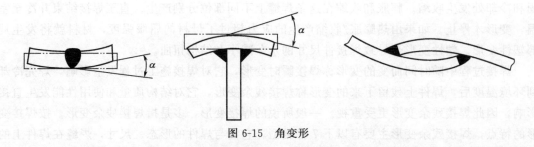

图 6-15　角变形

⑤ 波浪变形　由于焊接产生的压缩残余应力，使板件出现因压曲形成的波浪变形，这种变形易在薄板焊接时发生，如图 6-16 所示。这种变形属板平面外变形。

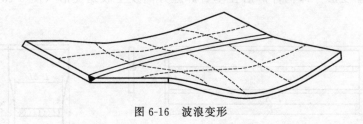

图 6-16　波浪变形

⑥ 螺旋形变形　它是细长构件的纵向焊缝横向收缩不均匀或装配质量不良，使构件绕自身轴线出现类似麻花、螺旋形的扭曲（图 6-17），也叫扭曲变形，是板平面外变形。

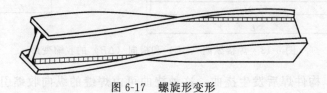

图 6-17　螺旋形变形

⑦ 错边变形　由焊接所导致的构件在长度方向或厚度方向上出现错位，如图 6-18 所示。长度方向的错边变形是板平面内变形，厚度方向上的错边变形是板平面外变形。

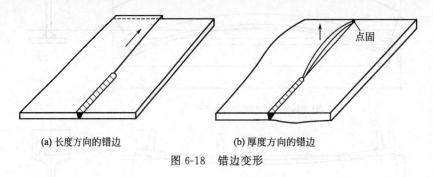

(a) 长度方向的错边　　　　　　　　(b) 厚度方向的错边

图 6-18　错边变形

6.2.2　影响焊接变形的因素

焊接不均匀受热过程中，引起焊接结构件变形的主要原因是焊缝及其附近的金属在焊接时产生了压缩塑性变形，冷却时该部分金属发生收缩。当分析焊接变形的成因时，必须注意到压缩塑性变形发生的位置、方向、数量以及范围，还要考虑母材热物理性能、焊缝设计、施工程序、焊件受拘束度等因素的影响。

(1) 纵向收缩变形

焊接纵向变形主要是指焊后沿焊缝轴线方向的缩短的变形，纵向收缩变形量的大小主要取决于焊缝的长度、截面积和压缩塑性变形量。其中压缩塑性变形量与焊接参数、焊接方法、焊接顺序以及材料的热物理参量有关。在这些工艺因素中，焊接热输入（$E = q/v$，E 为焊接热输入，q 为焊接电弧的有效功率，$q = \eta IU$，v 为焊接速度）是主要的。在一般情况下，压缩塑性变形量与焊接热输入成正比的关系。

对于钢制细长构件〔如梁、柱等结构〕，单层焊纵向收缩变形量可用下面公式估算：

$$\Delta L_1 = \frac{k_1 A_w L}{A} \tag{6-1}$$

式中　ΔL_1——纵向收缩变形，mm；

　　　A_w——焊缝截面积，mm^2；

　　　A——构件截面积，mm^2；

　　　L——构件长度，mm；

　　　k_1——修正系数，与焊接方法和材料有关，见表 6-1。

表 6-1　纵向变形计算修正系数 k_1

焊接方法	CO_2 焊	埋弧焊	焊条电弧焊	
材料	低碳钢		低碳钢	奥氏体钢
k_1	0.043	0.071～0.072	0.048～0.057	0.076

多层焊的纵向收缩量 ΔL_n 可通过单层焊纵向收缩量 ΔL_1 乘以与焊接层数有关的系数 k_2 来计算，即

$$\Delta L_n = k_2 \Delta L_1 = (1 + 85\varepsilon_s n)\Delta L_1 \tag{6-2}$$

式中 $\varepsilon_s = \sigma_s/E$ 为极限弹性应变，n 为焊道层数。双面有角焊缝的 T 形接头，由于塑性变形部分相互重合，使缩短变形区的总面积仅比单侧焊缝时大 15% 左右，其纵向收缩仅是单面焊的纵向收缩的 1.15～1.40 倍。

对于截面积相同的焊缝来讲，多层焊每次所用的焊接线能量比单层焊时小得多，加热范围窄，冷却快，而且前层焊缝焊成后都对下层焊缝形成约束，所以多层焊时引起的纵向收缩比单层焊小。分的层数越多，每层所用的线能量就越小，产生的收缩变形也越小。同理，间断焊的纵向收缩变形要比连续焊时小得多。

焊缝在构件中的位置不对称时，焊缝引起的收缩力 F_f 是不均匀的，这样不但使构件缩短，同时还使构件弯曲，产生挠曲变形。钢制构件单道焊缝所引起的挠度计算公式为：

$$f = \frac{k_1 A_w e L^2}{8I} \tag{6-3}$$

式中　f——构件的挠度，mm；

　　　A_w——焊缝截面积，mm^2；

　　　e——焊缝偏心距，即缩短变形区中心到断面中性轴的距离，mm；

　　　L——构件长度，mm；

I——构件的几何惯性矩，mm^4；

k_1——修正系数，见表 6-1。

对于多层焊和双面角焊缝应乘以与纵向收缩公式中相同的系数 k_2 [见公式（6-2）]。

（2）横向收缩变形

横向收缩变形指垂直于焊缝方向的变形。横向收缩变形产生的过程比较复杂，其与焊接方法、焊接热输入、接头形式、板厚等许多因素有关，需对具体情况进行具体分析。

① 堆焊引起的横向变形　在平板进行堆焊时，近焊缝高温区金属在横向的热膨胀受到附近温度较低金属阻碍，被挤压而产生横向的压缩塑性变形，冷却后使整个接头产生了横向收缩的变形。如果沿厚度方向上温度分布不均匀，横向收缩沿厚度上也是不均匀的，即高温侧收缩量大于低温侧，于是焊件不仅产生横向收缩的残余变形，也同时产生了两边翘起的角变形。如果横向焊缝在结构上分布不对称，那么它的横向收缩也能引起结构的挠曲变形。

堆焊引起的横向变形受焊接热输入和板厚的影响。在尺寸为 $200mm \times 200mm$，板厚 $\delta = 6 \sim 20mm$ 的平板上用气体保护焊进行堆焊，横向收缩与焊接热输入和板厚的关系如图 6-19 所示。

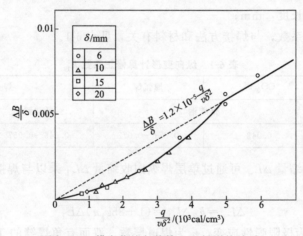

图 6-19　横向收缩与热输入和板厚的关系

由图 6-19 可见，当单位体积焊缝金属热输入 $\dfrac{q}{v\delta^2} > 5000 cal/cm^3$（$1cal = 4.1868J$）时，有如下关系：

$$\Delta B = 1.2 \times 10^{-5} \frac{E}{\delta} \tag{6-4}$$

式中　ΔB——横向变形量，cm；

E——焊接热输入，cal/cm；

δ——板厚，cm。

② 对接焊引起的横向变形　对接接头焊缝处无论有无间隙都能引起横向变形，但一般情况下，没有间隙对接比有间隙对接横向变形要小。有间隙的对接接头横向变形由两部分组成：一部分是母材热影响区受热自由膨胀，焊后在连接状态下冷却收缩而引起的横向变形，其数量大体等于热自由膨胀量；另一部分是焊缝（液态）金属凝固收缩，它的数值较小，占总横向变形量 1/10 以下。横向变形受多种因素影响，并且有些因素的影响是相互矛盾的，

最终的变形应是各种因素综合的结果。

a.横向变形的影响因素　焊接热输入是最主要的影响因素，一般焊接热输入越大，横向变形量也越大。采用埋弧自动焊时横向收缩量比板厚相近的焊条电弧焊的横向收缩变形量小，采用气焊时横向收缩量比焊条电弧焊的横向收缩量大。随着板厚的增加，横向收缩量减少。坡口角对变形量也有影响，同样厚度的平板对接，焊缝填充量越大，横向变形越大。大坡口多层焊时，前几层焊接引起的横向变形较大，后面一些层数，引起的变形量逐渐减小，这与接头刚性增大有关。故厚板多层对接焊的横向变形基本上决定于最初几层。

横向变形沿焊缝长度上的分布并不均匀。这是因为先焊的横向收缩对后焊的焊缝产生一个挤压作用，使后者产生更大的横向压缩变形。在不点固也不夹紧情况下有间隙对接焊时，当考虑母材纵向热变形的作用时，情况将比较复杂。在焊接过程中，先焊焊缝附近的母材被加热而发生纵向膨胀，使左右两平板未焊部分向两侧偏转，导致间隙加大。而电弧后面的焊缝金属因降温而发生纵向收缩，就阻碍间隙变大。因此就需要考虑焊接速度的影响，快速焊使间隙扩大，慢速焊使间隙减小，甚至两平板向内偏转。横向变形与拼装后的点固和装夹情况也有关，点固焊越大越密，或装夹越刚固，则越接近厚板堆焊情况，其横向变形越小。

b.对接焊缝横向变形量的估算式　图 6-20 为 Y 形和 X 形坡口对接接头，用焊条电弧焊和气焊焊接得出的横向收缩变形 ΔB 与板厚 δ 的关系。

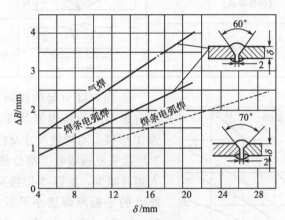

图 6-20　Y 形与 X 形坡口对接接头的横向收缩 ΔB 与板厚 δ 的关系

由于焊缝截面积 A_w 是板厚 δ 的函数，可根据图 6-20 中的结果归纳出下列估算对接缝横向变形的公式：

$$\Delta B = k \frac{A_w}{\delta} \tag{6-5}$$

式中　ΔB——对接缝的横向变形量，mm；

　　　A_w——焊缝的横截面积，mm^2；

　　　δ——焊件的厚度，mm；

　　　k——系数，V 形坡口时，气焊 $k=0.26$，焊条电弧焊 $k=0.2$，X 形坡口焊条电弧焊时，$k=0.12$。

对接缝横向收缩变形量的经验公式几乎都是从各自试验或长期经验积累整理出来的，任何一个估算公式都是在一定范围内适用，并且这些公式忽略了许多影响因素，因而给出的变形量只能是个大致数值。表 6-2 给出了不同条件下低碳钢对接接头的横向收缩量。

表 6-2　低碳钢焊接接头的横向收缩量

接头横截面	焊接方法	横向收缩/mm	接头横截面	焊接方法	横向收缩/mm
	焊条电弧焊两层	1.0		焊条电弧焊20道,背面未焊	3.2
	焊条电弧焊五层	1.6		1/3背面焊条电弧焊,2/3埋弧焊一层	2.4
	焊条电弧焊正面五层反面清根反焊两层	1.8		铜垫板上埋弧焊一层	0.6
	焊条电弧焊正背各焊四层	1.8		焊条电弧焊	3.3
	焊条电弧焊(深熔焊条)	1.6		焊条电弧焊(加垫板单面焊)	1.5
	右向气焊	2.3			

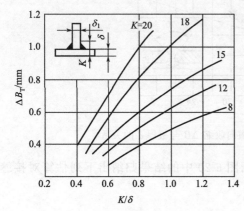

图 6-21　T形接头的横向收缩 ΔB_T 与焊缝尺寸及板厚的关系

③ 角焊缝引起的横向变形　角焊缝引起的横向变形量与角焊缝尺寸和板厚有关。图 6-21 为 T 形接头与焊缝尺寸及板厚的关系曲线。由于 T 形接头立板吸收了部分热量,平板获得的热输入相对减少,所以 T 形接头平板的横向收缩比同厚度的平板堆焊要小平板的热输入量可按 $E \times 2\delta_H/(2\delta_H + \delta_v)$ 估计,式中 δ_H 和 δ_v 分别为平板和立板厚度,E 为焊接热输入。

如果横向焊缝在结构上分布不对称,则它的横向收缩也会引起结构的挠曲变形。如图 6-22 所示构件上的短肋板与翼板和腹板之间的焊缝,焊缝集中分布在工字钢中性轴的上部,其横向收缩将使上翼板变短,因而产生向下的挠曲变形。

每对肋板与焊缝之间的角焊缝的横向收缩 ΔB_1 将使梁弯曲一个角度 φ_1:

$$\varphi_1 = \Delta B_1 \frac{S_1}{I} \tag{6-6}$$

式中,S_1 为翼板对梁中性轴的静矩;I 为工字梁的惯性矩。

$$S_1 = A_1 \left(\frac{h}{2} - \frac{\delta_1}{2} \right) \tag{6-7}$$

式中,A_1 为翼缘的截面积;δ_1 为翼缘厚度。

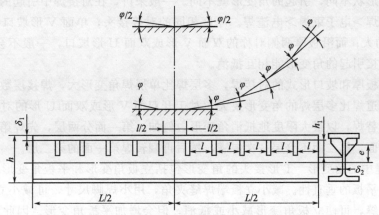

图 6-22　肋板焊缝横向收缩所引起的挠曲变形

每对肋板与腹板之间的角焊缝的横向收缩 ΔB_2 将使梁弯曲一个角度 φ_2：

$$\varphi_2 = \Delta B_2 \frac{S_2}{I} \tag{6-8}$$

式中，S_2 为高度；I 为 h_1 的部分腹板对梁截面水平中性轴的静矩。

$$S_2 = h_1 \delta_2 e \tag{6-9}$$

式中，e 为肋板与腹板间的焊缝中心到梁截面中性轴的距离；δ_2 为腹板厚度。

每对肋板焊接完成所造成的梁弯曲角度 $\varphi = \varphi_1 + \varphi_2$，所以整个梁的总挠度按下式估算：

$$f = \frac{n(n+1)}{2} \varphi l \tag{6-10}$$

式中，n 为肋板对数；l 为肋板间距。

（3）角变形

在堆焊、对接、搭接和 T 形接头的焊接时，由于焊接区沿板厚方向不均匀的横向收缩而引起的回转变形称角变形。

① 堆焊引起的角变形　堆焊角变形的大小取决于构件压缩塑性变形的大小和分布情况，同时也取决于焊接板的刚度。因此，影响焊接角变形的主要影响因素为焊接热输入和板厚。

图 6-23 为热输入和板厚对角变形的影响。当厚度一定时，焊接热输入越大，角变形越大；但当热输入增加到一定程度时，角变形又逐渐减小。这是因为，热输入提高使得板背面的温度随着提高，正反两面的塑性变形量的差值降低，所以角变形反而减少。而板厚则是抑制角变形的因素，随着板厚的增加，板的刚度增加，从而对角变形的抑制起主要作用。堆焊引起的角变形在始焊端变形量较小，沿焊缝方向逐渐增大。

② 对接焊中的角变形　对接焊引起的角变形是受到焊接方法、坡口形式、焊接工艺等几个方面的综合影响。首先不同的焊接方法形

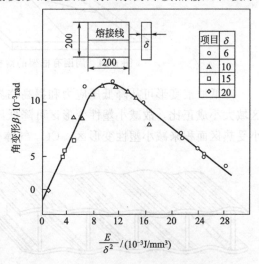

图 6-23　热输入和板厚对角变形的影响

成的焊缝截面形状不同,引起的角变形就不同。一般来讲,在对接焊中引起的角变形:焊条电弧焊＞埋弧焊＞电子束焊＞电渣焊。厚度相同的对接接头,单面 V 形坡口的角变形比单面 U 形坡口的大;而沿板厚两侧对称的双面 V 形或双面 U 形坡口,一般不会产生角变形。因为正反面焊接引起的角变形能相互抵消。

对于同样板厚和坡口形式的对接焊,多层焊比单层焊角变形大,焊接层数越多,角变形越大。另外多道焊比多层焊的角变形要大。对于开双面 V 形或双面 U 形的对称坡口,应采用两面分层交替焊,以最大限度地抵消角变形。例如,第一面分两层,先焊第一层,接着翻转焊件焊第二面,第二面不分层一次焊满,然后再翻转焊第一面的第二层。

③ 角焊缝中的角变形 T 形接头的角变形包括立板角变形和平板角变形,综合结果是破坏了立板和平板的垂直性。减小立板端焊缝夹角,用小焊脚尺寸,可减小立板的角变形。采用双面角焊缝,可使立板角变形减小或抵消,但会增加平板角变形。因此增加平板厚度(刚性)或减小角焊缝尺寸,只能使平板角变形减小而不能消除。消除这种角变形的最好办法是采用反变形法。

(4) 波浪变形

波浪变形是薄平板焊后在压应力区内因压应力已超过其失稳临界应力而产生失稳,从而形成的凹凸不平的变形。薄板产生波浪变形不仅影响产品外观,更重要的是失去了承载能力,必须加以重视。

大面积平板拼接易产生波浪变形,如船体舱口周围和箱形梁腹板的中部,因局部压应力过大而产生这种变形。图 6-24 为薄板结构的残余应力和波浪变形的典型示例。

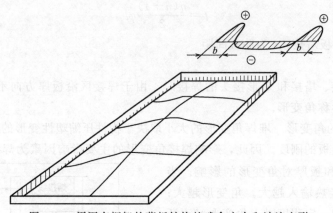

图 6-24 周围有框架的薄板结构的残余应力和波浪变形

降低波浪变形可从降低压应力和提高临界应力两方面着手。因压应力的大小和拉应力的区域大小成正比,故减小塑性变形区可降低压应力的数值。焊接中可用小的焊接热输入,减小受热区面积来减小塑性变形区。CO_2 气体保护焊所产生的塑性变形区比气焊和焊条电弧焊小,断续焊比连续焊小,接触点焊比熔化焊小,小尺寸的焊缝比大尺寸的焊缝小。而增加板厚或减小板的自由幅面可提高临界应力。

角变形也能产生类似的波浪变形。如图 6-25 所示为大量采用肋板的焊接结构上

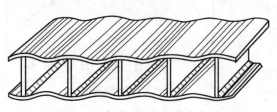

图 6-25 角变形引起的波浪变形

可能出现的变形。每块肋板的角焊缝引起的角变形连贯起来造成波浪变形,这种波浪变形与失稳的波浪变形有本质区别,采用不同的解决办法。

(5) 螺旋形变形

具有较长纵向角焊缝的构件由于组装不当或焊接顺序和方法不正确,造成焊缝角变形沿长度上的分布不均匀性和工件的纵向错边,从而引起像麻花一样的变形,即螺旋形变形,又称扭曲变形,主要发生在细长的焊接构件,如 T 形梁、工字梁或箱形梁等。

T 形梁构件在装配前要对立板和平板进行矫平,否则焊后必然产生扭曲变形,如图 6-26 所示。正确组装的工字梁,四条纵向角焊缝如果按照图 6-27 中箭头方向施焊,且为直通焊,则角变形随着焊缝长度而增加,必然引起扭曲变形。如果把两条相邻的角焊缝同时以同一方向施焊,即能克服这种扭曲变形。

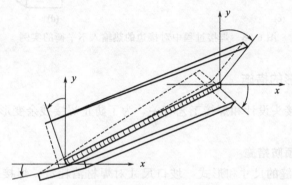

图 6-26 T 形梁不正确组装和焊接引起的扭曲变形

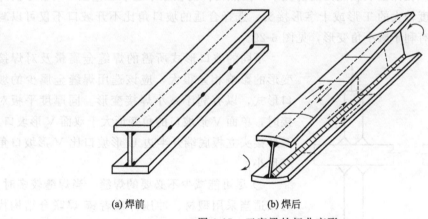

(a) 焊前   (b) 焊后

图 6-27 工字梁的扭曲变形

(6) 错边变形

在焊接过程中,两焊接件的热膨胀不一致,可能引起长度或厚度方向上的错边。对接边的热输入不平衡是造成焊接错边的主要原因。而热输入不平衡可能是由于:夹具一侧未将工件夹稳,使其导热相对于另一侧较慢 [图 6-28(a)];工件与夹具间一侧导热好而另一侧导热差 [图 6-28(b)];焊接热源偏离中心,使工件一侧的热输入大于另一侧 [图 6-28(c)];焊道两侧的热容量不同 [图 6-28(d)] 等。焊接件的两边刚度不同也会造成错边,因为刚度越大的焊接边的位移越小,造成两边在焊接中的位移不同步,从而产生错边。

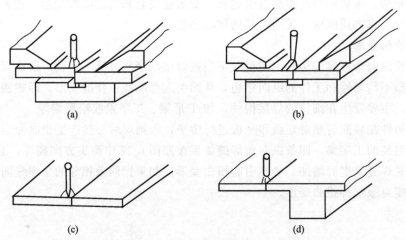

(a)　　　　　　　　　　(b)

(c)　　　　　　　　　　(d)

图 6-28　焊接过程中对接边的热输入不平衡的实例

6.2.3　防止焊接变形的措施

焊接变形主要与接头设计和焊接工艺有关，为了防止焊接残余变形，需从设计和工艺两方面来进行预防。

(1) 设计方面的预防措施

① 合理地选择焊缝的尺寸和形式　坡口尺寸对焊材消耗量、焊接工作量和焊接变形量有直接的影响。焊缝尺寸大，不仅焊材消耗量和焊接工作量大，而且焊接变形也大。所以在设计焊缝尺寸时应该在保证承载能力的前提下，按照构件的板厚来选取工艺上尽可能小的焊缝尺寸。对于拘束度较大的 T 形或十字形接头，选择合适的坡口角比不开坡口不仅可以减少焊缝金属，而且有利于减小角变形，见图 6-29。

不同的坡口形式所需的焊缝金属量及对焊接变形的影响相差很大，应该选用焊缝金属少的坡口形式，以有利于减小焊接变形。同厚度平板对接时，单面 V 形坡口的角变形大于双面 V 形坡口。T 形接头立板底端开半边 U 形坡口比 V 形坡口角变形小。

② 尽可能减少不必要的焊缝　当焊缝较多时，可以适当采用型材、冲压件或者铸-焊联合结构代替全焊接结构，以减少焊缝数量，提高构件的刚性和稳定性。适当增加壁板厚度，以减少肋板数量或者采用压型结构代替肋板结构，对防止薄板焊接结构的变形有利。

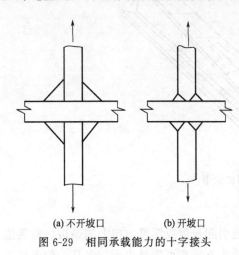

(a) 不开坡口　　　(b) 开坡口

图 6-29　相同承载能力的十字接头

③ 合理地安排焊缝的位置　尽量把焊缝安排在对称于截面中性轴的两侧，或者在结构截面的中性轴上及靠近中性轴，使得中性轴两侧的变形大小相等方向相反，起到相互抵消作用，以减少弯曲变形。

(2) 工艺方面的预防措施

① 反变形法　反变形法就是事先估计好结构变形的方向和大小，在装配时给予一个相

反方向的变形与焊接变形相抵消，使焊后构件保持设计要求。这是生产中最常用的方法。

为防止对接接头的角变形，可预先将焊接坡口处垫高［见图 6-30(a)］。电渣焊终焊端横向变形大于始焊端，可在安装定位时，使对缝的间缝下小上大［见图 6-30(b)］。为了防止工字梁的平板产生焊接角变形，可将平板预先反向压弯［见图 6-30(c)］。也可在焊接时加外力使之向反方向变形，但这种方法在加力处反变形效果较好，远离加外力处效果较差，甚至平板边缘产生波浪状变形。薄壁筒体对接从外侧单面焊时，易产生接头向内凹的变形（塌陷），可预先在对接边缘作出向外弯边的变形下进行焊接［见图 6-30(d)］，这样不但可以防止壳体变形，而且可减小焊接内应力。

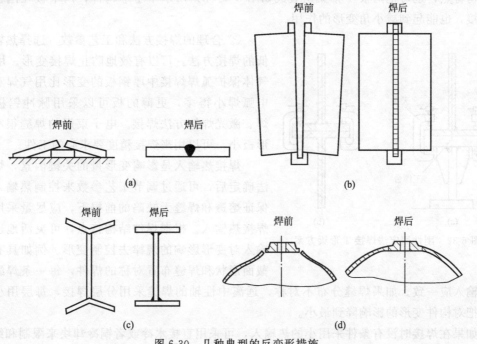

图 6-30　几种典型的反变形措施

在焊接梁、柱等细长构件时，如果焊缝不对称，焊后构件常发生较大的挠曲变形。预防这种变形，可以利用焊接胎具或夹具使焊件处在反向变形的条件下施焊，焊后松开胎夹具，焊件回弹后其形状和尺寸恰好达到技术要求。也可以使两根相同截面的构件"背靠背"地固定在一起（图 6-31），两端夹紧中间垫高，于是每根构件均处在反向弯曲情况下施焊。该转胎使施焊方便，而且还提高生产效率。

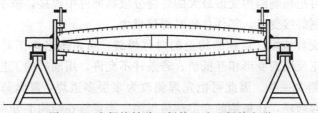

图 6-31　在焊接转胎上焊接以防止焊接变形

在运用反变形法的时候，要保证胎夹具有足够的刚性和强度，并防止松夹时回弹伤人。反变形量的控制最可靠的办法是用通常的焊接工艺参数，在自由状态下试焊，测出残余变形量。以此变形量作为反变形量的依据，结合焊件的反弹量作适当调整。使焊件反弹后的形状和尺寸能够满足焊件技术要求。

② 刚性固定法　刚性固定法是在没有反变形的情况下，将构件使用强行固定的方法或手段来预防构件的变形。这种方法的优点是夹固后可以自由施焊而不必考虑焊接顺序。缺点是只能一定程度上减小变形。因为去除夹固后，焊件仍有回弹的变形。所以若能刚性固定与反变形同时配合使用，效果最好。

这种方法用来防止角变形和波浪变形的效果较好。图 6-32 为刚性固定法焊接 T 形梁方案。把平板刚性固定到工作平台上进行焊接 [见图 6-32(a)]，可以减小角变形；根据 T 形梁结构特点，也可把两根 T 形梁组装成如图 6-32(b) 所示十字形构件，两平板在刚性夹紧下焊接，也能起到减小角变形的作用。

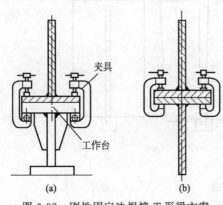

图 6-32　刚性固定法焊接 T 形梁方案

③ 合理的焊接方法和工艺参数　选择热输入较低的焊接方法，可以有效地防止焊接变形。用 CO_2 气体保护弧焊焊接中厚钢板的变形比用气焊和焊条电弧焊小得多，更薄的板可以采用脉冲钨极氩弧焊、激光焊等方法焊接。电子束焊的焊缝很窄，变形极小，可以用来焊接精度要求高的工件。

焊接热输入是影响变形量的关键因素，焊接方法确定后，可通过调节工艺参数来控制热输入。在保证熔透和焊缝无缺陷的前提下，应尽量采用小的焊接热输入。根据焊件结构特点，可灵活地运用热输入对变形影响的规律去控制变形。例如具有对称截面形状和焊缝布置对称的焊件，每一条焊缝时焊接热输入应一致。如果焊缝分布不对称，远离中性轴的焊缝采用分层焊接，每层用小热输入，把对构件变形的影响降到最小。

如果在焊接时没有条件采用小的热输入，可采用直接水冷或者铜冷却块来限制和缩小温度场的分布，达到减小焊接变形的目的。焊接淬硬性较高的材料应慎用。

④ 合理的装配和焊接顺序

a. 化整为零，集零为整　大型而复杂的焊接结构，只要条件允许，可分成若干个结构简单的部件，单独进行装配焊接，然后再总装成整体。这种"化整为零，集零为整"的装配焊接方案的优点是可减小部件的尺寸和刚性，可使不对称或收缩力较大的焊缝能自由收缩，并且利用反变形法、刚性固定法克服变形的可能性增加；需交叉对称施焊的焊件的翻身与变位也变得容易；而且可把影响结构变形最大的焊缝分散到部件中焊接，减小不利影响。所划分的部件应是易于控制焊接变形，部件总装时焊接量少。

b. 对称施焊与交替施焊　对称结构上的对称焊缝，可由多名焊工对称地用相同的工艺参数同时施焊，使正反两面变形相互抵消。若条件不允许，用同样的工艺参数施焊时，先焊侧的变形总比后焊侧大一些。因此可把先焊侧改为多层多道焊，降低每层（道）焊接热输入，再利用交替施焊顺序，让每侧的变形获得抵消。当焊缝在结构上分布不对称时，如果焊缝位于焊件中性轴两侧，可通过调节焊接热输入和交替施焊的顺序控制变形。如果焊缝位于中性轴一侧，施焊顺序不再起作用，可用减小焊接热输入或其他工艺措施去解决。

由两平板和一立板构成对称的工字梁，不能采取先焊成 T 字梁再焊成工字梁的装焊顺序，而应先组装成工字梁并点固后，再按一定顺序焊接四条角焊缝，见图 6-33。

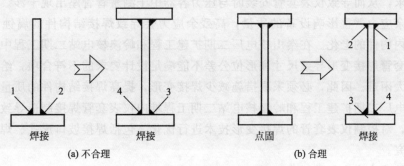

图 6-33 工字梁的装配与焊接顺序

图 6-34 为八角形拼板的装配焊接顺序。每一条径向焊缝均在下一条径向焊缝作点固之前，以分段退焊法 [见图 6-34(a)] 完成，这样使得每条径向焊缝的横向收缩不受拘束，对防止波浪变形极为重要。当焊缝横向收缩或纵向收缩引起其他变形，可在装焊下一块板之前用锤击焊缝等措施矫平。

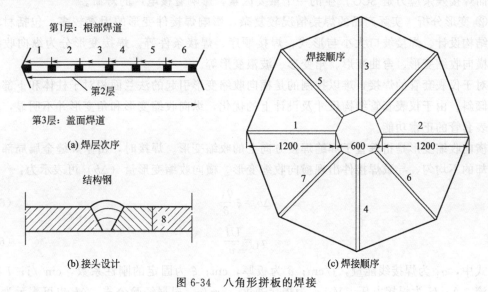

图 6-34 八角形拼板的焊接

6.3 防止焊接应力与变形实例

6.3.1 核电站反应堆堆内构件仪表套管焊接变形控制

堆内构件是反应堆压力容器内部除燃料组件及其相关组件、堆芯测量仪表及压力容器材料辐照监督管之外的所有其他结构件的总称，是重要的支承、定位和导向部件，属核安全等级 LS 级、质量保证分级 Q1 级、抗震类别 1I 类部件。百万千瓦级核反应堆堆内构件仪表套管共有 48 根（单纯的仪表导管 28 根，兼作支承柱的有 20 根），最大长度为 2662.8mm，壁厚分别约为 9.5mm 和 12.7mm。仪表套管的结构材料为 Z2CN19-10（控氮）奥氏体不锈钢（相当于国产牌号的 026Cr19Ni10N）。由于奥氏体不锈钢的热导率小（为碳钢的 1/2 左右）、线胀系数大（比碳钢大 50%），在自由状态下焊接时，易出现焊接变形，造成形位公差不能达到设计要求，从而导致仪表套管安装时与压力容器中子测量管管座出现干涉。

焊接残余应力严重影响设备的质量，高残余应力会导致焊接结构件的腐蚀、疲劳和断裂，加快堆内构件的老化。在秦山核电厂二期扩建工程和岭澳核电站二期工程中，曾出现堆内构件仪表套管焊接变形导致尺寸和形位公差不能满足设计要求的不符合项，给后续装配和安装带来很大困难。因此，必须采取措施减少焊接变形，提高焊接结构件的质量。本研究在吸取秦山核电厂二期扩建工程和岭澳核电站二期工程堆内仪表套管焊接制造导致变形经验教训的基础上，对控制仪表套管的焊接变形技术进行优化，包括焊接坡口形式、焊接工艺参数等方面的研究。

(1) 焊接残余应力与变形分析

① 残余应力　焊接时，随着温度的增加，屈服强度降低，热应力增加。热应力和塑性应变的不均匀分布导致焊接残余应力的出现，而焊接工艺和刚性固定情况直接影响焊接残余应力的分布。焊接残余应力与变形会导致焊接结构件的脆性断裂、疲劳和应力腐蚀开裂，还会降低结构件的弯曲强度。此外，应力腐蚀开裂（SCC）是压水堆核电厂一个重要的老化机理，而焊接残余应力是 SCC 产生的一个重要因素，影响着核电厂的寿命。

② 变形分析　实际产品的焊接情况较复杂，影响焊接件变形的因素较多，包括材料性能、结构设计、焊接坡口大小与形式、焊接顺序、焊接条件等。焊接变形分为纵向收缩变形、横向收缩变形、弯曲变形、角变形、波浪变形等。

对于仪表套管的焊接，难以控制的是横向收缩变形引起的法兰面相对于柱体和下部延长管的倾斜。由于仪表套管结构尺寸及设计上的优化，纵向收缩变形和角变形并不明显，不影响仪表套管的正常功能。

横向收缩变形是指垂直于焊缝焊接方向上的收缩变形。焊接时，由于焊缝金属局部加热与冷却的不均匀，导致焊接件出现横向收缩变形。横向收缩变形量（Δb）可表示为：

$$\Delta b = \xi \frac{q_1}{\delta} \tag{6-11}$$

$$q_1 = \frac{UI}{v} \tag{6-12}$$

式中，q_1 为焊接线能量，J/cm；δ 为板厚，cm；ξ 为固定的刚性系数，cm^3/J；I 为焊接电流，A；U 为焊接电压，V；v 为焊接速度，cm/s。根据经验公式，Δb 也可表示为：

$$\Delta b = 0.18 \frac{F_H}{\delta} \tag{6-13}$$

式中，F_H 为焊缝横截面积，mm^2。从式(6-11) 和式(6-13) 可以看出，横向收缩变形量与焊接线能量、板厚、板材两侧刚性固定情况以及焊缝截面积有关。

(2) 焊接残余应力与变形的防止措施

恰当的措施可以降低甚至消除焊接残余应力与变形对焊接结构件造成的影响。焊接变形可以从设计和工艺两个方面控制。如果设计上采取了防变形的措施，生产上再从工艺方面加以考量，会大大减少焊接变形。

① 设计措施

a. 减少焊缝的数量：焊接残余应力与变形很难避免，因此，在设备制造能力可以满足结构要求的情况下，结构设计尽可能减少焊缝的数量，以降低累积变形。

　　b.合理选择焊缝的尺寸和形式：焊缝尺寸直接影响焊接工作量和变形的大小，焊缝尺寸大，不但焊接量大，而且焊接变形也大。因此，在保证结构承载能力的前提下，设计时选用较小的焊缝尺寸（窄间隙坡口），以降低焊接热影响区的面积。此外，不同的坡口形式所造成的焊接残余应力也不同，在其他条件相同的情况下，U 形坡口以及 50°的 V 形坡口所造成的径向残余应力、横向残余应力和张力带最小。

　　c.合理安排焊缝的位置：设计时应选择对称截面的结构。焊缝对称布置，且焊缝的位置尽可能靠近刚度较大的部分（如法兰端），可以减小焊接产生的焊接变形；此外，焊缝的根部间隙大小也影响焊接变形，根部间隙越大，造成的横向收缩、轴向位移和法兰倾斜越大。

　　② 工艺措施　焊接工艺包括焊接接头形式、坡口加工和制备、工装夹具和衬板、焊前预热、层间温度和焊后热处理、焊接工艺参数、焊接位置、焊接顺序和检验等一系列操作。焊接工艺不仅影响焊接接头的性能，还对焊接件的质量（如焊接变形、各种焊接缺陷的形成以及焊接应力的分布等）产生一定影响。从焊接工艺上防止焊接变形主要有以下措施。

　　a.选择适当的施焊次序和方向：合理的施焊顺序和方向，可有效地降低焊接变形。对于管子对接焊，不同的焊接顺序和焊接起弧点影响焊后管子的圆柱度。焊接起弧点对筒体类设备的环向残余应力的影响较大，对于筒体外表面更是如此。焊接起弧点和熄弧点附近 −30°～30°区域管子的环向残余应力和轴向残余应力的变化梯度较大，且 350°位置处的环向和轴向残余拉应力达到最大值。

　　b.合理地选择焊接方法和规范：单位体积内的焊接热输入量是控制焊接残余应力以及防止焊接变形的最主要参数。焊接方法确定后，在满足焊接接头力学性能的前提下，选用焊接线能量较低的焊接方法，可有效防止焊接变形。在线能量一定的情况下，大电流快速焊比小电流慢速焊加热的集中程度更高，主作用区更窄，焊接变形会更小。对于多层多道焊，前几道焊接所造成的焊接变形较大，尤其是前 1/3 坡口，因此，初始几道的焊接热输入量应尽可能小，而为了提高焊接效率，后面几道的焊接可以采用较大的焊接热输入量。

　　c.反变形法：是指焊接之前，预先估计出焊接结构件变形的大小和方向，然后在装配时给予一个相反方向的变形以抵消焊接收缩变形，使焊接后的结构件满足设计要求。

　　d.刚性固定：给焊接结构件施加刚性工装夹具或支撑，以防止焊接变形。刚性固定约束会增大焊接残余应力，但同时也减少焊接结构件的焊接变形。一般而言，刚性固定没有反变形效果明显，但也能有效地防止焊接变形。此外，控制层间温度的波动范围以及控制最低预热温度和最高层间温度，通过增加振动时效实时消除焊接时的焊接应力也是控制焊接变形的重要手段。

(3) 堆内构件仪表套管的焊接

　　① 堆内构件仪表套管的设计要求　以百万千瓦级核电厂为例，堆内构件下腔室的结构如图 6-35 所示。出于装配的考虑，仪表套管（图 6-36、图 6-37）形位公差设计要求为：下法兰相对于上法兰端部的位置度不大于 $\phi 0.12mm$；下部延长管和下法兰的位置度不大于 $\phi 0.38mm$；上部延长管和上法兰的位置度不大于 $\phi 0.76mm$。对仪表套管和压力容器中子测量管管座还有装配要求（图 6-38），要求压力容器中子测量管管座的位置度不大于 $\phi 2mm$，一旦超差，将会给后续安装带来困难。

　　② 堆内构件仪表套管的焊接变形　由于结构、尺寸、材料和设计要求，导致堆内构件仪表套管在制造过程中较易出现焊接变形。秦山核电厂二期扩建工程仪表套管制造过程中，总共 36 根仪表套管，有 27 根位置度超差，其中下部延长管和下法兰的最大位置度达

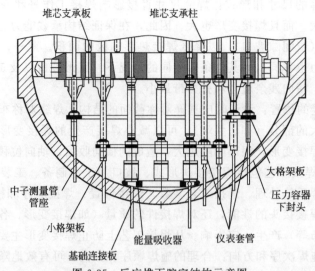

图 6-35 反应堆下腔室结构示意图

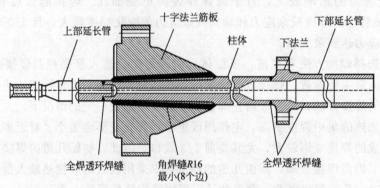

图 6-36 仪表套管Ⅱ、Ⅳ型焊缝示意图

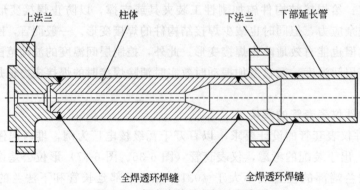

图 6-37 仪表套管Ⅲ型焊缝示意图

$\phi 2.3$mm（设计要求的位置度为 $\phi 0.38$mm）。压力容器中子测量管管座由于焊接变形导致位置度达到 $\phi 3.81$mm，超出设计要求的 $\phi 2$mm。而岭澳核电站二期的焊接变形量更大，压力容器中子测量管管座的位置度达到 $\phi 8$mm 以上，严重影响了后期的安装。

③ 仪表套管的焊接工艺　在参考其他核电项目堆内构件仪表套管焊接变形的基础上，

对百万千瓦级核电厂堆内构件仪表套管的焊接工艺进行了适当优化改进。

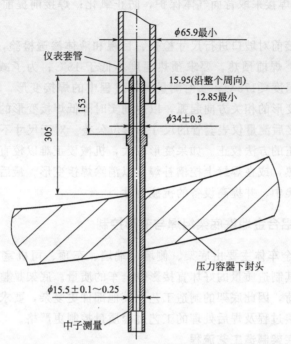

图 6-38　仪表套管与中子测量管管座装配示意图

a.坡口设计　综合考虑了接头强度、控制焊接变形因素以及焊接效率，仪表套管的焊接坡口采用图 6-39 所示的形式（图中单位为 mm）。另外，考虑到焊接后环向收缩变形导致的焊缝附近管径的内凹，在坡口附近约 15mm 范围内，适当加大内径、减少壁厚约 0.3mm，以弥补焊缝收缩造成的内凹。

b.焊接方法　由式(6-11)可知，焊接过程中焊接件所受热量越多，则受热的体积越大，焊接件变形的程度就越严重。综合考虑焊接线能量、被焊接件的焊接结构特征的影响，同时兼顾焊接效率以及工厂的实际经验，堆内构件仪表套管的焊接选择热丝钨极惰性气体保护焊（TIG 焊）。热丝 TIG 焊是一种高效的 TIG 焊方法，其焊接效率可达常规 TIG 焊效率的 3 倍以上，且具有电弧稳定、焊缝成形均匀和美观、性能优良等常规 TIG 焊的所有优点，克服了 TIG 焊容易产生气孔和未焊透等缺陷。此外，热丝 TIG 焊焊接速度快，降低了热输入量和熔池的过热度，减少了焊接热影响区的范围，有利于控制焊接变形。

c.焊接参数　由式(6-12)及分析可知，焊接线能量与焊接变形直接相关，且坡口前几道的焊接决定着焊接变形的程度。为此，仪表套管的焊接制定了阶梯的焊接参数，第 1 道的焊接电流较小（保证根部焊透即可），第 2 道的焊接电流适当加大约 10%，第 3 道再加大约 10%，之后的填充焊和盖面焊，电流再增大20%，以提高焊接效率。为了保证焊缝质量，

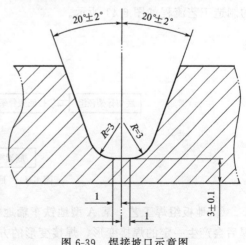

图 6-39　焊接坡口示意图

采取纯度为99.999%的热丝保护氩气(对TIG焊,采取了He+Ar的复合保护气体,以提高焊接速度);前3道焊接采取背面气体保护,防止氧化;焊接前提前送气,焊接后延长气体保护时间。

d.焊接工艺 焊接前对坡口进行尺寸检查、目视和液体渗透检验,清除坡口上的油渍、铁锈,保证坡口干燥;焊前预热,要求预热温度不低于15℃;为了减小热影响区的范围,焊接过程中控制层间温度≤175℃;实时测量焊接过程中的焊接变形,根据测量结果改变焊接起弧点,并在焊接变形的相关方向起弧,以达到实时降低焊接变形的目的。

e.焊接校正 焊接后测量仪表套管的尺寸和形位公差。对于尺寸不符合设计要求的仪表套管柱,采取机械校正的方法校正。如果变形较大,机械校正难以校直,采取在焊接变形相反的方向进行火焰加热,或在焊缝上挖槽补焊,以消除焊接变形。最后,对柱体进行喷砂处理,减少焊缝的应力集中,并提高设备的抗疲劳性。

6.3.2 全焊接A型铝合金地铁底架组焊与变形控制

某A型地铁铝合金车体主要由底架、侧墙、端墙、车顶、司机室五大部件组成。底架作为最重要的部件,其制造质量的好坏直接影响全车的质量。底架是整个车体的基准,主要承担着垂向、纵向载荷,因此底架的制造工艺比其他部件更复杂,要求更精,对焊缝的要求比其他部件更高,焊接过程及焊后处理的工艺过程质量控制更严格。

(1)铝合金车体底架制造工艺流程

底架主要由端梁、边梁、地板、牵枕缓、底架附件等主要部件组成,如图6-40所示。

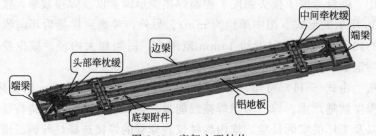

图6-40 底架主要结构

底架的长度、宽度、枕梁中心距、地板平面度等是衡量底架装配质量的重要指标。底架的制造工艺流程如图6-41所示。

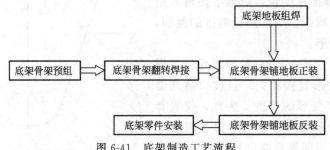

图6-41 底架制造工艺流程

① 地板组焊工艺 某A型地铁车辆地板由5块长大地板型材组装焊接而成。由于地板焊后会产生一定的焊接变形,焊接变形的方向主要为焊缝横向收缩,如何利用后一道焊缝收

缩应力与前一道焊缝的收缩应力相抵消是制定合理焊接顺序的依据，也是保证地板焊后平面度和直线度的关键。某 A 型地铁车辆地板组焊工艺流程如图 6-42 所示。

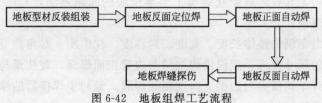

图 6-42　地板组焊工艺流程

利用真空吸盘按顺序将 5 块地板型材吊运至地板组焊工装上，型材组装完成后利用工装上的侧向压紧气缸将地板型材固定后，对地板反面的 4 道焊缝进行定位焊，定位焊焊接参数如表 6-3 所示，定位焊长度 70～80mm，间隔 750～800mm。

表 6-3　地板定位焊焊接参数

焊接方法	焊接电流 /A	电弧电压 /V	焊接速度 /(mm/s)	保护气体	电流种类与极性
131	212	23	10	99.999%Ar	DCEP(+)(直流反极性)

定位焊焊接完成后，将地板翻转到正面后，利用 IGM 双丝龙门自动焊机焊接地板正面的焊缝。IGM 双丝龙门自动焊机具有电子束激光焊缝跟踪系统，通过激光传感器反射焊缝坡口图像进行焊缝跟踪计算，跟踪精度高，可以解决机械传感器长时间使用而带来锁紧不牢靠和焊接变形，或其他不可抗因素引起轨迹改变等问题，更精准地满足了生产对焊接自动化效率和焊接质量的要求。

焊接过程中，采用图 6-43 的焊接顺序，由两侧向中心焊接，先焊接外侧两道焊缝①、④，后焊接中间两道焊缝②、③，这样两侧的第二道焊缝会抵消第一道的横向应力，如采用中心向两侧焊接，中心焊缝焊后向下变形，两侧焊接继续带动中心焊缝向下变形，就会形成"大锅底"状态。

图 6-43　地板正面自动焊焊接顺序（①～④为焊缝代号）

② 底架骨架预组工艺　底架骨架预组作为整个底架焊接的基础，它的扭曲、旁弯或不对称直接关系到后续工序的尺寸控制，最终影响整个底架的质量甚至后续的总成落车，因此，底架骨架预组显得尤为重要。底架骨架预组工艺主要完成牵枕缓、底架边梁、端梁的组装与定位，是将牵枕缓与边梁组装并初步焊接在一起的方法，底架骨架组焊工艺流程如图 6-44 所示。

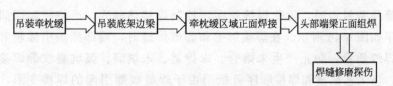

图 6-44　底架骨架组焊工艺流程

底架骨架组装时，通过牵枕缓上的空簧孔落入工装上的定位中心销中进行牵枕缓定位，底架边梁下底面和侧面紧贴在工装上的底面和侧面定位块上，并用一组侧向顶紧和压紧装置固定。组装过程中，尤其要注意牵枕缓与工装定位块的间隙须满足≤0.1mm，以防止焊后出现底架扭曲变形现象。

组装完成后，对车辆的整体长度、宽度、对称度、枕中距、对角差等进行测量，保证车辆的宽度满足设计的尺寸要求。定位段焊枕梁与边梁正面焊缝，对枕梁与边梁立向连接处焊缝进行打底焊，满焊车钩横梁与边梁立向连接处焊缝，经初步焊接后的牵枕缓和底架边梁共同组成了车辆底架骨架结构。

③ 底架骨架翻转焊接工艺 经预组后的底架骨架吊运至翻转变位器，翻转后进行枕梁与边梁反面焊缝及枕梁工艺孔密封板的焊接，底架骨架翻转焊接工艺流程如图6-45所示。

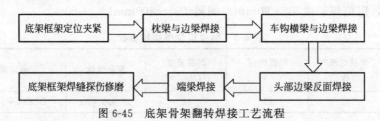

图 6-45 底架骨架翻转焊接工艺流程

由于此处的焊缝比较密集，焊后引起的横向收缩比较大，因此在焊前需要用工艺撑杆撑紧底架边梁，以防焊后横向收缩引起边梁扭曲变形。由于枕梁的板厚和边梁型材的板厚均＞8mm，所以在焊接此处的焊缝之前，根据焊接工艺要求还需对母材进行预热处理，避免气孔、裂纹等焊接缺陷的发生。枕梁与连接处的焊缝极为重要，其质量好坏直接关系到行车安全，因此在焊后需进行超声波探伤，确保内部无焊接缺陷。

④ 底架正、反装铺地板工艺 将机加工合格的地板吊运至焊好的底架骨架上，利用气动装置调整地板与底架边梁两侧的搭接量，确保两侧的搭接量一致。检查地板反面与牵枕缓车钩横梁、枕梁平面之间的间隙，确保地板反面与牵枕缓上平面贴严。测量车辆宽度、对角差等尺寸符合要求后，进行地板与底架边梁的焊接，由四人从车体中间向两端一位侧和二位侧同时对称焊接地板与边梁的长直焊缝。同样，将底架翻转变位后进行地板与边梁反面焊缝的焊接。

（2）铝合金车体底架焊接变形及控制措施

铝合金由于其本身的物理特性决定了其焊接的难点，铝合金焊接时常见的缺陷有气孔、裂纹、未熔合、未焊透、咬边、夹渣、烧穿及焊接变形等，其中如何控制焊接变形也成为铝合金最大的焊接难点。

① 底架边梁焊后扭曲变形 底架边梁与枕梁连接处焊缝相对集中，焊后出现了严重的焊缝收缩变形，导致此处的底架边梁内凹严重。为了保证底架宽度及边梁直线度，首先在骨架预组时预先对两枕梁处的车宽进行 3～4mm 工艺放量处理，同时在焊接枕梁工艺孔内部焊缝及密封板时，优化焊接顺序，控制焊接热输入，严格控制层间温度。优化后的焊接顺序如图6-46所示。在焊接第④和⑤道焊缝时，端部施加引弧板和收弧板，以保证端部的焊缝质量，防止产生未熔合、未焊透、未填满、弧坑裂纹等焊接缺陷。经过生产验证后，该工艺放量和焊接顺序可抵消由于焊缝收缩引起的焊接变形，保证了枕梁处底架的宽度尺寸。

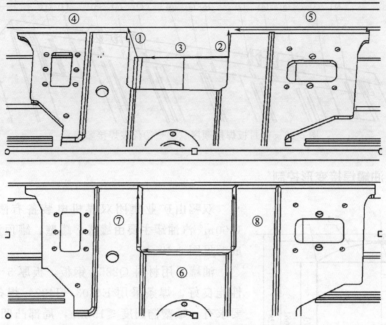

图 6-46　枕梁与边梁焊接顺序（④～⑧为焊缝代号）

对于底架边梁与地板连接为长直焊缝，如果采用连续的同一方向的焊接，势必会造成累积的焊接应力和变形，如果改成由中间向两端焊接，将可以使焊缝所产生的变形和应力相对较小；而且采用对称施焊，可以相互抵消一部分焊接变形，能够保证底架两侧的焊接变形基本一致，不会因为底架两侧或者两端的变形不一致而产生变形扭曲，切实有效地保证了焊后的边梁直线度。另外，在焊接前利用工艺撑杆撑紧底架边梁，也大大减少了焊接变形的发生。

② 底架端梁焊后扭曲变形　底架端梁的直线度和垂直度直接关系到两个车辆的连挂质量。在某 A 型地铁车辆中，尤其是头车的底架端梁质量更影响司机室能否和底架准确地连接，如何控制焊后底架端梁的直线度就成为亟待解决的难题之一。在生产过程中，对端梁采用反变形法，如图 6-47 所示。反变形法是在构件未焊前，先将构件预制成人为的变形，使其变形方向与焊接引起的变形相反，则焊后构件的变形和预制变形相互抵消，达到构件变形减小或消除焊接变形。在焊接端梁与地板的密封板时采用先段焊固定，后对槽焊进行对称焊接的方式，焊接顺序如图 6-48 所示。经过反变形和利用对称焊接的方法后，端梁的直线度得到了有效的保证。

图 6-47　底架端梁反变形

铝合金焊接变形与材料本身刚度、焊接结构是否合理、外加防止焊接变形约束力大小、焊接电流大小、焊接速度快慢、冷却方式等很多因素有关，任意改变其中一项则焊接变形随之改变。所以，焊接变形大小很难用理论公式计算出来，只能通过大量的焊接试验总结出经验数值及合理的焊接顺序来加以控制。

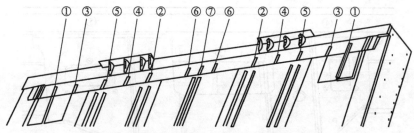

图 6-48　密封板焊接顺序（①～⑦代表焊接顺序）

6.3.3　大型油罐焊接变形控制

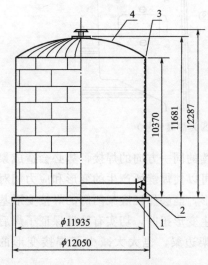

图 6-49　汽油罐主要部件结构示意图

1—地板；2—内浮盘；3—壁板；4—罐顶

双鸭山矿业集团双煤机电装备有限公司制造的 $1000m^3$ 汽油罐主要由罐底、罐壁、罐顶及内浮盘等组成，见图 6-49。

油罐采用材料 Q235F 钢板，板厚 5～6mm，焊接性能良好，焊条采用 E4303（J422）焊条。主要技术要求有：罐壁椭圆度≤15mm，局部凸凹≤10mm，罐壁全高垂直偏差≤30mm；拱形板径向≤10mm，纬向≤15mm；罐壁立焊缝错开间距≥500mm；局部凸凹度变形不得超过变形长度 1/50，且不得超过 50mm。如果组装和焊接顺序不当，易产生变形而超出标准，造成返工并浪费材料及工时。该公司在对罐体结构和对焊接变形分析的基础上，制定合理的焊接工艺，从而有效地控制和减少焊接变形。

（1）底板的组装与焊接

① 底板结构和变形分析　油罐底板底板直径为 12050mm，由边缘板和中幅板两大部分构成。中幅板由中央条板，南、北月板组成。边缘板由 8 块边板组成，见图 6-50。

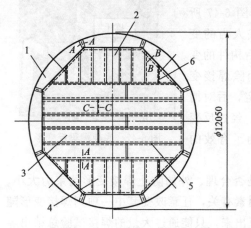

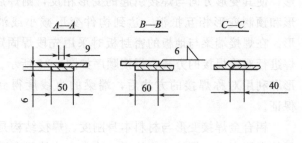

图 6-50　油罐底板结构示意图

1—边缘板；2—北月板；3—中央条板；4—南月板；5—纵向焊缝；6—横向焊缝

　　油罐底板由板厚 6mm 的 Q235F 钢板拼焊而成，由于是薄板结构，焊缝又比较密集，焊接时焊缝的纵向收缩和横向收缩很容易引起波浪变形。焊后最大变形的就是焊接壁板与底板连接的双面角焊缝，它的焊后收缩力很大，如果不能比较自由地收缩，就会引起较大的变形。如图 6-50 所示的底板结构留出了边缘板与中幅板之间八边形收缩圈焊缝，使边缘板与中幅板之间的收缩应力较容易控制，但必须正确控制装配与焊接顺序，使焊缝得到自由收缩，才能有效地控制和减少底板的变形。

　　② 组装工艺　在油罐基础上划出十字中心线，由中心向两侧铺设中幅板和边缘板，找正后用卡具固定，根据其间隙大小使用压杠或卡兰，使垫板紧贴在底板上，见图 6-51 和图 6-52。用卡具固定有利于焊缝的自由收缩，这样可有效地控制焊接变形。定位焊时焊接电流比施焊时高些。焊缝装配间隙控制在 7～9mm，见图 6-53。

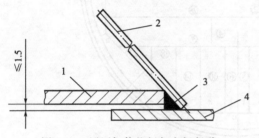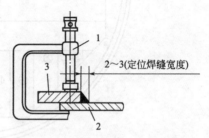

图 6-51　用压杠使垫板与底板紧贴　　　　图 6-52　用卡兰使垫板与底板紧贴
1—垫板；2—压杠；3—工艺定位焊；4—底板　　　1—卡兰；2—底板；3—垫板

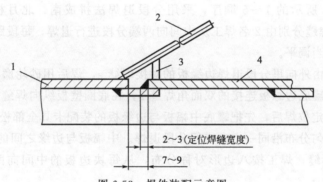

图 6-53　焊件装配示意图
1—底板；2—压杠；3—活动垫板；4—底板

　　③ 焊接工艺　底板焊接采用 BX-300 型焊条电弧焊机，焊条是 E4303。底板焊缝为多层双道焊，要保证根部焊透，第一层打底，焊条直径 3.2mm，焊接电流 110～140A，电弧电压 20～24V，焊接速度 8～10m/h；第二层以上，焊条直径 4mm，焊接电流 150～180A，电弧电压 22～25V，焊接速度 8～12m/h。为减少底板的拘束度，使焊缝有最大限度的收缩余地，控制底板的拱起变形，底板施焊顺序见图 6-54。在焊每一条焊缝之前，先对焊缝点焊定位，然后施焊，并逐步拆除卡具。首先焊接横向焊缝，施焊顺序由中间向外依次焊接，然后焊接纵向焊缝。

　　避免对焊缝加热时间过长，采用分段退焊以达到减少结构总体变形的目的。长纵缝由两人焊接，采取分段退焊法，焊段长度 400mm。中幅板的焊接，原则是以小拼大。中央条板横向焊缝由 5 名焊工采用分段退焊法同时施焊；南、北月板横向焊缝的焊接，由 4 名焊工同

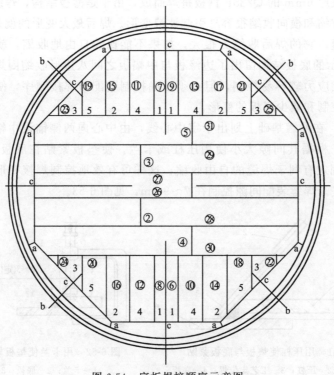

图 6-54　底板焊接顺序示意图

时施焊，按图 6-54 所示的 1～5 顺序，采用分段退焊法拼成南、北月板；六条纵向焊缝（㉖～㉛）的每条焊缝分别由 2 名焊工从中间向两端分段进行退焊，每段距离为 400mm。拼成中幅板后进行适当调平。

焊工对称分布由外向里分段退焊边缘板的对接焊缝 a，焊后用砂轮磨平与罐壁连接处的焊缝。底圈壁板与罐底边缘板连接的双面角焊缝 b，在底圈壁板纵向焊缝焊完后施焊。底圈壁板用卡具找正和定位焊后，先把罐底中幅板与边缘板的装配卡具全部松开，然后按先内后外的顺序，焊工均匀分布沿同一方向进行分段退焊。中幅板与边缘之间的收缩圈焊缝 c，是底板的最后一条焊缝，焊工按八边形对称分布，从每块边板的中间向两端进行逆向分段跳焊。

（2）筒体组装与焊接

① 筒体结构和变形原因分析　筒体结构见图 6-55。筒体内径 11935mm，筒体高度为 10370mm，最下边一节筒壁厚 6mm，其余节筒壁厚 5mm。筒壁展开长为 37514mm。

由于焊接顺序不当往往会引起波浪变形。采取先焊横向焊缝再焊纵向焊缝的焊接顺序来减少变形。如果先焊所有纵向焊缝后就必然把所有横向焊缝的装配间隙刚性地固定了，待焊接横向焊缝时就没有收缩的可能，于是产生较大的内应力，引起波浪变形。严重时在焊接处可能产生裂纹。所以必须正确地控制装配与焊接顺序，使得焊缝得到自由收缩，才能有效地控制壁板的变形。

② 组装工艺　筒节现场立式分片组装，采用综采液压支柱顶升，利用倒装法顺序，先组装 1 号壁板，后进行焊接；依次类推 2 号～10 号筒体组装完毕（见图 6-55）。对接接头间隙≤2mm，上、下节筒节的横缝错开≥500mm，装配时要保证筒体的垂直度。在保证焊缝

错开条件下，焊缝应对称布置。组装一节焊一节，有利于焊缝的自由收缩，可以控制焊接变形。

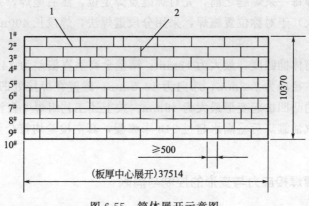

图 6-55　筒体展开示意图

1—纵焊缝；2—横焊缝

③ 焊接工艺　为保证筒体的技术要求，焊接步骤如下：首先焊接筒体的立缝（横缝），施焊时由双人（或多人）于对称位置施焊，然后焊筒体与罐顶的水平角焊缝，仰角焊缝，对称施焊，焊段长 400mm；再焊筒体环缝，对称施焊见图 6-56，焊段长 400mm。最后焊接底板与筒体的 T 形角焊缝，对称施焊，焊段长 400mm。

(3) 罐顶的组装与焊接

① 罐顶结构和变形原因分析　罐顶结构见图 6-49。顶板瓜皮块见图 6-57。罐顶直径 11905mm，高 1299mm，罐顶弧度半径 $R=14286$mm，它由中心顶板和顶板块组成。顶板由 36 块顶板瓜皮组成。

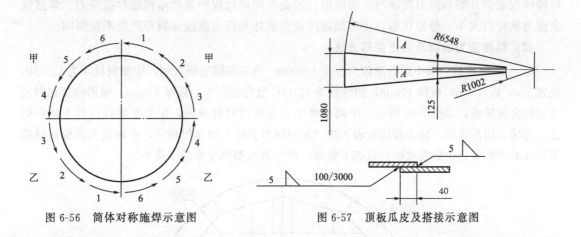

图 6-56　筒体对称施焊示意图　　　　图 6-57　顶板瓜皮及搭接示意图

罐顶顶板由板厚 5mm 的 Q235F 钢板拼焊而成，由于是薄板结构，焊缝上下密度不同，越靠近中心顶板焊缝越密集，焊接时焊缝上下收缩不同很容易引起波浪变形。焊后最大变形的就是焊接顶板瓜皮块与包边角钢连接的角焊缝，它的焊后收缩力很大，在高度方向上保证自由收缩，即可消除较大的波浪变形，保证在 ±50mm 内，可以达到设计要求。

② 组装工艺　在包边角钢上安装罐顶组装胎具。顶板块分块铺在胎具上，顶板块搭接时，根据其间隙大小使用压杠，使顶板块紧贴在一起。

③ 焊接工艺　焊条及焊机牌号同底板焊接。焊接参数：焊条直径 4.0mm，焊接电流 80～140A，电弧电压 18～24V，焊接速度 5～10m/h；焊角高度 5mm。施焊顺序是控制焊接变形的关键。在焊每一条焊缝之前，先对焊缝点焊定位，然后施焊，并逐步拆除胎具。施焊时由双人（或多人）于对称位置施焊，采用分段退焊法，焊段长 400mm。

(4) 焊后检验

用钢盘尺测量筒体椭圆度，最大为 13mm；罐壁全高垂直偏差为 24mm；拱形板用弧形局部样板测凹凸度，径向为 7.8mm，纬向为 13.5mm；罐壁在焊接处凹凸度为 7.8mm；用长平钢尺检测底板的凸凹拱起变形最大为 46mm。按上述工艺组焊 4 台汽油罐，焊后检验完全符合设计要求。汽油罐焊后盛满水超过 24h 未渗漏，真空检验均符合要求，达到一次焊接成功。

6.3.4　大中型储罐焊接应力与变形的控制与消除

近几年中国经济发展很快，制造安装行业发展更是迅速，焊接作为制造安装行业的支柱，在行业中就显现出不可替代的地位。但是随之而来的焊接缺陷和焊接应力导致的一系列问题，如应力变形、裂纹、气孔、夹渣等也迫切需要解决。

(1) 焊接应力及变形的产生

储罐拼装焊接过程会产生大量的残余应力，它是由于焊接使不均匀的温度场造成的拉应力达到材料的屈服极限，使局部区域产生塑性变形，当温度回到原始的均匀状态后，拉应力仍然残留在整个结构中造成的，故称残余应力。这种拉应力在不同区域、不同板厚、不同深度处不尽相同，因而产生变形。所以在焊缝的不同位置产生的应力不同。不同的焊缝所处的位置、外部环境不同，高温下体积膨胀量受到约束，冷却后塑性变形也不同，残余应力也不同，这种在焊缝不同位置产生应力分布不均匀会导致应力集中。应力集中是产生焊接变形、焊接接头疲劳开裂和应力腐蚀的主要原因，因此在焊接过程中要严格控制焊接应力。焊接残余应力的峰值大小、分布状态直接对储罐的疲劳破坏和应力腐蚀开裂等产生不良影响。

(2) 焊接应力消除及防止变形方法

① 合理的排板　以中国石油四川石化 10000m³ 汽油储罐底板为例，中幅板材质为 Q235B，板宽 2m，板长 8m，板厚 10mm；边缘板为 Q345R 低合金钢板，板厚 11mm。根据到货材料尺寸进行合理排板，如图 6-58 所示，中幅板由中心向四周对称排列，便于在焊接过程中均布焊工、等速、同步施焊，减小焊接变形。按"先短缝后长缝"的施焊程序，中幅板大部分接缝都可以在处于相对自由膨胀收缩的状态下施焊，使中幅板整体变形趋于最小。

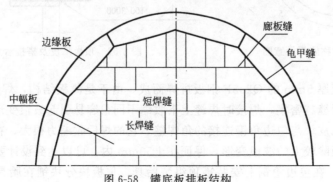

图 6-58　罐底板排板结构

②　焊接方法的选择　由于焊接加热过程的局部性，瞬时性和移动性，焊接应力引起的焊接变形是必然存在的。要控制焊接变形的大小，就必须找出它的主要影响因素，分析变形的方向、变形的量值和变形的规律，通过选择恰当的焊接工艺方法，编制合适的焊接工艺规程，使焊接应力应变趋于最小，且易于消除。半自动 CO_2 保护焊工艺，由于其焊接坡口角度小，焊缝截面积小，焊接线能量小和焊接速度快等优点，已被大量用于大型储罐罐底板的焊接上。通过表 6-4 焊道收缩量系数 k，可知，CO_2 气体保护焊热输入要比焊条电弧焊要小得多，其收缩量也小得多，因此，焊后变形量较小。

表 6-4　焊接方法与焊道收缩量系数 k

焊道收缩量系数	手工电弧焊	CO_2 保护焊	埋弧焊
k	0.052	0.043	0.074

通过可行性分析和焊接工艺评定等综合论证：罐底板焊接采用半自动 CO_2 保护焊工艺，同时兼有焊条电弧焊的灵活性和埋弧自动焊的高效性，又避免了焊条电弧焊焊缝成形系数大、效率低、变形大，埋弧焊线能量大、变形大的特点。半自动 CO_2 保护焊的焊接工工艺参数见表 6-5。

表 6-5　半自动 CO_2 气体保护焊工艺参数

焊接方法	焊丝 型号	焊丝直径 /mm	极性	焊接电流 /A	焊接电压 /V	焊接速度 /(cm/min)	线能量 /(kJ/cm)
半自动 CO_2 保护焊	ER50-6	φ1.2	反接	130～180	18～24	13～18	16.449

③　焊接施工过程控制　为减少对焊件的加热程度、减少加热范围、降低应力，以间断焊的方法进行焊接。在罐底板的焊接过程中，应始终遵循以下的焊接原则：先焊短焊缝，后焊中长焊缝，然后焊接通长焊缝（即廊板缝），预留收缩缝（即龟甲缝），待罐底大角焊缝焊接完毕再进行收缩缝的焊接。焊工均匀分布，对称同时同步，分段跳焊退焊。跳焊是为了让前面的焊缝冷却到一定温度以下，使焊缝附近的金属始终处于"冷态"中，可以减少焊接应力。

中幅板焊缝焊接前，沿焊缝长度方向进行刚性固定以及在所有焊缝两端加防翘曲的垫板，能有效地减小中幅板焊接后的波浪变形。另外，焊接每条焊缝之前，每隔 3m，垂直于焊缝方向用长度约为 800mm 的背杠进行加固，待整条焊缝全部焊完并彻底冷却后拆除背杠，该措施也能有效地减小中幅板焊接后的波浪变形。中幅板短焊缝由两名焊工从中间到两边同时同步对称施焊，长焊缝由多名焊工从中间到两边同时同步对称施焊。根层应采用分段跳焊退焊法，面层应采用分段退焊法，层间接头至少错开 5cm。所有横焊缝与长焊缝的 T形焊缝必须留有 200mm 的"预留收缩缝"，待纵向长缝焊完后施焊。具体如图 6-59 所示。

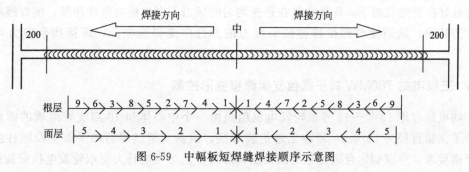

图 6-59　中幅板短焊缝焊接顺序示意图

另外利用刚性固定法工艺措施，可以有效地减少焊接变形。在焊缝两侧用夹具压紧固定，防止波浪变形。

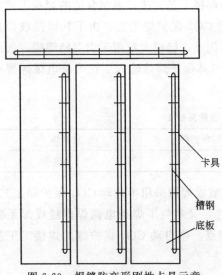

图 6-60　焊缝防变形刚性卡具示意

中幅板每条焊缝焊接前，沿焊缝长度方向用 8m 长的 $12^{\#}$ 工字钢进行加固，如图 6-60 所示，待焊接完毕拆除。CO_2 电弧焊打底的起始点距丁字缝 500mm，此部分暂不焊，待大角焊缝焊后、焊接龟甲缝之前完成。

中幅板与边缘板间丁字焊缝先不焊接，待龟甲缝焊接时一并焊接。边缘板对接焊缝在罐壁板组装前先焊接 300mm，然后按 100%RT 进行探伤，达到 NB/T 47013.2—2015 Ⅱ 级为合格。边缘板对接焊缝施焊前采用龙门架加固，如图 6-61 所示，焊前施焊部位应预热至 100℃，控制道间温度，焊后保温。

边缘板对接焊缝其余部位的焊接待第 1 圈与第 2 圈壁板环缝焊接完毕及大角缝内外焊接完毕再焊。龟甲缝焊接是底板焊接的最后一道工序，中幅板与边缘板之间的龟甲缝焊后收缩严重，因此在第 1 圈与第 2 圈壁板环缝焊接完毕及大角缝内外焊完前不可点焊，使其处于自由状态，龟甲缝焊接时采取加固措施，然后均布焊工、等速、同步施焊、隔段跳焊。

罐底与罐壁连接的角焊缝应在底圈壁板纵缝焊完后施焊，由数名焊工从罐内、外沿同一方向分段焊接，初层焊道采用分段退焊。根据储罐的受力条件，边缘板与壁板的角缝采用不对称 X 形坡口（外大内小）。由于壁板与底板的连接是 T

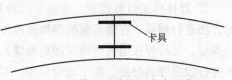

图 6-61　边缘板对接缝固定卡具位置

形角焊缝，且两侧不对称，温度分布也不均匀，熔化金属沿板两侧收缩不一致，易引起角变形，因此在罐壁板就位后，须在罐内侧设置若干个斜撑（间距 1m 为宜），用以控制因内外角缝焊接造成的角变形对垂直度的影响。焊接时内外侧宜均匀布置数量相同的焊工同向等速焊接，内外焊工应错开，防止热输入集中，每名焊工在其范围内多层焊接，初层采用分段退焊。倒装法安装时，应在封口板处用手拉葫芦拉紧，使壁板紧贴上一圈板，可大大减少壁板的不圆度和焊接时产生的变形。

④ 焊后消应力控制措施　用手锤和风锤敲击焊缝金属，减小焊接应力，敲击时必须均匀，且最好在受热状态下，焊缝金属在迅速均匀的锤击下产生横向塑性伸展，使焊缝收缩得到一定的补偿，从而使该部位拉伸残余应力的弹性应变得到松弛，焊接残余应力可部分消除。

6.3.5　三峡电站 700MW 转子圆盘支架焊接变形控制

三峡电站右岸 15 号～18 号水轮发电机组是由一个中心体和 10 瓣支臂组成的圆盘式结构。转子支架直径为 16.6m，须在工地组装焊接。圆盘支架组焊后的平面度及圆柱度公差都有严格要求，所以制定合理可靠的圆盘支架焊接工艺为当前特大型水轮发电机安装施工中迫切需要解决的技术难题。圆盘转子支架的现场焊接一直是水轮发电机组安装中大型部件焊接的重要技术难点之一。葛洲坝集团机电建设有限公司马献成研究分析了圆盘支架的现场焊接工艺。

发电机转子支架的材质为Q345，转子中心体通过环向和立向焊缝与各支臂连接，支臂之间通过径向焊缝连接。支臂的板厚从25～70mm不等，中心体板厚50～90mm，焊接工作量大，且焊缝内部质量要求高。转子支架组装焊接后对转子中心体平面度、立筋绝对半径、弦长、立筋垂直度、下闸板平面度及至中心体法兰面的高差等几何尺寸精度要求高。圆盘支架焊接后既要保证结构强度，又要控制各主要部位的几何尺寸精度，因此采取合理的焊接工艺，控制焊接变形及焊缝质量是转子圆盘支架焊接施工的关键。

（1）水轮发电机转子圆盘支架焊接程序分析及改进

① 圆盘支架一般焊接程序　近20年来，我国大型水电站的转子支架结构由过去支腿式或盒形支臂的组合转子支架改变为圆盘式支架，如图6-62所示，大型圆盘支架须分解成中心体和若干扇形分瓣，在工地组合成整体后再焊接。各水电站圆盘转子支架焊接顺序不尽相同，一般有以下三种方案。

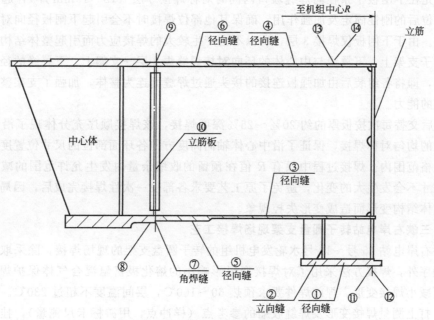

图6-62　转子圆盘支架焊接结构示意图

a.方案一：中心体与支架腹板立焊缝焊接→环板径向缝焊接→环板与中心体环向焊缝焊接→挡风板角焊缝焊接→加强板焊接→立筋垫板或副立筋焊接；

b.方案二：上、下环板环向焊缝的对称焊接→上、下环板径向焊缝焊接→下闸板径向焊缝焊接→中心体与支臂腹板立焊缝焊接→挡风板角焊缝焊接；

c.方案三：制动环座板的对接径向焊缝焊接→制动环座板加强环板的对接立缝焊接→上、下环板的径向对接焊缝焊接→上、下环板与中心体的环向对接焊缝焊接→下环板与中心体的连接角焊缝焊接→中心体与支架腹板立焊缝焊接。

以上三种焊接方案均要求将上一部位的焊缝全部一次性焊完后，再一次性焊完下一部位的全部焊缝，直至整个圆盘转子支架各部位所有焊缝焊完。由于各部位的焊缝填充量都较大，任一部位的焊缝采取一次性焊完的方案均不可避免地引起转子支架整体的变形。按以往的焊接三种方案，无论采取先焊哪一部位，后焊哪一部位，圆盘转子支架的整体各部位尺寸都会发生较大变化，施焊过程中要根据变形情况采取各种手段，包括需要调整焊接顺序来控制尺寸，变形控制调整难度很大，且以上三种方案已不适合三峡电站 700MW 这类大型转子圆盘支架的现场焊接尺寸精度要求。

② 三峡右岸转子圆盘支架焊接工艺的改进　针对三峡大直径转子圆盘支架结构特点和现场组焊后尺寸精度要求，为更有利于保证控制焊接变形，三峡大直径、大厚板转子圆盘支架的焊接工艺为：座板径向对接焊缝（焊缝①）焊接至板厚 25% 深度→支架上、下翼缘与中心体的环向对接焊缝（焊缝⑧、⑨）焊接至板厚 25% 深度（上、下同时对称焊接）→支架上、下翼缘的径向对接焊缝（焊缝③～⑥）焊接至板厚 25% 深度→根据测量的尺寸数据反复对前面 3 组焊缝，按每次焊接板厚 20%～25% 深度进行交替焊接直至完成→挂钩加强环板的对接立焊缝（焊缝②）焊接→支架下翼缘与中心体的环向角焊缝（焊缝⑦）焊接→中心体与支架腹板的连接角焊缝（焊缝⑩）焊接→挡风环（焊缝⑪～⑭）焊接。本工艺拟定的焊接顺序具有如下优点：

a. 首先在下闸板十条径向焊缝坡口内同时对称焊接 3 层（12～15mm 厚），起到对下闸板组装定位后的刚性固定及加强作用，确保其他部位焊接时不会引起下闸板径向对接缝处错边或位移。由于下闸板仅焊接 3 层，所以不会产生较大的焊接应力而引起整体结构的变形。

b. 转子支架上、下翼缘与中心体的环向对接焊缝焊 3 层→支架上、下翼缘的径向对接焊缝焊 3 层，即将各组装后由加强板连接的接头通过焊缝而连为整体，加强了支架整体的刚度与抗变形的能力。

c. 然后交替每次按板厚的约 20%～25% 深度焊接，该焊接顺序充分体现了沿中心体各环面部位的均匀对称焊接，保证了沿中心体轴向高度方向各环面部位的尺寸位置度公差始终控制在合格范围内。焊接过程中只有 R 值在预留的收缩余量内发生允许范围的减小，而其他控制尺寸不会发生大的变化，避免了原工艺要求各部位一次性焊接完成后，因局部应力过大引起整体结构变形而造成变形失控现象。

(2) 三峡右岸电站转子圆盘支架现场焊接工艺

三峡右岸电站 15 号～18 号水轮发电机组的转子圆盘支架的现场焊接，除采取了新改进的焊接程序外，焊接方法采用了对焊接变形影响小的熔化极富氩混合气体保护焊（MAG）方法，可减小焊接变形。焊前焊件要求预热 60～100℃，层间温度不超过 230℃。焊前在焊缝两侧，打上测量焊接变形及焊缝收缩的参考点（样冲点，用游标卡尺测量），挂钩的上翘可在其底部装百分表监测或在焊缝两侧基础板上各立一基准样点，然后在基准物和座板上分别打上样点，用千分尺测出两点之间的值，作为后续焊接控制变形的基准。为减小焊接变形，正式焊接前，在焊缝位置加 U 形加固搭板，在焊接 U 形搭板时，先焊接完一侧，冷却后焊接另一侧。除整体焊接程序按改进的工艺方案外，各部位在分步焊接时尚须遵循以下工艺要求：

① 制动闸闸板径向对接缝焊接　闸板的座板组装时，要控制好闸板的错边及平面度，并用定位板固定。此焊缝共计 10 条，母材板厚为 90mm，X 形坡口，焊缝沿圆周方向对称分布。先平焊至坡口一定深度，且＞12mm。背缝清根后，打磨至露出金属光泽，做 PT 检验合格后才能开始焊接。合缝块刨除后作相同的工艺处理，合缝块处焊缝段深度也焊至 12mm。焊接时，随时监测焊接变形情况。

② 翼缘与中心体环对接焊缝及翼缘径向对接焊缝的焊接 转子支架上、下翼缘与中心体的环向对接焊缝（焊缝⑧、⑨）为 V 形坡口，板厚分别为 50mm、70mm。将每条焊缝分成 20 段，沿圆周对称分布，上、下同步对称焊接。转子支架上、下翼缘与中心体的环向对接焊缝焊接 3 层，然后在支架上、下翼缘的径向对接焊缝焊 3 层，即将组装后由加强板连接的接头通过焊缝连为整体，加强支架整体的刚度与抗变形的能力。为减少焊后残余应力和焊接变形，转子支架每一大段焊区焊缝要求逐层采用分段退步焊多层多道焊。为控制支臂的平面度，在整个焊接过程中要求逐道跳焊焊接。

支架支臂的径向对接焊缝的（焊缝③、④、⑤、⑥）平面分布图如图 6-63 所示。此焊缝上下各有 10 条，（焊缝③、④）为单面 V 形坡口，（焊缝⑤、⑥）为 X 形坡口，沿圆周对称分布施焊，且要求上、下对称同步焊接。焊接过程中，要严格控制支臂翼缘板的波浪度。

③ 挂钩加强环板的对接立焊缝 此焊缝（焊缝②）共计 10 条焊缝，母材板厚为 25mm，X 形坡口，沿圆周方向对称分布施焊。此焊缝的焊接收缩对闸板的平面度及中心体下法兰到闸板的高差将产生影响。焊接时，可通过分段、单道的方法来控制其焊接收缩。

④ 支臂下翼缘板与中心体的角焊缝 此焊缝（焊缝⑦）焊角 $K=20mm$，整条焊缝分成 20 段，焊缝沿圆周对称分布，同步焊接，均采用分段退步焊。

⑤ 支臂腹板与中心体连接的立向贴角焊缝 此焊缝（焊缝⑩）每个支臂有两块腹板，故此焊缝共计 40 条。沿圆周对称分布，以分段退步焊同步焊接，焊角 $K=12mm$。每一支臂腹板处的焊缝焊接顺序如图 6-64 所示，先焊完图中所示的焊缝 a、c，待腹板处焊缝 a、c 焊完、并完全冷却后，按图所示焊接焊缝 b、d 直至焊完。

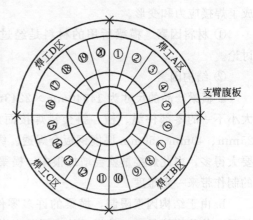

图 6-63 转子支架焊缝平面分布图

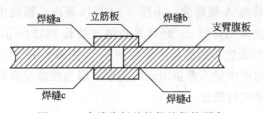

图 6-64 支臂腹板处的焊缝焊接顺序

⑥ 上、下挡风板焊接 此焊缝（焊缝⑪、⑫、⑬、⑭）均为环向贴角焊缝，焊脚 $K=8mm$。以支臂腹板为界，焊缝分成 10 段焊接，每组焊接 5 段，沿圆周对称分布施焊。

对转子支架整体应对焊前、焊接过程各阶段的变形进行实时监控，变形监测是控制整个圆盘转子支架焊接变形的重要环节。焊接过程中，出现焊接变形过大时，应立即分析产生的原因，采取相应的对策，例如调整焊接顺序、改变焊接参数、焊接方向、跳焊顺序、焊工人数，控制焊接热输入，控制层间温度及采取消应等措施。三峡右岸电站 15 号～18 号水轮发电机组的转子圆盘支架按以上工艺现场焊接均取得满意结果，焊后经检验各控制尺寸均满足设计要求。

6.3.6 大型复杂构件的焊接应力与变形控制

国家重点发展装备制造业、核电、风电、航空航天等高端产业，这些产业的发展离不开大型、超大型的加工设备。在加工设备向大型、重型发展的过程中，其复杂部件逐渐由铸锻件向焊接件转变，这样既降低了生产成本、减小了制造难度，又提高了产品性能。然而大型加工设备的焊接部件都对焊接质量有着严格的要求。焊接结构件的好坏直接影响着机床加工精度和产品质量。其中最重要的一项影响因素就是焊接应力与变形。而焊接变形主要是由焊接应力的释放所导致的。在机床零部件的焊接结构中，控制好部件的应力与变形，对保证产品的质量起着至关重要的作用。下面以数控双柱立式车铣复合机床（加工直径10m，加工高度5m）的焊接部件横梁为研究对象，通过对焊接部件横梁的变形控制研究，分析大型、复杂焊接结构件焊接应力与变形控制的工艺措施。

（1）横梁焊接应力及变形控制的重点和难点分析

焊接时的局部不均匀热输入是产生焊接应力与变形的决定因素。热输入是通过材料因素、制造因素、结构因素所构成的内拘束度和外拘束度而影响热源周围的金属运动，最终形成了焊接应力和变形。

① 材料因素　横梁所用的材料是经过设计者严格计算所确定的，在生产工艺上不作讨论。

② 结构因素

a.横梁产品的尺寸为14940mm×2243mm×1553mm，自身质量78012kg，共由227块大小不一的零部件纵、横、斜交错焊接而成，零件厚度范围为16～180mm，大部分采用25mm、40mm、50mm厚度钢板全焊透。纵、横、斜腹板的密度相对一般焊接构件的密度要大得多，由此焊接量就会增加很多，横梁内部就会产生较大的内、外拘束应力，这给横梁的制作带来一定难度。

b.由于结构因素限制，横梁的许多零件只能采取单侧坡口全焊透方式焊接，这无疑增加了1倍的焊接量，工件焊后的变形随之增加，并且加剧了局部热输入的不均匀。

c.接头方式大部分采用T形接头或十字形接头，在接头部位由于受力线扭曲，因而发生应力集中现象，并且给分析焊接后横梁的受力情况带来困难，使判断横梁变形趋势的难度增加。

d.横梁两端部长度较长（近3000mm），且刚性较小。最薄弱处厚度不足300mm，如图6-65所示。图中a为横梁端部A侧的焊缝，b为横梁端部B侧的焊缝，可以明显看出两侧的焊缝分布明显不对称，焊后很容易出现两端向A侧弯曲。由图6-66可以看出，横梁中间箱体两侧的焊缝也存在着不对称，D侧比C侧多出焊缝d。经计算焊缝d共长21284mm，并且是双面焊缝。中间箱体部分焊后有向D侧弯曲变形的趋势。综合图6-65和图6-66的分析，横梁的最终变形可能出现扭曲，这是焊接构件中最不希望出现的变形；因为扭曲变形是对焊接构件危害最大的一种变形之一，并且很难进行矫正。

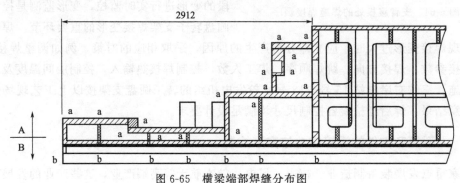

图6-65　横梁端部焊缝分布图

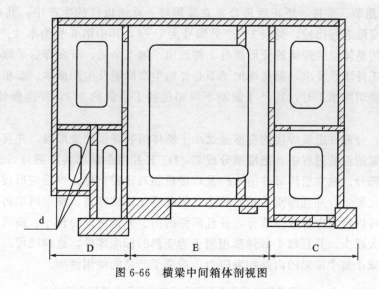

图 6-66　横梁中间箱体剖视图

③ 制造因素

a. 由以上的结构分析可知，产品尺寸和质量较大。制作比较困难，工件不能自由翻转而对每条焊缝采取相同的焊接位置，所以在焊接时可能采用平焊、立焊或者横焊等不同位置的焊接，这样就造成不同位置的焊接热输入不同。

b. 考虑生产成本和生产效率因素，横梁零件下料及坡口均采用火焰切割，存在工件变形及坡口不均匀现象，并且横梁的许多零件尺寸较大，所以在横梁的零件组装过程中，在局部不可避免地存在较大的装配间隙，以及坡口不均匀导致的焊接热量不均匀，从而增加了焊接的收缩量，致使应力增大、变形增大。

c. 采取分部件组装时，每个部件焊接完成后，都有一定的变形，在部件总体合拢组装的过程中必然产生较大的装配间隙，并且装配间隙大小不均匀，致使焊接热输入不均匀。

d. 本产品为精密数控机床的部件，对于变形量要严格控制，所以在组装、焊接的过程中伴随着火焰矫正、加热，这样增加了部件的内、外部拘束应力。

(2) 变形控制工艺措施

此产品生产过程中，对此产品横梁采取如下组装、焊接工艺。

① 在横梁的零部件下料过程中需进行控制，以减小零部件的变形量及坡口的不均匀度，并且在必要的情况下采取矫正措施。

② 装配过程中尽量缩小装配间隙或不预留装配间隙，以便减小焊接的变形量。

③ 对称装配，对称施焊。对称施焊的焊工采用相同焊接规范。施焊时根据不同位置，采用合理的焊接顺序，并采用小规范焊接参数。横梁总体从中间向两端施焊，以便应力充分地释放。

④ 在满足焊接工艺要求的条件下减小坡口尺寸，从而减小焊缝金属的填充量，进而减小热输入。

⑤ 采用焊接热输入相对比较集中的焊接方法 CO_2 气体保护焊，并且采用焊丝为 $\phi 1.2mm$ 的细丝，小参数、多层多道焊。在应力集中或主要的焊缝采用锤击，这样调节焊接接头中残余应力时，在金属表面层内产生局部双向韧性延展。补偿焊缝区的不协调应变（受拉应力区）达到释放焊接残余应力的目的。

⑥ 分部件组装、焊接，矫正后再合龙总装焊接。总结以往的生产中，共对 6 件类似结构的横梁焊接变形进行比较，见表 1，产品编号为 1～6，其中第 6 号为本文产品。从表 6-6 可以看出，采用整体组装焊接的变形量有 2 件超出了加工余量，需在焊后采取一定的矫正变形方法才能使工件满足要求，但这增加了不必要的生产周期及生产成本。而相关标准中要求当焊接部件需经切削加工时，其尺寸偏差不得超过加工余量的 2/3，并应保证不小于 4mm 的加工余量。

由此得出，分部件组装焊接的变形量远小于整体组装焊接的变形量，并且都符合标准中的规定。在横梁的组装过程中，把横梁分成 C、D、E 和两个端部共 5 部分，这样 C、D、E 就会作为独立部分。独立组焊部件的结构及焊接量相对比较对称，焊后变形较小，进行轻微矫正就可以满足要求，并且因刚性相对较小，因此矫正比较容易。横梁两端再分成若干部件组装，这样就可以将应力释放一部分，并且部件的内、外拘束应力较小。最后 5 部分合拢总装后焊接量大大减少，并且每个部件都相当于为变形的标准零件，这样既可以消除扭曲变形现象，又可以减小整个横梁的内外拘束应力，提高了产品的使用性能。

表 6-6　焊接构件采用不用组合焊方法得到的变形情况对比

产品编号	1	2	3	4	5	6
组装方法	整体组装焊接	整体组装焊接	整体组装焊接	分部件组装焊接	分部件组装焊接	分部件组装焊接
变形量/加工余量	1.9	1.5	0.9	0.6	0.6	0.4

⑦ 优先采用机械矫正的方法，其次考虑火焰矫正。这是由于火焰矫正会造成工件内具有较大的残余应力，对以后部件的总装及使用不利。

⑧ 焊后进行热处理。焊后 48h 内进行高温退火，避免焊后出现裂纹等缺陷导致焊接结构破坏。严格控制热处理的升温速度及降温速度，避免因热应力而发生焊接结构变形。

采取以上的工艺措施，生产的数控双柱立式车铣复合机床的焊接部件横梁的变形情况：变形量/加工余量为 0.4mm；各加工部位的相对尺寸偏差加上变形量的和与加工余量的比值 ≤1/2。因此，上述工艺措施对变形的控制量完全可以满足大型精密机床复杂焊接部件的焊接应力与变形控制的规定要求。

6.3.7　超高净空巨型倾斜扁平钢柱群焊接变形控制

中东地区某大厦项目位于科威特城金融中心的核心区，由英国福斯特建筑设计事务所和英国标赫结构设计所共同设计。总建筑面积 12.6 万平方米，建筑高 300m，地上 56 层，地下 3 层，钢结构总量 25000t，建成后将成为科威特国家第二高楼及中东地区新地标。如图 6-67 所示，项目结构为"混凝土核心筒＋外框巨型钢框架"组合结构形式。楼内设置 38 根巨型倾斜钢管混凝土柱，通过楼盖梁系与核心筒共同组成框架。

大堂设置在 L00～L01 层之间，结构净空 21.433m，楼层间为无连系梁的巨型倾斜钢管混凝土柱群，钢柱在大堂范围内水平倾斜位移最大达 2.2m。其中，钢柱群在首层（L00）楼面"生根"，柱脚设置抗剪键插入地下室混凝土柱顶形成连接。柱顶直抵 L01 层通过楼盖梁与核心筒连接。大堂倾斜钢管混凝土柱群由 34 根巨型扁平箱型混凝土柱和 4 根巨型圆管混凝土柱共同组成，最大板厚 75mm，构件形式见图 6-68，截面形式见表 6-7。其中，最大板厚 75mm，最小板厚 30mm，板厚统计占比如图 6-69 所示。

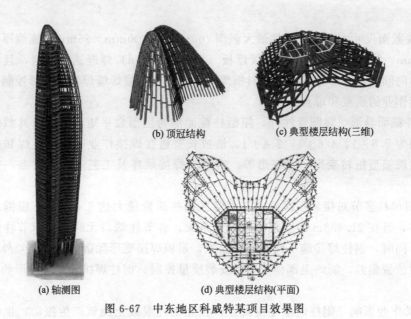

(a) 轴测图　　(b) 顶冠结构　　(c) 典型楼层结构(三维)

(d) 典型楼层结构(平面)

图 6-67　中东地区科威特某项目效果图

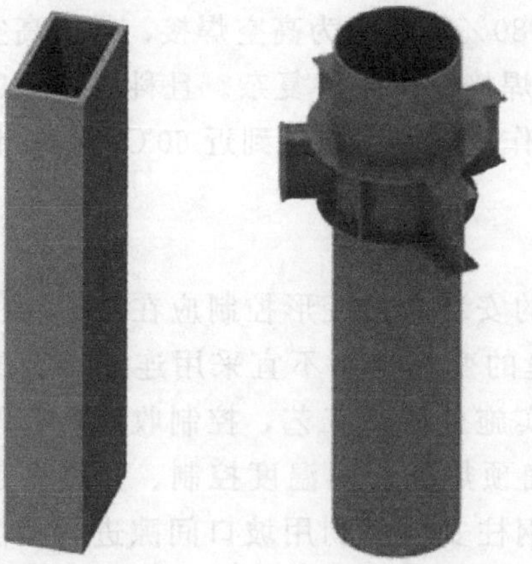

(a) 箱形钢管混凝土柱　　(b) 圆形钢管混凝土柱

图 6-68　构件形式

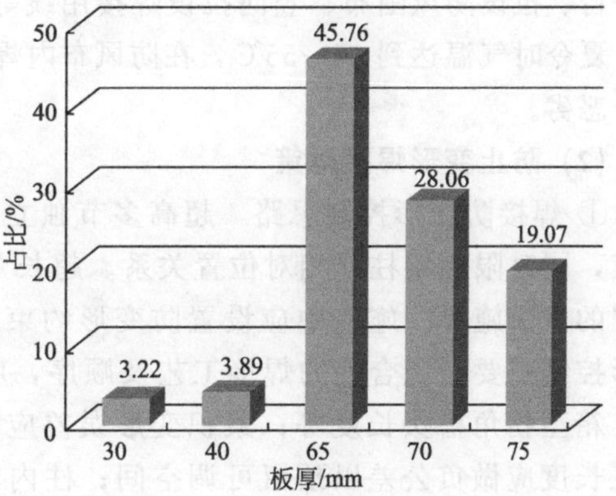

图 6-69　板厚统计及占比

表 6-7　钢柱截面形式

截面形式	最大截面尺寸/mm	长宽比	焊缝类型	主要焊缝形式	单柱焊缝周长/mm	单柱焊缝填充量/kg	倾斜角度/(°)
箱型钢管混凝土柱	700×3200×75	4:6:1	单 V 坡口全熔透焊	横焊，斜横焊	7200	168	5.8
圆形钢管混凝土柱	φ2100×40	—	单 V 坡口全熔透焊	横焊，斜横焊	6600	32	4.3

(1) 焊接施工变形难点

① 厚板焊接量大　大堂钢柱群柱壁板厚大，65mm 以上厚板占比达到 92.8%，最大单柱对接焊缝填充量 168kg（焊丝），大堂层（L00～L01）钢柱群对接焊缝填充总量高达 17300kg。厚板焊接工作比重大、难度高。消除残余应力、防止坡口层状撕裂是焊接作业重

点和难点。

② 构件截面尺寸大　大堂单柱最大截面 700mm×3200mm×75mm，连续厚板焊缝最大长度 3200mm，2000mm 以上超长连续厚板（板厚≥70mm）焊缝达 112 道，且由于钢柱全部在长边方向倾斜，此部分焊缝均为斜横焊，因此超长斜横焊缝焊接防变形控制、层间温度控制是焊接作业的重点和难点。

③ 构件截面异形　除圆管柱外，箱型柱截面均为巨型扁平矩形管状，其截面长宽比差极大，分别为 5.8∶1，4.6∶1，2.4∶1，造成长宽边在焊接作业中持续施焊和受热时间差大，容易出现箱型扭转变形、角变形等。对接口焊接顺序及工艺安排是重点，变形控制是难点。

④ 倾斜单柱多节对接累积误差大　大堂区钢柱质量最大达 6.36t/m，根据塔吊性能构件分节较多，且在 21.433m 净空范围内无连系梁，各节柱端口无约束，单节柱焊接变形量发生累积。同时，钢柱焊接施工作业各自独立，累积焊接变形除造成整体误差外，也造成柱与柱间相对位置偏差，制约上部楼盖梁系安装质量控制。钢柱焊接顺序和变形约束设置是重点和难点。

⑤ 交叉作业影响　钢柱内灌注混凝土，独立钢柱混凝土浇筑产生振动，也会影响顶部自由端定位，放大焊接变形累积误差。混凝土浇筑工序穿插安排是重点。

⑥ 焊接作业条件差　结构净空达 21.433m，80％焊缝均为高空焊接，需要高空搭设操作平台、拉设防风围布、竖向拉设焊接用线等，焊接作业条件复杂。且科威特地区天气炎热，夏令时气温达到 45～55℃，在防风布内焊接作业时温度更达到近 60℃，焊接作业条件十分恶劣。

（2）防止变形焊接对策

① 焊接防变形控制思路　超高多节独立柱的安装焊接变形控制应在最不利位置进行约束，同时限制钢柱间相对位置关系。超长焊缝的变形控制不宜采用连续一次成形逐步退焊的方法施焊。施工中应设置防变形约束及实施分段焊工艺，控制收缩量；厚板焊接变形控制需要制定合理的焊接工艺及顺序，明确预热及层间温度控制、分层多道焊缝清理、箱型拐角搭头长度等；累积变形误差应在钢柱安装后利用坡口间隙进行消除，构件加工长度应做负公差以预留可调空间；柱内混凝土浇筑作业的穿插应在框架约束或端口约束已经形成后进行。

② 临时支撑布设　在大堂范围内设置水平临时支撑，使钢柱群在施焊过程中端部受约束，确保钢柱焊接变形量及相对位置偏差受控，临时支撑平面布置见图 6-70。每 3 根钢柱形组成一个稳固单元，对钢柱施工及焊接过程变形形成约束。根据柱分段，临时支撑设置在 L01 以下最高一节钢柱顶端，形成最不利位置稳固。

③ 钢柱安装及交叉作业插入顺序　第一节钢柱安装后即浇筑柱内混凝土，协助稳固钢柱；安装至 L01 以下最高一节钢柱及临时支撑；校正柱定位，消除累积误差并焊接一、二节钢柱；焊后复测坐标，插入柱内混凝土浇筑

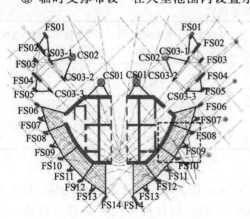

图 6-70　大堂临时支撑平面布置

作业；安装最后一节钢柱及 L01 层钢梁。

(3) 焊接作业施工要点

① 针对钢柱焊接施工特点，结合以往工程的施工经验和焊接技术水平，采用 CO_2 气体保护半自动焊焊接工艺来完成大堂钢构焊接；钢柱对接端口设置临时连接耳板，焊前拧紧耳板螺栓进行对接口防变形约束。

② 箱型柱尺寸主要为 2300mm×420mm，3200mm×700mm 和 1700mm×700mm。原则上，长边 1700mm 和 2300mm 的，在长边焊接时候均需要 4 人对称焊接（每长边 2 个人）；长边 3200mm 的，在长边焊接时设置 6 人对称焊接。顺时针或逆时针连续施焊，周转焊接。短边焊接 1/3→长边焊接 1/3→短边焊接 2/3→长边焊接 2/3→长短边同时焊接 3/3 及盖面，见图 6-71。多道周转焊接，使柱身各区域温度比较均匀，也适当降低集中热区域。

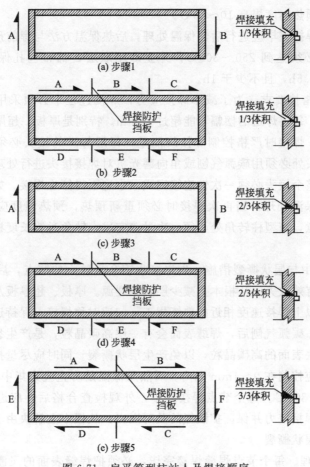

图 6-71 扁平箱型柱站人及焊接顺序
注：A~F 分别为站人位置

圆管柱尺寸为 2100mm 和 1900mm，周长超过 6000mm。分为内部加劲板和外部柱壁焊缝。外部柱壁周长焊缝设置 4 人对称焊接。

③ 焊前预热是保证焊接质量的工艺措施，预热应在焊接接头的坡口两侧进行，预热宽度应大于或等于 1.5 倍板厚，且单侧坡口宽度应不小于 100mm。柱壁共有 30mm，40mm，65mm，70mm，75mm 五类板厚，其与预热、层间温度等参见表 6-8。

表 6-8　焊接温度控制

板厚 d/mm	预热温度/℃	层间温度/℃	后热温度/℃	恒温时间/h	保温时间/h
$d \leqslant 20$	0	90～200	250～300	0.5	1.0
$20 < d \leqslant 38$	65～110	90～200	250～300	0.5	1.0
$38 < d \leqslant 65$	110～150	90～200	250～300	0.5	1.0
$d > 65$	150～200	90～200	250～300	0.5	1.5

采用氧气与乙炔气体中性焰加热方法，焊接过程中层间温度应控制在 90～200℃ 之间，焊接过程中使用红外线测温仪随时进行监控，当焊缝温度低于工艺要求时应立即加热，温度达到工艺要求后再焊接。每个单节点焊缝应一次连续完成，中途不得无故停焊。如遇特殊情况中途停止焊接，应立即对焊缝进行后热保温处理，当再次焊接时应对焊缝进行重新预热，预热温度应比焊前预热温度提高 10～20℃。

每个焊接接头焊接完毕应进行后热保温处理，后热保温方法与焊前预热方法相同，焊缝后热消氢处理温度必须达到 250～300℃，并立即用双层石棉布包扎保温，保温时间为每 25mm 板厚不小于 0.5h，且不少于 1h。

④ 焊缝接头及搭接要求。为了减小焊接应力，焊接过程中必须采用匀速、窄摆幅、薄层多道的焊接方法，每层焊道的摆幅不能超过 25mm。特别是厚板、超厚板必须两人或两人以上匀速对称焊接，焊接时严格控制焊接线能量，每层每道的接头必须错开 80～100mm，并且每层每道的接头处必须用碳弧气刨或角向磨光机对焊接接头进行处理，确认接头处无焊接缺陷后再焊接。整个接头必须一次性连续完成，中途不得停止焊接。如遇特殊情况需停止焊接必须进行后热保温处理，当再次焊接时必须重新预热，预热温度应比首次焊接温度高 10℃ 左右。此处注意，箱型柱转角处必须一次过渡完成，转角过渡长度根据实际情况，一般为 30mm。

⑤ 减小应力集中与层状撕裂措施。先焊接收缩余量较大的节点，后焊接收缩余量小的节点。使应力得以有效散失，从根本上减少层状撕裂源。厚板、超厚板及箱型柱焊接时，均采取由两名或两名以上焊接速度相近的熟练焊工，匀速对称焊接，保持连续施焊。尽量减少碳弧气刨的使用量，碳弧气刨后，焊缝表面会有一层高碳晶粒，是产生裂纹的根本原因，必须用角向磨光机磨去表面的高碳晶粒，以免产生层状撕裂。同时应尽量控制焊缝余高减少应力集中，焊缝余高应控制在 0～4mm 以内。后热及保温是防止应力集中、层状撕裂的关键，温度应控制在 250～300℃。每个节点焊接完毕，外观检查合格后，应进行后热消氢及保温处理，能有效消除焊接应力并保证扩散氢的及时溢出，从根本上解决由于应力集中及扩散氢含量过高而产生的层状撕裂。

⑥ 焊后坡口清理。每个节点焊缝焊接完毕，必须把焊缝表面的飞溅、氧化物、焊瘤等清理干净，使焊缝表面外观保持整洁、美观。并检查焊缝表面是否有夹渣、气孔、咬肉、未熔合及凹陷等缺陷存在，如有上述缺陷之一存在，应用碳弧气刨或角向磨光机进行处理，确认无焊接缺陷后立即补焊，补焊过的焊缝接头应用角向磨光机或碳弧气刨修理平整，使焊补接头保持圆滑过渡。

所有经超声波检测不合格的焊缝必须进行返修，焊缝返修的工艺要求、质量要求与焊缝相同，返修的预热温度应达到 110～150℃，65mm 及以上厚板的预热温度必须达到 150～200℃，返修的焊缝长度应不小于 50mm，凡是经刨开的焊缝，必须使用角向磨光机或扁铲把表面的氧化铁与高碳晶粒清理干净，焊缝内严禁夹碳或未清理就进行焊接。焊接过程中必须把层间温度控制在 100～150℃ 之间，每层每道的起头与收尾应向两端延伸 10～20mm，待每层焊接完成后，使用碳弧气刨或磨光机将起头与收尾部分刨出或磨去，避免起始部分的焊接缺陷再次存留焊缝之中，直到整条焊缝完成。返修焊缝的表面高度应控制在 3mm 以内，以防止产生应力集中。返修焊缝焊接完成后必须进行后热消氢处理，后热温度必须达到 300℃。

通过以上焊接变形控制方法，整体无梁大堂钢柱群结构质量控制成果：收缩变形 1.5mm；扭转变形（单柱最大）25mm；顶端平面定位变形差 3mm。

6.3.8　动车组车体平顶结构焊接变形控制

动车组铝合金车体平顶作为列车上安装受电弓的机组平台，承受着来自机组和列车运行过程中弓网动态接触所传递的疲劳交变载荷，其焊接质量直接影响动车组受电弓及其机组的服役安全可靠性，关系到高速列车的运营安全。铝及铝合金由于特殊的物理化学性质，导致焊接过程中容易出现各种焊接质量问题。因此针对某动车组铝合金车体平顶焊接试验过程中出现的局部未熔合、焊接热裂纹等问题，分析原因并制定有效的防止措施，保证焊接质量。

（1）试验材料及方法

试验用动车组铝合金车体平顶型材为 ENAW-6005A 铝合金型材，化学成分及力学性能见表 6-9。

表 6-9　6005A 母材化学成分及力学性能

母材化学成分（质量分数）/%									
Mg	Fe	Si	Zn	Ti	Mn	Cu	Cr		Al
0.63	0.35	0.75	0.2	0.1	0.5	0.3	0.3		余量
母材力学性能									
抗拉强度 R_m/MPa			屈服强度 R_{eL}/MPa				断后伸长率 A/%		
255			239				8		

动车组铝合金车体平顶由平顶板与平顶边焊接而成，其中，车体平顶由三块长大型材组焊而成，平顶与平顶边之间为搭接焊缝，正反面主焊缝均采用机器人自动 MIG 焊，如图 6-72 所示。焊接前用机械打磨的方法对焊接坡口区域进行清理，去除表面的氧化膜，而后将清理后的型材组装并完成定位焊，焊接过程在恒温、恒湿的环境下进行，经清洗和组装后的工件必需在 4h 内完成焊接。

（2）焊接工艺及质量控制

动车组铝合金车体平顶由三块长大型材组焊的平顶板与平边顶组成的搭接焊缝焊接而成，正反面主焊缝均采用机器人自动 MIG 焊。由于铝合金的物理化学性质、装配、焊接参数等原因，平顶生产过程中出现了一些质量问题，通过分析

图 6-72　铝合金车体平顶焊接图

原因，提出了有效的解决措施，有效保证了产品焊接质量。

① 搭接焊缝未熔合　铝及铝合金的热导率、比热容、熔化潜热很大，焊接过程中需要比同等厚度钢材焊接大的焊接热输入，且容易出现焊缝未焊透、未熔合等缺陷。平顶板与平边顶焊接试验过程中，搭接焊缝下沿存在细小孔洞，进行渗透检测发现有线性显示。用角磨机打磨修理显示位置，发现搭接焊缝下沿存在局部未熔合的焊接缺陷。未熔合易在交变载荷的状态下因应力集中形成裂纹源引起焊缝开裂。

铝和铝合金导热性强，焊接时热输入量过小容易产生未熔合，焊接参数不合理，尤其是焊接速度过快、焊枪角度不好、焊丝指向不好等均是造成焊缝未熔合的主要原因。如果焊接电弧偏向坡口一侧，则坡口另一侧可能会产生边缘未熔合或熔合不良缺陷。

有效控制焊接热输入量、提高焊接电流或电弧电压、降低焊接速度等优化工艺参数匹配是防止未熔合的有效措施。后续平顶板与平边顶焊接试验过程中，实时观察焊缝熔池状态且及时调整工艺参数，使焊接速度与焊接热输入高度匹配，并在焊接过程中根据电弧状态及时调整焊丝指向及焊枪角度，在保证焊缝上沿充分熔透的前提下使焊丝指向及焊枪角度略偏向于焊缝下沿。通过上述焊接工艺优化，有效解决了搭接焊缝下沿未熔合问题，优化后的焊接工艺参数见表 6-10。

表 6-10　优化后的焊接工艺参数

焊接方法	焊接电流 I/A	电弧电压 U/V	送丝速度 $V_送/(m/min)$	送丝速度 $V/(m/min)$	脉冲频率 f/Hz	焊枪角度 $\theta/(°)$
MIG	250	24	9.3	0.70	285	35～40

② 焊缝根部裂纹　裂纹是在焊接应力及其他因素共同作用下，焊接接头中局部区域的金属原子结合力遭到破坏形成新界面而产生的缝隙。铝合金的高线胀系数、高收缩应力、较宽的熔化温度区间导致焊缝易形成热裂纹。相同条件下，焊接速度过大会增加焊接接头的应变速度，从而增大热裂倾向。焊接接头取样，经过金相试验机磨平、腐蚀后，发现断面宏观金相试件焊缝根部有裂纹如图 6-73(a) 所示。

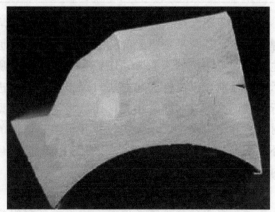

(a) 工艺参数优化前焊缝宏观金相　　　　　　(b) 工艺参数优化后焊缝宏观金相

图 6-73　焊缝横截面宏观金相照片

焊接裂纹产生的原因较多，母材成分、焊接热输入量、拘束条件等因素是导致焊缝开裂的主要原因。焊接试验用母材化学成分符合欧洲标准 EN573-3《铝和铝合金　锻制品的化学

成分和形态　第 3 部分：产品的化学成分和形态》，力学性能和宏观金相等各项指标均满足标准要求，可排除母材自身的原因。焊接热输入是影响焊接接头组织晶粒大小、强度和韧性的重要因素，从而影响接头强度、力学性能和抗裂纹能力，因此热输入过大导致的接头热影响区软化、晶粒粗化是焊接裂纹产生和扩展延伸的主要原因。焊接应力及分布情况对焊接质量有重要影响，不同的结构和接头形式其应力状态存在差别。文中试验为铝合金自动焊搭接接头角焊缝焊接，装配间隙对结构焊后应力影响较大，尤其铝合金焊接时接头中存在薄膜态的低熔共晶组织和脆化相，因装配间隙较大产生的拉应力可能诱使裂纹发生并扩展，因此装配间隙产生的焊接应力成为裂纹形成的重要外在因素。为了减少因搭接间隙而产生的焊接拉应力，对焊接装配顺序进行了优化，在后续平顶板与平边顶焊接试验过程中，将平顶板摆放平整后再将平边顶与其贴紧，采用从中间向两边依次压卡的次序进行装配，保证平顶板和平边顶焊前装配零间隙，从而避免焊接焊头应力高度集中导致焊接裂纹产生。通过以上措施，有效抑制了焊缝根部裂纹的产生，优化后获得的焊缝横截面形貌如图 6-73(b) 所示，从图中可以看出焊缝根部熔合良好。

(3) 平顶焊接变形措施

铝合金的线胀系数约为钢的两倍，凝固时的体积收缩率达 6.6% 左右，因此在焊接过程中容易产生焊接变形。焊接变形对产品质量有重要影响，如果变形超出范围就可能直接导致部件报废，控制焊接变形在铝合金车体生产中非常重要。动车组铝合金车体平顶上安装受电弓的机组平台，对平顶平面度尤其是受电弓安装座的平面度要求很严格，各安装座之间的相对平面度 0.5mm，因此控制平顶焊接变形在动车组车体生产中非常重要。

① 平顶板变形控制　动车组铝合金车体平顶板由三块长大型材组焊而成，平顶板长 6585mm、宽 2029mm，设计为 8V 的全焊透焊缝形式，正反面焊缝均采用机器人自动 MIG 焊，如图 6-74 所示为焊接设备及焊接顺序示意图。为了控制平顶板焊接变形，具体工艺措施如下：

a. 在平顶组焊工装正装安装面上预制反变形，宽度方向反变形量设计为 0mm→2mm→5mm→2mm→0mm。

b. 焊接时平顶板两侧设置压卡进行刚性固定，使工件与工装定位块密贴。

c. 采用如图 6-74 所示的焊接顺序，正反面 8V 焊缝的焊接顺序为正装焊缝打底焊接、反装焊缝打底焊接、反装焊缝盖面焊接、正装焊缝盖面焊接，减少工件中的焊接应力。

d. 所有焊缝均采用机器人从固定一端向另一端焊接，使焊接变形均匀分布。

② 平顶附件焊接　动车组铝合金车体平顶板上需装配受电弓安装座、绝缘子座等共计三十余个平顶附件，并且附件板厚都较厚，焊接时需要进行预热，预热温度 80～120℃，平顶附件的焊接变形对平顶的平面度有着极其重要的影响。

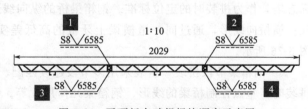

图 6-74　平顶板自动焊焊接顺序示意图

为了控制平顶附件焊接后平顶板的焊接变形，保证平顶板焊后平面度满足不大于 3mm 的要求，焊接前需在平顶板长度方向上做出 8mm 的焊接反变形，同时平顶板两侧采用压卡刚性固定；焊接预热温度控制在 100℃ 以内，且严格控制焊缝层间焊接温度；焊接附件完成定位焊后，尽量采用从平顶板中间向两边退焊的焊接顺序，使焊接应力从中间往外扩散避免应力集中。通过以上工艺措施，平顶附件焊接后动车组铝合金车体平顶整体平面度有效控制在 3mm 以内，满足使用要求。

6.3.9 港珠澳大桥深水区非通航孔桥钢箱梁焊接变形控制

港珠澳大桥主体桥梁工程全长约 22.9km，东自人工岛结合部非通航孔桥深水区非通航孔桥的分界墩起，西至拱北/明珠附近海中填筑的珠海/澳门口岸人工岛止，由深水区非通航孔桥、青州航道桥、江海直达船航道桥、浅水区非通航孔桥等几座桥组成。深水区非通航孔桥采用整幅等截面连续钢箱梁，CB01 标段共 11 联 661 个梁段。

(1) 钢箱梁制作方案

深水区非通航孔桥钢箱梁高 4.5m，宽 33.1m，桥面横坡为 2.5％，总质量约 13.3 万吨，由顶板、底板、斜底板、边腹板、中腹板、横隔板、横肋及悬臂隔板等板单元组成。钢箱梁结构示意见图 6-75。

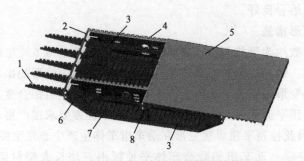

图 6-75　深水区非通航孔桥钢箱梁结构示意

1—悬臂隔板；2—边腹板；3—横肋板；4—横隔板；5—顶板；6—斜底板；7—底板；8—中腹板

根据运输及施工场地、工期条件等综合考虑，钢箱梁按照板单元制作→板单元运输→拼装厂拼装→桥位浮吊吊装大节段→焊接环焊缝的流程进行制作。

① 板单元制作　板单元按照钢板赶平及预处理→数控精切下料→零件加工（含 U 形肋制作）→自动组装机床组装→多头门式自动焊机＋双向反变形胎焊接的顺序进行制作，其关键工艺有：预处理、下料、U 形肋加工、板单元组装、板单元焊接、相控阵超声波检测等。

② 钢箱梁整体拼装胎架　全桥设置 4 个总拼装胎架，均在厂房内，减少了环境因素对胎架的不利影响。单个胎架全长 175m，最多可以同时拼装 16 个梁段。胎架两端各设置 3 个标志塔，作为拼装时的定位标准。钢箱梁桥的纵向线形，通过每道横梁上的牙板高低差来实现；横桥向线形，通过同一道横梁上牙板的高低差实现，并考虑横向预拱度。胎架断面如图 6-76 所示。

③ 钢箱梁节段拼装　拼装采用多节段连续匹配、组装、焊接和预拼装一次完成的方案。拼装时，重点控制桥梁的线形、钢箱梁几何尺寸等。钢箱梁梁段组装流程为：板单元两拼→中腹板（边腹板）块体→铺装底板、斜底板→一侧横隔板（横肋板）→中腹板块体→另一侧横隔板（横肋板）→顶板→边腹板块体。

(2) 钢箱梁焊接收缩变形及控制、矫正

① 焊接残余变形　结构件焊完冷却后，焊件上残留下来的变形称为焊接残余变形，它对结构的质量和性能产生影响。焊接残余变形的种类有：平面内的横纵向收缩变形、旋转变形；平面外的横向弯曲变形（角变形）、纵向弯曲变形、波浪变形等。本桥制作过程中焊接

残余变形发生的主要部位如表 6-11 所示。

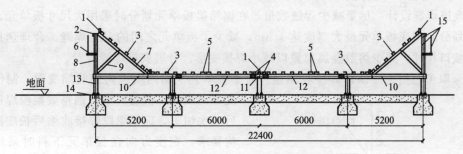

图 6-76 深水区非通航孔桥拼装胎架断面

1—基准牙板；2—悬挑臂块体支点；3—线形牙板 1；4—线形牙板 2；5—线形牙板 3；6—施工通道托梁；

7—斜撑 1；8—斜撑 2；9—斜撑 3；10—横梁 1；11—横梁 2；12—可拆卸横梁；13—立柱；

14—柱脚加劲；15—施工通道安全护栏

表 6-11　焊接残余变形的基本形式

焊接变形基本形式		简图	变形发生的主要部位
板单元平面内的变形	横向收缩		顶底板板单元组焊、对接时宽度方向的收缩
	纵向收缩		顶底板板单元对接时长度方向的收缩
	旋转变形		隔板之间立位对接、横隔板与中腹板间焊接
板单元平面外的变形	横向弯曲变形（角变形）		板单元对接、腹板与顶底板间角焊缝
	纵向弯曲变形		顶、底腹板板单元焊接

② 制作过程中焊接变形的控制及矫正

a.改进焊缝设计 尽量减少焊缝数量,在钢箱梁板单元划分时采用大尺寸板单元,本桥板单元划分时斜底板单元最大宽度达 4.3m,减少了板单元之间的对接焊缝。合理选择焊缝形状及坡口尺寸,减少熔敷金属总量以减小焊接变形。合理安排焊缝位置。

b.采取工艺措施 预留焊接收缩量。对于板单元平面内横纵向的收缩变形,制作时长度方向预留二次切头量,钢箱梁梁段焊接完成后二次切头,确保梁段焊接收缩后长度满足结构要求,宽度方向在板单元下料时采用正公差,板单元对接焊时在焊缝间隙上加入一定量的焊接收缩量,确保焊接后的整体尺寸。

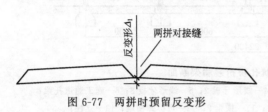

图 6-77 两拼时预留反变形

反变形。对于板单元平面外横纵向的弯曲变形,一般采用反变形的方法:板单元焊接时在反变形胎架上进行;板单元两拼时预留反变形(图 6-77),以减少焊后变形量;总拼时胎架横桥向焊接时预留反变形(图 6-78),以保证桥梁的横桥向线性。

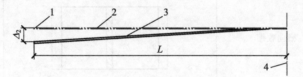

图 6-78 横桥向焊接预留反变形

1—底板边缘;2—梁段理论线形;3—梁段实际线形;4—桥梁中心线

刚性固定。将板单元焊缝处加以固定来限制焊接变形。总拼时,通过底板与胎架马板焊接来限制底板的焊后变形,在板单元对接和 T 形焊接时,通常使用马板固定的方法,也可以使用压重的方法。

选用合理的焊接方法及焊接参数。钢箱梁顶底板对接采用 CO_2 打底焊、埋弧焊盖面的焊接工艺,其余焊缝采用 CO_2 气体保护焊,药芯、实芯焊丝直径仅为 1.2mm,对称焊接,这样相对热输入减小,避免焊接变形过大。

选择合理的焊接顺序和焊接方向。钢箱梁焊接时遵循先内后外、先下后上、由中心向两边对称施焊的原则。梁段高度达 4.5m,为减小板单元平面内的旋转变形,对于隔板之间对接焊缝、隔板与中腹板间角焊缝分两次进行,具体焊接顺序如下(图 6-79):

在胎架上定位中间底板单元,然后向两边依次组装其余底板、斜底板单元。对称焊接底板单元间纵向对接焊缝①。

从梁段一侧依次组装横隔板(横肋板)单元、中腹板块体、另一侧横隔板(横肋板)。对称焊接横隔板与底板焊缝②,中腹板块体与底板焊缝③,中腹板块体与横肋板焊缝④,横隔板与中腹板块体焊缝⑤(焊缝⑤在中腹板 3m 高度处,由下而上焊接),焊缝⑥;横肋板之间对接焊缝⑦、⑧,横隔板(横肋板)与斜底板之间的焊缝⑨。

从梁段中间向两端依次组装顶板单元。对称焊接顶板纵向对接焊缝⑩,横隔板接板(横肋板)之间对接焊缝⑪,横隔板间对接焊缝⑫(焊缝⑫在横隔板 2.5m 高度处,由下而上焊接)、焊缝⑬,横肋板接板与横隔板间对接焊缝⑭。

组装边腹板块体。两侧对称焊接边腹板块体与斜底板间焊缝⑮,与横隔板(横肋板)间焊缝⑯。焊缝⑮由下而上焊接。

　　焊接顺序及焊接方向对于控制钢箱梁整体焊接变形作用重大，施焊时严格控制施焊顺序和方向，采取多人同时对称施焊，以保证梁段制作尺寸精度，减小焊接变形。

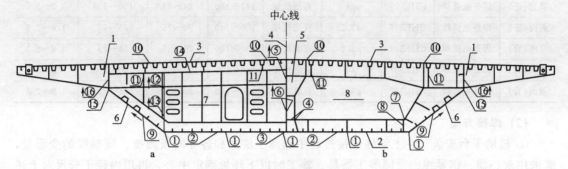

图 6-79　焊接顺序示意

a—横隔板处断面；b—横肋板处断面；1—边腹板块体（挑臂）；2—平底板单元；3—顶板单元；
4—桥梁对称中心线；5—中腹板块体；6—斜底板单元；7—横隔板单元；8—横肋板单元

注：①～⑯为焊缝编号。

　　③ 焊接变形的矫正　采用了上述措施后，在实际焊接完成后仍然会有变形，所以要采取一些矫正措施：a.机械矫正法。本桥的悬臂隔板在焊接完成后，采用 H 型钢翼缘矫正机对焊接变形较大部位进行矫正。b.火焰矫正法。对于个别板单元在反变形胎架上焊后仍有局部变形，此时可以采用火焰矫正法矫正，温度控制在 600～800℃。

6.3.10　苗尾水电站座环上筒体焊接变形控制

　　苗尾水电站为坝后式明厂房，座环总质量 190.528t，主要分为座环本体和上筒体两大部分。由于受起吊设备及运输条件的限制，座环本体分 6 瓣到货，上筒体分 4 瓣到货。现场先将单瓣座环吊入机坑，组焊成整体，安装蜗壳。最后将 4 瓣上筒体分别吊于座环本体上，调整圆度，焊接 4 条纵缝，最后焊接与座环上环板的环缝，形成座环整体。

　　(1) 母材及焊材

　　① 上筒体材质　上筒体所有材料均为 Q345B。

　　② 焊材　根据厂家技术文件要求及项目部编制完成的焊接作业指导书工艺评定参数，焊条选用见表 6-12，焊接参数见表 6-13。

表 6-12　焊条选用表

名称	GB/T	AWS	性能
CHE507	5117(E5015)	A5.1(E7015)	CHE 是低氢钠型药皮的碳钢焊条，具有优良的塑性、韧性和抗裂性能，适用于压力容器、承压管道强度型低合金钢及强度型低合金钢与耐热型、低温型低合金钢之间的焊接

表 6-13　焊接参数表

焊接区	焊接方法	焊条		极性	电流 I/A	电弧电压 U/V	焊接速度 /(mm/min)	焊接热输入 E/(kJ/mm)
		牌号	直径/mm					
打底(正)	焊条电弧焊	CHE507	φ3.2	直流反接	100～140	20～25	65～73	1.8～2.3

焊接区	焊接方法	焊条		极性	电流 I/A	电弧电压 U/V	焊接速度 /(mm/min)	焊接热输入 $E/(kJ/mm)$
		牌号	直径/mm					
填充（正）	焊条电弧焊	CHE507	$\phi4$	直流反接	140～180	24～28	100～106	2～3
盖面（正）	焊条电弧焊	CHE507	$\phi3.2$	直流反接	100～140	20～25	65～73	1.8～2.3
打底（背）	焊条电弧焊	CHE507	$\phi3.2$	直流反接	100～140	20～25	65～73	1.8～2.3
填充（背）	焊条电弧焊	CHE507	$\phi4$	直流反接	140～180	24～28	100～106	2～3
盖面（背）	焊条电弧焊	CHE507	$\phi3.2$	直流反接	100～140	20～25	65～73	1.8～2.3

(2) 焊接方案

① 辅助平台安装　在上筒体焊接过程中监测上法兰和各导向条圆度、同轴度的变形量，需采用求心器、钢琴线、重锤等工器具。施工时以下环板确定中心，再用内径千分尺对上述两部分进行圆度、同轴度测量。因此稳定重锤的油桶必须放置于尾水锥管的内支撑上，与座环本体分离。同时为了方便施工，在座环的底环基础面上采用脚手架管、木板、铁丝、安全网等搭设焊接施工平台，见图6-80。

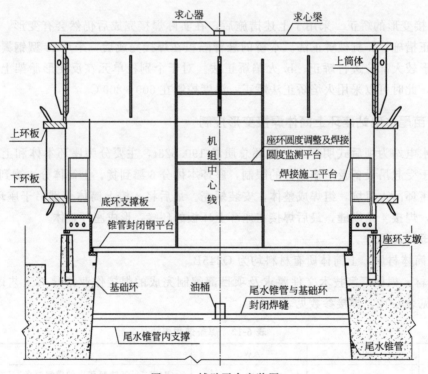

图 6-80　辅助平台安装图

② 上筒体焊接　蜗壳安装完成，并探伤合格后进行上筒体吊装、圆度调整，验收合格后，方能进行上筒体纵缝焊接。根据现场实际施工情况和厂家施工工艺要求，苗尾水电站座环上筒体与上环板的环缝为∠形坡口。焊接时只进行内部焊缝焊接，因此上筒体是在蜗壳安装焊接完成后才进行组圆和施焊，该方法可根据现场实际情况确定，已有电站采用先组装焊接上筒体，再安装蜗壳的施工工艺。

a.焊接顺序　上筒体纵缝焊接→上法兰径向焊缝焊接→上筒体中心、高程调整→上筒体与上环板环缝焊接。

b. 上筒体焊前增加工艺支撑　苗尾电站顶盖法兰面的 120 个螺栓孔在厂内已经全部加工完成，螺栓与顶盖螺孔之间只有单边 2.50mm 的调节余量，因此最终焊接完成后对上筒体的整体圆度有较高要求。针对上述情况焊接上筒体前，在厂家原有的支撑上再增加新的支撑和连接块，支撑共计 2 层。各连接块分别与支撑相互焊接最终形成整体，工艺支撑见图 6-81。

c. 上筒体焊接　上筒体纵缝焊接：上筒体纵缝坡口形式为双 U 形对称坡口，焊缝总长度为 1938mm。焊接采用分段跳焊，每段长度为 387.60mm 左右，纵缝焊接顺序见图 6-82。

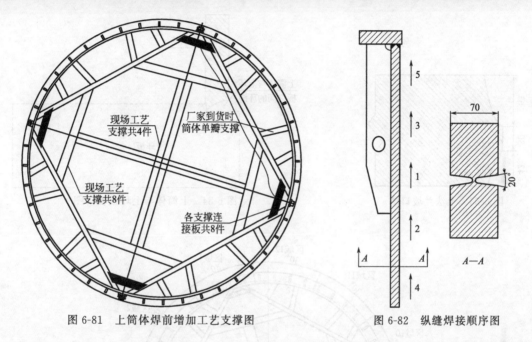

图 6-81　上筒体焊前增加工艺支撑图　　　　图 6-82　纵缝焊接顺序图

焊接时由 4 名焊工按照图 6-82 所示的焊接顺序，先从内侧坡口由下至上用 3.20mm 的电焊条进行 3 层打底焊接，每次厚度 3～5mm。打底焊总厚度不超过 12mm，完成后再用 4mm 电焊条进行多层、多道焊接，直至焊满坡口深度的 1/2 时从外侧用碳刨清根。再用 3.20mm 的电焊条进行 3 层打底焊接，总厚度不超过 12mm，完成后用 4mm 电焊条进行多层多道焊接，直至焊满坡口深度的 2/3 后，再焊接内部坡口。最后根据焊接变形监测情况内外交替完成焊接。交替焊接时每一层的厚度应不大于 8mm。为了确保上筒体最终圆度满足要求，在焊接过程中必须根据圆度的变形监测结果随时调整内外焊接顺序。

上法兰焊接时先焊上部坡口，由 4 名焊工对称从外向内进行施焊。正缝焊接完成 1/2 后，焊接下部背缝，背缝焊接完成 2/3 后再焊接正缝，最后上下交替完成焊接。

上筒体中心高程调整：上筒体纵缝焊接完成后，以座环的 $\pm X$、$\pm Y$ 轴线为基准调整上筒体的中心。Y 轴线必须调整重合，其余轴线错位应控制在 1mm 范围内。以座环固定导叶中心线的平均值为基准，调整上筒体上法兰面的高度。为了确保环缝焊接完成后有足够的加工余量，装配时尺寸按上限值控制（3042.50mm＋2mm，上法兰面加工后距离安装高程的尺寸为 3037.50mm）。

定位焊：上筒体中心、高程调整完成后由两名电焊工对称在 12 个导向条的位置进行段焊，段焊长度为导向条的宽度，焊接层数不少于 3 层，焊接厚度不小于 12mm。定位焊完成后对上筒体的圆度、中心、高程再次进行复测。

上法兰焊接：上法兰坡口为双 U 形坡口，见图 6-83。

上筒体环缝焊接：上筒体与上环板的坡口形式为∠形（见图 6-84），焊接时只焊内部焊缝。为了确保上法兰的圆度及整体变形量，焊接前以导向条为界限，均分 12 个区域，由 12 名焊工同时、同向、对称焊接。首先采用 3.20mm 的电焊条进行打底焊，打底焊厚度为总厚度的 1/3，再用 4mm 的电焊条进行填充焊，区域划分见图 6-85。同时每一个区域内又分 8 小段进行多层多道跳焊，以区域 1 为例焊接顺序见图 6-86。

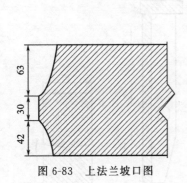

图 6-83　上法兰坡口图

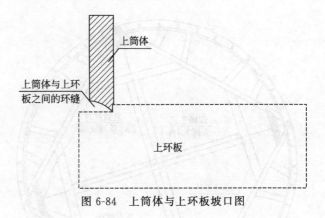

图 6-84　上筒体与上环板坡口图

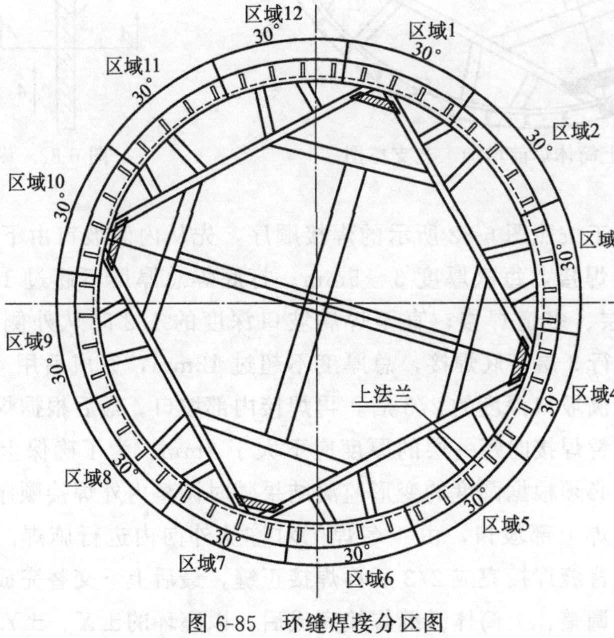

图 6-85　环缝焊接分区图

（3）焊缝变形监测与焊接顺序调整

① 纵缝焊接时变形监测及焊接顺序调整　上筒体纵缝焊接时是圆度控制的最佳时机，应将圆度控制在最优范围内，方法如下：

a.上筒体加温前用内径千分尺对上法兰圆度测量，并做好记录（圆度测量不少于 12 点，每条纵缝旁边各 1 点）。

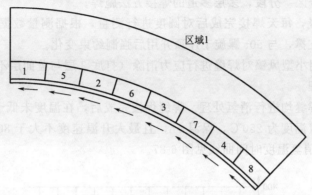

图 6-86　区域内焊接顺序图

b. 焊缝预热后用内径千分尺，对上法兰圆度测量，并做好记录。

c. 正缝焊接完成 1/2 后用内径千分尺，对上筒体圆度进行测量，并做好记录。

d. 背缝打底焊完成后，用同样的方法对上筒体圆度进行测量，并做好记录。

e. 背缝焊接完成 1/2 后，用同样的方法对上筒体圆度进行测量，分析上述测量数据。根据数据变化量，决定内外交替焊接顺序，确保焊接变形量受控。

以苗尾水电站 4 号机上筒体＋X 方向纵缝为例，调整方法如下。＋X 方向纵缝各阶段数据测量变化及调整方法见表 6-14。

表 6-14　＋X 方向纵缝各阶段数据测量变化及调整方法

序号	测量时间	测量值 R/mm	变化量/mm	焊接位置	备注
1	常温	4500.73	0	—	—
2	焊缝预热后开焊前	4500.84	+0.11	—	与常温相比向外膨胀
3	正焊缝焊接完成 1/2 后	4501.46	+0.62	内部焊缝	与焊缝预热相比向外膨胀
背缝清根从外部焊接					
4	背缝打底 3 层焊接完成后	4500.87	+0.03	外部背缝	与焊缝预热后开焊前相比向外膨胀
5	背缝焊接完成 1/2 后	4500.33	−0.51	外部背缝	与焊缝预热后开焊前相比向内收缩
调整焊接顺序对正缝进行焊接					
6	正缝焊接完成 2/3 后	4500.58	−0.26	内部正缝	与焊缝预热后开焊前相比向内收缩
7	正缝焊接完成 3/4 后	4500.65	−0.19	内部正缝	与焊缝预热后开焊前相比向内收缩
调整焊缝顺序对外部焊缝进行焊接					
8	背缝焊接完成 2/3 后	4500.49	−0.35	外部背缝	与焊缝预热后开焊前相比向内收缩
调整焊接顺序对正焊缝进行焊接					
9	正缝焊平坡口	4500.55	−0.29	内部正缝	与焊缝预热后开焊前相比向内收缩
调整焊接顺序对外部焊缝进行焊接					
10	背缝焊平坡口	4500.47	−0.37	外部背缝	与焊缝预热后开焊前相比向内收缩
11	焊缝回复常温	4500.39	−0.34	—	与焊前常温相比

注：设计半径 R＝4500mm。

② 环缝焊接时变形监测与调整方法　上筒体与座环上环板环缝焊接时上筒体的上法兰

圆度变化情况十分复杂，很难有规律所寻。施工中应注意以下几点：

a. 焊接时按照分区、分段，多层多道的焊接方法施焊。

b. 焊接时多测量，每天焊接完成后对圆度进行测量，根据测量数据在直径变小的方向用 219 的钢管制造支撑，与 50t 螺旋千斤顶并用后强制约束变化。

c. 施焊期间采用小型风镐对焊缝进行应力消除（打底 3 层与盖面层不进行消应工作）。

（4）焊缝热处理

上筒体的所有焊缝均进行消氢处理。焊缝焊接完成后，在温度未低于 100℃ 前需对焊缝进行消氢处理，消氢温度为 250℃，保温 4h，且最大升温速度不大于 80℃/h，最大降温速度不大于 50℃/h，消氢温度时间曲线见图 6-87。

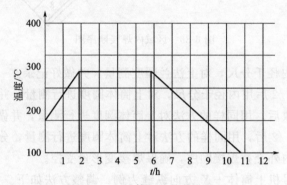

图 6-87　上筒体焊缝消氢曲线图

焊接变形不可避免，但施工中采用对称、分段、多层多道的焊接工艺，施工过程随时监测被焊构件的变化趋势，根据变化趋势调整焊接顺序可以控制焊接变形。同时施工中正确采用消应工具也能减少焊接变形，从而达到最终的质量目标。

第7章

焊接裂纹

焊接裂纹是焊接结构中最重要的缺陷之一，通常包括焊接热裂纹和焊接冷裂纹以及其他一些裂纹形式。焊接裂纹是在高温下产生的，不仅会给焊接成形及焊接结构的正常运行带来许多问题，而且更可能带来灾难性的事故。各种焊接结构出现的各种事故中，除了由于设计不当、材料选择不恰当和运行操作上问题之外，绝大多数是由裂纹引起的脆性破坏。

7.1 焊接热裂纹

7.1.1 焊接热裂纹分类及特征

(1) 焊接热裂纹分类

① 热裂纹　热裂纹是在焊接时高温下产生的，它的特征是沿原奥氏体晶界开裂。根据所焊金属材质的不同（低合金高强钢、不锈钢、铸铁、铝合金和某些特种金属等），产生热裂纹的形态、温度区间和原因也各有不同。一般把热裂纹分为结晶裂纹、液化裂纹和多边化裂纹三类，见表 7-1。

表 7-1　焊接热裂纹的分类及特征

裂纹分类		裂纹位置	裂纹走向	敏感温度区间	母材
热裂纹	结晶裂纹	焊缝上，少量在热影响区	沿奥氏体晶界开裂	固相线以上稍高的温度（固液状态）	杂质较多的碳钢、低中合金钢、奥氏体钢、镍基合金
	多边化裂纹	焊缝、热影响区	沿奥氏体晶界开裂	固相线以下再结晶温度	纯金属及单相奥氏体合金
	液化裂纹	热影响区及多层焊的层间	沿晶界开裂	固相线以下稍低温度	含 S、P、C 较多的镍铬高强钢、奥氏体钢和镍基合金等
再热裂纹		热影响区粗晶区	沿晶界开裂	600～700℃回火处理	含沉淀强化元素的高强钢、珠光体钢、奥氏体钢、镍基合金

a.结晶裂纹　结晶裂纹又称凝固裂纹，是在焊缝凝固结晶过程的后期形成的裂纹，是生产中最为常见的热裂纹之一。结晶裂纹只产生在焊缝中，多呈纵向分布在焊缝中心，也有呈

弧形分布在焊缝中心线两侧，而且这些弧形裂纹与焊缝表面波纹呈垂直分布。通常纵向裂纹较长、较深，而弧形裂纹较短、较浅。弧坑裂纹也属结晶裂纹，它产生于焊缝收尾处。

所有结晶裂纹都是沿一次结晶的晶界分布，特别是沿柱状晶的晶界分布。焊缝中心线两侧的弧形裂纹是在平行生长的柱状晶晶界上形成的。在焊缝中心线上的纵向裂纹恰好是处在从焊缝两侧生成的柱状晶的汇合面上。多数结晶裂纹的断口上可以看到氧化色彩，表明它是在高温下产生的。在扫描电镜下观察结晶裂纹的断口具有典型的沿晶开裂特征，断口晶粒表面光滑。

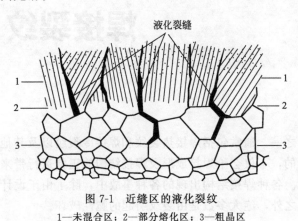

图7-1　近缝区的液化裂纹
1—未混合区；2—部分熔化区；3—粗晶区

b. 液化裂纹　在母材近缝区或多层焊的前一焊道因受热作用而液化的晶界上形成的焊接裂纹称液化裂纹。因为是在高温下沿晶开裂，故是热裂纹之一。与结晶裂纹不同，液化裂纹产生的位置是在母材近缝区或多层焊的前一焊道上，如图7-1所示。近缝区上的液化裂纹多发生在母材向焊缝凸进去的部位，该处熔合区向焊缝侧凹进去而过热严重。液化裂纹多为微裂纹，尺寸很小，一般在0.5mm以下，个别达1mm。主要出现在合金元素较多的高合金钢、不锈钢和耐热合金的焊件中。

c. 多边化裂纹　焊接时在金属多边化晶界上形成的一种热裂纹称为多边化裂纹。它是由于在高温时塑性很低而造成的，故又称为高温低塑性裂纹。这种裂纹多发生在纯金属或单相奥氏体焊缝中，个别情况下也出现在热影响区中。其特点是：裂纹在焊缝金属中的走向与一次结晶不一致，以任意方向贯穿于树枝状结晶中；裂纹多发生在重复受热的多层焊层间金属及热影响区中，其位置并不靠近熔合区；裂纹附近常伴随有再结晶晶粒出现；断口无明显的塑性变形痕迹，呈现高温低塑性开裂特征。

② 再热裂纹　厚板焊接结构，并含有沉淀强化合金元素的钢材，在进行焊后消除应力热处理或在一定温度下服役的过程中，在焊接热影响区粗晶部位发生的裂纹称为再热裂纹，又称为消除应力处理裂纹（SR裂纹）。

再热裂纹多发生在低合金高强钢、珠光体耐热钢、奥氏体不锈钢和某些镍基合金的焊接热影响区粗晶部位。再热裂纹的敏感温度，视钢种的不同约在550～650℃。这种裂纹具有沿晶开裂的特点，但在本质上与结晶裂纹不同。

(2) 焊接热裂纹的特征

焊接热裂纹发生的部位一般是在焊缝中，有时也出现在热影响区中，包括多层焊焊道之间的热影响区。凝固裂纹只存在于焊缝中，特别容易出现在弧坑中，称为弧坑裂纹。

① 宏观及微观特征　焊接热裂纹的宏观特征是裂纹面上有较明显的氧化色彩，这可推断热裂纹是高温形成的，也可作为判定是否属于热裂纹的依据。当焊接热裂纹贯穿表面，与外界空气相通时，热裂纹表面呈氧化色彩。裂口表面氧化表明裂纹在高温下就已经存在了。有的焊缝表面的宏观热裂纹中充满了熔渣，这表明当热裂纹形成时，熔渣还具有很好的流动性，一般熔渣的凝固温度约比金属低200℃。

近缝区产生的热裂纹，一般都是微观裂纹。热裂纹的微观特征一般是沿晶界开裂，故又称为晶间裂纹。微观热裂纹有胞状晶界的，也有沿胞状组织的柱状晶界以及沿树枝晶开裂的，再从热裂纹沿晶界分布，这表明它的形成与最后结晶的晶界状态有关。一般认为热裂纹是在固相线附近的温度、液相最后凝固的阶段形成的。

② 结晶裂纹的形态特征　结晶裂纹是在液相与固相共存的温度下，由于冷却收缩的作用，沿一次结晶晶界开裂的裂纹。所以结晶裂纹的产生与焊缝金属结晶过程化学不均匀性、组织不均匀性有密切关系。由于结晶偏析，在树枝晶或柱状晶间具有低熔点共晶并沿一次结晶晶界分布，结晶裂纹就产生在焊缝收缩结晶时的弱面上。结晶裂纹沿一次晶界分布，在柱状晶间扩展，而结晶偏析杂质元素 S、P、Si 等富集在柱状晶的晶界上。由于先共析铁素体析出于原奥氏体晶界，而体心立方点阵结构对 S、P、Si 等杂质元素有更高的固溶度，因此沿先共析铁素体形成的裂纹是结晶裂纹。因为是在高温下形成的裂纹，因此裂纹边界弯曲、端部圆钝，没有平直扩展的形态特征。

对于低合金钢，先共析铁素体优先在晶界析出，并且铁素体内具有低熔点非金属夹杂物，因此微细的结晶裂纹首先在先共析铁素体中产生，并沿一次结晶晶界扩展。结晶裂纹经常分布在树枝晶间或柱状晶间。

③ 液化裂纹的形态特征　液化裂纹是受焊接热循环作用使晶间金属局部熔化而造成的，经常在焊接过热区及熔合区出现，或者在多层焊层间，受后一道焊道影响的前一焊道层晶间熔化开裂。根据最大应力方向，液化裂纹平行于熔合区或垂直于熔合区。

当母材金属中有低熔点夹杂物存在时，在焊接热循环的作用下，熔合区或过热区易于在晶界液化，形成球滴状孔洞。液化的奥氏体晶界在轻微应力的作用下就会开裂，开裂的裂纹两侧有很多地方呈相互对应的形态。沿奥氏体晶界开裂的液化裂纹可以向焊缝中扩展，也可能向热影响区中扩展。在熔合区或过热区沿奥氏体粗大晶界产生的液化裂纹，经常伴随有聚集的球滴状裂纹，这是液化裂纹的特点之一。液化裂纹开裂部位经常是奥氏体晶界，一般为一次组织的树枝状结晶晶界或柱状晶界。

在焊接接头近缝区中产生的液化裂纹，大体沿与熔合区平行的方向扩展，在未混合熔化区，非金属夹杂物重熔后产生球滴状显微空穴。晶间夹杂物熔化并对晶界有润湿作用，在应变的作用下，夹杂物与基体分离、液化，形成空腔状显微缩孔，因此液化裂纹起源于晶间液化。由于高温快速冷却，按照不同断裂机理沿晶产生低塑性开裂或穿晶解理断裂。实际生产中，在刚性拘束条件下，由收缩产生的高应变集中使焊缝强行撕裂，在近缝区的过热区中粗大奥氏体晶界处产生液化裂纹。

7.1.2　焊接热裂纹分析方法

在实际工程中，焊接结构的失效事故涉及因素很多，难以马上确定属于何种裂纹，需进行细致地分析，做出裂纹性质的正确判断，找出产生裂纹的原因及防止措施。了解焊接热裂纹产生的冶金及力学因素，对分析焊接裂纹产生条件很重要。对带有裂纹的焊接试样，在金相分析时应特别关注焊接裂纹产生的部位、形态及与组织和其他焊接缺陷的关系。

（1）宏观分析

所谓宏观分析，主要是采用放大镜、低倍金相显微镜等检测手段，根据材质和焊接材料的化学成分、焊接工艺和产品结构的运行条件，对已出现的热裂纹进行定性分析和判断。用宏观分析的方法确定出现热裂纹的性质是方便的，也是工程上采用最多的方法。

① 焊接裂纹的肉眼观察 焊接技术人员及操作者发现焊接裂纹，首先是肉眼看到的焊道上的纵向或横向开裂。对于靠近熔合区的开裂或焊趾、焊根、焊接接头其他位置，都要细致观察，当肉眼观察有困难时应当用放大镜观察。记录下肉眼宏观看到的裂纹长度、部位及裂纹数量。热裂纹的特征是有明显的氧化色彩。

肉眼或放大镜检查之后，把焊接裂纹试样的取样位置确定下来。切取焊接裂纹金相试样时，应考虑最能暴露焊接裂纹的整个形态，还应考虑便于分析焊接裂纹的裂纹源及焊接裂纹的完整性等。

② 焊接裂纹的抛光检查 在宏观肉眼观察之后，在焊接接头的某个断面上应当抛光检查焊接裂纹的形态。在接头断面上抛光检查最能全面暴露出裂纹本身的形态，表现出裂纹形貌是否有分枝，是相互连接的还是断续的，裂纹边缘是弯曲的还是平直的，裂纹是否沿着与应力垂直的方向扩展；判断裂纹源的位置等。在抛光面上可以清晰地显示裂纹的形态，不致因为浸蚀显示后形成的各种条纹掩盖而影响对焊接裂纹观察的准确性。

(2) 微观分析

用宏观分析方法不能得出肯定结论时，需要采用微观分析方法进行深入分析，一般采用光学显微镜、扫描电镜（SEM）、电子探针（EPMA）等手段观察和分析裂纹的特征、起源及扩展。显微观察常常不是单一进行的，有时要配合硬度、夹杂分布的测定。利用微观分析手段观察组织和裂纹特征，基本上可以判定裂纹的性质。

① 焊接裂纹的低倍金相分析 在焊接接头的抗裂性试验中，经常要进行裂纹低倍分析，配合工艺性试验，制定焊接工艺规范。低倍分析一般只需在金相显微镜下放大几十倍即可。焊接接头中的微裂纹，有时用肉眼和放大镜看不太清楚，但在低倍金相显微镜下观察，能明显看到裂纹的产生部位及扩展方向。这种低倍金相分析对于确定焊接接头的裂纹倾向是十分准确的。

焊接裂纹的宏观分析主要是记录裂纹在试件上产生的部位。如插销试样分析焊接裂纹时，只需要把试样横断面解剖、磨光后即可观察，不需要浸蚀就可以在抛光后的表面上清晰地显现出裂纹的起止部位及裂纹走向。

② 根据裂纹特征判断裂纹性质

a. 热裂纹 对于低碳钢、强度级别较低的低合金钢、不锈钢、铝合金等，热裂纹主要出现在焊缝中，并且具有沿晶的特征，有时还带有氧化的彩色。如果某结构出现具有上述特征的裂纹，就可以判断为热裂纹。有时热裂纹也出现在近缝区，但具有上述的特征，仍可以作出判断。结晶裂纹与沿奥氏体晶界析出的先共析铁素体中的低熔点非金属夹杂物有关，这些夹杂物一般与结晶裂纹连在一起，起着诱发结晶裂纹的作用。

b. 再热裂纹 也称为消除应力裂纹，属于热裂纹系列，是受扩散控制的晶界开裂。再热裂纹产生的部位一般是在焊接热影响区的过热区，再热裂纹在金相组织上和裂纹走向上有明显的特征，主要是沿过热粗晶的边界发生和扩展。如再配合加热前后的检测，很容易做出判断。

(3) 热裂纹分析依据

热裂纹是一种经常发生又危害严重的焊接缺陷，热裂纹的产生与母材和焊接材料有关。焊缝熔池金属在结晶时，由于存在 S、P 等有害元素（如形成低熔点共晶）并受到较大热应力作用，可能在结晶末期产生热裂纹，这是焊接中必须避免的一种缺陷。焊缝金属抵抗产生热裂纹的能力常常被作为衡量金属焊接性的一项重要内容。可通过热裂纹敏感指数和热裂纹试验来评定焊缝的热裂纹敏感性。

① 热裂纹敏感性指数法　可以通过计算热裂纹敏感系数和临界应变增长率来判定热裂纹倾向。

a. 热裂纹敏感系数（HCS）的计算公式为：

$$HCS = \frac{C\left(S+P+\dfrac{Si}{25}+\dfrac{Ni}{100}\right)}{3Mn+Cr+Mo+V} \times 10^3 \tag{7-1}$$

当 HCS≤4 时，一般不会产生热裂纹。HCS 越大的金属材料，热裂纹敏感性越高。该式适用于一般低合金高强钢，包括低温钢和珠光体耐热钢。

b. 临界应变增长率（CST）的计算公式为：

$$CST = (-19.2C-97.2S-0.8Cu-1.0Ni+3.9Mn+65.7Nb-618.5B+7.0) \times 10^{-4} \tag{7-2}$$

当 CST≥6.5×10⁻⁴ 时，可以防止产生热裂纹，但这仅是按化学成分来考虑的。

② 再热裂纹敏感性指数法　预测低合金结构钢焊接性时，根据合金元素对再热裂纹敏感性的影响，可采用再热裂纹敏感性指数法进行评定。再热裂纹敏感性指数一般有两种评定方法：

a. ΔG 法　计算公式为：

$$\Delta G = Cr+3.3Mo+8.1V-2(\%) \tag{7-3}$$

当 ΔG<0 时，不产生再热裂纹；ΔG≥0 时，对产生再热裂纹较敏感。对于 C>0.1% 的低合金钢，上式可修正为：

$$\Delta G' = \Delta G+10C = Cr+3.3Mo+8.1V-2+10C(\%) \tag{7-4}$$

当 ΔG'≥2 时，对再热裂纹敏感；1.5≤ΔG'<2 时，对再热裂纹敏感性中等；ΔG'<1.5 时，对再热裂纹不敏感。

b. P_{SR} 法　主要是用于考虑合金结构钢焊接时 Cu、Nb、Ti 等元素对再热裂纹的影响，计算公式为：

$$P_{SR} = Cr+Cu+2Mo+5Ti+7Nb+10V-2(\%) \tag{7-5}$$

公式适用范围为：Cr≤1.5%；Mo≤2.0%；Cu≤1.0%；0.10%≤C≤0.25%；V+Nb+Ti≤0.15%。当 P_{SR}≥0 时，对产生再热裂纹较敏感。

各种强度级别的钢种，均有规定的化学成分标准。根据钢种的化学成分，可以大致判断产生裂纹的可能性。一般低合金钢和焊缝，S、P、C 偏高时，有可能产生热裂纹、冷裂纹，甚至应力集中部位经再热处理时还可能产生再热裂纹；若 S、P、O 较多还可能产生层状撕裂。因此，根据 S、P、C、O 的含量可以大致判断产生裂纹的成分条件。

世界各国根据焊接生产要求，在冶炼技术上把 S、P、C、O 等杂质降低至很低，这对防止热裂纹十分有效。由化学成分对裂纹性质进行判断只能作粗略估计，到底属于何种裂纹还需配合其他检测手段。至于应力腐蚀裂纹，还应考虑结构的运行环境是否有对该材质敏感的腐蚀介质，并应作显微分析。

③ 施工中的焊接工艺　在钢种和焊接材料化学成分正常的情况下，出现裂纹的重要原因之一是施工时焊接工艺不当或违反焊接规程。例如，焊接质量失控、强制组装、预热温度偏低，焊缝成形不良、咬边严重，焊缝内部有可能存在夹杂、气孔甚至裂纹。因此，根据焊接工艺的执行情况来判断裂纹性质，也是重要依据之一。

焊接位置、焊接顺序和焊接热输入等也可作为判断裂纹性质的参考。例如，焊接位置和施焊顺序不当，会产生较大的焊接残余应力；焊接热输入过大或过小，也有可能产生热裂纹或再热裂纹，以致冷裂纹或层状撕裂。

④ 产品结构的运行情况　焊接产品结构的服役环境和运行中的管理，也是分析裂纹产生原因和判断裂纹性质的重要依据。环境有腐蚀介质，常使焊接结构产生应力腐蚀裂纹。对于化工压力容器与管道的应力腐蚀裂纹，最常见的是奥氏体不锈钢的酸、碱应力腐蚀和低、中合金钢的 H_2S 应力腐蚀。长期在油田、海滨和化工区等地带工作的焊接结构有产生应力腐蚀裂纹的可能。

在高温高压下长期使用的焊接结构，例如电站、石化和炼油厂等耐热钢管道，可能产生再热裂纹和蠕变疲劳裂纹等，配合其他检测手段（如显微组织分析）容易确定裂纹的性质。在动载、疲劳和射线辐射等条件下工作的结构，多半是使原有的裂纹加速扩展。

运行过程中的操作和管理也属于分析裂纹性质的内容之一。例如，某石化总厂由于误将耐热钢管道的出口阀关闭，进入高压气体，使管道内的气体密度不断增大，压力不断增高，致使该管道发生破裂，经检验是属于再热裂纹为起源的破坏。

(4) 热裂纹试验方法

焊接热裂纹是在焊接过程处在高温下产生的，其特征大多数是沿原奥氏体晶界扩展和开裂。表 7-2 列出几种常用的低合金钢焊接热裂纹和再热裂纹的试验方法。

表 7-2　常用的低合金钢焊接热裂纹试验方法

试验方法名称	用途	焊接方法	拘束形式	备注
可变刚性裂纹试验	测定低合金钢对接焊缝产生裂纹的倾向性	焊条电弧焊 CO_2 焊	可变拘束	热裂纹试验
压板对接焊接裂纹试验 （FISCO）	评定低合金钢的热裂纹敏感性	焊条电弧焊	固定拘束	热裂纹试验
可调拘束裂纹试验	测定低合金钢的热裂纹敏感性	焊条电弧焊 CO_2 焊	可变拘束	热裂纹试验
插销式再热裂纹试验	评定焊接区再热裂纹敏感性	焊条电弧焊 气体保护焊	可变拘束	再热裂纹试验
H 形拘束试验	测定热影响区的再热裂纹倾向	焊条电弧焊	拉伸自拘束	再热裂纹试验
斜 y 形坡口再热裂纹试验	评定焊接区再热裂纹敏感性	焊条电弧焊 气体保护焊	拉伸自拘束	再热裂纹试验

① 热裂纹试验方法

a. 压板对接焊接裂纹试验　主要用于评定低合金钢焊缝金属的热裂纹敏感性，也可以做钢材与焊条匹配的性能试验。试验装置如图 7-2 所示。在 C 形夹具中，垂直方向用 14 个紧固螺栓以 3×10^5N 的力压紧试板，横向用 4 个螺栓以 6×10^4N 的力定位，把试板牢牢固定在试验装置内。

试件的形状与尺寸如图 7-3(a) 所示。坡口形状为 I 形，厚板时可用 Y 形坡口，采用机械加工，坡口附近表面要打磨干净。

将试件安装在试验装置内，在试件坡口的两端按试验要求装入相应尺寸的定位塞片，以保证坡口间隙（变化范围 0～6mm）。先将横向螺栓紧固，再将垂直方向的螺栓用指针式扭力扳手紧固。按生产上使用的工艺参数按图 7-3(a) 所示从左向右的焊接顺序，焊接 4 条长度约 40mm 的试验焊缝，焊缝间距约 10mm，弧坑不必填满。焊后经过 10min 后将试件从装置上取出，待试件冷却至室温后，将试板沿焊缝纵向弯断，观察断面有无裂纹并测量裂纹长度，如图 7-3（b）所示。

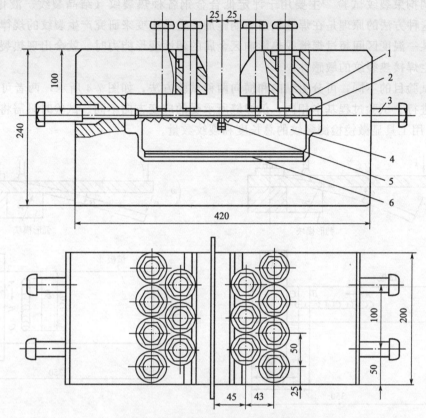

图 7-2　压板对接（FISCO）试验装置

1—C 形拘束框架；2—试板；3—紧固螺栓；4—齿形底座；5—定位塞片；6—调节板

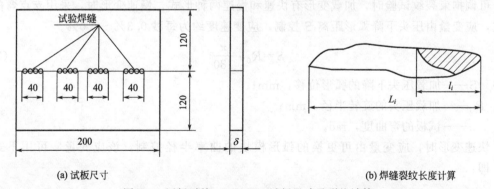

(a) 试板尺寸　　　　　　　　　　　　　　　　　　　(b) 焊缝裂纹长度计算

图 7-3　压板对接（FISCO）试板尺寸及裂纹计算

对 4 条焊缝断面上测得的裂纹长度按下式计算其裂纹率，即：

$$C_f = \frac{\sum l_i}{\sum L_i} \times 100\% \tag{7-6}$$

式中　C_f——压板对接（FISCO）试验的裂纹率，%；

　　　$\sum l_i$——4 条试验焊缝的裂纹长度之和，mm；

　　　$\sum L_i$——4 条试验焊缝的长度之和，mm。

b. 可调拘束裂纹试验　主要用于评定低合金钢各种热裂纹（结晶裂纹、液化裂纹等）敏感性。这种方法的原理是在焊缝凝固后期施加一定的应变来研究产生裂纹的规律。当外加应变值在某一温度区间超过焊缝或热影响区金属的塑性变形能力时，就会出现热裂纹，以此来评定产生焊接热裂纹的敏感性。

根据试验目的不同，可分为纵向和横向两种试验方法，如图 7-4 所示，两者可在同一台试验机上进行。试验过程基本相同，仅焊缝所承受的应变方向不同。试验时只需将焊接方向扭转 90°，用工具显微镜检测裂纹的总长度和裂纹数量。

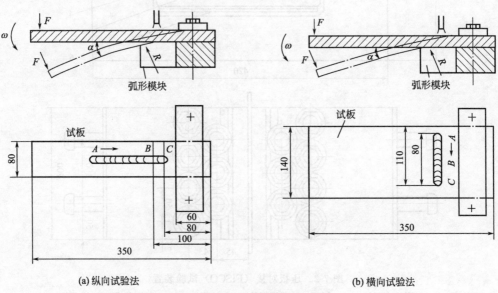

(a) 纵向试验法　　　　　　　　　　　　(b) 横向试验法

图 7-4　可调拘束裂纹试验示意图

可调拘束裂纹试验时，加载变形有快速和慢速两种形式。慢速变形时，采用支点弯曲的方式，应变量由压头下降弧形距离 S 控制，应变速度约为每秒 $0.3\%\sim7.0\%$。

$$S = R_0 \alpha \frac{\pi}{180} \tag{7-7}$$

式中　S——加载压头下降的弧形位移，mm；

　　　R_0——加载压头的旋转半径，mm；

　　　α——试板的弯曲度，rad。

快速变形时，应变量由可更换的弧形模块的曲率半径控制，该应变量 ε 可用下式计算，即：

$$\varepsilon = \frac{\delta}{2R} \times 100(\%) \tag{7-8}$$

式中　δ——试板厚度，mm；

　　　R——弧形模块曲率半径，mm。

所用试板尺寸为：$(5\sim16)\,\mathrm{mm}\times(50\sim80)\,\mathrm{mm}\times(300\sim350)\,\mathrm{mm}$。试验焊条按规定烘干。

焊接参数为：焊条直径 4mm，焊接电流 170A，焊接电压 24～26V，焊接速度 15cm/min。

试验过程如图 7-4 所示，由 A 点焊接至 C 点后熄弧，当焊接到 B 点（50mm 处）时，加载压头突然加力 F 下压，使试板发生强制变形而与模块贴紧。变更模块的曲率半径 R 即可变更应变量 ε，而 ε 达到一定数值时就会在焊缝或热影响区产生热裂纹。随着 ε 增大，裂纹的数目及长度总和也都增加，从而可以获得一定的规律。

横向可调拘束裂纹试验主要用于测试焊缝中的结晶裂纹和高温失塑裂纹，如图 7-5(a) 所示。直接可测得下列数据，这些数据可作为结晶裂纹的评定指标，包括材料不产生结晶裂纹所能承受的最大应变量（临界应变量）ε_{cr}；某应变下的最大裂纹长度 L_{max}；某应变下的裂纹总长度 L_t；某应变下的裂纹总条数 N_t。

纵向可调拘束裂纹试验主要用于测试结晶裂纹和液化裂纹，如图 7-5(b) 所示。可直接测得下列数据，这些数据可作为结晶（或液化）裂纹的评定指标，包括不产生结晶（或液化）裂纹的最大应变量 ε_{cr}；某应变下结晶（或液化）裂纹的最大裂纹长度 L_{max}；某应变下结晶（或液化）裂纹的总长度 L_t；某应变下结晶（或液化）裂纹的总条数 N_t。

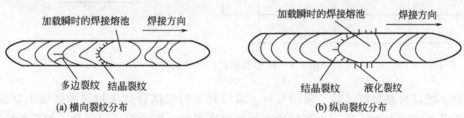

图 7-5 可调拘束试验的裂纹分布

② 再热裂纹试验方法　再热裂纹的敏感温度约在 $550 \sim 650 ℃$，具有沿晶开裂的特点。再热裂纹可采用如下几种试验方法进行评定。

a.插销式再热裂纹试验法　试验所用试件的形状和尺寸以及试验装置，与冷裂纹插销试验一样。只是在焊接插销的部位安装一台加热用的电炉。

试验时将插销试棒装在底板上。焊条直径 4mm，烘干 $400℃ \times 2h$，焊接电流 160A，焊接电压 22V，焊接速度 0.25cm/s。为了保证插销缺口部位不产生裂纹，焊接时应适当预热。焊后在室温下放置 24h，经检查无裂纹后进行下一步再热裂纹试验。试验时，将焊好的插销试棒安装在试验机带水冷的夹头上，留一定间隙，以保证插销在升温时能自由伸缩，处于无载荷状态。然后接通电炉，加热至消除应力热处理温度，也即再热裂纹的敏感温度，保温 15min 使温度均匀，然后按下式进行加载：

$$\sigma_0 = 0.8\sigma_s \frac{E_t}{E} \tag{7-9}$$

式中　σ_0——在 T 温度下所加的初始应力，MPa；
　　　σ_s——室温下插销试棒的屈服点，MPa；
　　　E_t——温度 T 时的弹性模量，MPa；
　　　E——室温时的弹性模量，MPa。

当加载达到 σ_0 后立即恒载。在高温恒载过程中，由于蠕变的发展，施加在插销上的初始应力将逐渐下降，直至断裂。由于再热裂纹试验是一种应力松弛试验，当在消除应力热处理温度范围保持载荷时间超过 120min 而不发生断裂者，就认为没有再热裂纹倾向。根据在不同温度下施加初始应力后直至断裂所需时间可以作出再热裂纹 SR 温度-断裂时间的"C 曲线"，用以评定再热裂纹倾向。

b. H 形拘束试验　试件形状及尺寸如图 7-6 所示。试板厚为 $\delta=35mm$，焊前预热及层间温度为 150～200℃，采用直径 4mm 焊条，焊接电流 150～180A，直流反接。焊后进行无损检测，确定无裂纹后再进行 (500～700)℃×2h 回火处理。然后检查焊接热影响区是否出现再热裂纹。

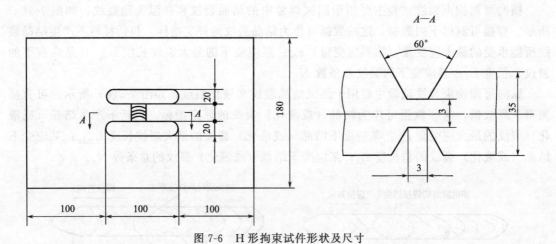

图 7-6　H 形拘束试件形状及尺寸

c. 斜 y 坡口再热裂纹试验　采用与斜 y 坡口对接裂纹试验方法相同的试板形状及尺寸，试验过程及要求也基本一致。为了防止产生焊接冷裂纹，焊前应适当预热，焊后检验无裂纹后再进行消除应力热处理。热处理的工艺参数一般为 (500～700)℃×2h。然后进行再热裂纹检测。

7.2　焊接冷裂纹

7.2.1　焊接冷裂纹分类及特征

① 常见冷裂纹　冷裂纹是焊接中最为普遍的一种裂纹，它是焊后冷至较低温度下产生的。对于低合金高强钢来讲，大约在钢的马氏体转变温度 M_s 附近，是由于拘束应力、淬硬组织和扩散氢的共同作用而产生的。冷裂纹主要发生在低合金钢、中合金钢、中碳和高碳钢的焊接热影响区（见图 7-7）。

冷裂纹可以在焊后立即出现，有时却要经过一段时间，如几小时、几天甚至更长时间才出现。开始时少量出现，随时间延长逐渐增多和扩展。这类不是在焊后立即出现的冷裂纹称为延迟裂纹，它是冷裂纹中较为常见的一种形态。

冷裂纹的起源多发生在具有缺口效应的焊接热影响区或物理化学性能不均匀的氢聚集局部区。冷裂纹有时沿晶界扩展，有时是穿晶扩展，这取决于焊接接头的金相组织、应力状态和氢含量等。较多的是沿晶为主兼有穿晶的混合型断裂。裂纹的分布与最大应力方向有关。纵向应力大，出现横向冷裂纹；横向应力大，出现纵向裂纹。

根据被焊钢种和结构的不同，冷裂纹大致可以分为三类：淬硬脆化裂纹（或称淬火裂纹）、低塑性脆化裂纹和延迟裂纹。

a. 淬硬脆化裂纹（或称淬火裂纹）　一些淬硬倾向很大的钢种，焊接时即使没有氢的诱

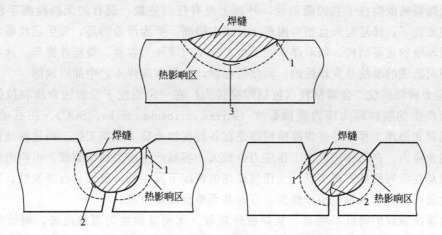

图 7-7　焊接接头区的冷裂纹分布形态

1—焊趾裂纹；2—根部裂纹；3—焊道下裂纹

发，仅在应力的作用下就能导致开裂。焊接含碳量较高的 Ni-Cr-Mo 钢、马氏体不锈钢、工具钢，以及异种钢等都有可能出现这种裂纹。它完全是由于冷却时发生马氏体相变而脆化所造成的，与氢的关系不大，基本上没有延迟现象。焊后常立即出现裂纹，在热影响区和焊缝上都可能发生。

b. 低塑性脆化裂纹　某些塑性较低的材料冷至低温时，由于收缩而引起的应变超过了材料本身所具有的塑性储备或材质变脆而产生的裂纹。例如，铸铁补焊、堆焊硬质合金和焊接高铬合金时，就容易出现这类裂纹。通常也是焊后立即产生，无延迟现象。

c. 延迟裂纹　焊后不立即出现，有一定孕育期（又叫潜伏期），具有延迟现象。延迟裂纹决定于钢种的淬硬倾向、焊接接头的应力状态和熔敷金属中的扩散氢含量。

② 层状撕裂　当焊接大型厚壁钢结构时，如果在钢板厚度方向受到较大的拉伸应力，就可能在钢板内部出现沿钢板轧制方向发展的具有阶梯状的裂纹，这种裂纹称为层状撕裂。层状撕裂常出现在 T 形接头、角接头和十字接头中，如图 7-8 所示，对接接头中很少出现。但当在焊趾和焊根处由于冷裂纹的诱导也会出现层状撕裂。

层状撕裂不发生在焊缝上，只产生于热影响区母材金属的内部，一般在钢表面上难以发现。由焊趾或焊根冷裂纹诱发的层状撕裂，有可能在这些部位暴露于金属表面。从焊接接头断面上可以看到，层状撕裂和其他裂纹的明显不同是呈阶梯状形态，裂纹是由基本平行轧制表面的平台和大体垂直于平台的剪切壁两部分组成。

层状撕裂与钢种强度级别无关，主要与钢中夹杂物的数量及其分布状态有关，在撕裂平台上常发现不同种类的非金属夹杂物。当沿钢的轧制方向有较多的片层状 MnS 时，层状撕裂才以阶梯状形态出现。如果是以硅酸盐夹杂为主，则呈直线状。若以 Al_2O_3 夹杂为主，则呈不规则的阶梯状。

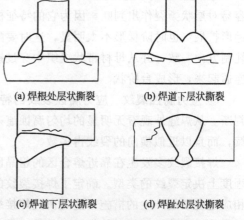

(a) 焊根处层状撕裂　　(b) 焊道下层状撕裂

(c) 焊道下层状撕裂　　(d) 焊趾处层状撕裂

图 7-8　层状撕裂示意图

层状撕裂的危险在于它的隐蔽性,外观上没有任何迹象,现有的无损检测手段难以发现。即使发现了,修复起来也相当困难,且成本很高。更为严重的是,发生层状撕裂的结构多为大型厚壁的重要结构,如海洋采油平台、核反应堆压力容器、潜艇外壳等。这些结构因层状撕裂而造成的事故是灾难性的,因此需在设计选材和施焊工艺中加以预防。

③ 应力腐蚀裂纹　金属材料(包括焊接接头)在一定温度下受腐蚀介质和拉伸应力共同作用而产生的裂纹称为应力腐蚀裂纹(stress corrosion cracks,SCC)。在石油、化工、冶金、能源和海洋工程中许多焊接结构都是在各种腐蚀介质下长期工作,而这些结构焊后常有较大残余应力,在工作过程中工作应力也较大,容易产生应力腐蚀裂纹。由应力腐蚀而引起的断裂是在没有明显宏观变形、无任何征兆的情况下发生的,破坏具有突发性。裂纹往往深入到金属内部,一旦发生很难修复,有时甚至整台设备报废。

应力腐蚀裂纹的特征很明显。从焊缝外观看,无明显的均匀腐蚀痕迹,裂纹呈龟裂形式,以近似横向的裂纹占多数。从宏观形态看,应力腐蚀裂纹只产生在与腐蚀介质接触的金属表面,然后由表面向内部延伸,表面看多呈直线状、树枝状、龟裂状或放射状等多种形态,但都没有明显塑性变形,裂纹走向与所受拉应力垂直。平焊缝上多为垂直焊缝的横向裂纹;而管材焊缝多为平行于焊缝的裂纹;管子与管板膨胀部位多为横向裂纹。

从微观形态看,深入金属内部的应力腐蚀裂纹呈干枯的树枝状,"根须"细长而带有分支,裂纹断口为典型的脆性断口。一般情况下,受应力腐蚀的低碳钢、低合金钢、铝合金、α 黄铜和镍合金等多为沿晶断裂,β 黄铜呈穿晶断裂。奥氏体不锈钢的断裂性质因腐蚀介质不同而不同,在硝酸和硝酸盐中为沿晶断裂,在硫化氢水溶液中呈穿晶断裂,在硫酸、亚硫酸中呈穿晶+沿晶断裂,在海水、河水、碱溶液中呈穿晶或穿晶+沿晶断裂。

7.2.2　焊接冷裂纹分析方法

(1) 焊接冷裂纹的微观分析

① 冷裂纹　主要出现在低合金高强钢、中高碳钢的热影响区,与热影响区粗晶区淬硬组织有密切关系。裂纹的走向有时穿晶,有时沿晶,这要根据材质、氢分布和拘束应力而定。某些强度级别较高的高强度钢和超高强钢,焊接冷裂纹有时也出现在焊缝中。在多层焊时,由于层间温度偏低和氢的扩散聚集,冷裂纹也可能出现在焊缝上。有时仅用一般金相显微镜观察难以作出正确判断,可采用其他更高级的测试手段,如扫描电镜等。

② 层状撕裂　主要是在大厚度板焊接热影响区中产生的。在一般光学显微镜下观察,容易对层状撕裂作出判断,因为它的特征极为明显,裂纹在夹杂物处萌生,并沿夹杂物呈阶梯形扩展(也时阶梯形不太明显,这时要配合夹杂物分析和断口分析),裂纹方向与母材的轧制方向一致,并从母材带状组织中穿过铁素体晶粒。相邻两条裂纹的首尾,由直立的缝隙连通起来,形成台阶状。

③ 应力腐蚀裂纹　应力腐蚀裂纹的特征更为明显,几乎只在显微镜下观察就可以作出判断。从焊缝外观看无明显的均匀腐蚀痕迹,所观察到的应力腐蚀裂纹呈龟裂形式,断断续续,而且以近似横向的裂纹占多数。

焊接裂纹多发生在靠近熔合区的粗晶区晶界处。焊接裂纹产生的位置及裂纹形态在一定程度上决定裂纹的类型。确定了焊接裂纹的类型就能知道裂纹产生的机理和原因,可以提出相应避免裂纹产生的措施,这是研究焊接裂纹的重要内容。显微组织与焊接裂纹产生的关系是极为重要的,焊接过热粗晶区晶界容易产生延迟裂纹,这是由于粗大晶粒内部的粗晶马氏体组织的显微硬度较高。

显微组织分析注重组织与裂纹间的关系，在显示组织时必须要使它真实、清楚。腐蚀剂应选用适当、浸蚀条件准确，不能过深或过浅。裂纹在腐蚀剂的显示下不能使其因浸蚀而失真，影响裂纹本身的形貌。浸蚀时间要适当掌握，尤其不能太长；浸蚀剂强度不可太大，裂纹内部的浸蚀酸液应冲洗彻底，并在热吹风机下迅速处理干净。焊接裂纹试样要在较长时间、较高温度下清除裂纹内残存的浸蚀剂后，立即在显微镜下进行观察，把组织与裂纹的关系拍摄下来。裂纹试样不要长时间放置。

(2) 冷裂纹分析依据

① 碳当量法　由于焊接热影响区的淬硬及冷裂纹倾向与钢种的化学成分有密切关系，因此可以用化学成分间接评估钢材冷裂纹的敏感性。各种元素中，碳对冷裂纹敏感性的影响最显著。可以把钢中合金元素的含量按相当于若干碳当量折算并叠加起来，作为粗略评定钢材冷裂纹倾向的参数指数，即所谓碳当量（CE 或 C_{eq}）由于世界各国和研究单位所采用的试验方法和钢材的合金体系不同，各自建立了有一定适用范围的碳当量计算公式，见表 7-3。

表 7-3　常用合金结构钢碳当量公式

序号	碳当量公式	适用钢种
1	国际焊接学会（IIW）推荐： $C_{eq}(IIW) = C + \dfrac{Mn}{6} + \dfrac{Cr+Mo+V}{5} + \dfrac{Cu+Ni}{15}$，%	含碳量较高（C≥0.18%）、强度级别中等（σ_b = 500～900MPa）的非调质低合金高强钢
2	日本 JIS 标准规定： $C_{eq}(JIS) = C + \dfrac{Mn}{6} + \dfrac{Si}{24} + \dfrac{Ni}{40} + \dfrac{Cr}{5} + \dfrac{Mo}{4} + \dfrac{V}{14}$，%	低合金高强钢（σ_b = 500～1000MPa），化学成分：C≤0.2%；Si≤0.55%；Mn≤1.5%；Cu≤0.5%；Ni≤2.5%；Cr≤1.25%；Mo≤0.7%；V≤0.1%；B≤0.006%
3	美国焊接学会（AWS）推荐： $C_{eq}(AWS) = C + \dfrac{Mn}{6} + \dfrac{Si}{24} + \dfrac{Ni}{15} + \dfrac{Cr}{5} + \dfrac{Mo}{4} + \dfrac{Cu}{13} + \dfrac{P}{2}$，%	碳钢和低合金高强钢，化学成分：C<0.6%；Mn<1.6%；Ni<3.3%；Mo<0.6%；Cr<1.0%；Cu=0.5%～1%；P=0.05%～0.15%

表 7-3 各公式中，碳当量的数值越大，被焊钢材的淬硬倾向越大，焊接区越容易产生冷裂纹。因此可以用碳当量的大小来评定钢材焊接性的优劣，并按焊接性的优劣提出防止产生焊接裂纹的工艺措施。应指出，用碳当量法估计焊接性是比较粗略的，因为公式中只包括了几种元素，实际钢材中还有其他元素，而且元素之间的相互作用也不能用简单的公式反映，特别是碳当量法没有考虑板厚和焊接条件的影响。所以，碳当量法只能用于对钢材焊接性的初步分析。

此外，用碳当量法评定焊接性时还应注意以下的问题。

a. 使用国际焊接学会（IIW）推荐的碳当量公式时，对于板厚 δ<20mm 的钢材，当 C_{eq}<0.4% 时，淬硬倾向不大，焊接性良好，焊前不需要预热；C_{eq} = 0.4%～0.6% 时，尤其是 C_{eq} 大于 0.5% 时，钢材易淬硬，表明焊接性已变差，焊接时需预热才能防止裂纹，随板厚增大预热温度要相应提高。

b. 使用日本工业标准（JIS）的碳当量公式时，当钢板厚度 δ<25mm 和采用手工电弧焊时（焊接线能量为 17kJ/cm），对于不同强度级别的钢材规定了不产生裂纹的碳当量界限和相应的预热措施，见表 7-4。

表 7-4   钢材强度和碳当量确定预热温度

钢材强度级别 σ_b/MPa	碳当量界限 C_{eq}(JIS)/%	工艺措施
500	0.46	焊接时不需预热
600	0.52	焊前预热 75℃
700	0.52	焊前预热 100℃
800	0.62	焊前预热 150℃

c. 使用美国焊接学会（AWS）推荐的碳当量公式时，应根据计算出来某钢种的碳当量再结合焊件的厚度，先从图 7-9 中查出该钢材焊接性的优劣等级，再从表 7-5 中确定出不同焊接性等级钢材的最佳焊接工艺措施。

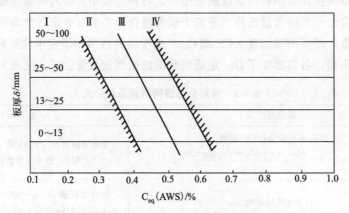

图 7-9   碳当量 C_{eq} 与板厚的关系

Ⅰ—优良；Ⅱ—较好；Ⅲ—尚好；Ⅳ—尚可

表 7-5   不同焊接性等级钢材的最佳焊接工艺措施

焊接性等级	酸性焊条	碱性低氢型焊条	消除应力	敲击焊缝
Ⅰ—优良	不需预热	不需预热	不需	不需
Ⅱ—较好	预热 40～100℃	－10℃ 以上不预热	任意	任意
Ⅲ—尚好	预热 150℃	预热 40～100℃	希望	希望
Ⅳ—尚可	预热 150～200℃	预热 100℃	希望	希望

② 焊接冷裂纹敏感指数法   合金结构钢焊接时产生冷裂纹的原因除了化学成分外，还与焊缝金属组织、扩散氢含量、接头拘束度等密切相关。日本学者采用斜 y 形坡口"小铁研试验"对 200 多种不同成分的钢材、不同厚度及不同含氢量的焊缝进行试验，提出了与化学成分、扩散氢和拘束度（或板厚）相联系的冷裂纹敏感性指数等公式，并可用冷裂纹敏感性指数确定防止冷裂纹所需的焊前预热温度。表 7-6 列出了这些冷裂纹敏感性公式、应用条件及确定焊前预热温度的计算公式。

表 7-6   冷裂纹敏感性公式及焊前预热温度的确定

冷裂纹敏感性公式/%	预热温度/℃	应用条件
$P_c = P_{cm} \dfrac{[H]}{60} + \dfrac{\delta}{600}$	$T_0 = 1440 P_c - 392$	斜 y 形坡口试件，适用于 $C_c \leqslant 0.17\%$ 的低合金钢；$[H] = 1 \sim 5\text{mL}/100\text{g}$，$\delta = 19 \sim 50\text{mm}$
$P_w = P_{cm} \dfrac{[H]}{60} + \dfrac{R}{400000}$		

冷裂纹敏感性公式/%	预热温度/℃	应用条件
$P_H = P_{cm} + 0.075 \lg[H] + \dfrac{R}{400000}$	$T_0 = 1600 P_H - 408$	斜 y 形坡口试件,适用于 $C_c \leqslant 0.17\%$ 的低合金钢;$[H] > 5mL/100g$,$R = 500 - 33000MPa$
$P_{HT} = P_{cm} + 0.088 \lg[\lambda H_0'] + \dfrac{R}{400000}$	$T_0 = 1400 P_{HT} - 330$	斜 y 形坡口试件,P_{HT} 考虑了氢在熔合区附近的聚集

式中,P_{cm} 为冷裂纹敏感系数,即:

$$P_{cm} = C + \frac{Si}{30} + \frac{Mn + Cu + Cr}{20} + \frac{Ni}{60} + \frac{Mo}{15} + \frac{V}{10} + 5B\,(\%) \tag{7-10}$$

式(7-10) 适用的成分范围为:$C = 0.07\% \sim 0.22\%$、$Si \leqslant 0.60\%$、$Mn = 0.40\% \sim 1.40\%$、$Cu \leqslant 0.50\%$、$Ni \leqslant 1.20\%$、$Cr \leqslant 1.20\%$、$Mo \leqslant 0.70\%$、$V \leqslant 0.12\%$、$Nb \leqslant 0.04\%$、$Ti \leqslant 0.50\%$、$B \leqslant 0.005\%$。板厚 $\delta = 19 \sim 50mm$;扩散氢含量 $[H] = 1 \sim 5mL/100g$。

$[H]$ 为熔敷金属中的扩散氢含量,$mL/100g$;δ 为被焊金属板厚,mm;R 为拘束度,MPa;$[H_0']$ 为熔敷金属中的有效扩散氢含量,$mL/100g$;λ 为有效系数,低氢型焊条 $\lambda = 0.6$,$[H_0'] = [H]$;酸性焊条 $\lambda = 0.48$,$[H_0'] = [H]/2$。

(3) 冷裂纹试验方法

焊接冷裂纹是在焊后冷却至较低温下产生的一种常见裂纹,主要发生在低中合金结构钢的焊接热影响区或熔合区。个别情况下,如焊接超高强度钢或某些钛合金时,冷裂纹也出现在焊缝金属中。表 7-7 列出常用的低合金钢焊接冷裂纹试验方法及主要特点。冷裂纹可以在焊后立即出现,有时却要经过一段时间,如几小时,几天甚至更长时间才出现。开始时是少量出现,随时间增长裂纹逐渐增多和扩展,即为延迟裂纹。

表 7-7 常用的低合金钢焊接冷裂纹试验方法

试验方法名称	焊接方法	焊接层数	裂纹部位	拘束形式	特点
斜 y 形坡口对接裂纹试验	手弧焊、CO_2 焊	单道	焊缝/热影响区	拉伸自拘束	用于评定高强度钢第一层焊缝及热影响区的裂纹倾向,试验方法简便,是国际上采用较多的抗裂性试验方法之一,亦称"小铁研试验"
刚性固定对接裂纹试验	手弧焊、CO_2 焊、SAW 焊	单道多道	焊缝/热影响区		此法拘束度很大,容易产生裂纹,往往在试验中发生裂纹而在实际生产中不出现裂纹,多用于大厚焊件
窗形拘束裂纹试验	手弧焊、CO_2 焊	单道多道	焊缝		主要用于考察多层焊时焊缝的横向裂纹敏感性
十字接头裂纹试验	手弧焊、MIG	单道	热影响区	自拘束	主要用于测定热影响区的冷裂纹倾向
插销试验	手弧焊、CO_2 焊	单道	热影响区		需专用设备,评定高强度钢热影响区冷裂倾向,简便,省材
刚性拘束裂纹试验(RRC 试验)	手弧焊、CO_2 焊	单道	焊缝/热影响区	可变拘束	需专用设备,可用于研究冷裂机理,研究临界拘束应力、线能量、扩散氢含量、预热温度等对冷裂倾向的影响
拉伸拘束裂纹试验(TRC 试验)	手弧焊、CO_2 焊	单道	焊缝/热影响区		需专用设备,可定量分析产生裂纹的各种因素,如成分、含氢量、拘束应力

① 斜 y 形坡口对接裂纹试验　主要用于评定低合金结构钢焊缝及热影响区的冷裂纹敏感性，在实际生产中应用很广泛，通常称为"小铁研试验"。

a. 试件制备　试板形状及尺寸如图 7-10 所示。被焊钢材板厚 $\delta = 9 \sim 38$mm，对接接头坡口用机械方法加工。试板两端各在 60mm 范围内施焊拘束焊缝，采用双面焊，注意防止角变形和未焊透。保证中间待焊试样焊缝处有 2mm 间隙。

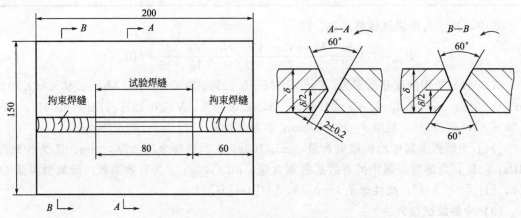

图 7-10　斜 y 形坡口对接试件的形状及尺寸

b. 试验条件　试验焊缝选用的焊条应与母材相匹配，所用焊条应严格烘干。推荐采用下列焊接工艺参数：焊条直径 4mm，焊接电流 (170 ± 10)A，焊接电压 (24 ± 2)V，焊接速度 (150 ± 10)mm/min。用手工电弧焊施焊的试验焊缝如图 7-11(a) 所示，用自动送进装置施焊的试验焊缝如图 7-11(b) 所示。试验焊缝可在各种不同温度下施焊，试验焊缝只焊一道，不填满坡口。焊后静置和自然冷却 24h 后截取试样和进行裂纹检测。

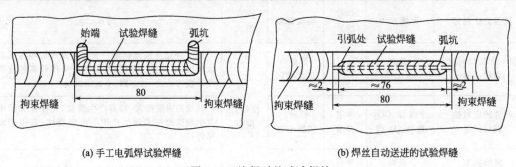

(a) 手工电弧焊试验焊缝　　　　　　　　(b) 焊丝自动送进的试验焊缝

图 7-11　施焊时的试验焊缝

c. 检测与裂纹率计算　用肉眼或手持 5～10 倍放大镜来检测焊缝和热影响区的表面和断面是否有裂纹。按下列方法分别计算试样的表面裂纹率、根部裂纹率和断面裂纹率。

表面裂纹率 C_f [见图 7-12(a)] 按下式计算：

$$C_f = \frac{\sum l_f}{L} \times 100\% \tag{7-11}$$

式中　$\sum l_f$——表面裂纹长度之和，mm；

L——试验焊缝长度，mm。

根部裂纹率 C_r：试样先经着色检验，然后将其拉断，按图 7-12(b) 所示计算根部裂纹

长度，按下式计算根部裂纹率 C_r

$$C_r = \frac{\sum l_r}{L} \times 100\% \qquad (7\text{-}12)$$

式中　$\sum l_r$——根部裂纹长度之和，mm。

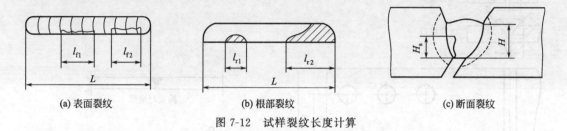

(a) 表面裂纹　　　　　　(b) 根部裂纹　　　　　　(c) 断面裂纹

图 7-12　试样裂纹长度计算

断面裂纹率 C_s：用机械加工方法在试验焊缝上等分截取出 4～6 块试样，检查 5 个横断面上的裂纹深度 H_s [见图 7-12(c)]。按下式计算断面裂纹率 C_s：

$$C_s = \frac{\sum H_s}{\sum H} \times 100\% \qquad (7\text{-}13)$$

式中　$\sum H_s$——5 个断面裂纹深度的总和，mm；

　　　$\sum H$——5 个断面焊缝最小厚度的总和，mm。

斜 y 坡口"小铁研试验"焊接接头的拘束度大，根据计算和实际测定达 700MPa 以上，大大超过实际对接接头的拘束度。而且焊缝根部应力集中大，根部又有尖角，焊缝受力条件较苛刻，冷裂敏感性很大。目前国内外没有评定"小铁研试验"裂纹敏感性的统一标准，但可以根据裂纹率进行相对评定。一般认为低合金钢"小铁研试验"表面裂纹率小于 20% 时，用于一般焊接结构生产是安全的。

如果试验用的焊接工艺参数不变，用不同预热温度进行试验，就可以测定出防止冷裂纹的临界预热温度，作为评定钢材冷裂纹敏感性的指标。这种试验方法用料省、试件易加工、不需特殊试验装置、试验结果可靠。生产中多采用这种方法评定低合金钢的抗冷裂性能。

② 拉伸拘束裂纹试验　基本原理是模拟焊接接头承受的平均拘束应力，在一定坡口形状和一定尺寸的试板间施焊后，冷却到规定温度时在焊缝横向施加一拉伸载荷并保持恒定，直到产生裂纹或断裂。通过调整载荷，可以求得加载 24h 而不发生开裂的临界应力。根据临界应力的大小，即可评定冷裂纹敏感性。这种试验可以定量地分析低合金钢产生冷裂纹的各种因素，如化学成分、焊缝含氢量、拘束应力、工艺参数及焊后热处理等。这种试验方法适用于大型试板定量评定冷裂纹的敏感性，试验结果常与插销试验一致。试验原理和试件形状见图 7-13。

试验中推荐采用的焊接工艺参数为：焊接电流 170A，焊接电压 24V，焊接速度 0.25cm/s。焊后冷却至 100～150℃时施加拉伸载荷，试验过程保持恒定直至发生裂纹或断裂。当拉伸载荷等于或小于某一数值时不再产生裂纹或断裂，此时的应力即为"临界应力"，可用于评价该钢材的冷裂纹倾向大小。TRC 试验方法的设备较大较复杂，所需试板的尺寸也很大。

③ 刚性固定对接裂纹试验　这种试验方法主要用于测定焊缝的冷裂纹，也可以测定热影响区的冷裂纹倾向，适用于低合金钢手工电弧焊、埋弧焊、气体保护焊等。

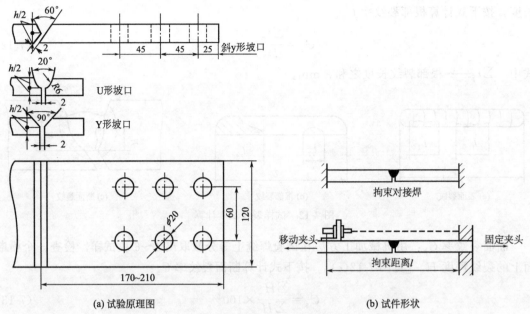

(a) 试验原理图　　　　　　　　　　(b) 试件形状

图 7-13　TRC 试验原理和试件形状

　　a. 试件制备　试件的形状、尺寸见图 7-14。试板长度 $l \geqslant 300mm$，宽度 $b \geqslant 100mm$，厚度 δ_1 应与待焊产品厚度相同，但试板厚度 $\delta \geqslant 25mm$ 时其适用厚度不限。刚性底板长度 $L = (l+100)mm$，宽度 $B = (2b+100)mm$，厚度 δ_2（手工电弧焊和气体保护焊）$\geqslant 40mm$；埋弧焊时厚度 $\delta \geqslant 60mm$。用于焊接性对比试验时，试板厚度 $\delta \leqslant 10mm$ 时用 I 形坡口，试板厚度 $\delta > 10mm$ 时用 Y 形坡口。钝边厚度应使试验焊缝保留未焊透，钝边间隙 $(2 \pm 0.2)mm$，坡口角 α 为 $60°$。

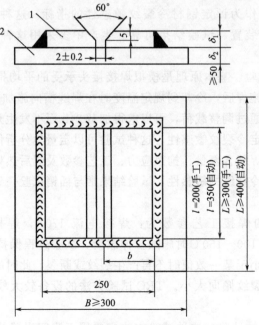

图 7-14　刚性固定对接裂纹试验试件

1—试板；2—刚性底板

　　b.试验焊缝的焊接　将试板点固在刚性底板上，然后焊接拘束焊缝。四周固定焊缝的焊脚 $K=12mm$，若板厚 $\delta<12mm$，则 $K=\delta$。拘束焊缝焊脚应与试板厚度等齐或大于试验焊缝的 3 倍。评定抗裂性能时，只需焊一道试验焊缝，按实际生产时的焊接工艺参数施焊；做工艺适应性试验时，工艺参数以不出现裂纹为目的进行调整；做裂纹倾向性对比试验时，应选定基本参数，再做裂纹率对比，或做零裂纹率的预热温度及热输入量的对比，焊后按预定工艺冷却。

　　c.取样与检验　试验焊缝焊后在室温下放置 24h 后，先检查焊缝表面有无裂纹，再横向切取焊缝，取 2 块试样磨片检查有无裂纹，一般以有无裂纹为评定标准。焊缝正面的表面裂纹可在切取拘束焊缝前进行检测，焊缝背面裂纹在切取试件后检测。将试件按试验焊缝长度方向作 6 等分切取试样，检测其断面裂纹。计算出表面裂纹率和断面裂纹率。

　　④ 窗形拘束裂纹试验　这种方法主要用于测定低合金钢多层焊时焊缝横向冷裂纹及热裂纹的敏感性，为选择焊接材料和确定工艺条件提供实验依据。

　　图 7-15(a) 为试验用的框架，它由 1200mm×1200mm×50mm 的低碳钢板组成，立板中央开有 320mm×470mm 的窗口。试件为两块 500mm×180mm 的被焊钢板，开 X 形坡口，见图 7-15(b)。

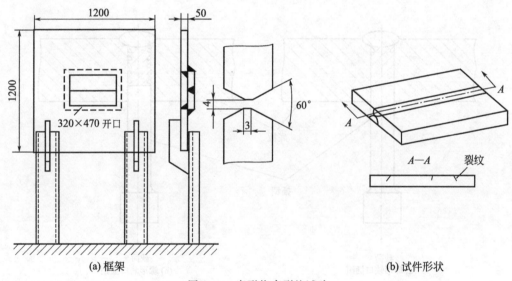

(a) 框架　　　　　　　　　　　　　　　　(b) 试件形状

图 7-15　窗形拘束裂纹试验

　　先将试板焊在窗口部位，然后采用实际选定的工艺参数进行试验焊缝的焊接，用多层焊从 X 形坡口两面填满坡口完成试验焊缝。焊后放置 24h 再进行检查，先对试板进行 X 射线探伤。然后将试板沿焊缝纵向剖开，经磨片后在纵断面上检查裂纹，见图 7-15(b)。

　　⑤ 插销试验方法　是测定低合金钢焊接热影响区冷裂纹敏感性的一种定量试验方法。插销试验的设备附加其他装置，也可用于测定再热裂纹敏感性和层状撕裂敏感性。这种方法因消耗材料少、试验结果稳定，应用较广泛。

　　a.试样制备　将被焊钢材加工成圆柱形的插销试棒，沿轧制方向取样并注明插销在厚度方向的位置。插销试棒的形状见图 7-16，各部位尺寸见表 7-8。试棒上端附近有环形或螺形缺口。将插销试棒插入底板相应的孔中，使带缺口一端与底板表面平齐（见图 7-17）。

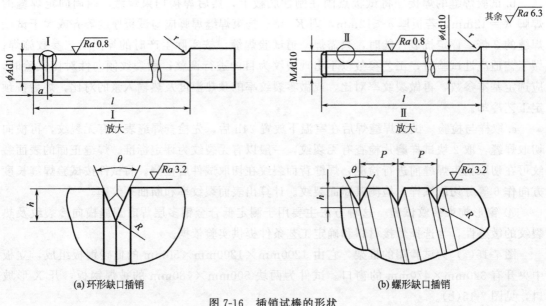

(a) 环形缺口插销　　　　　　　　　　　(b) 螺形缺口插销

图 7-16　插销试棒的形状

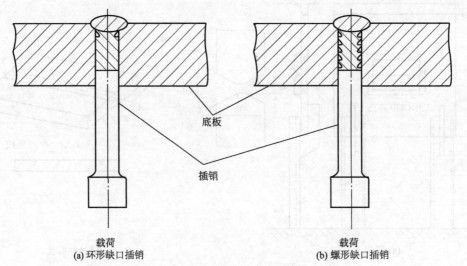

(a) 环形缺口插销　　　　　　　　　　　(b) 螺形缺口插销

图 7-17　插销试棒、底板及熔敷焊道

表 7-8　插销试棒的尺寸

缺口类别	ϕA/mm	h/mm	θ/(°)	R/mm	P/mm	l/mm
环形	8	$0.5^{+0.05}_{-0.05}$	40^{+2}_{-2}	$0.1^{+0.2}_{-0.2}$	—	大于底板的厚度，一般约为 30～150
螺形		$0.5^{+0.05}_{-0.05}$	40^{+2}_{-2}	$0.1^{+0.2}_{-0.2}$	1	
环形	6	$0.5^{+0.05}_{-0.05}$	40^{+2}_{-2}	$0.1^{+0.2}_{-0.2}$	—	
螺形		$0.5^{+0.05}_{-0.05}$	40^{+2}_{-2}	$0.1^{+0.2}_{-0.2}$	1	

　　对于环形缺口的插销试棒，缺口与端面的距离 a 应使焊道熔深与缺口根部所截平面相切或相交，但缺口根部圆周被熔透的部分不得超过 20%，见图 7-18。对于低合金钢，a 值

在焊接线能量 $E=15kJ/cm$ 时为 2mm。根据焊接线能量的变化，缺口与端面的距离 a 可按表 7-9 作适当调整。

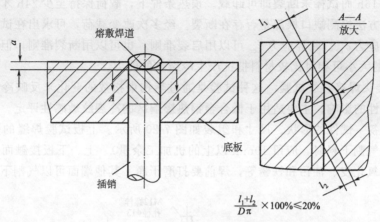

图 7-18　熔透比的计算

表 7-9　缺口位置 a 与焊接线能量 E 的关系

$E/(kJ/cm)$	9	10	13	15	16	20
a/mm	1.35	1.45	1.85	2.0	2.1	2.4

底板材料应与被焊钢材相同或热物理常数基本一致。底板厚度为 20mm，形状和尺寸见图 7-19。底板钻孔数应小于或等于 4 个，位于底板纵向中线上，孔间距为 33mm。

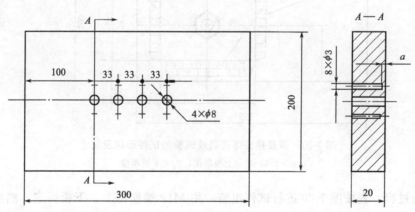

图 7-19　底板的形状及尺寸

b. 试验过程　按选定的焊接方法和严格控制的工艺参数，在底板上熔敷一层堆焊焊道，焊道中心线通过试棒的中心，其熔深应使缺口尖端位于热影响区的粗晶区。焊道长度 L 约 100～150mm。

施焊时应测定 800～500℃的冷却时间 $t_{8/5}$ 值。不予热焊接时，焊后冷却至 100～150℃时加载；焊前预热时，应在高于预热温度 50～70℃时加载。载荷应在 1min 之内且在冷却至 100℃或高于预热温度 50～70℃之前施加完毕。如有后热，应在后热之前加载。

为了获得焊接热循环的有关参数（$t_{8/5}$、t_{100} 等），可将热电偶焊在底板焊道下的盲孔中（见图 7-19），盲孔直径 3mm，深度与插销试棒的缺口处一致。测点的最高温度应不低于 1100℃。

当加载试棒时，插销可能在载荷持续时间内发生断裂，记下承载时间。在不预热条件下，载荷保持 16h 而试棒未断裂即可卸载。预热条件下，载荷保持至少 24h 才可卸载。可用金相或氧化等方法检测缺口根部是否存在断裂。经多次改变载荷，可求出在试验条件下不出现断裂的临界应力 σ_{cr}。临界应力 σ_{cr} 可以用启裂准则，也可以用断裂准则，但应注明。根据临界应力 σ_{cr} 的大小可相对比较材料抵抗产生冷裂纹的能力。

⑥ 搭接接头焊接裂纹试验　这种试验是通过热拘束指数的变化来反映冷却速度对焊接接头裂纹敏感性的影响，主要适用于低合金钢热影响区的冷裂纹敏感性评定。

　　a. 试件制备　试件的形状、尺寸和组装如图 7-20 所示。上板试验焊缝的两个端面需进行机械加工（气割下料时，应留 10mm 以上的机加工余量）。上、下板接触面以及下板的试验焊缝附近的氧化皮、油污和铁锈等，焊前要打磨干净。其他端面可以气割下料。

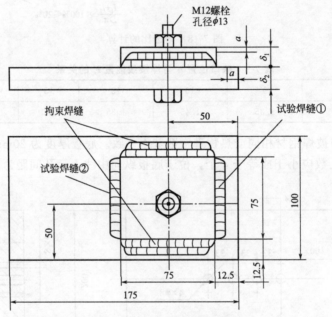

图 7-20　搭接接头焊接裂纹试验的试件形状及尺寸

$a>1.5$；δ_1—上板厚度；δ_2—下板厚度

　　b. 试验过程　先按图 7-20 进行试件组装，用 M12 螺栓把上、下板固定，然后用试验焊条焊接两侧的拘束焊缝，每侧焊两道。待试件完全冷至室温后，将试件放在隔热平台上焊接试验焊缝。为了比较不同钢种的冷裂纹倾向，推荐采用的焊接工艺参数为：焊条直径 4mm，焊接电流 160～180A，焊接电压 22～26V，焊接速度 140～160mm/min。试验时先焊试验焊缝①，待试件冷至室温后，再用相同的焊接工艺参数焊试验焊缝②。

　　一般在室温下进行焊接，也可以在预热和热处理条件下焊接。焊后试件室温放置 48h 后进行解剖。按图 7-21(a) 点画线所示的尺寸进行机加工切割，每条试验焊缝取 3 块试片，共切取 6 块。对试样检测面作金相研磨和腐蚀处理，在 10～100 倍显微镜下检测有无裂纹，并按图 7-21(b) 所示测量裂纹长度。

　　c. 计算方法　按图 7-21(b) 所示对测得的裂纹长度用下列公式分别算出上、下板的裂纹率：

$$C_1 = \frac{\sum L_1}{S_1} \times 100\% \qquad\qquad (7\text{-}14)$$

$$C_2 = \frac{\sum L_2}{S_2} \times 100\% \qquad\qquad (7\text{-}15)$$

式中　　C_1——上板裂纹率，%；

　　　　C_2——下板裂纹率，%；

　　　　$\sum L_1$——上板试棒裂纹长度之和，mm；

　　　　$\sum L_2$——下板试样裂纹长度之和，mm。

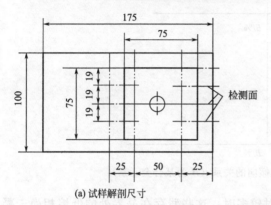

(a) 试样解剖尺寸

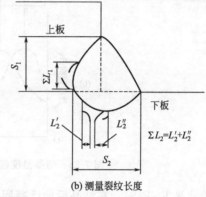

(b) 测量裂纹长度

图 7-21　试件解剖尺寸和裂纹测量

7.3　焊接裂纹影响因素与防止措施

7.3.1　焊接热裂纹影响因素

影响焊接热裂纹的因素很多，但从本质来说，主要可归纳为两方面，即冶金因素和力学因素。

(1) 冶金因素对焊接热裂纹的影响

① 合金状态图的类型和结晶温度区间　焊接结晶裂纹倾向的大小是随合金状态图结晶温度区间的增大而增大。随着合金元素的增加，结晶温度区间也随之增大 [图 7-22(a)]，同时脆性温度区的范围也增大（有阴影部分），因此结晶裂纹的倾向也是增加的 [图 7-22(b)]。一直到 S 点，此时结晶温度区间最大，脆性温度区也最大，焊接热裂纹的倾向也是最大。当合金元素进一步增加时，结晶区间和脆性温度区反而减小，所以产生焊接热裂纹的倾向也降低了。

实际上焊接条件属不平衡结晶，故实际固相线要比平衡条件下的固相线向左下方移动 [见图 7-22(a) 中的虚线]。它的最大固溶由 S 点移至 S' 点。与此同时，热裂纹倾向的变化曲线也随之左移 [如图 7-22(b) 中的虚线]。

② 合金元素对产生热裂纹的影响　焊接过程中，焊缝金属凝固结晶时先结晶部分较纯，后结晶的部分含杂质和合金元素较多，这种结晶偏析造成焊缝金属化学成分的不均匀性。

随着柱状晶长大，杂质不断被排斥到平行生长的柱状晶交界面处或焊缝中心线处，与金属形成低熔相或共晶（例如钢中含硫量偏高时，生成 FeS，进而与 Fe 形成熔点只有 985℃

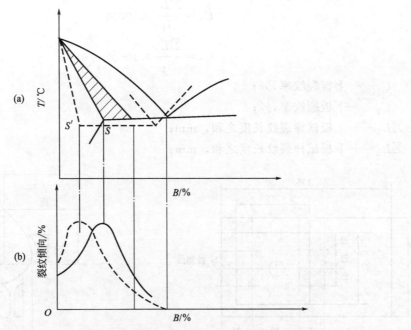

图 7-22 结晶温度区间与热裂纹倾向的关系（B 为某合金元素）

的共晶 Fe-FeS）。在结晶后期已凝固的晶粒相对较多时，这些残存在晶界处的低熔相尚未凝固，并呈液膜状态散布在晶粒表面，割断了一些晶粒之间的联系。在冷却收缩所引起的拉应力的作用下，这些远比晶粒脆弱的液态薄膜承受不了这种拉应力，就在晶粒边界处分离形成了结晶裂纹。图 7-23 是在收缩应力的作用下，在柱状晶界上和焊缝中心两侧柱状晶汇合面上形成结晶裂纹的示意图。

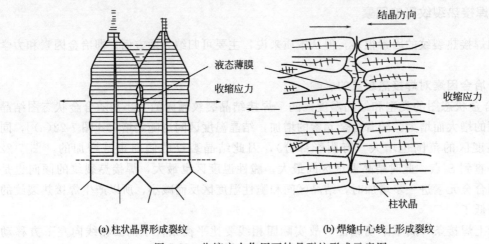

(a) 柱状晶界形成裂纹　　　　(b) 焊缝中心线上形成裂纹

图 7-23　收缩应力作用下结晶裂纹形成示意图

　　合金元素对结晶裂纹的影响是很重要的，C、S、P 对结晶裂纹影响最大，其次是 Cu、Ni、Si、Cr 等，而 N、O、As 等尚无一致的看法。

　　碳（C）是钢中影响热裂纹的主要元素，并能加剧其他元素的有害作用。因为碳极易发生偏析，和钢中其他元素形成低熔共晶，其次，碳会降低硫在铁中的溶解度，促成硫与铁化合生成 FeS，因而形成的 Fe-FeS 的低熔点共晶量随之增多，两者均促使在钢中形成热裂纹。

硫和磷在各类钢中几乎都会增加热裂纹的倾向，即使是微量存在，也会使结晶区间大为增加，在钢的各种元素中偏析系数最大，所以在钢中极易引起结晶偏析，导致热裂纹的产生。同时 S 和 P 在钢中还能形成许多低熔化合物或低熔共晶。S 和 P 对各种裂纹都比较敏感，因此用于焊接结构的钢材要对 S、P 严格控制。Mn 具有脱硫作用，能置换 FeS 为球状的高熔点的 MnS（1610℃），同时能改善硫化物的分布形态，因而能降低结晶裂纹倾向。

Mn、S、P 在焊缝和母材中常同时存在，在低碳钢中对结晶裂纹的影响有如下规律：在一定含碳量的条件下，随着含硫量的增加，裂纹倾向增大，硫的有害作用加剧；随着含锰量的增加，裂纹倾向降低。

硅是 δ 铁素体形成元素，少量硅有利于提高抗裂性能，但当 Si＞0.4％时，会因形成硅酸盐夹杂而降低焊缝金属的抗裂性能。镍是热裂纹敏感性很高的元素，镍在低合金钢中易于与硫形成低熔点共晶，Ni 与 Ni_3S_2 共晶的熔点仅 645℃，因此会引起热裂纹。

钛、锆和镧、铈等稀土元素能形成高熔点的硫化物。例如，钛的硫化物 TiS 熔点约为 2000～2100℃，铈的硫化物 CeS 熔点约为 2400℃，它们形成硫化物的效果比 Mn 还好（MnS 熔点 1610℃），有消除结晶裂纹的有利作用。

③ 一次结晶组织对热裂纹的影响　焊缝一次结晶组织的晶粒度越粗大，结晶方向性越强，就越容易促使杂质偏析，在结晶后期越容易形成连续的液态共晶薄膜，增加热裂纹的倾向。在焊缝或母材中加入一些细化晶粒元素，如 Mo、V、Ti、Nb、Zr、Al、Re 等，一方面使晶粒细化，增加晶界面积，减少杂质的集中。另一方面又打乱了柱状晶的结晶方向，破坏了液态薄膜的连续性，从而提高抗裂性能。

如果一次结晶组织仅仅是与结晶主轴方向大体一致的单相奥氏体，结晶裂纹倾向就很大。如果一次结晶组织为 δ 铁素体，或者 γ＋δ 同时存在的双相组织，结晶裂纹的倾向就能减小。

δ 相有两个良好作用：一是比 γ 相能固溶更多的有害杂质而减少有害杂质的偏析；二是 δ 相在 γ 相中的分散存在，可使 γ 相枝晶支脉发展受到限制，从而产生一定的细化晶粒和打乱结晶方向的作用。

所以在焊接 18-8 不锈钢时，通过调整母材或焊接材料的成分，使焊缝中存在体积分数约 5％的 δ 相，形成 γ＋δ 双相组织，从而提高焊缝金属的抗裂性能。

此外，δ 相和 γ 相对硫偏析的影响，与硫的溶解度有关（见表 7-10）。δ 相能溶解吸收有害杂质，从而减小其偏析。例如，当温度降低到 1200℃时，γ-Fe 只能溶解 0.035％S，超过溶解度的硫将析出而形成 Fe-FeS 共晶，导致增大热裂纹倾向。

表 7-10　Fe-C 合金中 S、P 的最大溶解度

元素	在 δ-Fe 中	在 γ-Fe 中
S	0.18％	0.05％
P	2.80％	0.25％

(2) 力学因素对热裂纹的影响

焊接结晶裂纹具有高温沿晶断裂的性质。发生高温沿晶断裂的条件是金属在高温阶段晶间塑性变形能力不足以承受当时所发生的塑性应变量，即：

$$\varepsilon \geqslant \delta_{min} \tag{7-16}$$

式中　ε——高温阶段晶间发生的塑性应变量；

　　δ_min——高温阶段晶间允许的最小变形量。

δ_{min} 反映了焊缝金属在高温时晶间的塑性变形能力。金属在结晶后期，即处在液相线与固相线温度附近的"脆性温度区"，在该区域范围内其塑性变形能力最低。塑性温度区的大小，及温度区内最小的变形能力 δ_{min} 由前述的冶金因素所决定。ε是焊缝金属在高温时受各种力综合作用所引起的应变，反映了焊缝金属当时的应力状态。这些应力主要是由焊接的不均匀加热和冷却过程而引起，如热应力、组织应力和拘束应力等。与ε有关的因素有：

a.温度分布　若焊接接头上温度分布很不均匀，即温度梯度很大，同时冷却速度很快，则引起的ε就很大，极易发生结晶裂纹；

b.金属的热物理性能　金属的热膨胀系数越大，则引起的ε也越大，越易开裂；

c.焊接接头的刚性或拘束度　当焊件越厚或接头受到拘束越强时，引起的ε也越大，结晶裂纹也越易发生。

7.3.2　热裂纹及再热裂纹防止对策

(1) 冶金方面

① 控制焊缝中硫、磷、碳等有害杂质的含量　焊接低碳钢、低合金钢时，有害元素 S、P、C 不仅能形成低熔相或共晶，还能促使偏析，从而增大结晶裂纹的敏感性。为了消除它们的有害作用，应尽量限制母材和焊接材料中 S、P、C 的含量。同时通过焊接材料过渡 Mn、Ti、Zr 等合金元素，克服硫的不良作用，提高焊缝的抗热裂纹能力。重要的焊接结构应采用碱性焊条或焊剂。

② 改善焊缝结晶形态　在焊缝金属或母材中加入一些细化晶粒元素，以提高其抗裂性能。焊接 18-8 不锈钢时，通过调整母材或焊接材料的成分，使焊缝金属中能获得 γ+δ 的双相组织，通常 δ 铁素体的体积分数控制在 5% 左右。既能提高其抗裂性，也能提高其耐腐蚀性。

③ 利用"愈合"作用　晶间存在易熔共晶是产生结晶裂纹的重要原因，但当易熔共晶增多到一定程度时，反而使结晶裂纹倾向下降，甚至消失。这是因为较多的易熔共晶可在凝固晶粒之间自由流动，填充了晶粒间由于拉应力造成的缝隙，即所谓"愈合"作用。焊接铝合金时就是利用这个"愈合"作用来选用焊接材料的。但应注意，晶间存在过多低熔相会增大脆性，影响接头性能，要控制适当。

(2) 工艺方面

主要指从焊接工艺参数、预热、接头设计和焊接顺序等方面去防止焊接热裂纹。

① 控制焊缝形状　焊接接头形式不同，将影响到接头的受力状态、结晶条件和热量分布等，因而热裂纹的倾向也不同。表面堆焊和熔深较浅的对接焊缝抗裂性较好。熔深较大的对接焊缝和角焊缝抗裂性能较差。因为这些焊缝的收缩应力基本垂直于杂质聚集的结晶面，故其热裂纹的倾向较大。

结晶裂纹和焊缝的成形系数 $\Phi=B/H$（即宽深比）有关。提高焊缝成形系数 Φ 可以提高焊缝的抗裂性能。当焊缝含碳量提高时，为了防止裂纹的产生，应相应提高宽深比。要避免采用 $\Phi<1$ 的焊缝截面形状。为了控制成形系数，必须合理调整焊接工艺参数。平焊时，焊缝成形系数随焊接电流增大而减小，随焊接电压的增大而增大。焊接速度提高时，不仅焊缝成形系数减小，而且由于熔池形状改变，焊缝的柱状晶呈直线状，从熔池边缘垂直地向焊

缝中心生长，最后在焊缝中心线上形成明显偏析层，增大了结晶裂纹的倾向。

② 预热 一般冷却速度快，焊缝金属的应变速率也增大，容易产生热裂纹。为此，应采取缓冷措施。预热对于降低热裂纹倾向比较有效，因为预热能减慢冷却速度，提高焊接热输入促使晶粒长大，增加偏析倾向。其防裂效果不明显，甚至适得其反。

③ 采用碱性焊条和焊剂 碱性焊条和焊剂的熔渣具有较强的脱硫能力，因此具有较高的抗热裂能力。

④ 降低接头的刚度和拘束度 为了减小结晶过程的收缩应力，在接头设计和焊接顺序方面尽量降低接头的刚度和拘束度。例如，设计上减小结构的板厚，合理地布置焊缝；在施工上合理安排焊件的装配顺序和每道焊缝的先后顺序，避免每条焊缝处在刚性拘束状态焊接，设法让每条焊缝有较大的收缩自由。起弧时用引弧板，慢速起弧；断弧时用熄弧板，并逐渐断弧，能减少弧坑裂纹的产生。对于厚板焊接结构，常采用多层焊，裂纹倾向比单层焊有所缓和，但对各层的熔深应注意控制。在焊接接头处应避免应力集中，如错边、咬肉、未焊透等。

7.3.3 焊接冷裂纹影响因素

(1) 焊接冷裂纹的形态特征

根据焊接冷裂纹在焊接接头中发生和分布位置的形态特征，可以将焊接冷裂纹分为四种典型情况：

① 焊道下裂纹（underbead cracks） 这是一种微小的裂纹，其特征是形成于距熔合边界线约 $0.1 \sim 0.2mm$ 的近缝区中，这个部位常常具有粗大的马氏体组织，裂纹走向大体与熔合区平行，而且一般并不显露于焊缝表面。

② 缺口裂纹（notch cracks） 特征是起源于应力集中的缺口部位，一是焊缝根部，二是焊缝的缝边或焊趾，均为粗大的马氏体组织区。前者称为焊根裂纹或根部裂纹（root crack），后者称为缝边裂纹或焊趾裂纹（toe crack）。即使低氢焊条也易于产生这类冷裂纹，用铁素体焊条时的裂纹倾向更大，用奥氏体焊条时的裂纹倾向可减小。其中根部裂纹是高强钢焊接时最为常见的一种冷裂纹类型。

③ 横向裂纹（transvers cracks） 对于淬硬倾向大的合金钢，这类裂纹一般起源于熔合区而延伸到热影响区和焊缝，其裂纹走向垂直于熔合区，常可显露于表面。即使低氢焊条也会产生这种形式的冷裂纹。在厚板多层焊时，裂纹多发生在距焊缝上表面有一小段距离的焊缝内部，为不显于表面的微裂纹形态，其方向大致垂直于焊缝轴线。降低焊缝含氢量可以防止这种焊缝横裂纹。

④ 凝固过渡层裂纹（solidification transition cracks） 只产生在用奥氏体焊条焊接合金结构钢的焊缝未混合区或凝固过渡层，是由于母材的稀释作用而在凝固过渡层出现粗大马氏体所引起的一种冷裂纹。用奥氏体焊条时有冷裂倾向，用铁素体焊条时的裂纹消失。在拘束度较大时，这种裂纹也可以穿透整个焊缝而显露于外表。减小熔合比有利于防止这种裂纹的产生。

(2) 焊接冷裂纹的影响因素

钢种的淬硬倾向、焊缝中的氢含量及其分布、焊接接头的拘束应力状态是形成冷裂纹的三大要素。这三大要素共同作用达到一定程度时，在焊接接头区域形成冷裂纹。

① 钢种的淬硬倾向 焊接时，钢种的淬硬倾向越大，越容易产生冷裂纹。因为钢种的

淬硬倾向越大，就意味着得到更多的马氏体组织。马氏体是碳在 α 铁中的过饱和固溶体，是一种脆硬组织，在一定的应变条件下，马氏体由于变形能力低而容易发生脆性断裂形成裂纹。焊接接头的淬硬倾向主要取决于钢中的化学成分、焊接工艺、结构板厚度及冷却条件等。

② 氢的作用　氢是引起高强钢焊接时形成冷裂纹的重要因素之一，并且使之具有延迟的特征，通常把氢引起的延迟裂纹称为氢致裂纹。

焊缝金属二次结晶时要发生相变，金属相变时，不仅氢的溶解度会发生急剧的变化，氢的扩散能力也有很大的不同。氢在奥氏体中的溶解度大，在铁素体中的溶解度小，当焊缝金属由奥氏体向铁素体转变时，氢的溶解度会突然下降。与此同时，氢的扩散速度在奥氏体向铁素体转变时突然增加。焊接高强钢时，焊缝金属的含碳量被控制低于母材。因此，焊缝在较高的温度发生相变，即由奥氏体分解为铁素体、珠光体、贝氏体等，此时，热影响区尚未开始奥氏体的分解，当焊缝金属发生由奥氏体向铁素体组织的转变时，氢的溶解度突然下降。同时，氢在铁素体、珠光体中的扩散速度较大，氢很快从焊缝穿过熔合区向未发生分解的奥氏体热影响区中扩散。氢在奥氏体中的扩散速度小，来不及扩散到距离熔合区较远的母材中，在熔合区附近形成氢聚集。当滞后相变的热影响区发生奥氏体向马氏体转变时，氢以过饱和状态残存于马氏体中。如果热影响区存在微观缺欠，如显微杂质和微孔，氢会在这些原有微观缺欠处不断扩展，直至形成宏观裂纹。氢由溶解、扩散、聚集、产生应力以致开裂需要时间，具有延迟性，因此称为延迟裂纹。

焊接热影响区中氢的浓度足够高时，能使具有马氏体组织的热影响区进一步脆化，形成焊道下裂纹；氢的浓度稍低时，仅在有应力集中的部位出现裂纹，容易形成焊趾裂纹和焊根裂纹。

③ 焊接接头的拘束应力　焊接时，产生和影响拘束应力的主要因素如下：

a.焊缝和热影响区在不均匀加热和冷却过程中的热应力；

b.金属相变时由于体积的变化而引起的组织应力；

c.结构在拘束条件下产生的应力，结构形式、焊接位置、施焊顺序及方向、部件自身刚性、冷却过程中其他受热部位的收缩以及夹持部位的松紧程度都会使焊接接头承受不同的应力。

上述三大因素对焊接冷裂纹产生的影响有各自的内在规律，但他们之间存在着相互联系和相互依赖的关系。

7.3.4　焊接冷裂纹防止措施

主要是对影响冷裂纹的三大要素进行控制，如改善接头组织、消除一切氢的来源和尽可能降低焊接应力。常用措施主要是控制母材的化学成分，合理选用焊接材料和严格控制焊接工艺，必要时采用焊后热处理等。

(1) 控制母材的化学成分

从设计上首先应选用抗冷裂纹性能好的钢材，把好进料关。尽量选择碳当量 C_{eq} 或冷裂纹敏感系数 P_{cm} 小的钢材，因为钢种的 C_{eq} 或 P_{cm} 越高，淬硬倾向越大，产生冷裂纹的可能性就越大。碳是对冷裂纹倾向影响最大的元素，近年来各国都在致力于发展低碳、纯净和多元合金化的新钢种。如发展了一些无裂纹钢（CF 钢），这些钢具有良好的焊接性，对中、厚板的焊接也无需预热。

（2）合理选择和使用焊接材料

主要目的是减少氢的来源和改善焊缝金属的塑性和韧性。

① 选用低氢和超低氢焊接材料　选用优质的低氢焊接材料是防止焊接冷裂纹的有效措施之一，在焊接生产中，对于不同强度级别的钢种，都有相应配套的焊条和焊剂，基本上可以满足要求。碱性焊条每百克熔敷金属中的扩散氢含量仅几毫升，而酸性焊条可高达几十毫升，所以碱性焊条的抗冷裂性能大大优于酸性焊条。对于重要的低合金高强度钢结构的焊接，原则上都应选用碱性焊条。

国际标准 ISO 3690 附录 1（E）中把焊条按扩散氢含量划分为控氢焊条和不控氢焊条两大类，控氢焊条又分成中氢、低氢和极低氢三种，如表 7-11 所示。

表 7-11　按国际标准对焊条扩散氢含量分类

焊条分类		扩散氢含量/(mL/100g)	
		$[H]_{ISO}$	相当于$[H]_{JIS,GB}$
非控氢焊条	高氢	>15	>9
控氢焊条	中氢	10～15	5.5～9
	低氢	5～10	2～5.5
	极低氢	≤5	≤2

注：$[H]_{ISO}$——按国际标准水银法测定的扩散氢含量；
　　$[H]_{JIS,GB}$——按日本和中国标准甘油法测定的扩散氢含量；
　　$[H]_{JIS,GB}=0.64[H]_{ISO}-0.93$（mL/100g）。

我国对碳钢和低合金钢用焊条的熔敷金属扩散氢含量已作出规定，生产焊条的厂家出产的焊条都应符合此标准的规定，扩散氢含量越低越好。对于重要的焊接结构，尽量选用扩散氢含量小于 2mL/100g 的超低氢焊条。

② 严格烘干焊条或焊剂　焊条和焊剂要妥善保管，不能受潮。焊前必须严格烘干，使用碱性焊条更应如此。随着烘干温度的升高，焊条扩散氢含量明显下降，如图 7-24 所示。

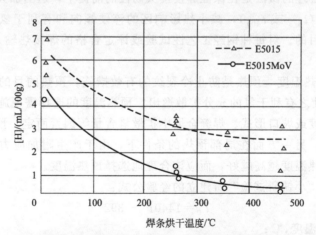

图 7-24　焊条烘干温度与扩散氢含量的关系

通常将焊条加热到 400℃左右扩散氢含量已接近最低点。为了防止温度过高引起药皮变质。一些低氢焊条在 350℃烘干 2h，超低氢焊条在 400℃烘干 2h 比较合适。在现场使用经烘干的焊条，应放在焊条保温筒内，随用随取，以防吸潮。

③ 选用低匹配焊条　选择强度级别比母材略低的焊条有利于防止冷裂纹，因强度较低

的焊缝不仅本身冷裂倾向小，而且由于容易发生塑性变形，从而降低了接头的拘束应力，使焊趾、焊根等部位的应力集中效应相对减小，改善了热影响区的冷裂倾向。按日本在 HT80 钢厚壁承压水管焊接件的制造和应用中，认为焊缝强度为母材强度的 0.82 倍时，可以达到等强度要求。在 HQ130＋QJ63 高强度钢焊接时采用低匹配焊接材料焊接，也避免了冷裂纹，而接头强度已接近 QJ63(σ_b=800MPa) 的水平。

还可以采用"软层焊接"的方法制造一些高强度钢的球形容器和反应堆外壳。即用抗裂性较好的焊条作底层，内层采用与母材等强度的焊条，而表层 2～6mm 采用稍低于母材的焊条，这样可增加焊缝金属的塑性储备，降低焊接接头的拘束应力，提高其抗裂性能。

④ 选用奥氏体焊条　采用奥氏体焊条焊接淬硬倾向较大的低、中合金高强度钢能很好地避免冷裂纹。因为奥氏体焊缝可以溶解较多的氢，同时奥氏体的塑性好，可以减小接头的拘束应力。但须注意：奥氏体焊缝强度低，对承受主应力的焊缝，只有在接头强度允许的情况下才能使用；在焊接时要采用小的焊接电流，使熔合比减小。如果焊接电流大，熔合比的增大就将使焊缝边界过渡层的 Cr、Ni 稀释，在过渡层中可能出现淬硬的马氏体组织，而增大冷裂倾向。使用奥氏体焊条焊接高强度钢时，仍然需要限制含氢量，否则，当焊缝与近缝区氢的含量变化较大时，仍会通过熔合区向近缝区扩散，导致冷裂纹的出现。

⑤ 提高焊缝金属韧性　通过焊接材料在焊缝中增加某些微量合金元素，如 Ti、Nb、Mo、V、B、Re 等来韧化焊缝，也能减小冷裂倾向。因为在拘束应力作用下，利用焊缝足够的塑性储备，可以减轻热影响区的负担，从而提高整个焊接接头的抗裂性。

(3) 正确制定焊接工艺

包括合理选定焊接热输入、预热及层间温度、焊后热处理和正确的施焊顺序等。目的在于改善热影响区和焊缝组织，促使氢的逸出以及减小焊接拘束应力。

① 严格控制焊接热输入　高强度钢对焊接热输入较为敏感。热输入过大会使热影响区奥氏体晶粒粗化，接头韧性下降，降低其抗裂性能；热输入过小，则冷却速度大，易淬硬并增大其冷裂倾向。合理的做法是在保证焊接接头韧性的前提下，适当加大焊接热输入。这样可以增大冷却时间（$t_{8/5}$ 或 t_{100}），减小热影响区的淬硬倾向和有利于氢的扩散逸出，达到防止冷裂纹产生的目的。对每种钢经工艺性试验或评定合格的焊接热输入，都应严格执行，不能随意变动。

② 合理选择预热温度　预热是防止冷裂纹的有效措施。预热的目的是为了增大热循环的低温参数 t_{100}，使之有利于氢的充分扩散逸出。预热温度的选择需视施焊环境温度、钢材强度等级、焊件厚度或坡口形式、焊缝金属中扩散氢含量等因素而定。预热温度过高，一方面恶化了劳动条件，另一方面在局部预热的条件下，由于产生附加应力，会促使产生冷裂纹。因此，不是预热温度越高越好，而应该合理地选择预热温度。

由斜 y 形坡口"小铁研试验"所建立的经验公式：

$$T_0 = 1440P_c - 392 \tag{7-17}$$

式中　T_0——预热温度，℃；

　　　P_c——冷裂纹敏感指数。

国产低合金钢在插销试验条件下确定的经验公式：

$$T_0 = 324P_{cm} + 17.7[H] + 0.14\sigma_b + 4.72\delta - 214 \tag{7-18}$$

式中　P_{cm}——冷裂纹敏感系数；

　　　[H]——熔敷金属的扩散氢含量，mL/100g(GB/T 3965 甘油测氢法)；

σ_b——被焊金属的抗拉强度，MPa；

δ——被焊件厚度，mm。

按上述公式确定的是整体预热温度。对于大型焊接结构，采用整体预热有困难，常采用局部预热。通常是在焊缝两侧各 $100\sim200mm$ 范围内进行预热。局部预热温度不宜过高，否则会产生附加应力。最好采用履带式电热器或火焰加热器进行局部预热。

预热温度基本确定之后，需根据下列情况作适当调整：

a. 当施焊环境温度较低时，如 $-10℃$，预热温度应适当提高；

b. 采用低氢的焊接方法时，如 CO_2 气体保护焊或氩弧焊等，预热温度可适当降低；

c. 采用低匹配的焊接材料时，也可以降低预热温度；

d. 坡口根部造成的应力集中越显著时，预热温度应适当提高；

e. 焊后采取紧急后热，也可以适当降低预热温度。

③ 紧急后热 因焊接冷裂纹存在潜伏期，一般在焊后一段时间后产生。所以，如果在裂纹产生之前能及时进行加热处理，即所谓紧急后热，也能达到防止冷裂纹的目的。紧急后热工艺的关键在于及时，一定要在热影响区冷却到产生冷裂纹的上限温度 T_{uc}（一般在 $100℃$）之前迅速加热，加热温度也应高于 T_{uc}，并且需保温一定时间。

后热的作用是使扩散氢在温度 T_{uc} 以上能充分扩散逸出。若焊后间隔时间较长，裂纹已经产生，后热就失去了意义。选用合适的后热温度，可以适当降低预热温度或代替某些重大焊件的中间热处理，达到改善劳动条件的目的。例如 HQ80 高强度钢由于采用后热（$200℃\times1h$）可以降低预热温度近 $100℃$。后热不仅能消除氢，也能韧化热影响区和焊缝组织，对于一些淬硬倾向较大的中碳合金钢，效果更明显。

多层焊时，后层对前层有消氢和改善热影响区组织的作用，前层焊道的余热又相当于对后层焊道进行了预热。因此，多层焊时的预热温度比单层焊时适当降低，要使多层焊发挥消氢作用关键在于控制层间温度不能低于预热温度。因此，如果条件允许，应尽量采用短段多层焊，每一焊道的间隔时间不宜过长。但也不宜过短，因层间温度过高，又会引起接头过热脆化。

(4) 加强工艺管理

许多焊接裂纹事故并不是由于母材或焊材选择不当或结构设计不合理，也有的是由施工质量差所造成。因此要防止冷裂纹，在施工中应注意：

① 彻底清理焊接坡口 焊前对焊接坡口及其两侧约 10mm 的范围应用砂轮等仔细清理，去除铁锈、油污和水分等，并防止已清理过的坡口被再次污染。

② 保证焊条或焊剂的烘干 未经烘干的焊条或焊剂不得使用。若条件允许，每位焊接操作者都应配备焊条保温筒，保证用前焊条处于干燥状态。

③ 提高装配质量 避免出现过大错边或过大的装配间隙以免造成未焊透、夹渣或焊缝成形不良等缺陷。尽量不使用夹具进行强制装配，以免造成过大的装配应力和拘束应力，这些都会增加冷裂纹倾向。

④ 保证焊接质量 对于重要焊接结构，如压力容器等，严格执行操作者持证上岗制度，按工艺规程操作，防止发生气孔、夹渣、未焊透、咬边等工艺缺陷，这些缺陷构成局部应力集中，成为氢的富集场所，从而增加了冷裂纹倾向。

⑤ 注意施工环境 避免在阴雨潮湿天气中施工，冬天在室外焊接时，要有防风雪措施，以免焊缝过快的冷却。

7.4 焊接裂纹分析实例

7.4.1 大庆 30 万吨乙烯工程 9Ni 钢球罐焊接液化裂纹分析

(1) Ni9％钢球罐水压试验开裂泄漏分析

大庆石化乙烯球罐及燕山石化乙烯球罐均采用 9Ni 低温钢制成，均采用改进型 Cr17Ni13Mn8W3 奥氏体钢焊条。大庆石化乙烯工程选用的焊条牌号为 TH17/15TTW（德国），燕山石化乙烯工程选用的焊条牌号为 OK69.54（瑞典）。表 7-12 列出母材和焊条熔敷金属的化学成分。

表 7-12　母材和焊条熔敷金属化学成分（质量分数）　　%

材料	C	Mn	Si	S	P	Cr	Ni	Mo	V
9Ni(设计成分)	≤0.10	0.3～0.8	0.1～0.3	≤0.03	≤0.025	≤0.3	8.75～9.75	≤0.20	—
9Ni(燕化分析)	0.095	0.56	0.24	0.004	0.011		9.1		
TH17/15TTW	0.22	8.69	0.41	0.010	0.018	16.76	12.68	3.47	0.56
OK69.54	0.24	8.38	0.43	0.011	0.032	15.76	11.77	3.61	

大庆乙烯工程球罐共 4 台，均为用 9Ni 低温钢焊成，球罐容积 $1500m^3$，壁厚 32～34mm。先施焊的 A、C、D 三个球罐已通过了水压试验，最后施焊的 B 球罐按规定水压试验时却发生泄漏，泄漏位置是在上环焊缝附近。经查明，该泄漏处曾经过二次补焊，最后一次补焊经 X 射线探伤（RT）未发现超标缺欠。水压试验后着色渗透检验（PT）发现球罐外表面泄漏处有一条长度 13mm 的细裂纹，球罐内表面开裂较严重，裂纹长度约 74mm，开口宽度约 0.5mm，内外表面均无咬边。宏观浸蚀显示，内外表面开裂部位都在焊缝上侧熔合区。在水压试验后射线探伤的底片上有多条呈束状分布的清晰影像，焊缝纵向裂纹的最大长度约 130mm。超声探伤（UT）表明裂纹处于上侧熔合区附近，长度为 130～135mm。

在 B 球罐水压试验泄漏后，对四个 9Ni 钢球罐焊缝重新进行了超声探伤（UT）和射线探伤（RT）。探伤结果表明 A 球罐有 9 处超标缺欠，C 球罐 1 处，B 球罐又发现 47 处，缺欠全部集中于环焊缝上侧熔合区附近，但未扩展到球罐表面。大多数超标缺欠都处于曾经修补过的位置，立焊缝未发现超标缺欠。

为了查明裂纹的性质及原因，以便为补焊时选择焊接材料和确定焊接工艺提供依据，对 B 球罐上环开裂部位取样进行金相、化学成分及断口分析。上环裂纹也是在内表面开裂比较长，说明最早开裂起始于内表面。焊缝化学成分分析证明，使用的焊条无误，其成分与产品要求相符，见表 7-13。

表 7-13　焊缝化学分析（质量分数）　　%

C	Mn	Si	S	P	Cr	Ni	W	V	Fe
0.22	7.34	0.41	0.0045	0.021	14.65	12.07	2.99	0.54	余量

熔合区组织分析显示出异种钢焊接的特征，在奥氏体焊缝熔合区的不完全混合区分布有非奥氏体组织，是含碳量高和硬度高的马氏体带。所形成的马氏体带宽窄不一，一般宽度约为 0.04mm，裂纹正是出现在此马氏体带中，并在其中扩展。裂纹周围的硬度较高，维氏硬

度 370～441HV，而奥氏体焊缝的硬度约为 220HV，热影响区的硬度也是 220HV 左右。热影响区粗晶区为低碳高镍的板条马氏体，而马氏体带则是高碳富合金的针状马氏体。

熔合区还可能存在"母材半岛"，是由于母材熔入熔池中时，因熔池搅拌不充分而形成。母材半岛伸入焊缝中有的长达 3～4mm。母材半岛也可能是开裂源。母材半岛的硬度高达 380～420HV，也是高碳马氏体组织。

高硬度马氏体带与焊缝含碳量有关。形成的裂纹进入焊缝即停止扩展。主要沿马氏体平直晶界开裂，断口分析表明具有沿晶断裂和氢致准解理断裂特征，表明断裂起源应属于氢致裂纹性质。

扩散氢的作用与组织密切相关。焊缝为奥氏体，能大量固溶氢，对氢不敏感。热影响区粗晶区低碳板条马氏体组织对氢也不大敏感。熔合区不完全混合区由于合金元素含量较高且富碳，奥氏体相对稳定，所以将滞后于焊缝和热影响区发生奥氏体向马氏体转变，造成了氢在此区富集的机会。所以，马氏体带对氢很敏感，成为氢脆开裂的薄弱环节。

高镍奥氏体组织焊缝不会产生冷裂纹，但有显著的热裂倾向。因此，采用斜 y 坡口对接裂纹试验，无论焊条烘干与否或施焊温度高低，用奥氏体焊条（OK69.54）焊接所出现的裂纹是热裂纹，而难以见到冷裂纹。如采用低碳钢焊条 J507（E5015）焊接 9Ni 钢，即使焊条烘干 400℃，不预热焊接时，仍可见冷裂纹，同时也会出现热裂纹，见表 7-14。这表明，斜 y 坡口抗裂性试验难以反映异种钢接头马氏体带部位的微小冷裂纹。不能因此而得出奥氏体焊条焊接 9Ni 钢不会产生冷裂纹的结论。

表 7-14　9Ni 钢斜 y 坡口抗裂性试验

试件号	焊条		试板温度 /℃	裂纹情况		
	牌号	烘干条件		表面裂纹率 /%	其中冷裂数量	表面发现的热裂纹
02	OK69.54	200℃×1.5h	室温	—	0	3 条
03	OK69.54	200℃×1.5h	室温	0	0	0
04	OK69.54	未烘干	−6	14	0	2 条
05	OK69.54	未烘干	−6	18	0	2 条
08	OK69.54	未烘干	−14	25	0	1 条
09	OK69.54	未烘干	−14	0	0	0
06	J507	400℃×1h	室温	4	有	1 条
07	J507	400℃×1h	室温	0	0	0

用奥氏体焊条焊接 9Ni 低温调质钢，具有异种钢焊接接头特征，马氏体带的存在对扩散氢有一定的敏感性，因而在有氢的条件下（如焊条烘干不足）仍会具有氢致延迟开裂的倾向。应在焊接工艺上设法减小马氏体带的形成，如减小熔合比，为此须正确控制焊接热输入。

从以上失效分析可知，球罐破裂的起裂点曾经进行过补焊，且存在超标缺欠。因此，为保证球罐运行安全，须全面提高焊接质量。

（2）乙烯工程 9Ni 低温钢球罐的焊接修复

① 焊接修复的准备工作

a. 标定缺陷位置　采用超声波探伤法由球壳的正反面标定，先确定出缺陷在焊缝长度中的位置和缺陷长度，然后确定缺陷在焊缝宽度中的位置及深度。为了避免缺陷附近存在较大的未超标缺欠在焊接修复过程中受焊接应力影响而扩展，应在缺陷两端 100mm 范围进行超声探伤。这些部位存在的缺欠虽未超标但又较大时，应并入需修复缺陷之列而一道返修。

b.修复坡口的制备　此次焊接修复是将奥氏体焊缝作为原焊缝，须全部铲除，开坡口的要求是必须铲除已存在的缺陷。

先从焊缝正、反面铲除缺陷部位的焊缝和热影响区金属，一般由焊缝一侧开坡口，焊补后再由焊缝背面开坡口。正反面坡口均开成"船形"，如图 7-25 所示，坡口底部长度为缺陷长度 c 再向两端各延伸 20mm（作为坡口底）。由于坡口须圆滑过渡，坡口上部长度自然要大于坡口底部长度，还要再向两端各延伸一段（约 60～70mm）。

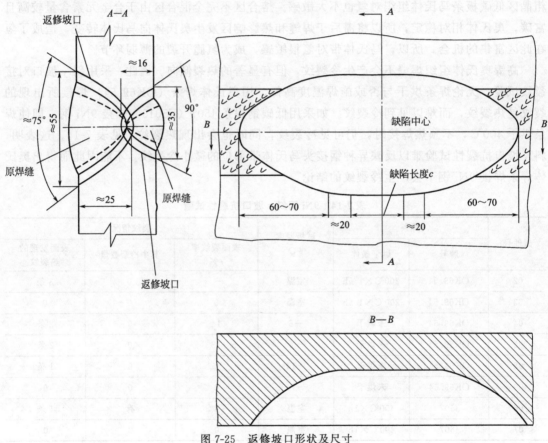

图 7-25　返修坡口形状及尺寸

坡口宽度要大于原缺陷所在焊缝宽度，甚至超出原热影响区宽度。因为返修方案认为须铲除全部原焊缝与热影响区金属的影响，具体尺寸是原焊缝宽度再加上 10mm。由于缺陷大部分存在于熔合区附近，焊补过程中每层受砂轮打磨等因素影响，熔合区往往超出原坡口更多。为使修复坡口在宽度上圆滑过渡，坡口上部还要加大一些，一般再增大 10～15mm。

坡口深度，基本上是正面的坡口按原坡口深度，另一面坡口比原坡口深 5mm。

c.坡口加工　先用碳弧气刨铲除缺陷，然后用手动砂轮磨掉气刨的热影响区。

② 焊接修复步骤

a.焊条选择　采用直径 4mm 的镍基合金焊条（Ni327）。焊条熔敷金属的化学成分为：C 0.052%，Mn 4.01%，Si 0.40%，S 0.003%，P 0.006%，Cr 15.01%，Mo 4.71%，Nb

3.26％，Fe 2.94％，其余为 Ni。

　　b.修复焊接工艺　采用不预热焊，环境温度 20～28℃。雨天禁止焊接修复，风力大于 3 级时须采取局部防风措施。因球罐体积较大。散热较快，在焊接热输入不变的情况下，可稍增大焊接电流，同时相应地提高焊接速度。焊接参数：焊接电流 130～140A，焊接电压 23～24V，焊接速度 13～16cm/min，层间温度小于 100℃。

　　c.焊接修复要点　坡口经着色渗透探伤后，清洗坡口（采用着色探伤清洁剂），然后进行焊接修复，采用直线无摆动运条法。首先在"船形"坡口的首、尾部位堆焊一层，从"船底"两端分别沿坡口向上端施焊（如图 7-26 所示），并向坡口外引出 20mm，堆焊层厚度约 3mm。坡口较宽时，例如原先已经焊补过的部位，除了在"船形"坡口首、尾部位堆焊一层外，还要依据坡口宽度在"船腰"部位再堆焊一层或几层，如图 7-27 所示。坡口如果正位于交叉焊缝部位时，先将坡口相交一侧的"船腰"部位堆焊一层，目的是防止原接头薄弱处因受焊接热影响而开裂。以上堆焊程序结束后，用砂轮打磨圆滑，然后正式进行焊接修复。焊补时每层焊道的排列，都是从坡口宽度方向的中心开始并交替向两"船腰"延伸。起弧点和收弧点均引至坡口两端外 20mm 处原焊缝上。焊补完成后，须修整焊缝表面，使焊接修复的焊缝圆滑过渡至母材或原焊缝。

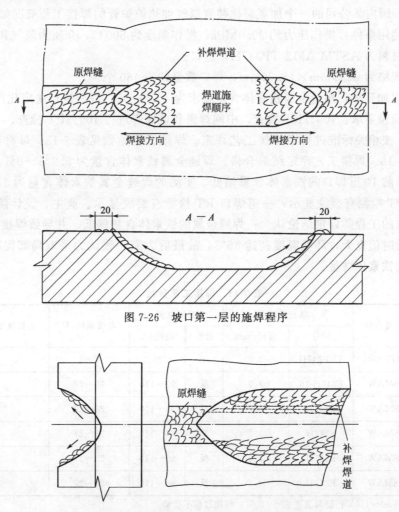

图 7-26　坡口第一层的施焊程序

图 7-27　宽坡口的"船腰"堆焊示意图

d.焊接修复后的检验　100％X射线探伤（RT）、100％双面超声波探伤（UT）、100％双面着色渗透探伤（PT）。水压试验后再次100％X射线探伤（RT）和超声波探伤（UT）。

7.4.2　347奥氏体不锈钢焊接热裂纹与再热裂纹分析

300系列奥氏体不锈钢在工程上的应用十分普遍，主要用作耐高温、耐低温、耐腐蚀材料等。一般情况下，L级奥氏体不锈钢主要用作耐腐蚀材料，由于其含碳量较低，故不宜用在高温或高温、高压工况，工程上一般限制它用在525℃及以下温度；H级奥氏体不锈钢则常用于高温条件，由于其含碳量较高，会损害其耐腐蚀性，故不能用于腐蚀较苛刻的环境；由于稳定型奥氏体既有一个较高的含碳量，又通过添加稳定化元素而消除了高碳带来的耐蚀性降低的影响，因此常用于高温、高压且又要求保持足够的耐腐蚀性的条件下，例如炼油行业中的加氢裂化装置等。

理论和工程实践中都证明，300系列奥氏体不锈钢具有良好的可焊性。但如果控制不好，也很容易出现一些与自身特点有关的特殊问题。这些问题主要是热裂纹、再热裂纹、脆性相的产生。

(1) 工程实例

2006年，国内某公司的一个加氢裂化装置氢气加热炉炉管的焊接工程概况如下。

① 钢管使用条件：操作压力约20.0MPa，操作温度约500℃，介质为氢气和硫化氢。

② 钢管材料为ASTM A312 TP347H，进口。

③ 钢管规格为ϕ219mm×18.26mm，焊口数量约为480个。

④ 工程附加要求：焊缝金属铁素体含量要求为4％～8％，焊后进行稳定化热处理。

⑤ 无损检验要求：100％RT检查，中间焊道和盖面焊进行100％PT检查。

焊接前，按相关标准进行了焊接工艺评定。焊接工艺参数见表7-15。母材和焊材的化学成分见表7-16。焊接工艺评定结果合格。焊缝金属铁素体含量为5.2％～6％。在初期的焊接过程中，前10道焊口的铁素体含量偏低，实测的焊缝金属铁素体含量为1.5％～3％，有3道焊口PT检测有裂纹显示，一道焊口RT检测有裂纹显示。业主、设计院、供货商、焊接施工单位的工程师评定结论认为：焊缝金属的铁素体含量偏低，并导致焊接热裂纹的出现。由于当时时值夏天，环境温度高达35℃，故最后大家一致认为采取局部促冷措施，提高焊缝金属的铁素体含量。

表 7-15　焊接工艺参数

焊缝层次	焊接方法	填充金属		焊接电流		电弧电压/V	焊接速度/(cm/min)
		牌号	直径/mm	极性	电流/A		
1	GTAW	TIG-347H	2.0	正	95	7～9	6.8
2	SMAW	E347H-16	3.2	反	90～110	25～27	7.3
3	SMAW	E347H	3.2	反	90～110	25～27	8.2
4	SMAW	E347H	3.2	反	90～110	25～27	9.6
5	SMAW	E347H	3.2	反	90～110	25～27	10.4
6	SMAW	E347H	3.2	反	90～110	25～27	11.2

注：焊前预热90～110℃；层间温度90～110℃；焊接过程不摆动。

表 7-16　母材和焊材的化学成分　　　　　　　　　　　　　　%

材料	C	Mn	Si	P	S	Ni	Cr	Ni
E347H-16	0.045	0.05	0.85	0.025	0.016	10.1	18.95	0.25
ER347H	0.048	1.7	0.44	0.019	0.009	9.15	19.56	0.63
母材	0.04	1.34	0.33	0.025	0.001	9.7	17.2	0.56

在接下来的焊接实施中，虽然焊缝金属的铁素体含量达到了 4%～8% 的要求，但 PT 的检测结果仍有 15% 的焊缝出现热裂纹，甚至到后来 30% 的焊口出现热裂纹，RT 检测有 5% 的焊口有裂纹显示，而且 5% 焊口在稳定化热处理后经检测发现有再热裂纹出现。对于高温、高压、临氢条件下使用的钢管，出现这样高频率的缺陷显然是用户所不能接受的。

针对这样的结果，工程师们进行了认真的分析研究，对焊接参数进行了认真的排查和考评，最后发现焊接用的焊机是老式焊机，焊接参数尤其是焊接电流不能直读，加上焊工没能完全按 WPS 进行焊接，实际的焊接电流达到 160～180A，甚至更高。通过纠正焊接电流，接下来的焊接几乎全部一次合格。

（2）焊接理论分析

在 300 系列奥氏体不锈钢中，与其他材料相比，347/347H 更容易出现焊接热裂纹和再热裂纹，这样的案例在其他工程中也时有报道。上面的引例也说明，如果控制不好，347/347H 材料的焊接还是会出现不能接受的缺陷。如果将这些缺陷带到装置中去，后果将不堪设想。

① 热裂纹的产生、影响因素及防止措施　焊接热裂纹分为两种，其一为凝固裂纹（或叫结晶裂纹），结晶裂纹是焊接熔池在初次结晶晶界的开裂，一般发生在凝固线温度 T_s 区间，结晶裂纹只出现在焊缝中，尤其易出现在弧坑中，此时也叫弧坑裂纹；其二为液化裂纹，液化裂纹是紧靠熔合线的近焊缝区过热段的母材晶界被局部重熔，出现晶间液膜分离，在收缩应力的作用下产生的裂纹，液化裂纹常出现在近焊缝区。

无论是晶界裂纹还是液化裂纹，都具有沿晶开裂的特点。热裂纹的微观特征表现为：晶粒有明显的树枝状突出，晶间面圆滑，断口有明显的氧化。热裂纹一般比较细小，它既可能出现在焊缝表面，也可能出现在焊缝金属内部。换句话说，焊缝表面没有裂纹，并不代表内部没有。

常用的工程材料中，能够发生焊接热裂纹的材料是比较多的，但奥氏体不锈钢更常见、更易发生，这是因为：

a. 奥氏体不锈钢的线胀系数大，热导率小，延长了焊缝金属在高温区的停留时间，提高了焊缝金属在高温时经受的拉伸应变。

b. 奥氏体不锈钢焊缝结晶时，液相线与固相线之间的距离大，凝固过程的温度范围大，使低熔点杂质偏析严重，并在晶界积聚。

c. 纯奥氏体焊缝的柱状晶间存在低熔点夹层薄膜，在凝固结晶后期以液体薄膜形式存在于奥氏体柱状晶粒之间，在一定拉应力下起裂、扩展形成晶间开裂。

关于热裂纹产生的机理，目前业界普遍认为：在焊缝金属凝固时，高温阶段晶间延性或塑性变形能力 δ_{min} 不足以承受当时所发生的应变量 ε，即：$\varepsilon \geqslant \delta_{min}$。

对于结晶裂纹，其形成过程如下：焊缝金属在凝固过程中，要经历液-固态（液相占主要部分）和固-液态（固相占主要部分）两个阶段。在液-固态时，焊缝金属一般是靠液相的自由流动而发生形变，少量的固相晶粒只是移动一下位置，本身的形状基本不发生改变。在固-液状态时，塑性变形的特点是晶体间的相互移动，晶体本身也可能发生一些变形。由于此时的晶体可以交织合成枝晶骨架，晶体间残存的低熔点液相不能自由流动。在最终低熔点金属凝固收缩时，会发生较大的应变，以致应变量超出晶间的延性，从而造成开裂。

结晶裂纹的产生应具备三个条件：

a. 焊接熔池中存在一定数量的低熔点共晶体，这主要取决于母材和焊接材料中易形成低熔点共晶体的合金成分和杂质含量以及熔池的过热程度。

b. 焊缝金属的结晶方式可使低熔点共晶体封闭在柱状晶体之间，这与熔池的形状和散热方向有关。

c. 焊缝金属在结晶过程中必须产生足够的应变，而应变的大小是由熔池的体积、工件的形状、厚度所决定的。其中第一个因素为冶金因素，起主要作用。

液化裂纹的形成过程如下：焊接过程中，紧靠熔合线的母材区被加热到接近钢材熔点的高温，而晶界的低熔点共晶则在焊接热循环作用下完全熔化，当焊接熔池冷却时，如果这些低熔点共晶体未完全重新凝固，同样也会发生较大的应变，以致应变量超出晶间的延性而造成开裂。低熔点共晶体熔点越低（664～1190℃），凝固时间越长，液化裂纹出现的倾向越高。另一方面，近焊缝区在高温下停留的时间越长，裂纹倾向越严重。影响热裂纹产生的主要因素可分为两个方面，即冶金因素和工艺因素。

材料的合金化程度高，焊接时越容易产生热裂纹。这就是为什么奥氏体不锈钢及镍基合金等比低合金钢更常出现焊接热裂纹的原因。当材料中含有较多的合金元素时，焊接时易产生方向性很强的粗大柱状晶组织，同时增大了液固相线的间距，加剧了偏析。而钢材中的硫、磷等杂质元素与许多合金元素如镍、铌等形成低熔点共晶体，在晶界形成易熔夹层。对奥氏体不锈钢来说，影响热裂纹的主要元素包括硫（S）、磷（P）、锰（Mn）和铌（Nb）。

总的来说，在 300 系列奥氏体不锈钢焊接中，促进热裂纹的元素顺序为 P＞S＞Si＞Ni，抑制热裂纹的元素顺序为 C＞Mn＞Cr。其中 Cr 和 Ni 是为满足一定的性能而设定的，因此，为抗裂纹主要在其他几个元素上进行控制。除了进行单个含量的控制外，工程上还常用裂纹指数 HCI 来评判热裂纹的敏感性，$HCI=1080P+733S+13Si+0.2Ni-43C-3Mn-0.7Cr$。为防止产生热裂纹，HCI 应小于 15。

除了元素的影响外，奥氏体不锈钢中的铁素体残余含量对焊接热裂纹的产生也有不可忽视的影响。就奥氏体不锈钢的结晶过程来说，它的相变过程顺序如下：液相（L）→高温铁素体相（δ）→奥氏体相（γ）。常温组织为奥氏体相加少量的因过冷而残余的铁素体相。少量的铁素体在焊缝金属中呈孤岛状，可妨碍奥氏体相的枝晶发展，并能溶解杂质以减少偏析，因此，铁素体的存在对于对抗热裂纹是有利的。

试验表明，铁素体相为 5%～20%时，热裂纹倾向最小。但铁素体的存在会增加奥氏体不锈钢的晶间腐蚀敏感性，而且铁素体在高温下长期停留时还会导致金属脆性相的生成。因此，工程上一般限制奥氏体不锈钢焊缝金属中的铁素体含量为 4%～8%。

焊缝成形系数：如果用 B 表示焊缝宽度，H 表示焊缝金属厚度，成形系数 $\Phi=B/H$。成形系数会影响枝晶成长方向和会合面的偏析情况。Φ 较小时，最后凝固的枝晶会呈对向生长的方向，是杂质积聚严重的部位，容易形成热裂纹，因此一般不宜小于 1。

采用较小的焊接线能量，从多个方面讲都对减少热裂纹是有利的。降低线能量，可降低熔池温度，减少偏析的量；降低线能量，可提高冷却速度，便于生成更多的残余铁素体含量；降低线能量，可减少熔池金属，从而降低结晶凝固时的应变量；降低线能量，有利于减少粗大枝晶的形成等，这些都是有利于降低裂纹敏感性的。上述的工程引例也是因为焊接时的线能量太高而发生大量的热裂纹。降低焊接线能量的有效方法是采用较小的焊接电流、焊条直径和采用较快的焊接速度和多层焊，焊接时不要摆动焊条。表 7-17 和表 7-18 是推荐的焊接参数。

表 7-17　推荐的手工电弧焊的焊接参数

板厚/mm	层数	焊接电流/A	焊接速度/(mm/min)	焊条直径/mm
5	2	90～110	120～140	3.2
9	3～4	90～130	130～160	3.2、4
12	4～5	90～130	130～160	3.2、4
16	6～7	90～140	120～160	3.2、4
22	8～10	90～150	110～160	3.2、4

表 7-18　推荐的钨极氩弧焊的焊接参数

板厚/mm	焊接电流/A	焊接速度/(cm/min)	焊丝直径/mm
1.6	70～90	30	1.6
2.4	90～110	30	1.6、2.4
3.2	110～130	30	2.4
4.8	150～200	25	2.4

② 再热裂纹的产生、影响因素及防止措施　再热裂纹是指焊后对焊接接头再次加热时所产生的开裂现象。再热裂纹常发生在靠近再结晶温度的温度区间，它与液膜无关，而是由于再结晶导致晶界韧性陡降，在焊接残余应力发生应力松弛时引起的应变超过晶界金属的变形能力而导致开裂。关于再热裂纹产生的机理，目前业界有三种不同的版本，即：

a. 晶内析出强化理论。析出强化，弱化晶界，应力松弛导致开裂。

b. 蠕变损伤理论。应力松弛是应力随时间逐步降低的蠕变理论。

c. 晶界杂质偏聚理论。晶界上的杂质和析出物会强烈弱化晶界，促使晶界滑移时丧失聚合力，导致晶界脆化。无论哪一种学说，都显示再热裂纹的产生有两个条件：

a. 存在焊接残余应力。任何焊接接头都存在焊接残余应力，即使进行了焊后处理，也不能 100% 消除焊接残余应力。对于奥氏体不锈钢来说，由于其热胀系数大，故其残余应力水平还是比较高的，这也是奥氏体不锈钢容易产生再热裂纹的重要原因。

b. 存在敏感组织。所谓敏感组织是指粗大晶粒组织，并有敏感的化学成分。在二次加热（包括焊后热处理）的热循环过程中，由于再结晶的发生，使得某些敏感组织发生共晶、析出或偏聚，结果导致了晶界的弱化。

对于奥氏体不锈钢来说，这样的敏感组织与金属内的杂质元素的偏聚、低熔点共晶物的出现有关。因此说，易产生焊接热裂纹的焊缝，也容易发生再热裂纹。但相对于热裂纹，再热裂纹的出现没有那么频繁和突出。减少热裂纹的措施，同样也利于防止再热裂纹的发生。

③ 铁素体相的产生与控制　奥氏体不锈钢中有一定量的铁素体相存在，对抗热裂纹是有利的。铁素体相的获得有两个途径，其一是通过调配焊缝金属中的合金元素来实现；其二是通过控制冷却速度、增加连续冷却过程中的过冷度来实现。在不锈钢中，铬是铁素体形成

元素，而镍则是奥氏体形成元素。其他添加元素对铁素体和奥氏体的形成也有不同的影响。通常把金属中的铁素体形成元素的影响合起来用铬当量来表示，把奥氏体形成元素的影响合起来用镍当量来表示。铬当量和镍当量的比值不同，金属中的铁素体和奥氏体比例则不同。最早给出这一关系的是 Schaeffler 图和 Delong 图。然而，Schaeffler 图和 Delong 图对焊缝组织来说，有时不够精确。美国焊接技术委员会（WRC）不锈钢分会在 Schaeffler 图和 Delong 图的基础上，通过研究大量的铁素体测量数据，最后给出了 WRC-92 组织图，它可比较精确地预测焊缝金属的铁素体含量。WRC-92 组织图见图 7-28。

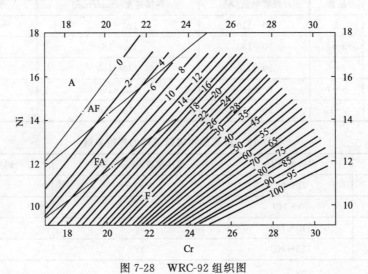

图 7-28　WRC-92 组织图

根据 WRC-92 图，可以调配金属的合金成分，从而获得需要的铁素体比例或含量。尤其是对焊接而言，通过调整焊接材料的元素比例，可使焊缝金属获得有别于母材的组织成分。对于奥氏体不锈钢，理论上的常温组织应该全部为奥氏体组织。但在工业的实际中，由于采用的是连续冷却方式，因此，总会有一定量的残余铁素体存在。对焊接来说，通过控制凝固时的冷却速度，可在一定范围内改变铁素体的含量。例如，采用小的焊接线能量，采取快速冷却措施，都可以使奥氏体不锈钢焊缝金属中铁素体相的含量增加。

④ 脆性相的产生与控制　如果奥氏体不锈钢中的铁素体含量偏大，会产生脆性相，从而导致材料的性能变化。这里的脆性相是指 σ 相和 475℃脆性相。铁素体相在 400～500℃温度范围内长时间时效时会产生严重脆化，使钢材的硬度显著升高，称为 475℃脆性。475℃脆性相是富含铬的常温铁素体（α）初生相在高温下沉淀析出 α′相之故。475℃脆性相可通过对材料重新加热到 515℃以上，然后快速冷却而消除。但应避免在 α+σ 区间长时间加热，以避免 σ 相的生成。

铁素体相在 600～800℃温度范围内长时间时效时也会产生严重脆化，而且使金属在热态时就变脆，称为 σ 相脆性。σ 相硬而脆，可显著降低钢的塑性和韧性。又由于它富含铬，故导致其周围往往出现贫铬区，使钢材的耐腐蚀性能下降。σ 相脆性与 α→γ₂+σ 共析反应有关。在 850℃以上退火，可消除脆性。

对于奥氏体不锈钢，当用于高温环境时，要严格控制铁素体的含量。对此，ASME Ⅱ-D 中给出了控制值。许多工程公司也有自己的经验控制值，例如，某工程公司规定，当奥氏体不锈钢应用于 450℃及以上时，应控制其铁素体含量不超过 6%～8%。

7.4.3 国产 600MW 机组高加管座焊接延迟裂纹分析

高压加热器（以下称高加）是火力发电厂中提高热效率最主要设备之一，它的运行可靠性和性能优劣将直接关系到整台机组的热效率。另外，高加水汽的压力和温度都较高，且一般都位于汽机房内，一旦发生事故后果将不堪设想。因此各个电厂对新建机组的高加开展安全性能检验工作，根据《压力容器安全技术监察规程》的要求，对高加出厂的技术资料，产品质量证明书，监检证明书等原始资料进行审查；对高加的外观、管座焊缝进行检查；对简体上的纵、环焊缝进行探伤抽查检验，以便进一步了解设备的产品质量，确保在制造过程中没有超标缺陷的产生。

在对某电厂 2×600MW 机组所配套的 6 台高加进行驻厂安全性能检验时，发现 6 台高加均存在不同程度上的制造缺陷，且每种缺陷都有一定的代表性，反映了当前制造厂生产中的一些问题。

(1) 缺陷概述

安检工作安排在高加水压试验结束后进行，对给水进、出口管座角焊缝进行磁粉检验时，发现给水进口、出口管座角焊缝存在大量裂纹。1 号机组 3 号高加给水进口管管座角焊缝裂纹最为严重。裂纹大部分沿管座角焊缝焊趾部位周圈分布，断续共有 7 处裂纹，其中裂纹最长处约为 150mm，最深处约为 10mm。其他 5 台高加均存在类似裂纹缺陷。从裂纹的产生时间、位置及其走向来看，这是一种延迟冷裂纹。

高加水压试验后，制造厂已经完成所有制造及检验工序，但是制造厂并未发现此类大面积角焊缝裂纹的存在。说明高加的制造工艺及质量控制程序存在缺陷。

(2) 缺陷分析

① 高加材料分析　600MW 机组高加给水进口、出口管材质为 20MnMo 锻件，规格 $D720×110mm$，半球形封头材质为 P355GH，厚度为 150mm。低合金高强钢 20MnMo 锻件（化学成分如表 7-19 所示），具有较好的综合力学性能。合金化后使得珠光体和贝氏体转变推迟，使得马氏体转变的临界冷却速度下降，锻件的淬透性增强。因此该锻件具有足够的强度和韧性，但其碳当量较高，焊接性较差。根据国际焊接学会碳当量计算公式计算，20MnMo 钢碳当量 $C_{eq}=0.52\%\sim0.67\%$。根据资料介绍 C_{eq} 大于 0.5% 时，钢的淬硬倾向逐渐增大，在焊后冷却过程中，热影响区易出现低塑性的脆硬组织，使硬度明显提高，而塑性、韧性降低。尤其是对于高加封头这种厚壁容器的焊接刚度与拘束度较大，易产生延迟裂纹。

表 7-19　JB4726-2000 对 20MnMo 化学成分的要求　　　　%

C	Si	Mn	Mo	Ni	Cu	Cr	S	P
0.17~0.23	0.17~0.37	1.10~1.40	0.20~0.35	≤0.30	≤0.25	≤0.30	≤0.015	≤0.025

② 焊接工艺　高加进出水管管座角焊缝焊接方式为埋弧自动焊组合接头双面焊＋手工电弧焊。焊接材料为 J5074-H10MnMo，焊剂为 250G。设计预热温度为 180℃，焊后高加整体热处理温度为 600~630℃。预热方式为煤气加热。

③ 缺陷产生原因分析

a.焊接工艺方面原因　由于 600MW 组高加所用合金部件较多，规格大，厚度大，给水进出口管座厚度达到 110mm。焊接冷却速度过快时，焊缝及热影响区极易形成马氏体组织，因此必须严格控制管座角焊缝焊接过程中的温度梯度，并使其冷却速度大于产生脆性组织的临界速度，从而应采取焊前预热、焊接期间保持层间温度、焊后后热等工艺措施来保障角焊缝与母材的良好组织性能。有文献表明，焊前预热能明显加速焊接中 H 的逸出，并且改善接头组织，提高 20MnMo 焊接接头的抗裂性。

制造厂在对 20MnMo 锻件和 16Mn 钢板进行焊接时曾多次发现裂纹缺陷，以往部分 300MW 组高加给水进出口管座也曾经发现过大量裂纹。主要原因在于 20MnMo 锻件焊缝的冷裂纹敏感性很高，要求很高的预热温度，根据公式计算 20MnMo 钢的冷裂纹敏感指数：

$$P_c = C + \frac{Si}{30} + \frac{Mn+Cr+Cu}{20} + \frac{Mn}{60} + \frac{Mo}{60} + 5B + \frac{h}{600} + \frac{H}{60}(\%) \tag{7-19}$$

式中，h 为试件厚度，110mm；H 为焊缝金属扩散氢含量，取焊丝标准值 H≤0.015mL/g。将 JB 4726 中 20MnMo 的各种合金元素含量下限代入计算，可得 20MnMo 钢的最小冷裂纹敏感指数为 $P_c=0.43$；算出 20MnMo 钢的最低预热温度 $T_0=1440P_c-392=227℃$，当钢材碳含量及合金含量接近上限时，预热温度需要达到 330℃ 左右，因为较难控制预热温度，导致焊后产生大量裂纹。

为此制造厂进行了技术改造，在 20MnMo 锻件上堆焊 H08Mn2SiA 焊丝。使焊接接头 20MnMo 侧和 P355GH 侧有相同的化学成分、组织结构和力学性能。技术改造后，管座角焊缝开裂情况有所好转，制造厂经过一段时间实践后认为技术已经成熟，便在 600MW 机组高加上大量使用。但在近年河北南网新建多台 600MW 机组的若干台高加的安全性能检验中均发现给水进、出口管座角焊缝有裂纹缺陷，说明制造厂对于此类焊缝的技术控制还不够稳定，因此焊接工艺还应进一步改进。

b.施焊过程方面原因　对于厚壁合金管座，施焊前必须进行预热。然而，我们在制造厂发现部分焊工施焊前未严格执行焊接工艺对焊件进行预热，预热温度往往达不到工艺要求，在天气炎热的情况下，甚至有的焊工为贪图方便，不进行预热就施焊。另外，制造厂家使用煤气加热进行预热处理，热电偶搭在角焊缝外表面，由于管座及封头的壁厚达到 150mm 及 110mm 厚，因此很难保证预热彻底。预热温度控制不严是导致裂纹产生的重要原因之一。其次，管座焊接前要对管座上的堆焊层进行机加工处理，机加工后堆焊层的位置和厚度不容易确定，导致焊接时部分焊缝超过堆焊层的高度，堆焊层失去了意义，在这种情况下会很容易产生裂纹。

管座角焊缝埋弧自动焊完毕后，很难完全焊满，因此通常焊工采用手工电弧焊再补满焊缝。在使用手工电弧焊补焊时，在焊趾处产生的凹坑、咬边等缺陷，这些缺陷引起的应力集中也是导致开裂的原因之一。

c.焊后处理方面原因　焊后去氢处理控制不力也是产生裂纹的重要原因。一方面焊后热处理温度和时间控制不好，没有及时进行去氢处理。另一方面对于厚壁管的去氢处理应分层，焊接中逐层保温去氢，使氢充分逸出后再继续施焊。经检查发现，制造厂对高加给水进、出口管座角焊缝并未进行分层去氢处理，这也有可能是产生延迟裂纹的原因之一。

(3) 缺陷检验及处理

制造厂检验报告中显示未检出管座角焊缝任何裂纹，但经过安检人员现场检验后发现大量裂纹，这说明制造厂质量控制体系存在漏洞。由于 20MnMo 锻件材料有较高的淬硬倾向，且高加管座结构复杂，在装配过程中产生较大的内应力，同时焊接产生热应力和组织应力，以及焊后去氢处理不及时等综合因素决定了高加进出水管座角焊缝容易产生延迟裂纹，因此对于高加管座角焊缝的无损检测应安排在焊后 24h 以后进行。

但由于制造厂工期紧、任务重,往往不能严格执行检验程序,焊后立即进行无损检测,放过了可能的延迟裂纹。另外,20MnMo 锻件材料管座角焊缝应在热处理后再进行一次无损检测。但是经检查发现,制造厂在热处理后并不进行无损检测。这是质量控制体系中存在的一大缺陷。

使用砂轮将管座裂纹清除后进行 100％表面探伤检验,JB 4730 Ⅰ级合格,严格清理裂纹区域后,再进行补焊。补焊使用手工电弧焊,焊前预热≥150℃,J507 焊条,电流 120～170A。对裂纹缺陷进行补焊时,必须严格执行补焊工艺,焊妥后对补焊处立即进行去氢处理,350～400℃/2h,并缓冷至室温,再重新进行表面探伤。

7.4.4　NiTiNb/TC4 异种材料激光焊接裂纹分析

$Ni_{47}Ti_{44}Nb_9$（NiTiNb）宽滞形状记忆合金是在 1986 年以后发展起来的一种新型记忆合金,被广泛应用于航空、航天、海军舰艇以及海上石油平台等方面,钛合金是航空航天工业及航空发电机结构中重要的结构材料。NiTiNb/TC4 焊接结构可以用于飞机发动机的智能降噪结构,通过 NiTiNb 的形状记忆性能改变排气口的大小,可以降低起飞和降落过程的噪音,使飞机进入低噪声时代;也可在 TC4 钛合金制作的高尔夫球头“甜蜜区”嵌入超弹性的 NiTiNb 形状记忆合金,使打得更准更远,同时能补偿球头的刚度随温度的变化,因此,在运动器材方面也具有广阔的应用前景。

但是,在 NiTiNb/TC4 焊接的过程中容易出现焊接裂纹,焊缝裂纹区域的相组成为 $NiTi_2$、NiTi 金属间化合物。根据 Ni-Ti 相图,通过调节 Ti 的含量,有可能使焊缝成分避开 Ti_2Ni 的区间,从而减少接头的裂纹敏感性。此外,Ti 是母材的成分之一,不会引入新的杂质元素,同时也能稀释焊缝中的 Ni 元素,减小第二相的生成数量。

(1) 材料的选择

本文选用的 NiTiNb 合金为 $300\mu m$ 厚热轧态薄片,TC4 为 $200\mu m$ 厚退火态薄片,用线切割将 NiTiNb 和 TC4 板材加工成 $20mm×25mm$ 的焊接试样,将 NiTiNb 放入 HF:HNO_3:H_2O=1:3:5 的混合溶液中浸泡,去除 NiTiNb 表面较厚的氧化膜,取出后用丙酮冲洗并吹干。填充材料为直径为 $300\mu m$ 的纯 Ti 丝。试验所用的激光微焊接设备是喜丝玛(Sisma)公司生产的 SL80 型 Nd:YAG 激光焊接系统,激光平均功率为 80W。其平均功率可调范围为最大平均功率的 0～30％。脉冲宽度可调范围为 0.3～9.9ms。脉冲频率的可调范围为 0～15Hz,焊接速度固定为 0.3m/min。按如图 7-29 所示的方法进行焊接。

(2) 激光功率对裂纹敏感性影响

当激光频率为 4.5Hz,激光脉宽为 4.5ms,光斑直径为 $300\mu m$,不同激光功率时接头表面的裂纹形貌如图 7-30 所示。当激光平均功率为 7.2W 时,焊缝宽度约为 $570\mu m$,此时焊缝刚好被焊透,在靠近

图 7-29　填丝对接接头示意图

TC4 侧出现一条贯穿整个焊缝的纵向裂纹,其中在纵向裂纹周围还存在细小的横向裂纹。当激光功率为 9.6W 时,裂纹出现在焊缝中心处,焊缝宽度约为 $670\mu m$,纵向裂纹张开宽度较 7.2W 时有增加,横向裂纹的数量也有增多。当激光平均功率增加到 12W 时,裂纹出现在偏 NiTiNb 侧,焊缝宽度增加到 $800\mu m$,纵向裂纹张开宽度减小,而横向裂纹张开宽度增

加。焊缝宽度随着热输入的增加而逐渐变宽，而裂纹在刚好焊透时就会产生，并且随激光功率增加时，裂纹变化不是很明显。分析认为，焊缝中脆性相的生成是裂纹生成的主要原因，而激光功率增加，接头中脆性相的量不会减少，因此，通过改变工艺参数无法控制裂纹的生成。

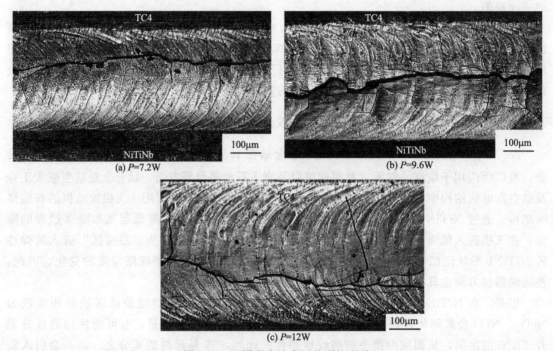

(a) P=7.2W

(b) P=9.6W

(c) P=12W

图 7-30　不同激光功率下的裂纹形貌

(3) 填 Ti 丝对接头裂纹组织性能的影响

当激光脉宽为 4.5ms 时，频率为 3Hz，光斑直径为 $300\mu m$，不同激光功率下填 Ti 丝的焊缝表面宏观形貌如图 7-31 所示。图 7-31(a) 是平均功率为 12W 时的表面形貌，焊缝表面成形良好，表面为清晰的鱼鳞纹。当激光功率为 13.6W 和 15.2W 时，如图 7-31(b) 和图 7-31(c) 所示，焊缝表面依然成形较好，由于激光平均功率的增加，焊缝表面宽度稍有增加，但是对图 7-31(c) 中 A 区域进一步放大后发现 [见图 7-31(d)]，焊缝中存在 $200\mu m$ 长的微裂纹，微裂纹的存在会使接头的力学性能严重下降，整体来看，添加 Ti 丝后的接头表面形貌有较大提升。

焊缝横截面形貌如图 7-32(a) 所示。从图可以发现焊缝横截面无明显裂纹，焊缝上表面略向上突起，下表面略向上凹陷，填丝后两侧熔合线形貌并不对称，分析认为主要是 TC4 与 NiTiNb 的热导率与热传导系数不一致引起母材熔化量不一样。图 7-32(b) 为母材 NiTiNb 侧焊缝处界面的微观形貌，图中可以看出，界面处分界较为明显，表 7-20 表明，A 处能谱 Ti、Ni 原子比为 Ti：Ni≈2.33：1，接近 Ti_2Ni 相，该区域宽度约为 $10\mu m$，B 区能谱显示 Ti 的含量达到 82%。分析认为，在 NiTiNb 侧的过渡区是由金属溶液搅拌不均匀引起的，熔池中间剧烈的紊流与 NiTiNb 侧的层流形成过渡区，减少该区域的厚度能减小裂纹敏感性。而 TC4 一侧焊缝与熔合线的界面结合较好，如图 7-32(c) 所示，焊缝侧的 C、E 区域主要是 Ti 元素，Ni 含量较少，两处化学成分基本相同，D 区域为 TC4 侧的热影响区，能谱显示其化学成分与母材 F 处相同。

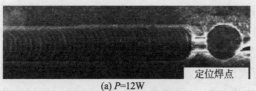

(a) P=12W　定位焊点

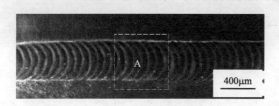

400μm

(c) P=15.2W

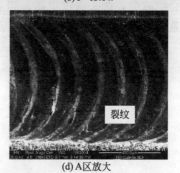

裂纹

(d) A区放大

图 7-31　填 Ti 丝接头宏观形貌

M　N　TC4

NiTiNb　50μm

(a) 横观形貌

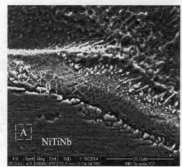

B

A　NiTiNb

(b) NiTiNb侧界面

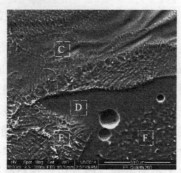

C

D

E　F

(c) TC4侧界面

图 7-32　填 Ti 丝接头界面形貌

表 7-20　焊缝与母材界面区元素含量（原子百分数）　　　　％

测试点	元素				
	Ni	Ti	Nb	Al	V
A	27.89	65.07	7.04	—	—
B	12.28	82.70	3.16	1.86	—
C	8.5	86.24	1.53	2.09	1.65
D	—	85.64	—	10.33	4.03
E	8.5	85.05	1.80	3.34	1.31
F	—	86.56	—	9.79	3.64

图 7-33 为不同功率下填 Ti 丝接头的抗拉强度。激光功率为 12W 时，接头的抗拉强度为 277MPa，功率为 13.6W 时，接头的抗拉强度为 447MPa，功率为 15.2W 时，接头的抗拉强度为 303MPa。分析认为，在功率刚好焊透母材时，焊缝背面熔宽较窄，成形较差，所以强度较低。随着功率的增加，焊缝正反两面成形都很好，由于焊缝中 Ti 元素含量增加，脆性化合物减少，接头强度提高。当功率进一步增加时，焊缝热输入量也增加，母材熔化更多，导致脆性化合物含量增加，同时热输入增大也会导致接头的残余应力增加。

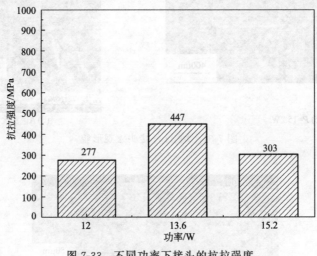

图 7-33　不同功率下接头的抗拉强度

7.4.5　硬质合金与钢电子束焊接接头裂纹及断裂分析

硬质合金是利用粉末冶金方法生产的，由过渡族难熔金属化合物（如 WC、TiC、TaC、NbC 等）和黏结金属（如 Co、Ni、Fe）组成，是一种具有较好强度、硬度与韧性匹配性的工程材料。硬质合金制备工艺十分复杂，制造成本较高，因此通常会与相对廉价的材料复合使用。目前主要采用机械固定、粘接及焊接的方法将昂贵的硬质合金与价格低廉的结构钢或碳钢进行连接后使用。其中焊接方法包括熔焊、钎焊、固相焊等，但普通的 TIG 焊、MIG 焊方法生产效率低，焊缝易产生裂纹；钎焊接头强度不高且使用温度较低；扩散焊时试件尺寸受到真空室大小的限制，使其应用场合受到限制。

通过对硬质合金与钢进行电子束直接焊接的方法并结合散焦处理得到了成形良好的接头，对界面 η 相的产生机制以及焊缝裂纹形成机理进行了分析，同时对接头的剪切性能进行了测试，通过对断口的分析阐明断裂机理。

（1）试验方法

采用尺寸 35mm×4mm 的 40Cr 和 20mm×4mm 的 WC-Co 硬质合金作为母材进行焊接试验，40Cr 钢母材组织为铁素体和珠光体，硬质合金主要由呈三角形、矩形的 WC 颗粒和钴黏结金属组成。焊接设备为 MEDARD-45 型脉冲真空电子束焊机，焊接真空度可达 $5×10^{-2}$ Pa。焊接试验加速电压为 55kV，电子束流为 16～22mA，散焦电流为 14～16mA，焊接速度为 5mm/s。采用 Quanta200 型场发射扫描电子显微镜对显微组织进行观察，并利用能谱仪对元素分布进行分析，采用 D/max-rB 型 X 射线衍射仪对焊缝相组成进行分析，利用电子万能材料试验机 Instron-5569 对接头抗剪强度进行测试，剪切试样取样位置如图 7-34 所示。

（2）焊缝裂纹产生机制

对 WC-Co/40Cr 电子束焊接接头界面组织进行显微观察分析，结合 XRD 分析结果，可知焊缝组织主要由白色鱼骨状 η 相和深色马氏体基体组织组成。对焊接接头进行 SEM 观察，可以发现，焊缝中存在两种典型形态的裂纹缺陷：一种是沿着浅色 η 相延伸扩展开裂，如图 7-35（a）所示；另一种是贯穿于多个相之间，如图 7-35（b）所示。

图 7-36 为接头中裂纹形成过程的示意图，对两种裂纹的产生机制进行了解释。首先焊缝金属在结晶的过程中，随着温度下降，在某一个温度区间内焊缝的塑性会很低，焊缝中的深色（Fe，C）组织和浅色鱼骨状的 η 相组织正处

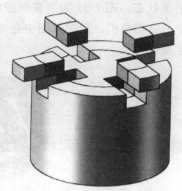

图 7-34　剪切试样取样示意图

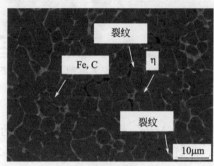

(a) 沿晶裂纹

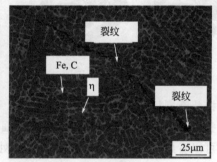

(b) 穿晶裂纹

图 7-35　焊缝中典型微观裂纹

于结晶形成阶段，此时已经先结晶的深色（Fe，C）相占主要部分，尚未结晶的液态金属主要是富钨贫碳的 η 相成分，会被排挤到已结晶的（Fe，C）固相晶粒之间，并呈现出薄膜状的分布特征，当结晶形成时夹在已结晶（Fe，C）相间的液态浅色 η 相的分布会受到界面张力 $\sigma_{\alpha\beta}$ 和晶界表面张力 $\sigma_{\alpha\alpha}$ 的支配，而液态浅色 η 相总是要调整其形状使得表面能最低，根据焊缝中得到的浅色脆性相组织为鱼骨状内凹形貌，还可以推断出结晶时其界面接触角小于 90°，因此容易形成液态薄膜。同时分析可知在焊接冷却阶段，焊缝处于一个拉应力较大的区域，由于此时已结晶的（Fe，C）相的塑性很差，因此变形主要集中在液态薄膜处，但此时液态薄膜处液态金属不能完全填充间隙，从而导致这种沿晶裂纹的产生。

在电子束焊接的加热过程和冷却过程中，焊缝存在较大的应力，其中包括组织相变产生的组织应力。此外，焊缝中的深色（Fe，C）相为脆性马氏体组织。因此当焊缝中某个位置萌生裂纹后会在淬硬相和残余应力的共同作用下使得裂纹扩展延伸，从而导致了裂纹不断发展从而生成了大的穿晶裂纹。

（3）接头脆性相形成机理分析

通常认为焊缝中产生的 η 脆性相对焊接接头组织及力学性能有不利的影响。当环境轻微贫碳时，η 相长大所需要的 W 和 C 元素主要靠 γ-Co 相中所溶解的少量 WC 晶粒来提供，此时其包络的 WC 晶粒基本未出现熔化现象，从而保留了原有的较为规则的几何外形。当严重贫碳时，γ-Co 中 WC 晶粒的溶解已经不能满足 γ-Co 相中的 W、C 元素的成分

起伏，此时与 γ-Co 相毗邻的 WC 会向 γ-Co 相中溶解来使其中的 W、C 元素达到一种动态平衡状态，图 7-37 为所获焊缝组织，此时的 WC 晶粒的边缘会变得圆润，同时外部包络生成 η 相组织。同时从图中还可以看出在 η 相处会产生裂纹缺陷，这也从侧面反映出 η 相硬脆的特征。

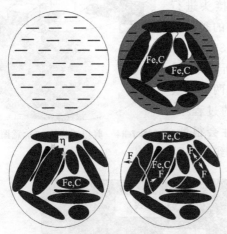

图 7-36　裂纹形成过程示意图

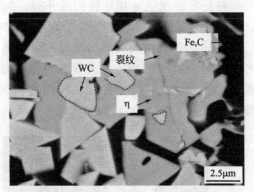

图 7-37　不同长大机制下的 η 相组织

(4) 接头断裂机制分析

对接头进行剪切试验，得到的平均抗剪强度为 506MPa，图 7-38 是剪切断裂的位置及断口形貌，可以看出主要在硬质合金侧、界面处、焊缝处发生断裂，分别对应图 7-38(b) 中的 A 区、B 区和 C 区。同时在撕裂断口处产生的裂纹向焊缝内部扩展延伸。这表明焊缝处的脆性较大、塑性较小，在断裂过程中裂纹尖端能量无法被焊缝组织大量吸收，故裂纹向焊缝中部延伸较长，如图 7-38(a) 所示。

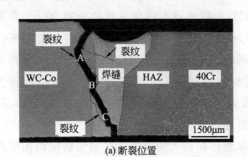

(a) 断裂位置

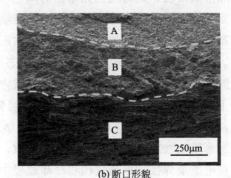

(b) 断口形貌

图 7-38　断口宏观形貌

对断口进行 XRD 物相分析，可知断口物相成分包含了硬质合金中普遍存在的 WC 相、界面和焊缝中的 (Fe,C) 相和 η 相，因此推断断口处的 WC、η 相、(Fe,C) 相中主要存在的马氏体相都为力学性能薄弱区。由于这些相较为硬脆，其弹性变形能力与周围相相差较大，在应力作用下两者变形差异较大，容易导致裂纹在此萌生，并向其他方向扩展。

从断口局部放大形貌（见图 7-39）中可以看出，A 区断口的宏观整体形貌非常平整，断裂面十分整齐。对其进一步放大可以看出该处的断口形貌主要表现为类似冰糖状的花样，同时伴随有少量韧窝存在，推断为沿晶和韧性复合形式的断裂。

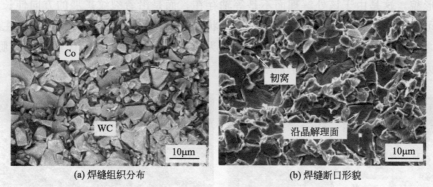

(a) 焊缝组织分布　　　　　　　(b) 焊缝断口形貌

图 7-39　断口 A 区微观形貌

结合图 7-39(a) 可以看出，其断口处白亮组织棱角清晰、立体感很强，经过能谱分析可知主要是 WC 颗粒，周围深灰色断口主要为钴基相，推断该处为硬质合金母材处的断裂断口，对其断裂机制解释为：在电子束焊接过程中，在硬质合金侧产生微小裂纹，在外力作用下裂纹源扩展形成断口，由于 WC 和钴基在界面处原子排列模式差异较大，因此在其界面处发生断裂从而形成 WC 棱角分明的类似冰糖状的断口；同时在硬质合金受到应力作用时，其中的钴相会产生塑性变形，塑性变形的扩展会使得钴基内部微小空洞形成、长大，最后发生断裂出现韧窝状断口，在以上两种机制的共同作用下，形成了硬质合金母材断口形貌。

从图 7-39(b) 可以看出 B 区域整体上较为平整，无变形；图 7-40 是 B 区微观形貌，通过观察二次电子成像发现断口有着细小的解理刻面以及撕裂棱，同时伴随小韧窝的存在，因此推断该处为准解理断裂。从断口的背散射形貌可以看出，浅灰色断口中夹杂有大量细小的形状较为规则的白色颗粒状物质，进行能谱分析，推断该处主要是脱碳相，因此可以推断该处主要为焊缝界面处脱碳 η 相造成的裂纹源。异种金属焊接界面由复杂相组成，具有非常复杂的微观结构，其中脆性脱碳相 η 相作为硬质点会成为断裂时裂纹生核的位置，裂纹在应力作用下进行扩展，由于界面包裹 WC 外侧 η 相和焊缝中的（Fe，C）相在裂纹扩展过程中起到不同的作用，因此在断裂时会同时具有脆断解理面和韧断韧窝两种典型特征，从而形成了该处准解理断裂的断口形貌。

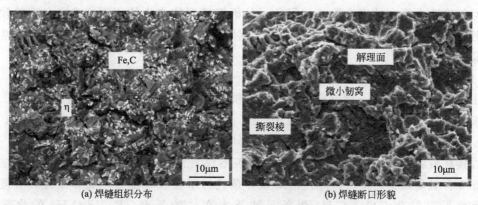

(a) 焊缝组织分布　　　　　　　(b) 焊缝断口形貌

图 7-40　断口 B 区微观形貌

从 C 区宏观断口可以看到，解理断裂为典型的河流花样状的微观特征，从微观形貌（见图 7-41）可以看出存在明显的柱状晶粒，此时的解理面为沿晶扩展，并可发现类似羽毛状的解理形貌，这是由于该处解理面不是等轴存在，而是沿着裂纹扩展的方向伸长。在背散射图像中可以看出断口中零星分布有白色斑点状和条线状组织，能谱分析可知其主要为贫碳相，结合之前焊缝组织分析可知，焊缝中主要为鱼骨状贫碳 η 相和马氏体两种硬脆相组织，在外界应力作用下会沿着结晶学平面断裂理论，形成上述的脆性断口。

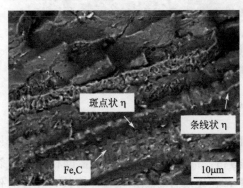

(a) 焊缝组织分布　　　　　　　　　　　　(b) 焊缝断口形貌

图 7-41　断口 C 区微观形貌

7.4.6　核电 SA738Gr. B 钢制安全壳裂纹分析与对策

核电站钢制安全壳是反应堆厂房的一道重要安全屏障，它可以在反应堆冷却剂失水事故中包容从堆芯来的辐射。目前国内二代或二代改进型核电站的钢制安全壳（或钢衬里）多选用国产的 20HR、法国的 A42 和欧洲标准的 P265GH 等优质的低合金钢和碳素结构钢，但上述钢板强度不高，韧性水平偏低，不能满足第三代 AP1000 和 CAP1400 核电站钢制安全壳用钢性能的要求。为此，国内核电站钢制安全壳设计采用了符合 ASME 标准生产的 SA738Gr. B 钢作为安全壳的制造材料，该种钢为低合金高强钢，焊接性能较好，但是该钢因为 Cr，Mo 等元素的存在，焊接过程中如果焊接工艺不恰当，焊接接头热影响区存在脆化、热应变脆化及产生焊接裂纹的危险，为了防止焊接裂纹通常采用低氢型焊条和焊前预热等方式。焊接裂纹缺陷的存在将影响钢制安全壳的质量，对核电站的安全运行将造成极大的安全隐患，因此，分析焊缝裂纹产生的原因，确定合理的预防措施，避免后续焊接和热处理再次产生裂纹，对确保钢制安全壳的建造质量有着非常重要的意义。

(1) 安全壳材料及焊接工艺

① 安全壳焊接材料　钢制安全壳的母材和设备闸门插入板主体材质为 SA738Gr. B 钢，其钢板厚度分别为 55mm、52mm 和 130mm，采购入厂后对其进行了力学性能验收，其中 55mm 的 SA738Gr. B 钢验收时的化学见表 7-21。

焊接材料牌号为 E9018-G-H4，该种焊条不仅是低氢焊条，而且是 ASME Ⅱ 卷 C 篇 SAF-5.5 含氢量最少的焊材。焊接前对该焊条进行了验收和复验，其焊条验收和复验的内容和结果应符合 E9018-G-H4 焊条采购技术文件的要求，E9018-G-H4 的化学成分见表 7-21。

表 7-21　SA738Gr. B 钢板与 E9018-G-H4 焊条的化学成分（质量分数）　　%

SA738Gr. B 钢板化学成分									
元素	C	Si	Mn	P	S	Ni	Cr	Mo	Cu
标准值	≤0.2	0.13~0.6	0.9~1.6	≤0.03	≤0.03	≤0.63	≤0.34	≤0.33	≤0.35
实测值	0.12	0.34	1.50	0.005	0.01	0.43	0.12	0.14	0.30

E9018-G-H4 焊条化学成分									
元素	C	Si	Mn	P	S	Cr	Ni	Mo	Cu
标准值	≤0.12	≤0.80	0.6~1.95	≤0.03	≤0.03	≤0.20	0.8~1.8	≤0.50	≤0.05
实测值	0.10	0.35	1.54	0.01	0.005	0.05	1.50	0.30	0.03

　　② 安全壳焊接工艺及检测方法　　设备闸门位于钢制安全壳中心方位角为 127.5°，中心标高为 4.5m；设备闸门的套筒外径为 6100mm，插入板外径为 8500mm，如图 7-42(a) 所示；在热处理时将插入板与筒体的焊缝分为三段进行热处理，从钢制安全壳筒体内侧观测顺序依次为：上侧（210°~330°）、左侧（125°~210°）、右侧（330°~65°），如图 7-42(b) 所示。

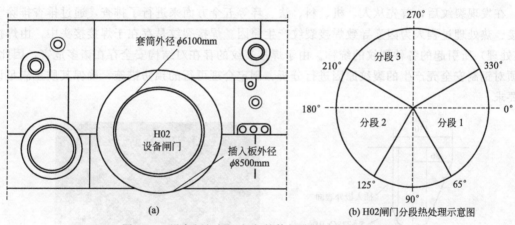

(a)　　　　　　　　　　　　　　　　(b) H02闸门分段热处理示意图

图 7-42　设备闸门插入板与筒体焊缝热处理分段示意图

　　设备闸门插入板与钢制安全壳筒体之间的焊接采用评定合格的焊条电弧焊工艺，焊接工艺参数见表 7-22。焊工和无损检测人员分别按照 HA603 和 HF602 要求取得了相应资格证书。

表 7-22　插入板与钢制安全壳之间的焊接工艺参数

焊层	焊接方法	电弧电压 U/V	焊接电流 I/A	焊条直径	电流种类和极性
1		22~24	105~110	3.2	
2~4	GMAW	23~26	110~120	3.2	直流反接
5~16		24~28	140~150	4.0	
17~20		24~26	105~115	3.2	

　　ASME 规范第Ⅲ卷 NE 分卷的规定：钢制安全壳（SA-738Gr. B 钢）焊后不进行热处理的允许最大壁厚为 44.5mm。设备闸门插入板与钢制安全壳筒体连接处的钢板厚度为 55mm和 52mm，热处理温度为范围为 595~620℃，热处理升/降温时，425℃以上时应控制钢板

的升/降温速率，425℃以上钢板升/降温速率不应大于 100℃/h，热处理的保温时间为 130min。焊接完成后热处理前对设备闸门插入板与钢制安全壳筒体之间的焊缝进行 100％的目视（VT）、着色（PT）和射线（RT）检测；热处理后进行 100％的目视和 15％RT 抽检；另外在发现闸门插入板与筒体之间焊缝裂纹后，对所有的贯穿件、闸门的插入板与筒体之间的焊缝进行 100％UT 复查和钢制安全壳筒体的环焊缝和纵焊缝进行 10％复查。

③ 安全壳焊接问题　国内某核电站钢制安全壳的设备闸门插入板与钢制安全壳筒体之间的焊缝如图 7-43(a) 所示，在焊后热处理拆除保温棉的过程中，发现靠近设备闸门插入板一侧的焊缝热影响区有可见的裂纹如图 7-43(b) 所示，随后采用超声和着色检测方法对整条焊缝进行了检查，发现的表面裂纹区域共有 3 处，如图 7-43(c) 所示，其中 90°方向射线底片布置编号为 27～41 之间 PT 显示焊缝连续裂纹长度约为 3m，UT 检查裂纹最大深度为 13mm；180°～270°之间的射线底片布置编号为 75～83 之间 PT 显示焊缝连续裂纹长度约为 1.7m，UT 检查裂纹最大深度为 8mm；0°～270°之间射线底片布置编号为 103～105 之间 PT 显示焊缝连续裂纹长度约为 0.9m，UT 检查裂纹最大深度为 8mm。整圈插入板焊缝未开裂，焊缝长度约 17.5m，占整圈焊缝总长度的 75.8％，开裂焊缝总长为 5.6m，占整圈焊缝长度的 24.2％，下部为焊接部分焊缝长度约为 3.6m。

在发现裂纹后，首先从人、机、料、法、环等五个方面来进行了排查，通过排查排除了焊接、热处理过程人为因素导致焊接裂纹产生原因。焊接裂纹是存在于焊接接头中，由焊接（热处理）所引起的各种裂纹的统称。由于焊接裂纹的存在对结构安全存在诸多危害，因此，必须对钢制安全壳产生的裂纹原因进行分析，制定合理可行的预防措施，确保其质量满足设计要求。

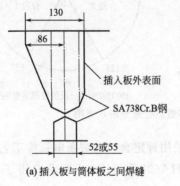

(a) 插入板与筒体板之间焊缝

(b) 插入板侧焊缝裂纹示意图

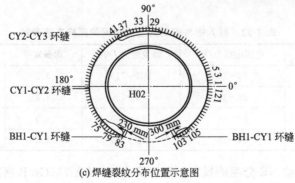

(c) 焊缝裂纹分布位置示意图

图 7-43　设备闸门插入板与筒体焊缝裂纹及分布示意图

(2) 焊缝裂纹产生原因分析及排查

　　焊缝焊接完成后对插入板与筒体之间的焊缝进行 100％PT 和 RT 检验，检查过程中未发现裂纹缺陷，通过对设备闸门插入板与筒体之间焊缝焊接完工时间、无损检测时间、无损检测的结果及热处理完工时间分析可知，设备闸门插入板与筒体板之间的焊缝在热处理之前未发现裂纹，裂纹是在拆除保温棉过程中发现的。

　　① 焊接热裂纹原因分析及排查　热裂纹是在焊接过程中，由于焊缝与热影响区金属冷却到固相线附近的高温区时所产生的，包括结晶裂纹、液化裂纹和多边化裂纹等 3 种裂纹。

　　a.结晶裂纹是焊缝金属在凝固过程后期所形成的，多以纵向或弧形分布在焊缝中心或两侧，而弧形裂纹与焊道波纹呈垂直分布，弧形裂纹特点是裂纹较浅和较短；纵向裂纹相比较深而且较长。在焊接过程中和热处理前后的 PT 和 RT 检测都未发现钢制安全壳筒体所有的环焊缝和纵焊缝、贯穿件和闸门的插入板与筒体之间的焊缝中心存在裂纹，另外此次闸门插入板与筒体之间的焊缝裂纹产生在靠近闸门插入板母材一侧的热影响区，所以排除此次产生裂纹是结晶热裂纹。

　　b.液化裂纹是母材在焊接热循环峰值温度作用下使晶间层重新熔化后形成，常发生在母材近焊缝区或坡口多层焊接前一焊道。液化裂纹主要发生在不锈钢、耐热钢和铬、镍等元素含量较多的高强度钢的焊件中，上述钢中的母材金属中的 S、P、Si、B 等元素易出现液化裂纹。从表 7-21 SA738Gr. B 钢板和 E9018-G-H4 焊条化学成分可知，母材和焊接材料中的 S、P、Si、C 含量均较低；在焊接过程中，严格按照焊接工艺规程进行了焊前 $100 \sim 130 ℃$ 预热，能有效地控制液化裂纹的产生，热处理前后的 PT、RT 检测以及 UT 检测复查都没有发现焊缝层间部位的内部缺陷，所以基本上可以排除此次产生的裂纹是液化裂纹。

　　c.多边化裂纹是焊接时在金属多边化晶界上形成的热裂纹，该种裂纹易发生在纯金属或单相奥氏体焊缝中，SA738Gr. B 钢母材和焊缝热处理后的金相组织都为贝氏体回火组织＋少量铁素体。综上所述，从焊缝的微观金相组织产生多边液化裂纹的可能性和热处理前后的 PT、RT 检测以及 UT 检测复查都没有发现焊缝层间部位的内部缺陷，所以基本上可以排除此次产生的裂纹是多边化裂纹。

　　② 焊接冷裂纹原因分析及排查　冷裂纹是焊接接头冷却到 M_s 点以下产生的焊接裂纹统称。冷裂纹通常出现在中、高碳钢，低合金高强度钢，某些超高强度钢，工具钢，钛合金及铸铁等材料的焊接过程中。冷裂纹可以在焊后立即出现，也可能要很长时间才能出现，开始时出现少量裂纹，随着时间增长逐渐增多和扩展。根据焊接生产中使用的钢种、焊接材料、结构类型刚度以及施工条件不同，可出现不同形态的冷裂纹，焊接冷裂纹大致分为淬硬脆化裂纹、低塑性脆化裂纹和延迟裂纹。

　　a.淬硬脆化裂纹发生在脆硬倾向很大的碳量较高的 Ni-Cr-Mo 钢、马氏体钢、工具钢以及异种钢等钢种焊接过程中，产生原该种裂纹的原因是因为冷却时焊缝中发生了马氏体相变而脆化，与氢气关系不大，焊后通常立即出现在热影响区和焊缝上。SA738Gr. B 钢的焊接接头的焊缝和热影响区的微观组织为贝氏体＋少量铁素体，无裂纹及因淬火而产生的非正常组织，所以可以排除此次产生的裂纹是淬硬脆化裂纹。

　　b.低塑性脆化裂纹是发生在某些塑性较低的铸铁补焊、硬质合金堆焊和高铬合金等材料焊接过程中，焊接后冷却至低温时，由于收缩而引起的应变超过了材料本身的塑性储备或材质变脆而产生的裂纹，该种裂纹通常也是焊后立即产生，无延迟现象。研究结果表明，

SA738Gr.B 钢的焊接接头在−29℃时具有很好的冲击韧性。所以 SA738Gr.B 钢焊接时不会产生低塑性脆化裂纹，所以可以排除此次产生的裂纹是低塑性脆化裂纹。

c. 延迟裂纹不在焊后立即产生，而是在焊后几小时、几天或更长的时间出现。该类裂纹主要发生在低合金高强度钢焊接中，钢材的淬硬倾向、焊接接头中的氢含量及分布、焊接接头的拘束应力状态是形成延迟裂纹的三大要素。延迟裂纹通常产生在母材与焊缝交界的焊趾处、坡口根部间隙处。

对于确定成分的母材和焊缝金属，产生延迟裂纹的孕育期长短取决于焊缝金属中扩散氢和焊接接头所处的应力状态有关。钢材的淬硬倾向越大或马氏体数量越多，越容易产生冷裂纹，经大量试验获得各种组织对冷裂纹的敏感性由小到大的排序为：铁素体（F）＜珠光体（P）＜下贝氏体（BL）＜低碳马氏体（ML）＜上贝氏体（Bu）＜粒状贝氏体（Bg）＜岛状 M-A 组元＜高碳孪晶马氏体（Mu）。SA738Gr.B 钢和焊缝具有良好的力学性能，母材和焊缝热处理后的金相组织都为贝氏体回火组织＋少量铁素体，所以 SA738Gr.B 钢的淬硬倾向较小。

另外碳当量也可以作为粗略地评价钢材冷裂倾向的一个参考指标，按照国际焊接学会推荐的碳当量计算方法如下式：

$$CE = C + \frac{Cr + Mo}{6} + \frac{Ni + Cu}{15} \tag{7-20}$$

式中，元素成分质量百分数 C 0.12%、Mn 1.5%、（Cr＋Mo）0.26%、（Ni＋Cu）0.73%。通过计算 SA738Gr.B 钢 CE 为 0.471%，因为 CE 值处于 0.4%～0.6% 之间，SA738Gr.B 钢具有一定的淬硬倾向，但是通过焊接工艺评定试验表明，该钢种在焊接前100～130℃预热温度下不会产生延迟裂纹。

焊接 SA738Gr.B 所用的 E9018-G-H4 焊条属于是低氢焊条，焊接前焊条烘干、坡口范围内铁锈油污清理、预热温度以及焊后缓冷等都符合工艺要求，扩散氢发生延迟裂纹的可能性比较小。另外焊缝无损检测时间都是在焊接完成后至少一周时间后进行，有的焊缝无损检测时间在焊接完成后超过一个月时间才检测，焊缝无损检测未发现延迟裂纹，综上所述，可以排除此次产生的焊缝裂纹是焊接延迟裂纹。

(3) 层状撕裂和应力腐蚀裂纹原因分析及排查

层状撕裂裂纹常出现在 T 形接头、角接接头和十字形等大型厚壁结构的焊接接头中，在对接接头中很少出现，出现该种裂纹是因为钢板厚度方向受到了较大的拉应力，裂纹产生部位在钢板内部沿轧制方向发展，具有阶梯状特点。应力腐蚀裂纹是金属材料在一定的温度下受腐蚀介质和拉伸应力共同作用下而产生的裂纹，通常是焊接结构处于各种腐蚀介质下长期工作的结果。从层状撕裂和应力腐蚀裂纹产生机理及特点可知，可以排除产生的裂纹是层状撕裂裂纹和应力腐蚀裂纹。

(4) 焊接再热裂纹原因分析及排查

再热裂纹是焊件在焊后一定温度范围内再次加热（消除热应力热处理或其他加热过程）产生的裂纹，产生机理是由于高温和残余应力的共同作用下晶界强度低于晶内强度，晶界有限与晶内发生滑移变形。裂纹通常发生在熔合线附近的粗晶区，从再热裂纹形态、发生部位和发生条件等方面看，产生再热裂纹具有如下特点：

① 再热裂纹仅在含有一定的 Cr、Mo、V 等沉淀强化元素的金属焊件中产生，一般的低碳钢和固溶强化类的低合金强度钢，均无再热裂纹倾向。虽然 SA738Gr.B 钢在常温和

150℃的高温条件下具有很高的强度，且钢中含有 Cr、Mo、V 等沉淀强化元素，但是根据再热裂纹倾向的经验公式：

$$\Delta G = Cr + 3.3Mo + 8.1V = 10C - 2 \tag{7-21}$$

当 $\Delta G < 1.5$ 时，不易裂。通过计算得出 SA-738Gr.B 钢材的 ΔG 为 0.052，所以 SA-738Gr.B 钢材不属于产生再热裂纹的敏感材质。

② 对于一般的低合金钢，再热裂纹产生的温度区间为 500～700℃，SA738Gr.B 钢热处理温度范围为 593～620℃，其属于易产生再热裂纹温度区域，但是实际构件已多次按照相同热处理工艺对 SA-738Gr.B 钢材焊缝进行热处理，未见其形成裂纹，故判断温度影响其产生再热裂纹的可能性较小。

③ 再热裂纹都发生在焊接热影响区的粗晶部位，该裂纹产生的部位在闸门插入板与筒体之间靠近插入板母材一侧的焊接热影响区上，产生缺陷的三个部位的焊接最大热输入 27.6kJ/cm，虽大于其他未产生裂纹部位的焊接输入量，但该热输入量仍远远小于评定合格的焊接工艺所确定的最大热输入量 42.9kJ/cm。所以，该工艺中采用的焊接热输入在热影响区不易形成粗晶区。

④ 再热裂纹产生区域同时存在有残余应力和不同程度的应力集中。通过对设备闸门插入板与筒体之间的焊缝外观质量进行排查，发现三处焊缝裂纹靠近插入板一侧的熔合区，焊缝余高均高于母材且未圆滑过渡，相邻焊缝余高差较大，造成插入板一侧焊缝焊趾部位形成了较尖锐的凹槽，导致焊缝应力集中，如图 7-44 所示。

另外设备闸门插入板与筒体板之间的焊缝在焊接前，对闸门周围筒体进行了加固处理，但在焊缝进行热处理前拆除了此加固工装，导致焊缝处热处理前后所产生的拘束力不同。

通过对裂纹焊缝钢板母材和焊条的化学成分分析，焊接、热处理、无损检测等工序的原始记录审核以及上诉各种缺陷产生的原因进行分析可知，此次产生裂纹最大可能为

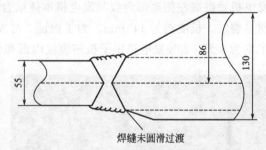

焊缝未圆滑过渡

图 7-44　插入板与筒体板连接处焊缝示意图

热处理时再热裂纹，在施工各阶段存在的残余应力与局部区域的应力集中叠加使其裂纹部位的残余应力增大，导致热影响区及熔合线处脆弱区域开裂，故认为应力集中是导致热处理再热裂纹的根本原因。

(5) 焊缝裂纹预防措施

影响再热裂纹的因素包括冶金因素、工艺因素两个方面，冶金因素主要是钢中 C、Cr、Mo、V、Nb、Ti 含量及钢中杂质 (Sb)、晶粒度等对再热裂纹的影响；焊接因素包括焊接热输入、预热及后热温度、残余应力及应力集中等对再热裂纹的影响。

对于母材和焊接材料一定情况下，为了预防热处理再热裂纹产生，只有从工艺措施方面入手，在焊接方法选定的情况下，在保证焊接质量的前提下，焊接过程尽可能采用较小的焊接热输入量，减小热影响区的过热粗晶区；严格按照焊接工艺规程要求进行焊前预热和后热，在确保满足焊接工艺规定的前提下将最低预热温度提高至 120℃；终止焊接时，对焊缝进行后热保温，后热温度为 250～350℃，后热保温温度维持在预热温度范围内不小于 30min。

针对焊缝与母材未圆滑过渡问题，在后续焊缝焊接完成后确保焊缝表面与母材连接处平滑过渡，保证母材表面与靠近焊趾处焊缝表面间形成角度 $\alpha > 150°$，防止应力集中产生。针对采取加固工装的焊缝由于进行热处理时拆除了工装，导致焊缝处热处理前后所产生的拘束力不同会对焊缝产生较大应力问题，在后续类似焊缝热处理时，保留焊接防变形工装的主体结构，在满足热处理施工需求的前提下对部分位置进行适应性修改，保证不会因热处理变形过大，造成局部焊缝内部应力过大。

7.4.7　300MV 汽轮发电机定子基座裂纹分析与对策

某发电有限责任公司 2 台 300MW 直接空冷凝汽式汽轮机是由上海汽轮发电机有限公司引进美国西屋技术的水氢冷汽轮发电机，机组在大修启动后，由于低频振动和焊接工艺质量不良等因素，导致定子机座筒体间出现约 145mm 长的裂纹，大量氢气泄漏，机组被迫停机。该公司 2 号汽轮发电机组于 2010 年投入运行。机组型号为 QFSN2 型，额定容量为 350MW，额定工作氢压为 0.31MPa，额定转速为 3000r/min。发电机机座设计为整体式结构，它和 2 个端罩组成发电机本体。

(1) 设备故障过程

2015 年 12 月 20 日，2 号发电机检修结束，整体气密试验合格后完成氢气置换。2015 年 12 月 21 日，进行冲车启动试验，启动后发现 2 号发电机励端振动明显超标，达 $104\mu m$，氢压下降速度较快，由 308kPa 突降至 289kPa。对 2 号发电机本体进行漏氢检查，发现 2 号发电机励磁端左侧底部台板与发电机本体结合部位有较大漏点，外部观察定子励侧机座处有明显裂纹，长度约为 145mm。为了保证 2 号发电机安全运行，对 2 号发电机进行停机处理，工期为 3 天。2 号发电机定子机座裂纹内部和外部位置如图 7-45 所示。

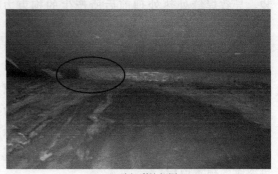

(a) 内部裂纹位置　　　　　　　　　　　　　　(b) 外部裂纹位置

图 7-45　发电机励磁左侧底部台板与发电机本体结合部位裂纹示意图

(2) 故障原因分析

① 从现场照片及实际缺陷情况看，裂纹起始点为地脚板端部焊缝下端拐角处，裂纹走向是沿着最小受力方向扩展。与该位置其他部件相比，发电机壳体相对薄弱，致使发电机壳体局部产生裂纹，进而穿透壳体。

② 观察裂纹位置，发现裂纹位于焊缝附近应力集中区域，同时，发电机励磁端台板支座与筒体连接部分出厂焊接时，焊接熔池存在缺陷，地脚支座与本体焊口、端盖与本体焊口之间存在交叉焊接（见图 7-46），在振动形成的交变应力作用下，造成疲劳开裂，这是发电机定子机座产生裂纹的内部原因。

图 7-46　发电机定子机座地脚支座、本体焊口与端盖、本体焊口交叉焊接示意图

③ 分析外部因素，2 号发电机励端裂纹位置振动较大是造成裂纹发生的外部原因之一。2 号发电机振动测点分布示意图见图 7-47，振动测试数据见表 7-23。由表 7-23 可知，振动值超过 $50\mu m$（振动上限值）的分布位置均在励端。同时，现场观察发现，在 2 号发电机 A 级检修过程中，为了复查低发联轴器中心，裂纹位置曾是抬升发电机定子的受力点，局部受力是加剧裂纹扩展的另一个外部因素。

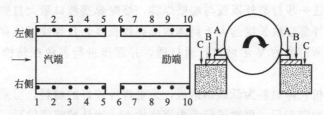

图 7-47　2 号发电机振动测点分布示意图

表 7-23　2 号发电机整体振动测试数　　　　　　　　　　　　　　　　　　　　　　μm

测点位置及方向	左侧测点编号									
	1	2	3	4	5	6	7	8	9	10
A 基座⊥	7	14	7	18	17	30	33	37	40	24
B 台板⊥	4	4	3	6	7	5	4	4	6	6
C 基础⊥	5	3	3	3	5	9	4	2	4	11
A 基座—	12	23	23	37	54	81	92	84	66	42
本体—	24	25	42	50	68	66	78	90	87	85
测点位置及方向	右侧测点编号									
	1	2	3	4	5	6	7	8	9	10
A 基座⊥	6	14	14	15	10	17	24	19	13	2
B 台板⊥	3	3	3	6	7	7	4	22	32	13
C 基础⊥	2	3	6	6	6	7	8	6	8	30
A 基座—	12	22	32	43	56	81	91	88	64	42
本体—	23	34	44	50	58	67	78	81	95	84

综合上述分析认为，2 号发电机励磁端台板支座与筒体连接部分进行出厂焊接时，地脚

支座、本体焊口、端盖与本体焊口之间存在交叉焊接，焊接熔池存在缺陷，导致应力集中，在发电机 A 级检修过程中局部受力，而后在长时间低频振动的作用下，应力通过薄弱环节释放，产生的裂纹延伸至筒体，造成筒体开裂，导致发电机本体氢气泄漏。

(3) 处理措施

① 定子机座裂纹处理

a. 将 2 号发电机内氢气置换为空气，拆除 2 号发电机汽侧顶部、励侧底部人孔和发电机底部中间人孔，拆除 2 号发电机励端左侧氢冷却器。在所拆除的 3 处人孔处架设轴流风机，通风 12h 后，测试发电机内氢气质量浓度≤4%，对 2 号发电机励端地脚漏氢位置的定子膛内、膛外部位进行脱漆处理，做磁粉探伤检查以确认裂纹具体位置。因发电机已就位，缺陷修复主要从发电机内部进行。

b. 发电机外部缺陷位置完成定位后，在发电机内部对应位置打磨机壳板内壁，采用着色探伤查找裂纹走向，对经探伤所确认的裂纹，打磨成 V 形坡口，并适时检查裂纹走向，依据裂纹走向，延伸打磨区域，修磨出适当的补焊坡口。因发电机外壳板壁厚 25mm，因此清除缺陷时的打磨深度应不超过 25mm。考虑焊缝为非全焊透焊缝，机座内部焊缝打磨最大深度为 13mm。

c. 对于外部存在裂纹的部位（主要是支撑筋部位）进行打磨清除，若裂纹为向外罩板与端壁焊缝走向，应进一步打磨外罩板与端壁焊缝，修配焊接坡口最大打磨深度为 25mm，备补焊。考虑到筒体外部裂纹长度远大于筒体内部裂纹长度，且裂纹可能存在错位现象，所以在打磨过程中要将所打磨的 V 形坡口打通打透，并逐步进行着色探伤检查，避免隐蔽裂纹的遗留。

d. 因 2 号发电机壳体材料为低碳钢钢板，是可焊性较好的材料，可采用碳钢焊接材料进行补焊。在整体打磨完毕后，再次进行无损探伤检查，确认缺陷清除后，进行补焊。焊接方法为手工电弧焊，焊条型号为 E5015。

e. 在焊接过程中，考虑到裂纹外部焊接难度较大，要优先从内侧焊接，再从外侧进行补焊，且在焊接后进行保温处理，再次进行探伤检测。

f. 采用 E5015 焊条进行补焊。补焊前，按说明书对焊条烘干。采用直径 3.2mm 的焊条在机壳内部进行打底焊，打底焊时，电流可适当增大，打底焊 2 层后，在外部进行缺陷修复。对已经打底完成的内部补焊区局部预热，温度约为 100℃。再采用直径 4.0mm 的焊条进行填充焊，层间温度不超过 300℃。焊后，立即用氧乙炔火焰局部加热补焊区 15min 做去氢处理。最后，使用隔热保温毯覆盖补焊处，缓冷至室温。

g. 在焊接过程中，要充分考虑焊机电流回路可能对轴瓦造成电蚀，要将接地点选在离焊接点最近处，确保电流在最小范围内形成回路，避免损伤其他部位。

h. 打磨清理补焊焊缝表面，在满足着色探伤要求后，进行着色探伤检查，检查结果应无缺陷显示。

i. 回装 2 号发电机励端左侧氢冷却器，恢复拆除的各部人孔，对 2 号发电机充入 0.5kg 氢气后，补压缩空气至额定压力 0.31MPa，进行查漏。确认 2 号发电机无漏点后，再进行氢气置换工作。

② 振动超标处理　水氢型发电机采用端盖式轴承，发电机定子在运行时除了承受铁心的电磁振动外，同时还承受转子不平衡产生的机械振动。如果机座底脚承载状态不理想，则有可能使发电机在运行过程中产生较大的机座振动。为了使机座四角的承载分布均匀合理，

在发电机机座底脚和基础台板之间的垫片呈阶梯形排列（见图 7-48），以确保发电机在运行时机座振动稳定良好。

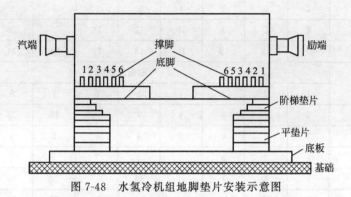

图 7-48　水氢冷机组地脚垫片安装示意图

一般来说，按此规范进行安装或大修的机组，基本上都能有效保障机座振动的稳定良好。但仍有个别机组发生机座振动偏大现象，这可能与基础台板的水平度、灌浆质量、基础不均匀沉降等有关。

为解决 2 号发电机振动问题，对该机组进行发电机机座底脚承载分布调整试验。采用微应变测量技术，现场布置测点，实测底脚应力分布，计算分析测试数据，获取机座底脚各部位的实际承载情况，对发电机机座底脚垫片做出调整，使机座底脚承载分布达到规定的合理范围，从而排除影响发电机机座振动因素。

试验主要步骤如下：

a. 在机座底脚的角撑筋板上，按要求布置测点，打磨需粘贴应变片部位的表面，要求光洁平整。粘贴应变片，连接应变仪，测量系统进行编号、调零。

b. 在基础底脚螺栓的螺母垫圈下，临时加垫 5mm 高度的套圈，拧紧螺母以压住基础台板，并保证机座有足够的顶升高度（试验时机座的顶升量一般在 2～3mm）。

c. 用 4 只 200t 千斤顶分别置于定子 4 个吊耳下（吊耳应事先装上），反复 3 次顶起和放下发电机，以释放不稳定应力，直至应变仪调零基数基本稳定。

d. 落下机座，测量各测点应变值，计算底脚承载的分布值。

e. 按计算后反映的承载分布情况，有目的地调整底脚下的垫片。

f. 重复 d、e 步骤，直至整台机座的底脚承载分布达到试验要求。

g. 复查低发联轴器中心，在发电机底部载荷分配均匀的情况下，联轴器中心在标准范围内，如有偏离要进一步进行调整。对 2 号发电机机座底脚承载分布进行调整后，解决了 2 号发电机振动超标问题，机组振动最大值为 43μm。调整后 2 号发电机振动测试数据见表 7-24。

表 7-24　调整后 2 号发电机整体振动测试数　　　　　μm

测点位置及方向	左侧测点编号									
	1	2	3	4	5	6	7	8	9	10
A 基座⊥	6	10	7	7	8	14	13	16	18	27
B 台板⊥	5	6	6	5	5	5	4	4	3	5
C 基础⊥	4	4	4	3	4	4	4	10	4	×

测点位置及方向	左侧测点编号									
	1	2	3	4	5	6	7	8	9	10
A 基座—	6	7	9	10	12	16	25	26	30	39
本体—	8	15	18	18	18	22	26	34	39	43

测点位置及方向	右侧测点编号									
	1	2	3	4	5	6	7	8	9	10
A 基座⊥	6	7	5	5	7	16	15	25	25	28
B 台板⊥	3	4	5	5	4	7	8	9	7	8
C 基础⊥	2	2	3	3	3	7	6	6	4	4
A 基座—	7	4	7	10	11	21	22	25	26	38
本体—	6	12	16	15	18	24	27	35	40	41

7.4.8 西气东输 X80 管线钢的焊接冷裂纹分析

管道输送油气以其安全、经济、高效而飞速发展。随着天然气输送压力的增高，管线钢的钢级也随着升高。X80 管线钢在西气东输支线工程试验段成功应用，将在天然气长输管道工程上大量使用。X80 是一种超低碳微合金高强钢，是一种性能优良的管线钢，有良好的应用前景。然而，由于高钢级管线钢从成分设计到组织状态相对于低钢级管线钢有很大差别，对焊接技术的要求更高。

X80 管线钢通过形变强化、超细晶化、高度洁净化使其具有很高的强韧性，对焊接加工提出了特殊的要求，主要表现在：如何防止焊接热影响区的晶粒粗化、局部软化与脆化；如何实现焊缝金属的纯净化与晶粒细化；如何改进焊接工艺等。

为控制管线钢热影响区的晶粒长大，常采用小的焊接热输入或高能束焊接方法使粗晶区变窄，不影响焊接接头的服役能力。但在小热输入下焊缝易产生冷裂纹。所以通过调整预热温度减小 X80 管线钢冷裂纹敏感性，还可以改善焊接组织和减小应力。

（1）试验材料及方法

西南交通大学吴冰、陈辉等对 X80 管线钢焊接冷裂纹进行了试验分析。所用的试验材料是宝鸡石油钢管有限责任公司提供的 X80 管线钢，该钢是一种通过控轧控冷工艺获得的超低碳微合金高强钢。管材直径为 610mm，壁厚 7.9mm。X80 管线钢的化学成分见表 7-25，常规力学性能见表 7-26。

表 7-25 X80 管线钢的化学成分 %

C	Mn	Cr	Mo	Ni	Si	Al	Cu
0.059	1.520	0.026	0.210	0.178	0.178	0.025	0.118
Nb	Ti	V	N	Pb	S	P	Fe
0.059	0.016	0.040	0.007	0.002	0.004	0.013	97.53

表 7-26 X80 管线钢的力学性能

试验材料	屈服强度 /MPa	抗拉强度 /MPa	伸长率 /%	冲击吸收功 /J
X80 管线钢	580	720	33	102(−20℃)

（2）碳当量分析

碳是影响钢材淬硬倾向的主要元素。根据国际焊接学会（IIW）推荐的碳当量公式：

$$C_{eq} = C + \frac{Mn}{6} + \frac{Cr + Mo + V}{5} + \frac{Ni + Cu}{15}, \% \tag{7-22}$$

把表 7-25 数据代入计算得出 $IIW C_{eq} = 0.387\%$；根据美国焊接学会（AWS）推荐的碳当量公式：

$$C_{eq} = C + \frac{Mn}{6} + \frac{Si}{24} + \frac{Ni}{15} + \frac{Cr}{5} + \frac{Mo}{4} + \frac{Cu}{13} + \frac{P}{2}, \% \tag{7-23}$$

把表 7-25 数据代入计算得出 $AWS\ C_{eq} = 0.405\%$。一般认为碳当量 $C_{eq} > 0.45\%$ 时，焊接性比较差。可见由于 X80 管线钢碳含量低，淬硬倾向较小，焊后一般不需要热处理。对该钢种进行焊接性试验研究可以确定最佳的焊接参数。

（3）小铁研试验

"小铁研试验"可在严酷的条件下检验钢材抗冷裂纹的能力，是焊接接头冷裂纹研究的重要方法之一。通过调整预热温度研究预热对 X80 管线钢冷裂纹敏感性的影响。试验采用焊条电弧焊，采用 E9010 低氢纤维素焊条。

① 试样制备　从直径 610mm，壁厚 7.9mm 的 X80 管线钢上截取 7.9mm×75mm×200mm 的试样，试样的形状如图 7-49 所示。拘束焊缝用直径 4mm 的 E4303 焊条，试验焊道采用 BOHLER 直径 4mm 的 E9010 焊条（化学成分见表 7-27），两种焊条焊前均不需要烘干。

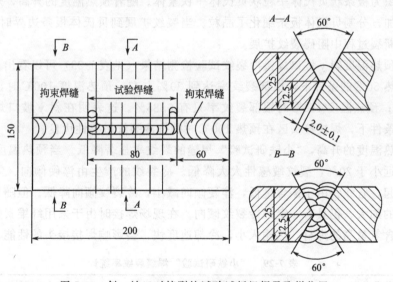

图 7-49　斜 y 坡口对接裂纹试验试板组焊及取样位置

表 7-27　BOHLER 直径 4.0mm 的 E9010 焊条化学成分　　　　　　　　　　　　%

C	Mn	Si	Ni	Cr	Al	S	P
0.130	0.730	0.110	0.560	0.050	0.050	0.013	0.013

② 试验过程　试板组焊及取样位置见图 7-49，试板经预热后用 E4303 焊条焊接拘束焊缝，焊后缓冷至室温，共焊接 8 组试件，坡口根部间隙均为 (2.0±0.1)mm。试验焊道焊接时采用 4 种预热温度：常温（25℃）、50℃、100℃、150℃。焊接工艺参数见表 7-28，试

板焊后放置 48h，做磁粉探伤检测。

表 7-28　"小铁研试验"的焊接工艺参数

试件编号	预热温度 /℃	焊接电流 /A	焊接电压 /V	焊缝长度 /mm	焊接时间 /s	焊接热输入 /(kJ/cm)
1	常温	100	24～26	7.0	45	16.70
2	常温	100	24～26	7.0	47	17.50
3	50	100	24～26	7.0	37	13.74
4	50	100	24～26	7.0	50	18.57
5	100	100	24	7.0	29	9.94
6	100	100	24	7.0	31	10.63
7	150	100	24～26	7.0	37	13.74
8	150	100	24～26	7.0	35	13.00

③ 试验结果及分析　经磁粉探伤仪检测试验焊缝表面无裂纹产生，把试件切成 4 段对 5 个断面进行检查发现，常温和预热 50℃ 条件下的试验焊缝根部有比较明显的裂纹，而预热 100℃ 和 150℃ 的根部裂纹并不明显。在显微镜下观察，"小铁研试验"根部裂纹主要出现在焊接熔合区附近，为穿晶裂纹特征，是典型的焊接冷裂纹。

壁厚 7.9mm 的 X80 管线钢管在不同预热温度时焊接熔合区金相组织不同，不预热的焊接熔合区组织为板条状贝氏体＋粒状贝氏体＋铁素体。随着预热温度的升高，熔合区粒状贝氏体组织增加，分割贝氏体板条细化了晶粒。当裂纹扩展到贝氏体板条边界时将发生弯折，从而在低温断裂过程中阻碍裂纹扩展。

从不同预热温度斜 y 坡口焊接冷裂纹试验检测结果（见表 7-29）可以看出，X80 管线钢在常温与预热 50℃ 的条件下，根部裂纹率达到 30％ 左右；预热温度 100℃ 时，根部裂纹率降为 3.55％；预热温度 150℃ 时根部裂纹率只有 0.85％。这表明在斜 y 坡口焊接冷裂纹试验这种苛刻条件下，焊接接头区在预热 100℃ 时的抗冷裂纹敏感性优良。

随着预热温度的升高，"小铁研试验"焊缝的裂纹率显著降低。当预热温度达到 100℃，根部裂纹率远小于 20％，裂纹敏感性大大降低。冷裂纹的产生由淬硬倾向、氢含量和应力共同作用引起，管线钢由于碳含量低，淬硬倾向减小，冷裂纹倾向降低。但随着强度级别的提高，板厚的加大，仍具有一定的冷裂纹倾向。在现场焊接时由于采用纤维素焊条、自保护药芯焊丝等含氢量高的焊材，热输入小，冷却速度快，会影响焊接接头的性能。

表 7-29　"小铁研试验"焊缝裂纹率统计

预热温度/℃	表面裂纹率/%	根部裂纹率/%
常温(25)	0	37.25
50	0	29.70
100	0	3.55
150	0	0.85

在预热条件下，氢在焊接接头中的扩散速度明显加快，焊缝金属中的氢浓度快速降低。焊前预热使焊接接头冷却速度减慢，预热温度越高，冷却越缓慢，大量的扩散氢会通过加速扩散而逸出，热影响区的扩散氢含量越低。这也是提高预热温度使裂纹率显著降低的原因之一。

总之，X80 管线钢"小铁研试验"时，焊接熔合区附近有冷裂纹敏感性，随着预热温度升高，裂纹率显著降低。X80 管线钢"小铁研试验"时焊接熔合区组织为粒状贝氏体＋板条状贝氏体＋铁素体，随着预热温度的升高，熔合区粒状贝氏体组织增加，分割贝氏体板条细化了晶粒，增强了焊缝的韧性，降低了焊接接头的冷裂纹敏感性。

7.4.9　龙滩电站蜗壳排水阀阀座焊接裂纹分析与对策

红水河龙滩水电站总装机容量 6300MW，单机容量 700MW。一期工程 7 台机组。龙滩水电站蜗壳由进水口直管段与座环的过渡板及蝶形边相连，并与蜗壳附件进人门、取水阀座、测压管排水槽钢等组成全封闭式金属蜗壳。每台蜗壳总重 523t，材质为 HITEN610，蜗壳进水口管节过流面直径为 8700mm，板厚 73mm，焊接材料为 CHE62CFLH 或 JL106 低合金焊条。蜗壳排水阀位于蜗壳进水口管节的正下方，阀座外径为 1080mm，内径为 800mm，材质为 ZG20SiMn。

(1) 阀座焊接问题的提出

① 阀座焊缝结构　中国水电第十四工程局机电安装公司唐扬文、刘德昆等，针对龙滩电站蜗壳排水阀座焊接裂纹进行分析并提出防止对策。根据蜗壳排水阀阀座的外径尺寸，在其安装位置对蜗壳进行开孔。

孔后切割一个 45°圆周内坡口，按设计要求将阀座安装到切割孔内，对其调整和焊接固定。然后将阀座补强板（补强板外径为 2100mm，内径与蜗壳开孔后的大小相等，板厚 40mm，材质为蜗壳材质）安装到蜗壳背部，安装后与蜗壳坡口形成 K 形坡口，阀座与蜗壳安装后的坡口形式如图 7-50 所示。

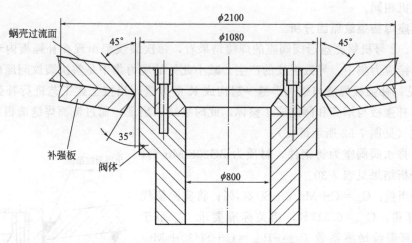

图 7-50　阀座与蜗壳安装后的坡口形式

② 阀座焊接

a.焊接设备要求　对阀座焊接设备的要求如下：焊条烘烤保温设备有温升 450℃的烘烤箱，有温升 200℃以下的保温箱，有温升 150℃的保温桶。这些设备要求通电可靠，温控显示正确，保温性能良好。焊接件加温设备有红外履带式加热板、温控柜、红外测温仪等。这些设备要求升温准确，温控正常可调，显示正确无误。

检测设备主要有焊高检查角度尺、放大镜、超声波探伤仪和着色探伤剂等。这些设备要保存完好，显示数据信息准确可靠。

b. 1号机蜗壳排水阀阀座焊接工艺　1号机蜗壳排水阀焊接前先对阀座进行焊前预热，蜗壳预热温度为80℃，阀座预热温度为150℃，预热后保温1～2h开始焊接。焊材使用CHE62CFLH焊条，分别对补强板内外环缝进行分段定位焊接（见图7-51），焊高8～10mm。定位点焊后开始对补强板内外环缝进行焊接，外环缝均布三名焊工同时焊接，内环缝由两名焊工对称焊接。焊接时采用分段、退步、多层多道焊接，焊接中锤击除打底和盖面外的各层焊缝，焊接速度不能过快。焊接电流控制在工艺参数的下限值范围，也就是直径3.2mm焊条的焊接电流为110～120A，直径4.0mm焊条的焊接电流为200～220A。

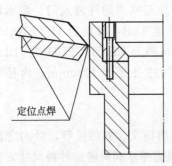

图7-51　补强板内外环缝定位焊接

外环缝焊高22mm；内环缝焊至坡口深度的2/3后转至蜗壳过流面焊缝清根、打磨，做100%着色渗透检测（PT）、100%磁粉检测（MT），检测合格后进行过流面坡口焊缝的焊接。过流面焊缝焊接至坡口深度的2/3后，将焊接工位转至补强板内环缝剩余焊缝一次性焊接完成，最后转至过流面焊缝将其一次性焊接完成。

所有焊缝焊接完后进行后热消氢处理，后热温度为200℃，升温时控制在不超过50℃/h，保温600min后将其缓慢降温，降温速度不超过30℃/h，降至室温72h后进行100%磁粉检测与100%超声检测。

③ 阀座焊接中的裂纹问题　1号机蜗壳排水阀焊接过程中以及焊接完后出现裂纹，裂纹出现在过流面焊缝焊接多层后的补强板与阀座结合区。经过一次焊缝返修后，仍然出现裂纹。2号机蜗壳排水阀焊接工艺做了一些改进，仍在焊接过程中产生裂纹，并且产生裂纹的部位和1号机相同。

(2) 阀座焊接裂纹原因分析

从1号、2号机蜗壳盘形阀阀座的焊接结果看，每次裂纹都出现在补强板内环缝处，原因是此处焊接应力集中，导致裂纹的产生。减小此处的应力集中是解决裂纹问题的关键。由图7-51可见，补强板焊缝与蜗壳焊缝一起构成K形焊缝，当按上述工艺进行补强板内外环缝焊接后，补强板与蜗壳和阀座成了整体，此时裂纹未出现；而过流面焊缝清根并焊接多层后产生裂纹（见图7-52所示部位）。

首先，排水阀阀座为铸钢件，材质为ZG20SiMn钢，化学成分分析结果见表7-30。

计算碳当量：$C_{eq} = C + Mn/6 + Si/24，\%$；将实测值代入上式计算得：$C_{eq} = 0.517\%$，相关标准要求$C_{eq}$小于0.42%。计算裂纹敏感系数$P_{cm}$：$P_{cm} = C + Si/30 + Mn/20(\%)$。将实测值代入上式计算得：裂纹敏感系数$P_{cm} = 0.343\%$，相关标准要求小于0.20%。

通过对排水阀阀座化学成分的分析结果可看出，试样中的C、Mn、Si元素均已超标。又通过实际化学元素的计算，得知碳当量和焊接裂纹敏感系数都已超标，表明该排水阀体材质的焊接性较差，易产生焊接裂纹。

焊接过程是一个不均匀的加热和冷却的过程，会产生纵向和横向应力。不均匀温度下产生不均匀的膨胀，

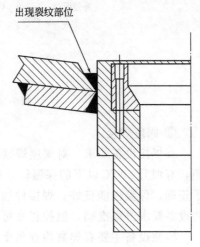

出现裂纹部位

图7-52　过流面清根后的多层焊接

高温处的钢材膨胀最大，但受到两侧温度较低、膨胀较小的钢材限制，产生了热状态的塑性压缩。焊缝冷却时，被塑性压缩的焊缝区趋向于比原始长度稍缩短，这种缩短受到两侧钢材的限制，使焊缝区产生纵向和横向的拉应力，这种拉应力可达到钢材的屈服强度。由于母材厚度较大，在焊接过程中还会产生厚度方向上的残余应力。由此形成严重的三向应力，大大降低了焊接区的塑性，使裂纹容易发生和发展。

在补强板焊接工艺上，补强板内外环缝焊接后，与蜗壳、阀座成为一整体，形成较强的约束条件。同时由于焊件本身厚度较大，使焊缝不能自由伸缩，也是造成焊接应力无法释放而产生裂纹的因素之一。

表 7-30　排水阀座 ZG20SiMn 钢的化学成分　　　　　　　　　　　%

项目	C	Mn	Si	S	P
相关标准	0.16～0.22	1.0～1.30	0.6～0.8	≤0.035	≤0.035
分析结果	0.23	1.40	1.30	≤0.035	≤0.035

(3) 阀座焊接裂纹防止对策

找到问题根源就可采取相应措施进行解决。首先对补强板结构进行更改，将补强板内径扩大，具体做法是将内环缝原有的坡口切成无坡口，以角焊缝方式进行焊接。焊接后的坡口与未切前相等，并将坡口打磨干净后做着色渗透探伤，以保证母材本身无缺陷；其次将补强板割一条径向缝。

补强板内径扩大的目的是让补强板与蜗壳先进行内外环缝的焊接，这样蜗壳与补强板就成为一个整体，与阀座焊接时就成为单一蜗壳与阀座的焊接，如图 7-53 所示。

补强板割径向缝的目的是使蜗壳过流面焊接时能够自由变形，减小补强板对它的约束力，阀座焊缝焊接完成后再对其进行焊接。

对原来的焊接工艺进行如下细化和更改：

a. 按图纸要求，在蜗壳下部配割与盘形阀阀体合适的安装孔及坡口，坡口应打磨干净，并做着色渗透探伤。

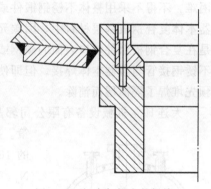

图 7-53　蜗壳与阀座的焊接

b. 预装补强板，并保证补强板与蜗壳紧贴，局部间隙不超过 2mm，范围不得大于补强板面积的 20%。检查合格后将补强板与蜗壳点焊。点焊时内圈均分为 4 等份，外圈等分 8 等份，每段点焊长度为 120mm，角焊缝焊高为 10mm。点焊时预热至 80℃以上。

c. 补强板内环缝焊接时，先用直径 3.2mm 焊条打底，其他各层用直径 4mm 焊条施焊。除打底层和盖面层以外，每焊一层都必须锤击消除应力。焊接时两人对称、分段、退步施焊。焊完该焊缝后，做 100% 的超声波探伤和 100% 磁粉探伤。

d. 焊补强板外圈与蜗壳的角焊缝，焊接方法同上。焊完该焊缝后进行消氢热处理。消氢处理后做 100% 着色渗透探伤、100% 磁粉探伤。

e. 安装并调整好排水阀阀座，检查合格后将阀座固定，并点焊在蜗壳上。点焊工艺及长度与补强板和排水阀座焊缝相同。

f. 焊接蜗壳与补强板焊缝时，在焊缝周围 200mm 范围预热 150℃，用直径 3.2mm 焊条打底，其余焊道用直径 4mm 焊条施焊。焊接时层间温度控制在 150～200℃。全部焊接完成后应进行 260℃×4h 消氢处理，并用石棉布盖住焊缝缓冷，降温速度不得超过 15℃/h。

g. 焊接过程中应严格控制预热温度和层间温度，最好是一条焊缝连续焊完。在焊缝背面要清根，探伤或其他原因须较长时间停焊时，提前进行消除应力热处理。由于此处焊缝结构复杂，焊接应力大，故全部焊缝焊接完成后经过 72h 才能进行无损探伤。

h. 将 CHE62CFLH 焊条改为 E5015 焊条。更改补强板内环缝焊接顺序，补强板内外环缝与蜗壳焊接后，先对过流面坡口焊缝焊接 70%；将焊接工位转至补强板内环缝清根、焊接，补强板内环缝焊接完 70%，再将焊接工位转至蜗壳过流面，将剩余焊缝一次性焊接完成；最后再将补强板内环缝剩余焊缝焊接完成。

通过对焊接工艺的调整和细化，并在施工过程中严格按上述工艺实施，3 号～7 号机蜗壳排水阀阀座的焊接一次探伤全部合格。1 号、2 号机蜗壳排水阀阀座经过处理并采用上述焊接工艺后，也全部一次探伤合格。

综上所述，龙滩水电站蜗壳与排水阀阀座的焊接，因材质和施焊工艺的影响，出现了裂纹和尺寸变化等缺陷，但经过认真分析找出产生裂纹缺陷的原因，制定切实可行的工艺措施，完成了龙滩水电站 7 台机蜗壳与排水阀阀座的焊接任务，且全部合格，质量优良。龙滩电站蜗壳与排水阀阀座焊接施工经验的总结，对相似电站安装的焊接工作有借鉴和指导意义。

7.4.10 大厚度异种钢焊接裂纹原因分析与对策

在不锈钢复合钢板制造的压力容器产品中，由于小直径接管内表面堆焊不锈钢耐蚀层有困难，不得不采用整体不锈钢锻件或管材。当容器壁厚大到一定程度时，焊接应力发展到容器本体复合钢板基层材料中，因碳元素扩散形成脱碳层的部位抗拉强度低而导致开裂。一般是在复合钢板部件坡口表面的碳钢或低合金钢部分预先堆焊一层不锈钢隔离层，然后再插入不锈钢接管与容器本体焊接。但即使这样做，也还时常出现裂纹，也就是说，裂纹并没有因预先堆焊了隔离层而消除。

大连日立机械设备有限公司郭晶等对大厚度异种钢焊接裂纹进行了分析并提出防止对策。某压力容器封头外直径 2370mm，由（85+5）mm 厚度的 16MnR+00Cr17Ni14Mo2 复合钢板热压成型。其上有 N_1、N_4、N_5、P 和 T_b 5 个接管，如图 7-54 所示。

N_1 位于封头中心，直径 450mm，材料为 16Mn 锻件，内表面堆焊 316L 型不锈钢耐蚀层，采用嵌入式结构，与封头以对接接头形式连接。其余 4 个接管均布在直径为 1540mm 的圆周上，直径分别为 40mm、80mm、100mm 和 150mm，厚度均为 60mm，材料为 00Cr17Ni14Mo2 整体锻件，接管与封头采用插入式接头形式连接，见图 7-55。

由图 7-55 可见，4 个小接管与封头连接的焊接接头坡口接近单面半 V 形。绝大部分焊缝金属填充在正面坡口中。制造厂采用的工艺是先焊满正面坡口后从背面清根，再焊接填充背面清根形成的坡口。

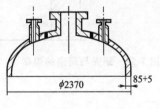
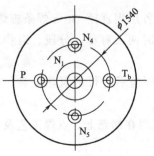

图 7-54　封头和接管的结构

但当焊满正面坡口进行清根时，发现正在制造的 3 台容器封头，每只上 4 个小直径接管的接头背面都有裂纹，而且都在封头 16MnR 一侧母材的热影响区内。清除裂纹过程中观察表明，开裂深度都超过了封头基层材料厚度的一半，见图 7-56。近几年制造同种或同类设备时经常出现这类裂纹。

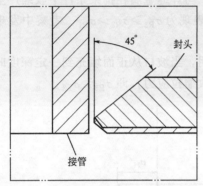

图 7-55　非中心小接管与封头的接头形式

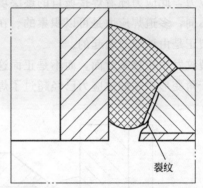

图 7-56　裂纹发生在复合钢热影响区

(1) 裂纹原因分析

① 拘束度　焊接裂纹只出现在位于封头非中心位置的 4 个小接管的焊接接头上，而中心接管 N_1 没有发现过此裂纹。影响接管焊接接头拘束度的因素比较见表 7-31。

表 7-31　5 个接管焊接拘束度的影响因素

序号	因素	中心接管 N_1		非中心接管 N_4、N_5、P、T_b	
1	位置	位于封头 中心位置	小	位于封头非中心位置， 距封头拐角部分比 N_1 近	大
2	直径	大	小	小	大
3	接头形式	嵌入式，对接	小	插入式，非对接	大

从表 7-31 中不难看出，无论哪一方面对 4 个小接管都不利。由此可以解释裂纹只发生在 4 个非中心位置小接管的焊接接头上这一事实。在影响接管拘束度的 3 项因素中，第 1 项和第 2 项无法改变，是设备设计条件所决定的。仅第 3 项，即接头形式，制造厂有可以发挥作用的余地，即通过改变坡口形式来影响接头拘束度。

② 冶金因素　铬镍奥氏体不锈钢与碳素钢或低合金铁素体钢焊接时，通常采用 Cr、Ni 不锈钢填充材料。在这种情况下，由于不锈钢焊缝金属与碳素或低合金钢在铬含量和碳含量的差异，碳原子会越过熔合区，在熔合区附近奥氏体钢焊缝金属一侧形成增碳层，在碳素钢或低合金铁素体钢母材一侧形成脱碳层。该脱碳层的硬度和强度都比较低，当焊接应力发展到超过其抗拉强度时，会将其拉断形成裂纹。由此可以解释裂纹为何出现在封头母材 16MnR 钢一侧近缝区这一事实。这种局部形成低强度脱碳带是由相邻接材料的性质决定的。

③ 应力因素　裂纹出现在接管与封头连接焊缝的周围，是由焊接横向应力引起的，所以以下的分析涉及不同情况下的横向焊接应力。

接头形式按单面坡口考虑。焊接过程中应力的形成和发展应考虑如图 7-57 所示三个因素。图中，σ_R 为根部应力，σ_F 为表面应力，下角标 1～3 表示随着焊缝厚度增加，焊缝横向应力在 3 个厚度的变化值。焊接应力是由于在拘束条件下，焊缝金属从凝固后的高温冷却到环境温度的过程中不能自由收缩而产生的，所以每一焊道焊完冷却后，其表面承受的都是拉应力，大小与该焊道表面所在深度处的坡口宽度成比例。在图 7-58 中表现为 $\sigma_{F3}>\sigma_{F2}>\sigma_{F1}$。

由于任一道焊的上下宽度都不相同，冷却后最终产生的收缩量也不相等。因而，熔敷任何一道焊道后都会引起角变形或产生引起角变形的潜在动力，这些将在焊接接头背面层诱发拉伸应力，此应力随着焊接坡口的逐层填充而加大。与焊缝金属在拘束条件下收缩产生的拉应力不同，多道焊应力是可以积累的。在图 7-57 中表现为 $\sigma_{R3}>\sigma_{R2}>\sigma_{R1}$。考察中发现的接头开裂正是由该应力引起的。

裂纹发生在接头背面，而不是正面这一事实说明，当坡口从正面填充到一定深度时，背面由于角变形产生的拉应力已经超过了焊缝正面的收缩拉应力，即 $\sigma_{R3}>\sigma_{F3}$。

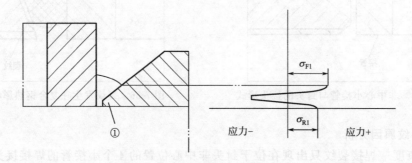

(a) 焊完第1道后的σF3和σR3

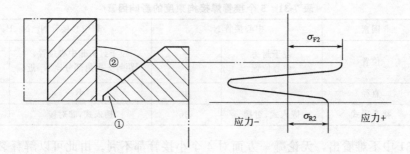

(b) 坡口填接到一定深度后的σF3和σR3

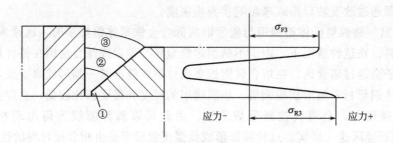

(c) 坡口填满后的σF3和σR3

图 7-57　焊缝表面和根部的横向应力

任何一个时刻同一截面内，同方向的焊接应力都应是平衡的，有拉应力就必然存在压应力。即使只熔敷了一道焊道也不例外。第 1 道焊道熔敷之后，焊道内的横向焊接应力如图 7-57(a) 所示。为了表现方便，把第一道焊道画得特别厚。其余第②和第③区不是一次焊成的，尽管看起来它们的厚度和①区差不多。

当焊接应力达到或超过材料薄弱部位的抗拉强度时，材料就会破裂形成裂纹。随着裂纹的形成，裂开部分的焊接应力随即解除，而未开裂部分的焊接应力也随之发生变化。对文中考察的对象，裂纹的形成会使焊缝正面的拉应力减小，即 $\sigma_{F4} < \sigma_{F3}$，见图 7-58。图中 σ_{F4} 为裂纹处表面应力，σ_{R4} 为裂纹处根部应力。

从图 7-58 可见，裂纹发生在接头的背面。裂纹启始前 σ_{F3} 和 σ_{R3} 都很大，裂纹启始后开裂部分焊接应力消失，σ_{F3} 和 σ_{R3} 相应减小。只要裂纹还没有穿透整个焊缝厚度，接头朝向正面发生角变形的趋势就存在，这种趋势一直会使裂纹根部保持拉应力。尽管应力 σ_{F4} 小于未开裂前焊缝根部应力 σ_{R3}，但裂纹尖端的三向应力状态仍会使裂纹扩展。直到裂纹根部的拉应力变得足够小时，裂纹的扩展才会停止。

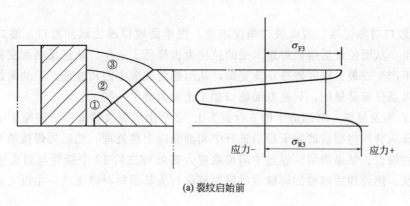

(a) 裂纹启始前

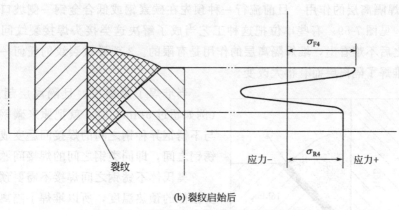

裂纹

(b) 裂纹启始后

图 7-58　裂纹形成中焊接横向应力的变化

(2) 防止对策

① 增加中间消除应力热处理　这种方法的有效性在制造中的 3 台封头上的 12 个出现裂纹的接管焊接实践中得到了证明。

如果中间消除应力热处理能安排在正面坡口焊接填充到厚度超过一半但不到 2/3 时就进行，效果会更好，这时裂纹还不会形成。本次考察的 12 个接管中，有部分清根深度达到甚至超过了厚度的 2/3，中间消除应力热处理后焊接没有发生裂纹。据此推断，从开始焊接到焊接至厚度的 2/3 也不应该出现裂纹。

中间消除应力热处理相当于把厚度大的焊缝分成了 2 条相互垒加、但厚度相对减小了的焊缝来焊接。因为热处理前后的焊接都是在无应力或低应力水平下开始的，每次熔敷的焊缝金属厚度只相当于部分坡口深度，即母材厚度的一部分，因而每次焊接最终达到的焊接应力，以及无论因收缩或因角变形诱发的拉应力，都比一次焊满整个坡口深度时小很多。这种方法的缺点是因增加了中间热处理而提高了制造成本。

② 调整焊接顺序 如果还是单面坡口，可以在正面坡口焊接填充到稍微超过一半厚度时立即进行背面清根，然后接着焊接背面清根后形成的坡口，最后再把正面坡口填满。

清根时由于正面坡口只焊接了刚超过一半的厚度，因此焊接应力的发展还不足以导致裂纹的形成。清根又使得清除部分的焊接应力消除，使未清除部分的焊接应力水平降低。清根后，重新开始焊接时的应力水平低，焊完后的应力积累也会相应降低，从而避免了出现裂纹。

③ 双面坡口对称焊接 假设坡口角度不变，把单面坡口改为双面坡口，坡口最大宽度就减小了一半，从而使最后熔敷焊道承受的拉应力也降低了一半。从正反两面交替对称焊接坡口，可以不产生或最大限度地减小角变形，从而避免或减小因角变形产生的附加应力。这种方法的效果是显而易见的，只是双面坡口加工稍微困难了一些。

④ 实施方案及结果 对制造中的 3 台封头上 12 个出现裂纹的管接头实施了中间消除应力热处理，即从背面将裂纹清除干净后进行中间消除应力热处理，然后再焊接填充背面因清除裂纹形成的坡口。结果表明，经过中间消除应力热处理之后 12 个接管与封头连接焊缝再没有发现裂纹。热处理后熔敷的焊缝金属厚度都在封头基层材料厚度的一半以上，个别达到 2/3。

(3) 预堆焊隔离层的应用

① 预堆焊隔离层的作用 目前流行一种预先在碳素钢或低合金钢一侧坡口表面堆焊隔离层的工艺，见图 7-59。有些单位把这种工艺当成了解决这类接头焊接裂纹问题离不开的手段。分析之后不难看出，堆焊隔离层的作用是有限的。3 项导致裂纹的任何一项因素都不会因为预先堆焊了隔离层而有很大改变。

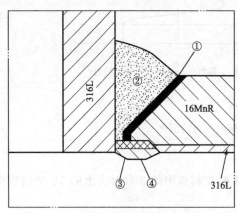

图 7-59 焊接顺序和各区焊接材料选择

当堆焊了隔离层，且隔离层超过一定厚度（例如超过 5mm）时，就把原来碳钢或低合金钢与不锈钢异种钢之间的焊接问题变成不锈钢与不锈钢之间，即同类钢之间的焊接问题了。

奥氏体不锈钢之间焊接不需要预热，或仅需要很低的预热温度，所以堆焊了隔离层后，原本需要预热，或要求严格控制预热温度才能保证焊接质量的问题，就变成了可以不预热，或不需要十分严格控制预热温度就能实现焊接的问题了，简化了焊接操作。预堆焊隔离层的效用仅限于此，不应把预堆焊过渡层的作用过分夸大。

② 预堆焊隔离层工艺需要注意的问题

a.预堆焊隔离层焊接材料选用 不管在其上堆焊隔离层的母材是碳钢还是任何一种低合金钢，应使用 E309 型焊接材料，不必顾及复合钢板的复层和相焊的是何种不锈钢。因为这一部分，即图 7-59 中的①区不涉及耐腐蚀问题。

b. 填充焊接材料选用　坡口的绝大部分，即图 7-59 中的②区同样不涉及耐腐蚀要求，所以和①区一样，使用 E309 型焊接材料填充。

例如，对于图 7-59 的母材搭配，选用 E309ML 型焊接材料堆焊①区，选用 E316L 型焊接材料焊接②区。这样做只有朝向腐蚀介质的一面有限的区域才需要考虑抗腐蚀问题。以图 7-59 所示的接头为例，全用焊条电弧焊，整个焊接过程及焊接材料见表 7-32。

表 7-32　采用预堆焊过渡层工艺时的操作顺序和焊接材料

操作顺序	操作内容	图 6-44 区域代号	焊接材料
1	在复合钢板基层材料坡口表面堆焊隔离层	①	E309-××
2	填充坡口绝大部分	②	E309-××
3	熔敷复合钢板复层侧坡口部分的过渡层	③	E309ML-××
4	熔敷复合钢板复层侧坡口部分的过渡层	④	E316L-××

③ 预堆焊隔离层的最小厚度　预堆焊隔离层的最小厚度应以后续焊接，即图 6-44 中②、③和④区任何一道焊道都不会波及到复合钢板基层材料为准确定。ASME 规范 QW-283 规定的最小厚度为 5mm。

④ 清根　当采用碳弧气刨清根时，局部完全可能把预堆焊的隔离层清除掉而露出复合钢板的基层材料，而这一点又很难被察觉。这时如果按照与之相焊的不锈钢选择填充②区的焊接材料，如 E316L，那将是很危险的。多数情况下这一点也可能被忽视。而选择焊接②区的焊接材料，就不必担心这个问题。

⑤ 中间消除应力热处理　焊接这类接头时，裂纹是由于随着坡口的逐层填充，焊缝根部拉伸应力的累加所致。预堆焊隔离层并没有改变这种情况，所以即使堆焊了隔离层也时有裂纹形成。为此，在堆焊完隔离层后，安排进行一次消除应力热处理。中间热处理确实是防止裂纹的有效措施之一。

但把它安排在刚刚堆焊完隔离层之后进行是一种浪费。因为只堆焊隔离层所造成的焊接应力并不大。

如果结合采用其他两项措施（调整焊接顺序、改变坡口形式），例如适当调整图 7-59 中②区的填充顺序，即从坡口外侧填充到一定深度后，即安排反面清根，焊接反面。这样，即使不进行中间热处理，也可能杜绝裂纹的形成。如果坡口深度实在太大，即使焊接顺序合理，也难以避免焊接应力的过度积累，需要进行中间消除应力热处理，那也应该安排在焊接应力发展到一定程度再进行。这是由于热处理的费用也是可观的。

8.1　焊接结构疲劳断裂分析

在结构承受重复载荷的应力集中部位，在构件所受的标称应力低于弹性极限就可能产生疲劳裂纹。疲劳裂纹的失稳扩展通常是突然发生、没有预兆且没有明显塑性变形，难以预测及采取预防措施，因此，疲劳裂纹对结构安全性具有重要影响。

8.1.1　疲劳的基本概念

(1) 裂纹萌生和扩展机理

焊接结构疲劳裂纹通常发生在焊接接头几何形状发生变化或焊接缺陷等应力集中处。从破坏断面观察，裂纹从萌生、扩展到最后破坏是一个连续的过程，如图 8-1(a) 所示。裂纹扩展主要分为三个阶段：一是由裂纹源向与载荷作用方向大体成 45°的方向发展；二是垂直于载荷作用方向发展；三是为裂纹快速扩展阶段，直至破断。

第一阶段初期，由于循环载荷的作用，在结晶方向和最大切应力方向相近的晶粒首先引起滑移，随着载荷循环的继续，导致滑移的出现和消失的循环，直到滑移不能复原，然后在某一滑移面发生剪切微裂纹。开始该固定滑移带中的微裂纹止于晶粒的晶界处，并诱发相邻晶粒的局部塑性变形超过某一临界值时，裂纹就开始扩展。如图 8-1(b) 所示，可以看出晶粒的挤入和挤出，破坏面呈现杂乱的条纹状结构。

第二阶段中裂纹扩展过程如图 8-1(c) 所示，即由拉伸引起裂纹尖端的扩张和裂纹的成长及由压缩引起裂纹闭合的循环，并沿着与载荷作用方向大体垂直的方向扩展。裂纹扩展时，裂纹表面可见延性滑移状。

第三阶段已接近脆性破坏，随着裂纹的扩展，裂纹尖端的应力集中越来越大，扩展速率越来越快，直至裂纹失稳扩展，导致构件的破坏。

图 8-1(d) 所示为 TA15 钛合金电子束焊接头四点弯曲低周疲劳焊缝表面裂纹扩展特征，图中主裂纹大致沿着 α' 马氏体晶界萌生和扩展，并具有向 α' 马氏体晶体沿晶扩展的趋势。

(2) 高周次低应力疲劳

工程结构中最常遇到的是高周次疲劳，即标称应力小于材料的屈服应力，疲劳破坏的应

力循环次数大于 $10^4 \sim 10^5$ 次。

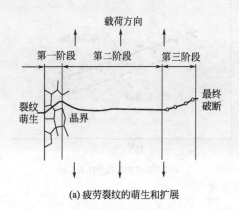

(a) 疲劳裂纹的萌生和扩展

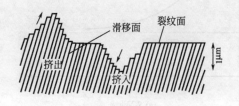

(b) 疲劳裂纹滑移面（模型）

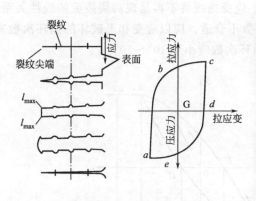

(c) 疲劳裂纹扩展模型

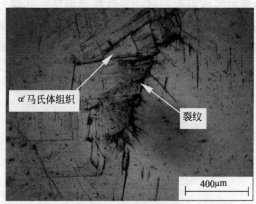

(d) 钛合金电子束焊接头焊缝表面疲劳裂纹

图 8-1　疲劳裂纹萌生和扩展机理

① 循环应力特性　一次连续的加载和卸载在结构构件中产生一次正弦循环应力，基本参数包括最大应力 S_{max}、最小应力 S_{min}、应力幅值 $S_r = S_{max} - S_{min}$ 以及应力比 $R = \dfrac{S_{min}}{S_{max}}$。

② S-N 曲线和疲劳强度　等幅循环应力与疲劳破坏时的循环次数之间的关系如下式所示：

$$NS^m = c \tag{8-1}$$

图 8-2(a) 为疲劳 S-N 曲线，在双对数坐标图上 $\lg S$-$\lg N$ 为一个直线，如图 8-2(b) 所示，这样式(8-1) 可以为：

$$\lg N = B - m \lg S \tag{8-2}$$

但 S 降低，N 增大至无穷大时，疲劳曲线趋向于接近水平线，此时的应力就是疲劳极限，也可以称为无限寿命疲劳强度。在 S-N 曲线上，疲劳试验数据分布在一离散带内，在某一应力水平时，疲劳破坏的寿命呈正态分布，对有效试验数据进行回归分析，可以求出存活概率的 S-N 曲线，对于一般的焊接结构，其设计疲劳曲线的存活率取 97.7%；对于特殊重要结构，存活率取 99.99%。

(3) 低周次高应变疲劳

一些工程结构中，如管结构的顶点、压力容器的接管等位置，由于循环载荷的作用，在

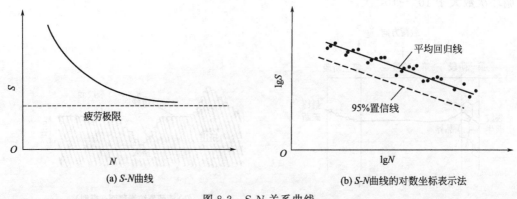

(a) S-N曲线　　　　　　　　　　(b) S-N曲线的对数坐标表示法

图 8-2　S-N 关系曲线

应力集中区域引起明显的属性变形循环，其应力-应变曲线将不再呈现高周疲劳的线性关系，而是一个滞回曲线，如图 8-3 所示。这时应力参数不合适，应以应变和至破坏的循环次数来表示疲劳曲线，即为高应变低周次疲劳，疲劳循环次数应小于 $10^4 \sim 10^5$。

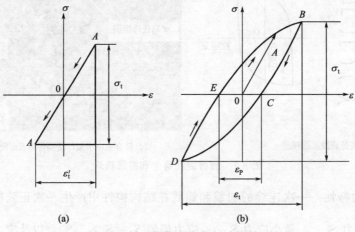

图 8-3　循环载荷下的应力-应变关系

低周次疲劳的循环应变与破坏时的循环次数的关系可以用下式表示：

$$\Delta\varepsilon_r N^m = c \tag{8-3}$$

式中，$\Delta\varepsilon_r$ 等于弹性应变加塑性应变；m 是曲线斜率；c 是参数。

(4) 变幅载荷疲劳和疲劳累积损伤

大部分疲劳试验都是研究等幅载荷下的疲劳问题，然而实际结构一致是在随机变幅载荷下服役，因此，疲劳研究的使用意义是结构在随机变幅载荷作用下的疲劳性能以及评定结构的疲劳寿命。Palmgren 和 Miner 根据试验研究较好地解决了这一问题，认为疲劳是不用应力水平 $\Delta\sigma_i$ 以及循环次数 n_i 所产生的疲劳损伤的线性累加，从而突出了疲劳线性累加损伤定则：

$$D = \sum \frac{n_i}{N_i} \tag{8-4}$$

式中　n_i——相应于应力水平 $\Delta\sigma_i$ 的循环次数；

　　　N_i——相应于应力水平 $\Delta\sigma_i$ 的疲劳破坏循环次数。

当 $D \geqslant 1$ 时，产生疲劳破坏。

8.1.2　焊接接头的疲劳性能

（1）母材的疲劳性能及缺口影响

图 8-4 为原轧轧制板表面试样在脉动拉伸载荷作用下，2×10^6 次循环应力的疲劳强度与母材抗拉强度 σ_b 之间的关系。当 σ_b 低于 700MPa 时，其疲劳强度随 σ_b 上升而提高，两者的比值分布在 $0.4 \sim 0.625$ 之间；但 σ_b 继续增加，疲劳强度不再提高。图中阴影线区是采用机加工表面试验的疲劳试验结果，即表面的粗糙度对钢材疲劳强度的敏感性随 σ_b 增加而增强。

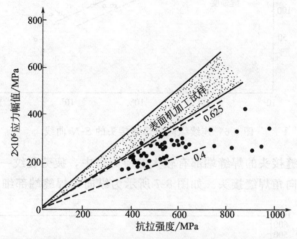

图 8-4　脉冲拉伸载荷作用下保留轧制表面板试样对钢材抗拉强度与疲劳强度之间的关系

如图 8-5 所示为带有不用缺口板试样的钢材抗拉强度与疲劳强度之间的关系。试样宽度 25mm，经过机加工处理，板中心有一个 5mm 直径圆孔，理论应力集中系数 $K_i = 2.65$；试板两侧开 45°的 V 形缺口，缺口根部半径 $r = 0.25$mm，$K_i = 6.0$。结果表明，缺口引起的应力集中程度对钢材疲劳强度的敏感性随 σ_b 增加而增强。

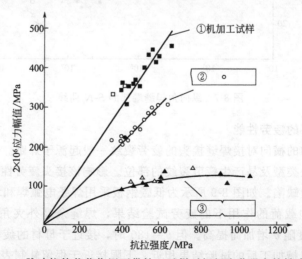

图 8-5　脉冲拉伸载荷作用下带缺口试样对钢板疲劳强度的敏感性

（2）纵向焊缝接头的疲劳强度

平行于受力方向的连续纵向焊缝接头（包括纵向对接焊缝、熔透或非熔透纵向角焊缝）的疲劳裂纹一般起始于焊缝缺陷处、未熔透纵向角焊缝焊根或焊缝表面波纹等处。图 8-6 为连续纵向角焊缝接头的 S-N 曲线。试验表明，焊接缺陷的大小是影响这类接头疲劳性能的主要因素。

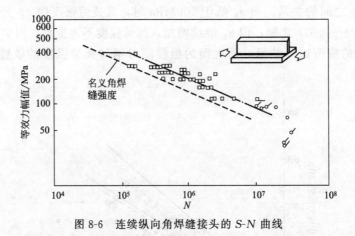

图 8-6　连续纵向角焊缝接头的 S-N 曲线

不连续纵向角焊缝接头的焊缝端部有较大的应力集中，疲劳裂纹一般从这里开始，其疲劳强度远低于连续纵向角焊缝接头。如图 8-7 所示为纵向角焊缝端部细节的 S-N 曲线。

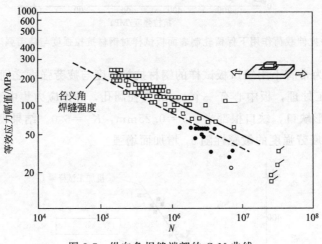

图 8-7　纵向角焊缝端部的 S-N 曲线

（3）对接焊接头的疲劳性能

垂直于受力方向的横向对接焊缝接头的疲劳裂纹一般起源于焊趾。如图 8-8 所示为常见的横向对接焊的接头类型及易产生疲劳裂纹的部位。影响该接头疲劳性能的最主要因素是焊缝的外形和焊趾咬边缺陷。如图 8-9 所示为低碳钢板采用焊条电弧焊和埋弧焊获得的对接焊板试样，在脉动拉伸载荷的作用下的疲劳试验结果，焊缝余高外夹角在 $110° \sim 150°$ 之间，2×10^6 次的疲劳强度随 θ 增加而提高。但 $\theta = 180°$ 时，接近于母材的疲劳强度，试验数据的上限与钢板表面经机械加工后的试验结果相近，下限接近于保留轧制表面的试验结果。采用机加工或砂轮打磨法去除对接焊缝余高后，其疲劳强度相当于母材。

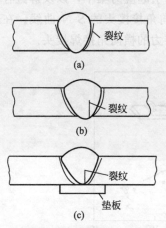

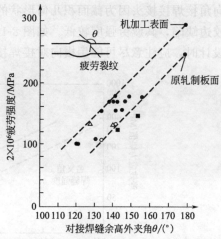

图 8-8　横向对接焊缝类型及疲劳裂纹　　　图 8-9　横向对接焊焊缝余高外夹角与疲劳强度关系

影响横向对接焊接头疲劳强度的另一个因素还是错边和焊接角变形引起的受力偏心，如图 8-10 所示。在轴向载荷作用下，由此引起的次弯矩将降低其疲劳强度。图 8-11 为不同对接偏心的铝合金板对接焊接头的疲劳试验结果。疲劳强度降低系数 $K_i = 1 + 3e/t$ 来表示，与试验数据具有较好的吻合度。

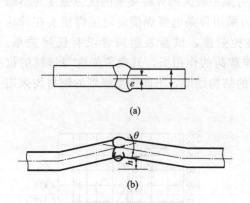

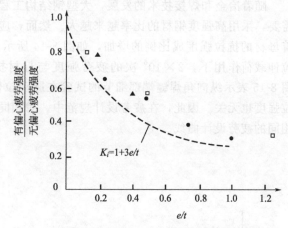

图 8-10　对接接头的偏心　　　图 8-11　横向对接焊接接头中错边对疲劳强度的影响

(4) 横向角接接头的疲劳性能

如图 8-12 所示为横向角焊缝接头的一般形式及其应力分布，图 8-12(a) 为非传力焊缝，图 8-12(b)、(c) 为传力焊缝。对于非传力焊缝的横向角接头，裂纹通常产生在有应力集中的焊趾处；对于传力的横向焊缝角接头，裂纹可能产生在主板焊趾处，也可能产生在焊趾处。

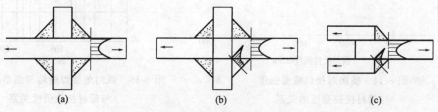

图 8-12　横向角焊缝接头类型及其应力分布

横向角接焊接接头因为截面积几何形状的突然变化而引起应力集中，以及焊趾存在不可避免的咬边缺陷，其疲劳强度较低。如图 8-13 所示为横向角接接头的 S-N 曲线。在进行焊接接头设计时，应注意尽可能用横向对接焊接接头代替传力的横向角接焊接头。

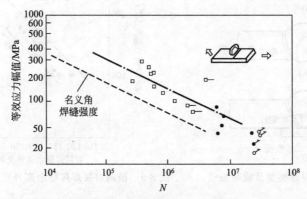

图 8-13　横向角焊缝接头的 S-N 曲线

8.1.3　影响焊接结构疲劳强度的因素

(1) 钢材强度的影响

随着冶金和焊接技术的发展，大型钢结构工程建设越来越多，同时为了减轻结构重量的需要，采用高强度钢材的比率越来越大。然而，应力集中较大的焊接接头的疲劳强度并不随着母材的抗拉强度成比例的增加，如图 8-14 所示为采用焊条电弧焊横向对接焊接头在脉动拉伸载荷作用下，2×10^6 次的疲劳强度与母材抗拉强度，试验表明两者没有任何关系。图 8-15 表示纵向角焊缝端部细节的试验在脉动拉伸载荷的作用下，其疲劳强度与母材的抗拉强度也无关。因此，在疲劳设计规范中，对相同的结构细节，不同强度级别的钢材均采用相同的疲劳设计曲线。

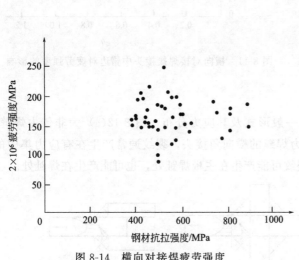

图 8-14　横向对接焊疲劳强度
与母材抗拉强度的关系

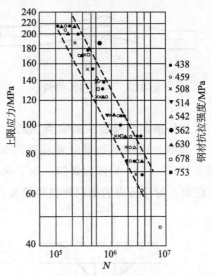

图 8-15　纵向角接焊缝端部细节疲劳强度
与母材抗拉强度关系

(2) 试样尺寸的影响

一般来说，试样尺寸的疲劳效应还与焊接残余应力和焊接缺陷有关，小试样或焊后再切割加工的试样往往不能反映实际结构中残余应力的大小和分布，包含焊接缺陷的概率也小。表 8-1 为横向对接焊接头（去掉焊缝余高）在脉动拉伸载荷作用下，试验尺寸对疲劳强度的影响。表中小试样是从焊缝根部截取的圆棒，圆截面积为 $48mm^2$，中型和大型试样为板形试样，截面尺寸为 $30mm \times 14mm$ 和 $70mm \times 14mm$。表 8-2 为非传力横向角接焊接头在脉动拉伸载荷作用下板厚对疲劳强度的影响。

表 8-1　试样尺寸对横向对接焊接接头的疲劳强度的影响

坡口形式	试样类别	疲劳强度 σ_τ/MPa					
		SM50 钢			HT80 钢		
		5×10^5 次	10^6 次	2×10^6 次	5×10^5 次	10^6 次	2×10^6 次
母材	小	396.3	386.5	377.7	770.0	762.2	753.4
单侧 V 形坡口间隙 $d=0$	大	298.2	262.9	232.5	345.3	274.7	217.8
	中	310.0	278.6	249.1	379.6	325.7	278.6
	小	387.5	353.1	322.7	516.0	489.5	464.0
V 形坡口 $d=2mm$	大	310.0	277.6	249.1	312.9	287.4	264.8
	小	364.9	342.3	321.7	529.7	529.7	528.7
V 形坡口未熔透 $d=2mm$	大	291.3	270.7	248.2	288.4	260.9	235.4
V 形坡口未熔透 $d=4mm$	大	255.0	216.8	183.4	268.8	241.3	215.8
K 形坡口	大	343.3	333.5	323.7	388.4	377.7	366.9
	小	436.5	415.9	396.3	583.7	577.8	368.0

表 8-2　不同板厚横向角接接头疲劳强度（2×10^6 次）比较　　　　　MPa

板厚/mm	焊脚尺寸/mm			
	0.25	0.40	0.63	0.79
8.0	—	—	117.7	—
12.7		97.1	96.1	95.1
25.4	102.0	100.0	84.4	80.4
38.0	76.5	77.5		

(3) 焊接残余应力的影响

焊接残余应力是焊接过程中构件不均匀受热和冷却而产生的，在平行于焊缝的方向，焊缝区承受拉应力，该拉应力被其他区域的压应力平衡，且焊缝区的拉应力往往达到材料的屈服应力。因此焊接结构在静载和疲劳载荷下工作时，残余应力的影响是完全不同的。

对于残余应力对疲劳强度的影响，人们常用原焊态试样和消除应力试样进行对比试验。

试样往往采用较窄的试板，特别是横向对接焊试样，在磨掉焊缝余高后，或先焊成大板再切割加工制成试样，其残余应力峰值将会有很大降低。图 8-16 为采用较宽的非传力纵向角焊缝端部细节试样（150mm 宽）进行试验结果，表明消除应力后，特别是在低应力长寿命条件下，疲劳强度有显著提高。

在消除残余应力的焊接结构中，在完全压-压循环载荷下，一般不会产生疲劳裂纹。但是在有高拉伸残余应力的结构中，即使完全压应力循环，也可能会产生疲劳裂纹，如图 8-17 所示为非传力角焊缝端部细节试样在完全压-压循环载荷作用下 S-N 曲线。

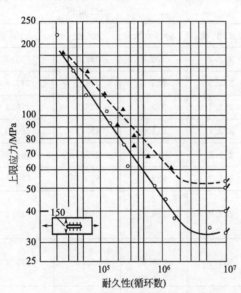

图 8-16 非传力纵向角焊缝端部细节试样在脉动拉伸载荷下原焊态与消除应力比较

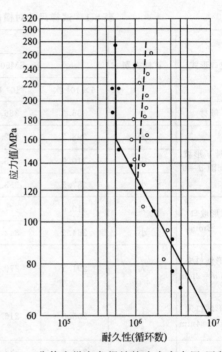

图 8-17 非传力纵向角焊缝接头在完全压-压载荷作用下的 S-N 曲线

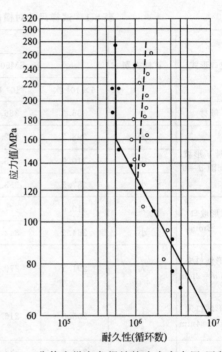

图 8-18 低碳钢对接接头密集气孔对疲劳强度的影响

（4）焊接缺陷的影响

焊接缺陷主要包括裂纹、未熔合、未焊透、气孔、夹渣以及咬边、飞溅等外形缺陷。焊接缺陷的存在对于接头疲劳强度影响巨大，一般来说，二维缺陷（裂纹、未熔合）比三维缺陷（气孔）要严重得多，表面缺陷比内部缺陷严重，图 8-18 是低碳钢对焊接头中密集气孔对疲劳强度的影响。为了确保结构抗疲劳性能，对需要进行疲劳评定的接头应满足相应的焊缝质量要求。表 8-3 是 ⅡW 推荐的对接焊和角焊缝深度 d 与板厚 t 之比的基准疲劳容许应力。

表 8-3　咬边深度与基准疲劳容许应力的关系（$N = 2 \times 10^6$ 次）

接头类型	d/t	2×10^6 次疲劳容许应力/MPa	图示
对接焊接接头	0.000～0.025 0.025～0.050 0.050～0.075 0.075～0.100	100 90 80 71	
横向角焊缝	0.000～0.050 0.050～0.075 0.075～0.100	80 71 63	

8.1.4　改善焊接接头疲劳强度的措施

在相同的循环应力作用下，不同焊接接头的疲劳寿命相差很大。在焊接结构的设计和制造中某些疲劳强度较低的接头常常是难以避免的，如横向角焊缝、带有节点板的纵向角焊缝端部细节等。如果采取增大构件断面降低其标称应力来确保其疲劳寿命，从技术和经济上看是不可取的。因此采用改善方法来提高接头的疲劳性能十分必要。

目前提高焊接接头疲劳寿命的方法主要包括：改善非连续性的几何形状，缓和应力集中；在易产生裂纹的缺口部位预置残余压应力，或者消除有不利影响的焊接残余应力；覆盖塑料等涂层，防止腐蚀介质环境的不利影响。表 8-4 是各种改善接头疲劳强度方法。

表 8-4　提高焊接接头疲劳强度的方法

方法		技术说明	使用范围及优点	缺点
改善几何形状法	碳弧气刨后补焊法	用碳弧气刨吹掉熔化金属后再补焊	适用于有很大的内部缺陷	费用高,补焊可能产生新的缺陷
	砂轮修磨法	用直径 100mm 砂轮,60～150 级石英砂轮	适用于对接焊缝余高,快速容易	不能打磨所有缺陷
	钻孔法	孔径一般为 11～15mm。用锥形砂轮打磨焊趾,磨去基材 0.5mm	适用于节点板和个别有裂纹的焊接接头,费用低	仅用于穿透裂纹,延长疲劳寿命
	锥形砂轮磨光法	用 30～200 级石英砂轮分 3 次连续磨光	适用于厂制的小机械部件和横向焊缝	消耗多,费用高,难于确保质量
	TIG 重熔法	用 TIG 焊不填充焊丝重熔焊趾,能消除 6mm 深的缺陷	对高强钢,裂纹起始寿命较大,改善效果更好	要求焊缝表面清洁,会引起焊缝表面硬化
残余应力法	射水冷却法	将焊缝加热至 500℃ 保持 3min,然后射水使表面快速冷却	不需要了解裂纹的起始位置,不需要严格控制温度	存在高温,限制冷却位置。不适用于大型接头和小型接头构件

续表

方法		技术说明	使用范围及优点	缺点
残余应力法	点加热法	在距焊缝一定位置加热至 280℃，引起局部屈服	适用于大板	过热可能引起冷却时的马氏体变化
	多丝锤击法	用直径 2mm 钢丝组成束状锤头，对焊趾表面进行冷作加工，压缩空气为 500～1000kPa	适用于中等严重的缺口	必须知道开裂位置，对横向焊缝无效
	喷丸锤击法	喷丸对焊趾表面进行冷作加工	适用于平板或轻微缺口	引起较小的缺口，仅适用于水平位置
	单点锤击法	用直径 6～12mm 球形锤头对焊趾进行冷加工，可用电锤或气压锤	适用于较严重的缺口，无损耗	要求有操作经验
	局部加压法	在距焊缝一定位置局部加热至屈服	适用于铝合金	
	初始超载法	用拉伸法预先加载使焊缝区局部屈服	适用于薄板	不适用于大构件
	内应力消除法	在炉内加热至 600℃，缓冷 24h 以上，加热速度为板厚 10mm/h	适用于小构件的纵向角焊缝	大构件常常不成功，冷却速度慢
	超声波锤击法	用超声波锤击焊趾，消除咬边，预制表面残余压应力	适用于角焊缝和对接焊缝	
涂装方法	油漆	塑料、油漆，逐层涂装	适用于腐蚀环境	费用高
	镀锌		适用于发生应力腐蚀裂纹和裂纹扩展速度大于 10^{-5}mm/周的严重腐蚀环境	
	阴极保护		—	

图 8-19 为低碳钢非传力横向角焊缝接头原焊态与采取各种改善方法后疲劳曲线比较，图 8-20 为低碳钢非传力纵向角焊缝端部细节原焊态与采取各种改善方法的疲劳曲线的比较，图 8-21 为 TA15 钛合金电子束焊接头四点弯曲表面疲劳试验去除表面焊缝余高与未去除焊缝余高的 S-N 曲线比较。

对于高强度钢而言，采用 TIG 重熔法、球形锤敲击法比打磨法更加有效。此外，在选择改善方法时需要综合考虑以下几个问题：

① 改善疲劳效果；

② 附加费用，包括材料消耗、工时和技术难易程度等；

③ 改善方法的质量控制。

此外，近年来随着材料表面强化技术的提高，一些新的可用于提高接头抗疲劳性能的方法不断出现，例如激光表面熔敷、激光对冲表面冲击、机械冲击等。如表 8-5 所示为采用激光双路对冲技术对 12Cr2Ni4A 钢焊接表面进行冲击和未冲击试样的抗拉强度对比，如表 8-6 所示为采用激光双路对冲技术对 12Cr2Ni4A 钢焊接表面进行冲击和未冲击试样的疲劳寿命对比。试验结果表明，母材的抗拉强度为 860.7MPa，焊接接头的平均抗拉强度达到母材的 94.7%，为 815.8MPa，激光单面冲击处理过的焊接接头的平均抗拉强度达到母材的 97.9%，为 842.6MPa，激光双面冲击处理过的焊接接头的抗拉强度已经超过母材。试样断裂处位于母材，且是激光冲击强化区与未强化区交界处。焊接后进行激光冲击强化处理的焊接头疲劳寿命比未经激光冲击强化处理的焊接头有大幅度提高，而且经过双面激光冲击强化后焊接头寿命提高更多。

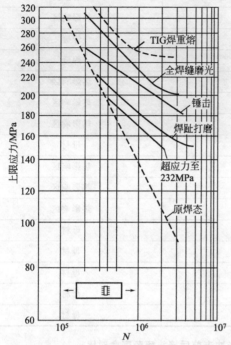 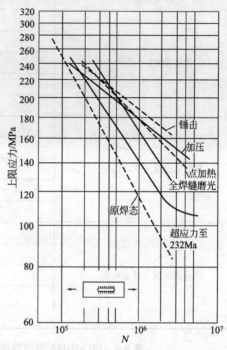

图 8-19　横向角焊缝各种改善方法 S-N 曲线比较　　图 8-20　纵向角焊缝各种改善方法 S-N 曲线比较

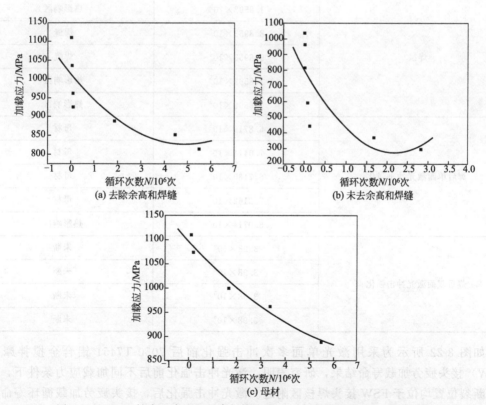

图 8-21　TA15 钛合金真空电子束焊接头表面四点弯曲疲劳 S-N 曲线比较

表 8-5   12Cr2Ni4A 钢焊焊缝表面激光冲击前后接头抗拉强度对比

试验方法	抗拉强度/MPa	断裂位置
焊接接头（未冲击）	825	热影响区
	810	焊缝
	805	焊缝
	819	热影响区
	820	热影响区
焊后单面激光冲击强化	845	热影响区
	850	母材
	834	热影响区
	846	热影响区
	838	热影响区
焊后双面激光冲击强化	860	母材
	873	母材
	872	母材
	870	母材
	860	母材

表 8-6   12Cr2Ni4A 钢焊焊缝表面激光冲击前后接头疲劳寿命对比

试验方法	疲劳寿命/N	断裂位置
焊接	1.8592×10^5	热影响区
	8.8953×10^4	焊缝
	9.8953×10^4	焊缝
	2.8592×10^5	热影响区
	1.6592×10^5	热影响区
焊后单面激光冲击强化	6.8716×10^5	母材
	7.0414×10^5	母材
	6.7160×10^5	母材
	7.2162×10^5	母材
	6.0714×10^5	热影响区
焊后双面激光冲击强化	3.98×10^6	未断
	3.98×10^6	未断
	3.98×10^6	未断
	3.98×10^6	未断

如图 8-22 所示为采用激光单面多次冲击强化前后 7050-T7451 铝合金搅拌摩擦焊（FSW）接头疲劳加载寿命结果，研究表明，激光冲击强化前后不同加载应力条件下，接头疲劳断裂位置均位于 FSW 接头焊核区附近。激光冲击强化后，接头疲劳加载循环寿命提高约 30%。并且随着加载应力水平的提高，其疲劳加载循环寿命逐渐降低。

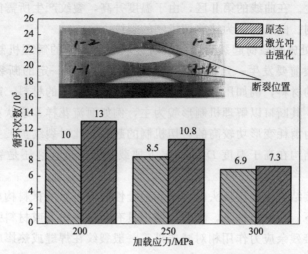

图 8-22　激光冲击前后 7050-T7451 铝合金搅拌摩擦焊接头疲劳加载寿命

8.2　焊接结构脆性断裂分析

工程上，按照断裂前塑性变形的大小，可分为延性断裂和脆性断裂两种。其中脆性断裂前没有或只有少量的属性变形，且断裂具有突然发生和快速扩展的特点。目前发生的焊接结构事故多数为脆性断裂事故，因此应特别重视焊接结构的脆性断裂分析和防止措施的探讨。

8.2.1　脆性断裂机理

结构中不论是延性还是脆性断裂，均由两个步骤组成，即首先在缺陷尖端或应力集中处产生裂纹，然后该裂纹以一定的形式扩展，最后造成结构失效破坏。中低强度钢材的裂纹产生和扩展情况如图 8-23 所示。

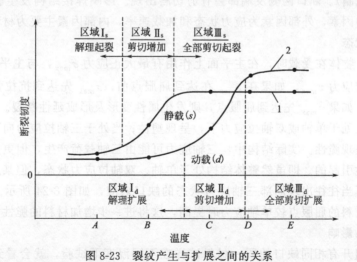

图 8-23　裂纹产生与扩展之间的关系

对于承受静载的结构，裂纹产生与温度的关系如图曲线 1 所示，曲线 2 反映了裂纹扩展与温度关系的曲线，可由动载试样测试。在曲线的第Ⅰ区，由于温度很低，在缺陷尖端，裂纹将以解理机制产生。在曲线的第Ⅱ区，由于温度升高，裂纹产生所需能量提高，即裂纹为解理和剪切混合机制。曲线Ⅲ区为纯剪切机制的裂纹。

在图中温度 A 处施加载荷起裂后，裂纹将以吸收能量低的解理机制扩展；而在为温度 B 处施加载荷，起裂前要发生一定的塑性变形，因而要消耗一定的断裂功。如果此时材料是对加载速度敏感的材料，例如用于桥梁、石油平台、船舶等的材料，起裂后仍以消耗能量少的解理裂纹扩展。其断口以解理机制形貌为主，例如河流花样、扇状花样等。如果在温度 C 处加载，则起裂为消耗变形功较高的剪切机制的起裂，此时裂纹扩展主要以解理机制断口为主。最后如果对结构在高于温度 D 的情况下加载，则不论起裂还是裂纹扩展，均以剪切机制发生。

然而实际的焊接结构或焊接接头由力学和冶金性能非均质的材料构成，而且还在焊接残余应力直接作用之下。在此条件下，除非焊缝中具有严重缺陷，或材料强度很高，或材料经过热处理，使得焊接残余应力作用相对减弱外，一般裂纹在焊缝或热影响区内起裂，然后偏入母材并在其中扩展。

8.2.2 脆性断裂特征及影响因素

脆性断裂的机制一般为解理断裂，多发生于体心立方晶体材料中。解理断裂模型多数与位错理论相关，一种观点认为在应力作用下当材料的属性变形过程严重受阻，材料不易发生形变所造成的表面分离就是解理断裂。

脆性断裂的形貌在宏观上为平整断口，一般与主应力垂直，断口有金属光泽，称为晶状断口。另外解理裂纹往往急速扩展，其宏观断口常呈现放射状撕裂花样，即人字纹花样，该人字纹的尖峰指向裂纹源。常出现的解理断口形态有河流花样、舌状花样和扇形花样。

但实际金属材料的断裂，由于内部及外部原因较为复杂，因此断裂常常不是单一机制，其断口为混合形貌构成。例如，在焊接宽板拉伸试验的试件断口上，常可以在预制裂纹根部看到对应延性起裂的纤维状断口形貌（韧窝断裂机制），随后变为快速扩展导致的人字纹形貌（解理断裂机制）。断口两侧及端部会有剪切唇出现。影响焊接结构发生脆性断裂和延性断裂有内外两种因素，外部因素为应力状态和加载速率，内部因素主要为材料性能。

(1) 应力状态

研究表明，物体在受载时，在主平面上作用有最大正应力 σ_{max}，与主平面成 $45°$ 的平面上作用有最大切应力 τ_{max}。如果在 τ_{max} 在达到屈服点前，σ_{max} 先达到抗拉强度，则发生脆性断裂；反之，如果 τ_{max} 先达到屈服点，则发生属性变形及形成延性断裂。

多数材料在处于单轴或双轴拉应力下，呈现塑性；当处于三轴拉应力向下时，因不易发生塑性变形而呈现脆性。实际结构中，三轴应力可能由三轴载荷产生，但更多的情况是由结构几何不连续性引起的。即虽然整体结构处于单轴、双轴拉应力状态，但某局部区域由于设计不良、工艺不当往往出现局部三轴应力状态的缺口效应，如图 8-24 所示。此外，在三轴应力情况下，材料的屈服点较单轴应力时提高，这将进一步增加材料的脆性。

(2) 温度的影响

如果将一组开有相同缺口的同一材料试样在不同温度下试验，就会看到随着温度的降低，破坏方式也会发生变化，如图 8-25 所示。即从延性破坏变为脆性破坏。此时由延性向脆性转变的温度为韧-脆转变温度，但同一材料采用不用的试验方法，将会得到不同的韧-脆转变温度。

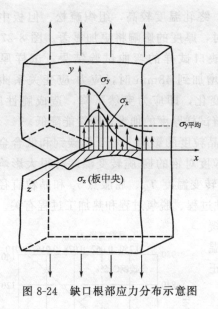

图 8-24 缺口根部应力分布示意图   图 8-25 温度与破坏方式关系示意图

(3) 加载速度的影响

随着加载速度的增加，材料的屈服点也提高，进而促使材料向脆性转变，其作用相当于降低温度。对于结构钢，一旦产生脆性裂纹，很容易扩展。这是由于缺口根部小范围金属材料解理起裂后，裂纹前端立即受到快速的高应力和高应变的作用。此后随着裂纹加速扩展，应变速率更急剧增加，进而造成结构失效。韧-脆转变温度与应变速率的关系如图 8-26 所示。

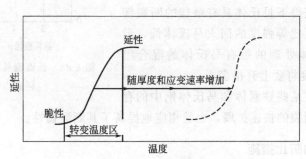

图 8-26 应变速率与韧-脆转变温度的关系

(4) 材质的影响

除上述影响，材料本身的状态对其韧-脆转变也有一定影响，包括厚度、晶粒度、化学成分及组织结构等。

① 厚度影响 厚度影响主要包括：

a. 由于屈服和断裂经常是在表面起始，因此表面缺陷数目增加将导致流动和断裂的倾向增加；

b. 除了表面缺陷，在厚板的截面中，存有缺陷的可能性增大；

c. 大截面造成的拘束度可引发高值应力；

d. 快速屈服和断裂时，所释放的弹性应变能依赖于试样尺寸。

此外，一般来说，生产薄板时压延量较大，轧制温度较低，组织细密；相反，板厚轧制

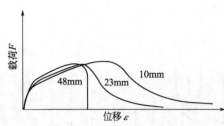

图 8-27　试样尺寸对应力-应变曲线形状的影响

次数少，终轧温度较高，组织疏松。但板中有缺口存在时，厚度的影响将更加显著。图 8-27 为不用厚度缺口试样的弯曲试验结果。试样厚度从 9.5mm 增加到 48mm 时，应力-应变关系曲线发生显著变化，即应力突然下降，造成脆性断裂。显然随着试样厚度的加大，断裂能降低。

② 晶粒度的影响　对于低碳钢和低合金钢来说，晶粒度对钢的韧-脆转变温度有很大影响，即晶粒越细，转变温度越低。图 8-28 为低碳钢韧-脆转变温度 T_c、屈服点 σ_s 和晶粒直径之间的关系。低碳钢和低合金钢的晶粒尺寸主要与熔融过程、脱氧过程和热加工过程有关。例如对于热轧钢板的晶粒度，如果终压温度高，冷却缓慢，可以得到粗大晶粒，进而导致过高的转变温度，因此这类钢如果需要较高的韧性，需要采用正火处理来细化晶粒，降低其转变温度。

③ 化学成分的影响　钢中的碳、氮、氧、氢、硫、磷会增加钢的脆性，另外一些元素锰、镍、铬、矾，如果加入适当，则有助于减少钢的脆性。

④ 显微组织的影响　通常在给定的强度水平下，钢的韧-脆转变温度主要由其显微组织决定。例如钢中存在的铁素体具有最高的韧-脆转变温度，其次是珠光体、上贝氏体、下贝氏体和回火马氏体等。其中等温转变获得下贝氏体具有最佳的断裂韧性，此时其转变温度比等强度的回火马氏体低，但如果是不完全贝氏体处理的带有马氏体的混合组织，其韧-脆转变温度将要上升很多。

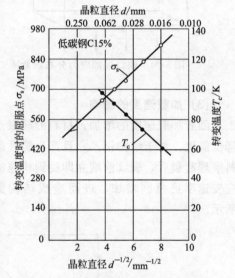

图 8-28　低碳钢晶粒度与转变温度和屈服点的关系

另外，奥氏体在某些铁素体和马氏体钢中的存在，能够阻碍解理断裂的快速扩展，也就相应地提高了其断裂韧性。

8.2.3　脆性断裂的防止措施

造成结构脆性断裂的基本因素是材料在工作条件下的韧性不足、缺陷的存在和过大的拉应力（包括工作应力、残余应力、附加应力和应力集中等）。如果能有效地减少或控制其中的某一个因素，结构发生脆性断裂的可能性可显著地降低或排除。通常，防止结构脆性断裂主要应关注选材、设计和制造三个方面。

(1) 选择材料

采用韧性材料是重要的措施，仅仅依赖良好的设计和制造工艺而不采用具有足够断裂韧度的材料，防止脆性断裂很难做到。

① 材料费用与结构总体费用的对比。对于某些结构，材料的费用与结构整体费用相比所占的份额很少，此时采用优良韧性材料是可取的；而例如管道，材料费用是结构的主要费用，此时要对材料费用和韧性要求之间的关系做详细的对比研究。

② 断裂后果的严重性。

③ 断裂韧度与材料其他性能相比的重要性。例如对于飞机、飞船等结构，材料必须具有高的强度/重量比，因而被迫牺牲一定的韧度而采用高强比材料是可行的。

夏比冲击试验常用来筛选材料和对材料进行质量控制，所采用的材料应满足有关结构标准所要求的冲击吸收功。应当注意，不同国家不同部门对冲击值的要求也是不一致的。图 8-29 为焊接结构中选择的程序示意图。

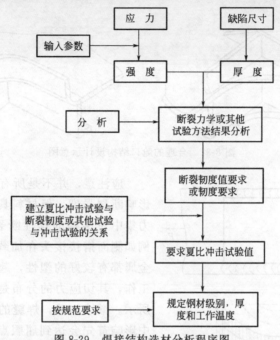

图 8-29　焊接结构选材分析程序图

(2) 合理的焊接结构设计

① 应力集中对焊接结构脆性断裂影响及设计考虑　焊接结构比铆接结构刚性大，因此焊接结构对应力集中因素更加敏感。如图 8-30 所示为美国"自由轮"甲板舱口部位的原始设计方案，这是从铆接船设计中延续的舱口设计，尽管便于制造，但不符合焊接结构的工作性能要求，导致尖锐的缺口形成了高值的应力集中，同时叠板的平面端面也是应力集中点。此外该设计也不符合自动焊工艺要求，因而只能采用焊条电弧焊。焊后大量的未焊透缺陷又会导致工艺因素的应力集中，进而促使结构的承载能力不高。

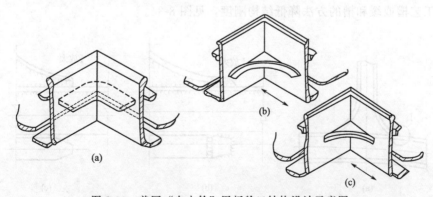

图 8-30　美国"自由轮"甲板舱口结构设计示意图

图 8-30(b)、(c) 是对原始舱口设计的两种改进方案。方案（b）是在舱口拐弯处补加了一块托板，形成了舱口角的圆形过渡；方案（c）是在舱口板上预先开出缝隙，以便于甲板穿过，同时将穿出的甲板制成圆弧形状，并焊上一块与甲板形状相同的叠板。这两种改进方案均可以减缓舱口的应力集中，提高承载能力和破坏时的能量吸收值。而最成功的舱口设计如图 8-31，试验后发现断裂的起点在焊接的起弧处，而不是在舱口处，但其缺点是制造和维修较为复杂。

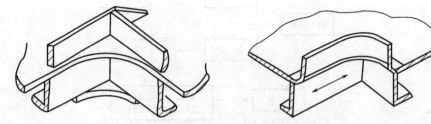

图 8-31　合理的舱口结构设计示意图

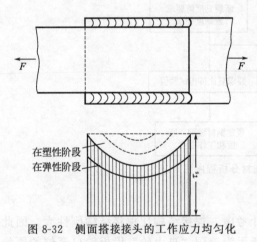

图 8-32　侧面搭接接头的工作应力均匀化

应注意，并不是所有情况下应力集中都会影响断裂强度。但材料具有足够的塑性时，应力集中对结构的延性断裂并没有不利的影响。例如侧面搭接接头在加载时，如果母材和焊缝金属都有较好的塑性，起初焊缝在弹性极限内工作，其切应力的分布是不均匀的，如图 8-32 所示。继续加载，焊缝的两端端部由于应力集中影响首先会达到屈服点，则该处应力停止上升，而焊缝中段各点的应力因尚未达到屈服点，因此应力随加载继续上升，而达到屈服点的区域逐渐加大，应力分布曲线变平，最后各点都将达到屈服点。再加载，焊缝会达到强度极限最后破坏。

② 减少结构刚度　在满足结构使用条件下，尽量减少结构的刚度以便降低附加应力的应力集中的影响，如图 8-33 所示尽量不采用过厚截面。应注意通过降低许用应力方法来减少结构脆性危险是不恰当的，厚板不但会引起三轴应力，而且其冶金质量不如薄板。有时也可通过开工艺槽或缓和槽的方法降低结构刚度，见图 8-34。

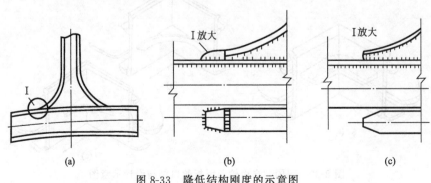

图 8-33　降低结构刚度的示意图

（3）合理安排结构制造工艺

① 充分考虑应变时效引起局部脆性的不利影响　结构的冷加工可引起钢板应变时效，研究表明这会大大降低材料的塑性，提高材料的屈服点及韧-脆转变温度和降低材料的缺口韧性。因此对于应变时效敏感的材料，应不造成过大的塑性变形量，并在加热温度上予以注意或采用热处理消除之。

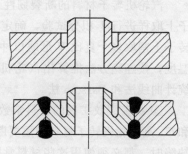

图 8-34　容器开缓和槽的示意图

② 合理地选择焊接材料、焊接方法和工艺　在承受静载的结构中，保证焊缝金属和母材韧性大致相等，适当提高焊缝的屈服点是有利的。此外，对于一定的钢种和焊接方法来说，热影响区的组织状态主要取决于焊接工艺参数，即热输入。因此合理选择热输入是十分必要的，特别是对于高强钢。

③ 严格管理生产　减少造成应力集中的几何不连续性，如角变形和错边及冶金不连续性、咬肉、夹渣、裂纹。不应在结构件上随意引弧，因为每个引弧都是微裂纹源，也不应在构件上焊接质量不高的附件，否则在去掉附件后要仔细磨平施焊处。

④ 必要时采用热处理工艺　热处理工艺对恢复应变时效和动应变时效造成的韧性损伤，对消除焊接残余应力是有利的，但热处理工艺安排要合理，否则不能达到预期效果，甚至会造成不利影响。

⑤ 妥善保管放置构件或产品　避免造成附加应力、温度应力等。

8.3　焊接结构断裂分析实例

8.3.1　汽轮机 17CrMo1V 焊接低压转子脆性断裂分析

汽轮机转子的断裂事故在国内外多次发生，其转子脆性断裂不少，故汽轮机转子防脆断措施被引起关注。随着断裂力学的发展，人们发现转子材料的脆性转变为温度是与断裂韧性 K_{IC} 有关的一个重要参数。国内有关单位对退役的 17CrMo1V 焊接低压转子进行试验发现，该母材的脆性转变温度高到 $78\sim104$℃。而根据汽轮机低压转子温度场计算结果，即使在个定工况下有些汽轮机低压转子末级叶轮及转子的工作温度还不能达到 90℃，根据弹性断裂力学理论，张开型裂纹尖端的应力强度因子 K_I 大于平面应变断裂韧性 K_{IC} 时，结构会发生脆性断裂。

（1）低压转子材料断裂力学性能数据

① 脆性转变温度（FATT）　材料脆性转变温度是断口面积呈现 50% 脆性和 50% 韧性断口特征所对应的温度。影响因素包括化学成分、微量元素含量、冶炼工艺、锻造工艺及热处理工艺等。材料冶金缺陷如偏析、非金属夹杂、有害元素含量、裂纹、白点等明显提高脆性转变温度。同种材料的脆性转变温度的高低，综合反映了材料的冶金质量。通常运行汽轮机转子材料的脆性转变温度最好从有关转子上分别取样来测定。

② 断裂韧性 K_{IC}　断裂韧性是当材料有裂纹时，在裂纹前缘处于平面应变和小范围屈服条件下，Ⅰ型裂纹发生失稳扩展时的临界应力强度因子。断裂韧性是一个与试样几何形状无关的材料参数，既反映了材料的韧性，也同材料的冶金质量、锻造工艺以及热处理有关。

汽轮机转子材料的断裂韧性最好通过大量断裂力学试验来确定。必要时从运行汽轮机转子上取样进行 J 积分试验，确定其临界值 J_{IC}，再换算成 K_{IC}。工程上使用的技术方法是在转子上割取多个夏比 V 形缺口冲击韧性试样，测出不同温度下的 a_k 值并求出脆性断裂转变温度，按经验方法推算出汽轮机转子 K_{IC} 的近似值。常用经验方法有 Begley-Logsdon 法、统计曲线法和 Barsom 法。

③ 疲劳裂纹扩展的材料常数 m 和 C_0 与疲劳裂纹扩展速率 $\mathrm{d}a/\mathrm{d}N$ 有关的材料参数 m 和 C_0 是汽轮机转子材料的重要断裂力学特征，在评估汽轮机转子寿命和确定转子允许初始缺陷时，都必须使用这些材料常数的试验结果。对疲劳裂纹扩展速率 $\mathrm{d}a/\mathrm{d}N$ 的研究，一直是疲劳研究工作者所关心的问题。断裂力学在疲劳研究中的应用，为疲劳裂纹扩展速率的研究开创了崭新的局面，在断裂力学中表示疲劳裂纹扩展速率的 Paris 公式为：

$$\frac{\mathrm{d}a}{\mathrm{d}N} = C_0 (\Delta K_1)^m \tag{8-5}$$

式中，C_0 和 m 是材料参数；$\Delta K_I = K_{Imax} - K_{Imin}$，为应力强度因子的幅度。

(2) 低压转子脆性断裂评定方法

① 临界裂纹（缺陷）尺寸   汽轮机转子临界裂纹（或缺陷）尺寸 a_c 的计算公式如下：

对于转子深埋裂纹（或缺陷）

$$a_c = \frac{K_{IC}^2 Q}{\pi \sigma^2} = \frac{K_{IC}^2}{M \sigma^2} \tag{8-6}$$

$$M = \frac{\pi}{Q}$$

对于转子内孔表面裂纹（或缺陷）

$$a_c = \frac{K_{IC}^2 Q}{1.21 \pi \sigma^2} = \frac{K_{IC}^2}{M \sigma^2} \tag{8-7}$$

$$M = \frac{1.21 \pi}{Q}$$

式中，K_{IC} 为转子才俩的断裂韧性；σ 为裂纹（或缺陷）尖端的公称应力；Q 为裂纹缺陷形状参数。

② 疲劳裂纹扩展寿命 N_f 的计算公式   汽轮机转子疲劳裂纹扩展寿命 N_f 是指裂纹或缺陷从初始尺寸 a_0 疲劳扩展到临界裂纹（或缺陷）尺寸 a_c 的疲劳循环次数。裂纹疲劳扩展速率 $\mathrm{d}a/\mathrm{d}N$ 与裂纹尖端的应力强度因子的幅度 ΔK_I 有关，当 $\Delta K_I < \Delta K_{th}$（为阈值）时裂纹不扩展；当 $\Delta K_I > \Delta K_{th}$ 后，在一段时间内 $\mathrm{d}a/\mathrm{d}N$ 与 ΔK_I 在对数坐标上成线性关系。在还缺少运行汽轮机低压转子 17CrMo1V 材料 ΔK_{th} 的情况下，在汽轮机转子裂纹（或缺陷）疲劳扩展寿命的评定中，假设 $\Delta K_I > \Delta K_{th}$ 且 $\mathrm{d}a/\mathrm{d}N$ 与 ΔK_I 在对数坐标上成线性关系，则 N_f 的计算公式为：

$$N_f = \frac{2}{(m-2)C_0(\Delta \sigma)^m M^{m/2}} \left[\frac{1}{a_0^{(m-2)/2}} - \frac{1}{a_c^{(m-2)/2}} \right] \tag{8-8}$$

式中，M 为与裂纹（或缺陷）形状参数 Q 有关的常数，对于转子深埋裂纹（或缺陷），$M = \pi/Q$，对于转子内孔表面裂纹（或缺陷），$M = 1.21\pi/Q$；$\Delta \sigma = \sigma_{max} - \sigma_{min}$ 为转子裂纹扩展的疲劳应力循环的最大应力与最小应力之差。

裂纹的扩展主要由拉应力引起，压应力对裂纹的疲劳扩展没有太大影响。因为停机时

$\sigma_{\min}=0$，因而汽轮机低压转子裂纹（或缺陷）扩展为低周脉动疲劳应力循环，循环应力幅度为 $\Delta\sigma=\sigma_{\max}$。在汽轮机低压转子 N_f 的计算中，$\sigma_{\max}$ 采用启动过程中应力最大工况的热应力 σ_{th}、离心力 σ_{ce} 和残余应力 σ_{re} 之和。

（3）低压转子裂纹扩展寿命评估与预测

通常如果第 i 种幅度的疲劳载荷的循环次数为 n_i，在相应的疲劳循环应力幅下裂纹的扩展寿命为 N_{fi}，则应用疲劳累积损伤的 Miner 法则，可得：

$$\sum_{t-1}^{n}\frac{n_i}{N_{fi}}=1 \tag{8-9}$$

汽轮机低压转子考虑热态启动、冷态启动和超速试验 3 种疲劳载荷后，转子裂纹扩展寿命累积损耗 LD 为：

$$LD=\frac{n_w}{N_{fw}}+\frac{n_c}{N_{fc}}+\frac{n_0}{N_{f0}} \tag{8-10}$$

式中，n_w 为热态启动次数；n_c 为冷态启动次数；n_0 为超速试验次数；N_{fw} 为热态启动过程最大应力时按公式(8-8)算出的疲劳裂纹扩展寿命；N_{fc} 为冷态启动过程最大应力按公式(8-8)算出的裂纹扩展寿命；N_{f0} 为 20% 超速工况按公式(8-8)计算出的裂纹扩展寿命。

假定汽轮机低压转子每年热态启动 y_w 次、冷态启动 y_c 次、3 年大修时超速试验一次，低压转子裂纹（或缺陷）扩展至 a_c 还有 Z 年，则：

$$Z=\frac{1-LD}{\left[\dfrac{y_w}{N_{fw}}+\dfrac{y_c}{N_{fc}}+\dfrac{1}{3N_{f0}}\right]} \tag{8-11}$$

（4）应用实例

某型号汽轮机采用 17CrMo1V 材料焊接低压转子，使用大型有限元程序计算温度场和应力场，应用上述给出的方法，计算出转子母材深埋裂纹（或缺陷）尺寸的临界值 $a_c=6.79\text{mm}$，转子母材内孔表面裂纹（或缺陷）尺寸的临界值 $a_c=5.61\text{mm}$。对于焊接转子的焊缝，较难满足平面应变的条件或小范围屈服的条件，同时焊缝组织的原始缺陷也与锻件不同。在转子焊接质量满足有关规范的前提下，通过近似计算可以认为母材是该汽轮机焊接低压转子脆断的薄弱环节，经过计算，冷态启动、热态启动和超速试验过程中的裂纹扩展寿命分别为 $N_{fc}=3266$，$N_{fw}=3548$，$N_{f0}=2319$。该汽轮机从投产运行到 1997 年年底，探伤未发现可见裂纹，而冷态启动 $n_c=61$，热态启动 $n_w=190$，超速试验 $n_0=4$，计算采用 17CrMo1V 材料的汽轮机焊接低压转子母材裂纹扩展寿命累积损耗为：

$$LD=\frac{61}{3266}+\frac{190}{3548}+\frac{4}{2319}=7.40\% \tag{8-12}$$

在探伤未发现当量直径 ϕ 大于 2mm 缺陷的情况下，假设今后每年热态启动 300 次、冷态启动 11 次、超速试验 3 年一次的条件下，计算可得：

$$Z=\frac{1-0.074}{\dfrac{300}{3548}+\dfrac{11}{3266}+\dfrac{1}{3\times2319}}=10.5148\approx10 \tag{8-13}$$

即该 17CrMo1V 低压转子疲劳裂纹扩展至 a_c 还有 10 年。

8.3.2　汽车车架焊接接头疲劳断裂分析与对策

汽车处于静态时，车架所受载荷为静载荷，它包括车架和车身的自身质量及安装在车架上各总成与附件的质量。有时还包括乘客和行李的质量。汽车处于动态时，车架承受的载荷为动载荷。汽车在平坦的道路上以较高车速行驶时会产生垂直动载荷。这种载荷是在行驶条件和车辆运行状况都良好的情况下产生的，大小取决于作用在车架上的静载荷及其在车架上的分布。同时还取决于静载荷作用处的垂直加速度值。受这种载荷作用，车架会产生弯曲变形。汽车在崎岖不平路面上行驶时，前后几个车轮可能不在同一平面上而产生斜对称动载荷。这种载荷主要是汽车在不平道路上行驶时产生的，其大小取决于道路不平整度以及车身、车架和悬架的刚度，受这种载荷作用，车架会产生扭转变形。汽车的使用工况不是固定不变的，而是受道路条件、气候条件及其他因素影响而产生相当频繁且无规律的变化。因此，车架还将承受其他一些动载荷的作用。

(1) 车架的焊接修复要点

车架变形较大时，可用专用工具设备冷矫。车架裂损可用扁铲在其裂痕处铲出 V 形凹槽坡口，并在裂纹尽头钻小孔，然后再用焊条焊好。焊条强度要与材料强度相匹配，焊修不得有气孔及缺陷，边缘处应修磨光滑，焊后再添 1 块加强板贴焊或铆上。发现车架裂损应及早焊修，避免因其扩展而增加修理难度，甚至引起相关零件损坏。如铆钉松脱可将铆钉加温重新铆合。轿车车架的矫正可借助一些车体矫正装置，其可在轿车车体不解体的情况下，通过测量车体上规定点的三维坐标值并与标准值进行比较，找出车体的变形，然后用附带的拉、压装置进行矫正。汽车车架的纵、横梁在检测过程中若发现裂纹或断裂，连接纵、横梁和装置件的铆钉错位、松动或断裂等，应予以修补或铆接。就车架纵、横梁的修理方法而言，有挖补、对接补焊与帮补等。如铆钉出现问题，一般应清除失效的旧铆钉并重新铆接。

① 挖补修理　车架挖补修理是将纵、横梁裂纹部分挖掉，然后用对接焊的形式焊补一块材质及厚度与原来车架相同的嵌接钢板。采用挖补修理时，首先要清除车架上的旧漆层及锈蚀，检查出裂纹的长度和方位。然后根据裂纹的性质和部位，确定挖补的形式与大小，并采用手工气割的方法切割出挖补孔。修理中常采用的挖补形状有椭圆形、三角形、菱形、矩形等。一般情况下，挖补孔应能将裂纹全部除去。对车架纵、横梁上、下平面和侧面上出现的横向裂纹，纵梁侧面上的纵向裂纹或纵梁断裂，都可采用椭圆形或三角形挖补进行修理。车架纵、横梁侧面上出现横向、纵向裂纹时，可以考虑用菱形或矩形挖补进行修理。

② 对接补焊　车架纵梁上的某一段，尤其是纵梁前、后端 1.5mm 范围内出现完全断裂或裂纹比较集中时，可将失效段（端）截去，采用对接形式焊接一段与截去段（端）完全相同的新梁（端）。对接补焊，可分为斜口对接和平口对接 2 种，一般不允许对接修补时的焊缝方向与车架纵梁的棱线垂直。采用对接补焊时，车架的切割、焊口处理、焊接参数与要求等，均与车架的挖补修理相同。但应注意的一点是，对接段与原纵梁点焊连接后，应检查纵梁上平面及侧面的纵向直线度误差，焊接完毕再进行检查。若某种车型的特定车架部位出现规律性的裂纹或断裂，则表明该车架设计或汽车的使用有问题。

③ 帮补修理　若系车架设计缺陷，则除对裂纹处正常修理外，还应在此部位焊接加强板，即帮补修理。采用帮补修理时，选用的加强板材质应与原车架相同，厚度可略小于而绝不可大于原车架钢板。加强板形状可为三角形，也可为其他形状，其长度一般应大于纵梁高度的 2 倍。为使修理后车架纵、横梁的局部刚度过渡平缓，避免加强处与原车架其他处刚度相差悬殊而出现应力集中，造成新的断裂危险，一般加强板两端的尺寸应逐渐减小。加强板的焊接参数和工艺与车架采用挖补修理法时相同，为防止刚度增加过多，可采用分段间断焊。

④ 铆接修理　汽车车架焊接修理时发现铆钉大部分失效，或车架因肇事、运行条件恶

劣而存在严重变形。在不解体条件下纵梁矫正困难时，可考虑采用车架解体的方法进行修理。这时，车架的铆钉均需清除后重新铆接。去除旧铆钉的方法较多，有气割法、钻除法、剪除法、錾除法等。无论采用哪种方法，都应注意不能损坏车架和铆钉孔。旧铆钉孔磨损≤0.5mm 时，可不必修整；若超出此尺寸但＞2mm，可酌情扩孔并采用大一级的铆钉铆接。一旦旧孔的磨损大于基本尺寸 2mm 后，应填焊旧孔后重新钻孔。

(2) 车架的焊接工艺

① 车架的焊接方法　车架纵梁断裂的修补与加固，应视其裂纹的长短及所在的部位，采取不同的修理方法。

a. 当裂纹较短，且在受力不大的部位时，可直接焊修。焊修时，需在裂纹的末端钻 4.5mm 的止裂孔，以消除应力，防止裂纹扩展（如图 8-35 所示，虚线为砂纸打磨范围），并沿裂纹开焊修坡口，坡口角度为 90°，钝边为纵梁厚度 δ 的 2/3 ［如图 8-35(b) 所示］。堆焊高度应超出平面 1~2mm，焊后用砂轮或锉刀打磨平整，保证焊缝刚度基本一致，以减少焊修表面的应力集中。

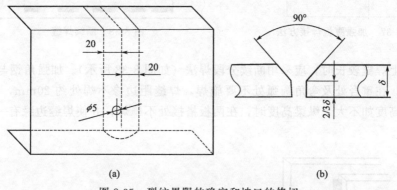

图 8-35　裂纹界限的确定和坡口的修切

b. 当裂纹较长，但未扩展至整个横断面，且在受力不大部位或已达受力较大部位时（车架中部），均可采用三角形腹板加焊于裂纹处（图 8-36）；或将纵梁损坏处按三角形（菱形、椭圆形、矩形）腹板形状切除掉，然后以同形腹板嵌入焊接。后一种焊修方法刚度变化比补焊小，应优先采用椭圆形挖补，嵌入钢材的厚度、材质应与纵梁材质相同。

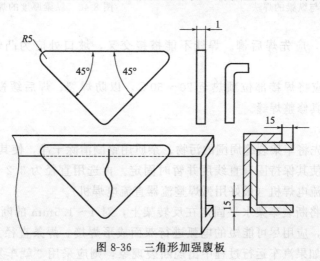

图 8-36　三角形加强腹板

c. 当裂纹已扩展到整个横断面时，或虽未达整个横断面，但在受力最大的部位时。可以采用角状及槽状加强腹板，并对翼面和腹面同时加强。加强板的厚度应不大于原车架钢板的厚度，且材质应相同。加强板的长度，应根据焊缝大小及部位而定。受力较小处其长度不得小于 390mm；裂纹大同时又处于受力较大处，则应增加加强板的面积和长度，其长度不小于 660mm。为了减小应力集中，加强板的端部应做成逐渐减小的斜角形。加强板的弯角圆弧半径应不大于纵梁圆弧半径，加强腹板可铆接或焊接。如铆接，应尽量利用原来的铆钉孔。如焊接，需要减小焊接部位的应力集中，并具有一定的挠度，如在受力大的部位焊加强腹板，要注意焊接应力对纵梁的影响，可采用图 8-37 的方法，加强板比纵梁边缘宽出 2.5t（t 为车架纵梁厚度），焊缝需焊成凹形。

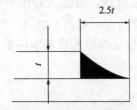

图 8-37　加强腹板焊接方法

图 8-38　断续焊缝

d. 车架上焊缝较长时，应采用断续分段焊法（如图 8-38 所示）。加强角钢与纵梁翼面边缘相重合时，在重合处及弯角圆弧处不要施焊，焊缝距边缘不焊处约 20mm，如图 8-39 所示；加强板高度如不大于纵梁高度时，在两板搭接处不施焊，并使焊缝边缘有一定距离，如图 8-40 所示。

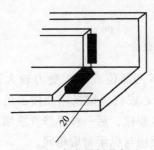

图 8-39　钢与纵梁的焊法

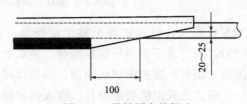

图 8-40　纵梁厚度的焊法

e. 又焊又铆时，应先焊后铆。焊缝不能搭接交叉，坡口处应为凸焊缝，搭接处为凹焊缝。

f. 寒冷季节，应将焊接部位预热至 20～50℃，以防焊裂；焊后缓慢冷却，清除焊渣。用砂轮、锉刀等工具修整焊缝。

② 焊修工艺

a. 焊前准备　先将车架裂缝周围的污物、杂质用钢刷清除干净，使其露出金属光泽。然后检验矫正车架，使其保持固有直线度并暂时固定。再选用直径为 3.2～4mm 的低碳钢焊条及弧焊变压器交流电焊机（最好用弧焊整流器直流电焊机）。

b. 补焊工艺　将断裂车架水平固定在反转架上，对 1～1.5mm 的断裂缝隙，无须在车架断裂处开槽修补，应用尽可能短的电弧进行双面成形焊接。焊条直径为 3.2mm，焊接电流为 110～130A。如果汽车运行过程中出现断裂现象，则应采用"就车复位弧焊工艺"。当横向断裂为纵梁厚度的1/3左右时，在裂口处用凿子修出V形焊道坡口，其深度为纵梁厚度的2/3。施焊时，先将开槽处填平，然后将加固板焊接在车架上。施焊方向为顺时针方向，只焊接加固板的顺缝位置，焊条直径为3.2mm，焊接电流为110～130A。腹板材料及厚度与原车相同，长度不小于120mm，宽度为75mm。腹板与纵梁焊接时，焊缝周围亦应预先打磨。实践表明，用这种方法补焊不影响汽车的正常运行，断裂部位的布置不受限制。但就车施焊时，要采取除去油箱燃油等一些防护措施。当梁的断裂深度为纵梁厚度的2/3左右时，同样修切出V形坡口，采用三角形修焊工艺。V形板材料用旧大梁（最好用车型相同的大梁）。焊接三角形腹板时，先将腹板放在裂纹对称位置矫正，点焊3～4处，然后沿周围焊牢，焊条直径为3.2mm，焊接电流为90～120A。梁断裂深度达纵梁厚度的3/4或者更严重时，采用X形补焊工艺。施焊时，先将原裂纹点焊，然后将车架裂纹处也相应开成三角形切口。采用一面开V形坡口，两面焊接的方法，要求焊透。焊好1/2，再焊另1/2，焊接方法如上所述。

　　c.弯、扭曲变形处理　如果发现车架有较大的弯曲或扭曲变形。可卸下车架，用细钢丝绷在车架前后，横梁中心作为基准线。把细钢丝交叉绷在左右纵梁的对应铆钉或铆钉孔上，检查交叉点是否落在车架中心基准线上。如交叉点与中心基准线相差不超过3mm，可认为达到技术要求；否则，可用夹具进行矫正。

（3）车架裂纹的修复实例

　　汽车起重机的底盘（有时也称车架）起着运载上车的作用，我国生产的汽车起重机的底盘有专用、通用2种。QY8型汽车起重机多采用东风牌载重汽车的底盘，比起专用底盘来，采用通用底盘可节省钢材、缩短生产时间、降低成本、容易形成标准化，还可使QY8型汽车起重机和其他载重机动车辆编组运行，提高劳动生产率。

　　对于采用通用汽车底盘的汽车起重机，整个上车部分与通用汽车底盘的连接方式是：将上车部分放在一个钢板焊成的方厢上（图8-41），再将方厢与汽车底盘的车架用螺栓和挡板固定住。一般都用U形螺栓和压板来连接。在汽车起重机运行时，汽车底盘（车架）承担整机的质量；但在起重机进行载荷作业时，原汽车车架就不再承重了，支腿的底座焊接在方厢上。汽车起重机上车的全部质量和所承载的重物的质量都由支腿来承担。原汽车底盘及轮胎都可以离开地面，不起承重的作用。当采用通用底盘的汽车起重机在崎岖不平的道路上行

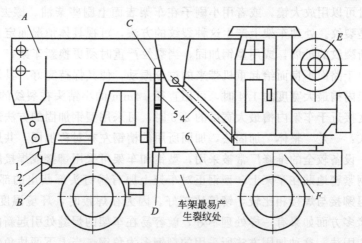

图 8-41　使用通用底盘的汽车起重机

1—吊钩；2—钢丝绳；3—牵引钩；4—变轴缸；5—支撑架；6—方厢；A～F—封闭点所在区域

驶时，车架在载荷的作用下可能产生扭转变形以及在纵向平面内的弯曲变形，当一边车轮遇到障碍物时，还可能使整个车架扭曲变形，甚至在方厢和车架用U形螺栓固定的部位产生裂纹，给安全生产埋下隐患。

车架产生裂纹的主要原因：一是整机质量分布不均，QY8型汽车起重机的整个上车部分都安装在方厢上，方厢的前部两边各通过一个耳板（图8-42）与车架上原有的耳板用3个螺栓固定在一起，但因为这个部位受力最大，所以这2个耳板使用不长时间就会被折断而改用U形螺栓，同时，方厢的最前部约位于车架前后轴距的中间位置，正是车架梁应力最集中的位置；二是汽车起重机在不良的路面上运行，频繁颠簸所致；三是与起重机在运行中的吊钩和起重臂的固定方式有关（图8-41）。由图可知，QY8型汽车起重机在运行时，臂架的主要质量都落在起重机支撑架上，臂架前端的吊钩和滑轮组通过吊钩、钢丝绳与车架前端保险杠上的牵引钩相连接。用拉紧起升钢丝绳的方式使其固定，以免使起重机在运行中吊钩和滑轮组发生晃动。这种固定吊钩的方法简便，比将吊钩放在驾驶室后面的方厢上要省事，因此大多数驾驶员都愿这样做。这样整个车的轮廓形状就以吊臂支架为中心形成了2个封闭的图形，前面的为 $ABDC$，后面的为 $CDFE$。

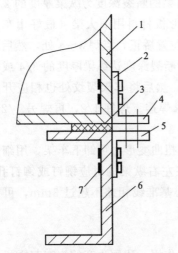

图 8-42　固定车梁与方厢的耳板

1—方厢；2—方厢耳板；3—腔垫；4—螺栓；
5—车架耳板；6—车架梁；7—铆钉

在起重机的运行过程中，整个臂架的大部分质量就通过支撑架落在车架上。由于道路情况不好，运行中车体频繁颠簸，使车架承受交变应力的作用，因此车架易产生裂纹。同时，由于驾驶员的操作经验不同，在固定吊钩时用起升钢丝绳拉紧吊钩的力量有大有小，力量过小时运行中吊钩和滑轮组的晃动会大些，力量过大时会促使车架因固定得太紧，不易消除路面通过车轮传过来的振动而产生疲劳裂纹。

检查车架的裂纹时可以将车架上U形螺栓部位的漆层刮掉、擦干净。观察时用锤子轻击车架，必要时可以用放大镜，或者用小刷子在车架表面上刷些柴油。擦去表面上的油污，残留油迹处就是裂纹。处理车架上产生这种裂纹的方法，可视具体情况而定。一是在裂纹的两端钻孔以阻断裂纹的扩展，或用型钢加固，当裂纹严重时须更换新车架；二是用减振的方法减轻或消除由于路面不良而给起重机带来的过分振动，使其保持完好。具体如下：若裂纹的长度小于车架内槽最大宽度的1/4时，可用直径 $\phi4mm$ 的小钻头在裂纹的两端打止裂孔；如果裂纹的长度接近于车架内槽最大宽度的2/3时，可采用型钢加固的方法进行加固。这类方法有两种形式：一是"整体"加固法，加固所用的槽钢左右对称加固，共用两件。这种方法在条件较好、设备较全的维修厂常被采用，型钢和车架可采用铆接或焊接的连接方式。铆接时，要使型钢紧密地贴在车架上，型钢正对车架上原有铆钉头部凸出的部位要加工出孔，以利于贴严。但铆接与焊接相比较，铆接比较好。因为在焊接时，环境温度、焊机、焊条、电流和清洁等诸多方面如果有一样处理不好，就容易在车架的焊缝处引起新的裂纹。另一种是"分开式"加固法，这种加固方法所采用的型钢多为角钢，当上下两块角钢分别与车架铆接或焊接后，再用8mm或10mm厚的钢板条将上下两块角钢焊接在一起。这种加固方法多被条件较差的维修厂所采用，工艺简单，成本较低。当车架的裂纹大于车架内槽最大宽度的 2/3 时，很少采用加固的办法，一般是更换车架。

8.3.3　核电汽轮机低压焊接转子接头高周疲劳分析

汽轮机转子是影响整个机组安全性的重要部件，要求其具有可靠性高和寿命长的特点，其中核电转子要求寿命达到 60 年。以每年运行 7000h 的半转速核电转子为例，60 年内将要循环 1.89×10^{10}。因此，在高温、高压等恶劣环境中高转速运行产生的疲劳断裂已经成为汽轮机转子重要破坏形式之一。汽轮机的启停以及变载等过程会产生低周疲劳损伤，而在汽轮机稳定运行过程中有重力、离心力以及热载荷等多重作用。焊接已成为百万千瓦级核电汽轮机低压转子的重要制造途径之一，因此核电汽轮机低压焊接转子的高周疲劳性能具有重要意义。

本分析内容比较了 25Cr2Ni2MoV 汽轮机低压焊接转子模拟件埋弧焊和氩弧焊接头的高周疲劳性能，针对焊接接头高周疲劳裂纹内部气孔启裂的情况，在使用扫描电镜和表面形貌仪断口观察对比的基础上，提出启裂区特征尺寸和启裂速率的概念，找到比较高周疲劳启裂性能的方法。

(1) 试验方法

本研究采用的焊接转子模拟件为外径 2162mm、内径约 1816mm、宽度约 592mm 的环形构件，如图 8-43 所示。母材为 25Cr2Ni2MoV 耐热钢，化学成分见表 8-7。采用实际产品的坡口设计、装配、预热、焊接和焊后热处理工艺进行制造，其中模拟件打底和底部焊缝采用填丝氩弧焊接，后续坡口采用多层多道埋弧焊接，焊丝为 2.5％Ni 低合金钢，焊接接头的力学性能见表 8-8。

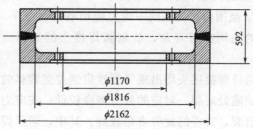

(a) 模拟件外形　　　　　　　　　　(b) 模拟件截面几何尺寸

图 8-43　模拟件外形图和截面图

表 8-7　25Cr2Ni2MoV 耐热钢化学成分范围（质量分数）　　　　　　　%

C	Si	Mn	Mo	Cr	Ni	V	P	S	Al	Cu	Sb	Sn	As	Fe
0.22～0.28	0.15～0.35	0.7～0.9	0.75～0.95	1.7～2.0	1.0～2.0	0.07～0.09	≤0.015	≤0.015	≤0.01	≤0.2	≤0.0017	≤0.017	≤0.025	余量

表 8-8　25Cr2Ni2MoV 模拟件焊接接头主要力学性能指标

焊接方法	抗拉强度 R_m/MPa	下屈服强度 R_{eL}/MPa	断后伸长率 A/%	断面收缩率 Z/%
埋弧焊	785	728	16.0	67.0
氩弧焊	811	699($R_{p0.2}$)	12.0	76.0

本文高周疲劳试验根据国家标准 GB/T 3075—2008《金属材料 疲劳试验 轴向力控制方法》，在国家钢铁材料测试中心进行测试。埋弧焊和氩弧焊部位取样如图 8-44 所示，试样尺寸如图 8-45 所示。试验使用 QBG-50 高频疲劳试验机，采用应力比 $R=-1$ 的拉压对称正弦波，试验频率为 105Hz，试验温度为 25℃。当试样断裂或循环次数达到 10^7 次时，终止疲劳试验。

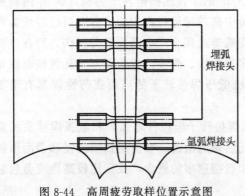

图 8-44　高周疲劳取样位置示意图

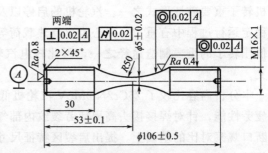

图 8-45　高周疲劳试样尺寸示意图

本次高周疲劳测试中，埋弧焊接头共测试了 24 根试样，施加载荷范围为 360～580MPa；氩弧焊接头共测试了 25 根试样，施加载荷范围为 400～580MPa。

(2) 试验结果及分析

① 试验结果　在所有测试的试样中，埋弧焊接头有 14 根试样发生断裂，氩弧焊接头有 16 根发生断裂，均断在接头焊缝区。测试结果分析表明：埋弧焊和氩弧焊接头均达到疲劳极限，其中埋弧焊接头疲劳极限位于 360～410MPa 范围内，而氩弧焊接头疲劳极限位于 400～450MPa 范围内；且在同一应力幅加载的情况下，氩弧焊接头的高周疲劳寿命均高于埋弧焊接头的高周疲劳寿命，故氩弧焊接头的高周疲劳性能优于埋弧焊接头的高周疲劳性能。

此外，两种焊接接头均出现了裂纹启裂位置转移的现象：在应力较高时，倾向于从表面气孔、加工缺陷处启裂，对应的疲劳寿命较低；在应力较低时，疲劳裂纹倾向于从内部气孔或夹杂物处启裂，对应的疲劳寿命较高。其中，埋弧焊接头有 8 根试样为内部启裂，氩弧焊接头有 7 根试样属于内部启裂。

② 断口分析　高周疲劳裂纹内部启裂是高周疲劳的一个重要特征。使用扫描电镜观察内部启裂的高周疲劳断口，对比两种焊接工艺下高周疲劳内部启裂源的差别发现：埋弧焊接头的内部启裂源大部分为气孔（6 根）、少部分为夹杂物（2 根），使用能谱分析发现夹杂物主要元素为 Ca、O、Si、Al 等，将其与钢中常见的夹杂物类型进行对比分析认为该夹杂物以 CaO、SiO_2 和 Al_2O_3 为主。而氩弧焊接头的内部启裂源均为气孔。埋弧焊使用熔渣隔绝空气，在焊接过程中熔渣若残留在焊缝中则成为非金属夹杂物；而氩弧焊使用氩气作为保护气，焊接过程更加纯净，不易引入夹杂，这是氩弧焊接头高周疲劳性能较优的一个重要原因。

在图 8-46 的断口形貌图中可以看到明显的分区现象：高周疲劳裂纹以一定尺寸的气孔为启裂源，首先形成启裂区；当启裂区达到一定尺寸之后，疲劳裂纹开始稳定扩展。对于内部启裂的高周疲劳过程，超过 90% 的疲劳寿命消耗在裂纹启裂过程。

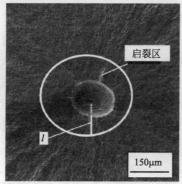

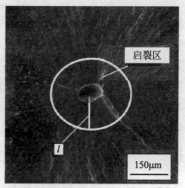

(a) 埋弧焊σ_a=400MPa，N_f=6.4×10⁶次　　　(b) 氩弧焊σ_a=400MPa，N_f=8.7×10⁶次

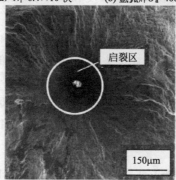

(c) 埋弧焊σ_a=460MPa，N_f=2.8×10⁶次

图 8-46　典型高周疲劳断口扫描形貌图

(3) 高周疲劳启裂区特征参数的提出及应用

① 特征参数的提出　用于计算高周疲劳启裂区的应力强度因子幅：

$$\Delta K = C\sigma_a (\pi \sqrt{S})^{\frac{1}{2}} \tag{8-14}$$

式中，σ_a 为施加的作用应力幅；S 为启裂区（含启裂源）面积；C 为表征位置的常系数，对于内部启裂的情况，$C=0.5$。

式(8-14) 是基于内部夹杂启裂的情况提出的，将启裂区在断裂面上的投影近似为圆形，一般而言夹杂物的尺寸较小且接近，因而可以忽略内部夹杂物尺寸的影响 [图 8-46(c)]，所以式(8-14) 中$\sqrt{S}$可视为疲劳裂纹内部夹杂物启裂区的特征长度。

在本文研究模拟件焊接接头高周疲劳性能时，经过对断口仔细观察确认后发现：仅埋弧焊接头出现两次内部夹杂物启裂的情况，其余内部启裂源均为气孔。由于气孔尺寸在启裂区中所占的比例较大 [图 8-46(a)、(b)]，而式(8-14) 中的 S 包含了启裂源的面积，若仍使用$\sqrt{S}$ 作为启裂路径的特征长度，则误差较大。因此，在研究内部气孔启裂的高周疲劳性能时，直接应用式(8-14) 就无法得到与材料启裂性能一致的结果，需要使用将式(8-14) 中$\sqrt{S}$作为启裂路径特征长度的方法进行修正。

考虑到不同方向上气孔边界到启裂区外边界的距离略有差异，本文针对高周疲劳裂纹内部气孔启裂的情况提出启裂区（不含启裂源）特征尺寸的概念。令 l 为启裂源边界到启裂区外边界的连线长度（连线的反向延长线须经过启裂源中心），则启裂区（不含启裂源）的特征尺寸 a 为：

$$a=(l_{max}+l_{min})/2 \qquad\qquad (8\text{-}15)$$

该特征尺寸可以较好地避免气孔启裂源尺寸的影响。

此外，式(8-14)针对内部启裂的情况仅仅考虑了启裂区大小、加载应力幅的作用，并未涉及疲劳启裂寿命对高周疲劳性能的影响，无法比较不同材料的启裂速率大小。因此，本文在测量启裂区（不含启裂源）特征尺寸的基础上，考虑启裂寿命的影响，提出高周疲劳裂纹启裂速率的概念。90%以上的高周疲劳寿命消耗在启裂区，故取90%的疲劳寿命 N_f 为高周疲劳裂纹的启裂寿命 N_i。将单位循环周次里启裂区（不含启裂源）特征尺寸平均变化量定义为高周疲劳裂纹启裂速率，即：

$$v=a/N_i \qquad N_i=0.9N_f$$

根据上述分析，可以使用启裂区特征长度和疲劳裂纹启裂速率来表征材料的高周疲劳性能。

② 特征参数的应用 埋弧焊和氩弧焊接头分别有1根和2根试样无法区分启裂区的范围，因而下文主要针对埋弧焊与氩弧焊接头剩下的各5根内部气孔启裂的高周疲劳试样，其高周疲劳性能见表8-9，其中1号～5号为埋弧焊接头，6号～10号为氩弧焊接头。相比于稳定扩展区，启裂区具有较高的粗糙度，并且在裂纹由启裂区进入稳定扩展区时，形貌会出现高度差。因此，本文使用三维白光干涉表面形貌仪测量启裂区的特征尺寸，以提高测量精度。

表8-9 1号～10号试样高周疲劳性能

编号 M	1	2	3	4	5	6	7	8	9	10
应力幅/MPa	430	410	420	420	420	470	450	460	460	470
寿命/10^6 次	6.24	6.43	2.03	2.77	7.06	4.75	7.49	6.34	4.05	8.76

图8-47为高周疲劳启裂区典型的三维形貌图和一维形貌图。从图8-47(b)中可以看出，在启裂区外边界处存在明显的高度差，从而可以获得启裂区宽度。以启裂源为中心每旋转30°测量一次启裂区的宽度 l_i(i=1、2、…、12)，其中最大值、最小值即为 l_{max} 和 l_{min}，从而求得特征尺寸 a，见图8-48(a)；将从启裂源中心到启裂源边界的距离记为启裂源的宽度，如图8-46中虚线所示，将启裂源宽度的最大值和最小值的平均值记为启裂源的特征尺寸，如图8-48(b)所示。

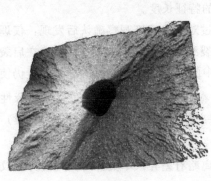

(a) 三维形貌图

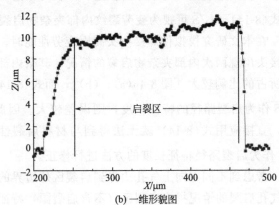

(b) 一维形貌图

图 8-47 启裂区的表面形貌观测结果示意图

（埋弧焊 σ_a=430MPa，N_f=2.03×10^6 次）

　　由图 8-48(a) 可以看出，埋弧焊与氩弧焊接头高周疲劳启裂区（不含启裂源）特征尺寸平均值接近。因此，同一应力幅作用下，气孔启裂源尺寸越大，启裂区就越大，启裂区对应的应力强度因子幅就越大。而图 8-48(b) 中的结果显示，埋弧焊气孔尺寸明显大于氩弧焊气孔尺寸。

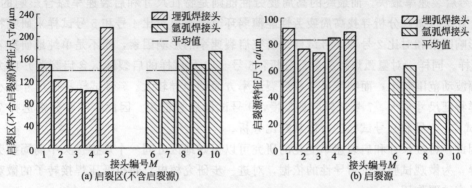

图 8-48　埋弧焊与氩弧焊接头高周疲劳启裂区和启裂源特征尺寸对比示意图

　　图 8-49(a) 为使用式(8-14) 求得的启裂区应力强度因子幅对比示意图，图 8-49(b) 为根据测量特征尺寸求出的启裂速率 v 对比示意图。从图 8-49(a) 可以看出，埋弧焊接头的高周疲劳启裂区（含启裂源）应力强度因子幅大多均高于氩弧焊接头的应力强度因子幅。根据式(8-14)，同一加载应力幅下，埋弧焊接头启裂区（含启裂源）的面积更大，由此推测出埋弧焊接头高周疲劳性能优于氩弧焊接头的结论与实际测试结果相悖，这主要是因为埋弧焊接头气孔（启裂源）尺寸大于氩弧焊接头的气孔尺寸 [图 8-48(b)]。而使用启裂速率表征高周疲劳性能可以排除气孔大小的影响，从图 8-49(b) 中可以看出埋弧焊接头高周疲劳裂纹启裂速率平均值（3.61×10^{-8} mm/次）高于氩弧焊接头高周疲劳测试结果（2.67×10^{-8} mm/次），与高周疲劳测试结果一致。因此，就本文研究的模拟件埋弧焊和氩弧焊接头而言，与高周疲劳启裂区（不含启裂源）的特征尺寸相比，启裂速率的差异才是引起两者高周疲劳性能差异的原因。上述分析也证明了式(8-14) 在内部气孔启裂情况中应用的局限性，而高周疲劳启裂速率对模拟件焊接接头具有较好的适用性。因此，高周疲劳启裂速率可以作为衡量核电汽轮机低压焊接转子安全性的一个重要指标。

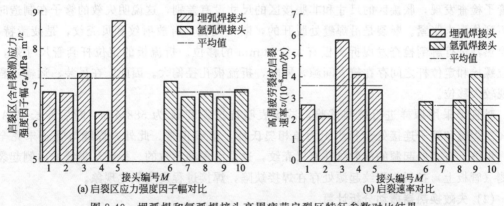

图 8-49　埋弧焊和氩弧焊接头高周疲劳启裂区特征参数对比结果

　　此外，与式(8-14) 相比，高周疲劳启裂区特征尺寸和启裂速率还可以更好地为微观试验提供指导性依据。首先考虑 1 号～5 号试样，即埋弧焊接头试样。从启裂区（含启裂源）应力强度因子幅［图 8-49(a)］的角度出发，5 号试样最大，而 4 号试样最小，这与表 8-9 中的测试结果不一致。因而，需要考虑启裂区的特征尺寸［图 8-48(a)］和启裂速率［图 8-49(b)］。就特征尺寸而言，4 号尺寸最小，5 号尺寸最大；就启裂速率而言，2 号启裂速率最慢，3 号启裂速率最快。而最终的高周疲劳性能则是特征尺寸和启裂速率综合影响的结果。因此，在进行微观分析寻找高周疲劳性能薄弱环节时需要对比 4 号和 5 号试样来研究特征尺寸的影响因素和对比 2 号和 3 号试样来研究启裂速率的影响因素，而不是单纯地研究 4 号和 5 号试样。同样，对氩弧焊接头进行分析：6 号～10 号试样的启裂区（含启裂源）应力强度因子幅波动范围较小；而特征尺寸和启裂速率方面则差异较大。7 号试样特征尺寸最小，10 号试样特征尺寸最大。7 号试样启裂最慢，9 号试样启裂最快。因此，需要分别选择 7 号和 10 号试样、7 号和 9 号试样进行微观对比分析。

因此，特征尺寸和启裂速率变化的研究可以很好地区分同一个焊接接头中高周疲劳性能的差异，为微观试验提供指导性的依据，对进一步研究核电汽轮机低压焊接转子的微观性能影响具有重要作用。

8.3.4 换热器管束焊缝发生疲劳断裂分析

由于换热器结构的复杂性和使用工况的多样性常引发多种形式的失效。造成换热器管子与管板连接接头的失效原因是多方面的，如接头因高温应力松弛失效；管束在流体的冲击下产生振动，导致接头的疲劳破坏；操作不当使温度和压力频繁波动引起循环载荷导致的疲劳失效等。

(1) 失效分析

失效的冷凝器管束为 304L 不锈钢，管板为 16Mn 复合 304L 不锈钢板，为固定管板式换热器。壳程介质为冷却水，工作压力 0.7MPa，工作温度 38℃；管程介质为水蒸气＋少量有机物，工作压力 80kPa，工作温度 47℃。新设备安装后进行试运行，试运行期间壳程通入循环水，流量 $Q=510m^3/h$。管内通入蒸汽，密度 $600kg/m^3$。但试运行发现壳程的真空度无法达到，同时发现管程的液位异常升高，打开设备发现有多根管子在焊缝处断裂并泄漏，从试运行到泄漏约 24h。

对断裂的管子取出进行分析，在取管子过程中发现管子取出时没有阻力，另外，从拆下的管子检查发现，胀接区的尺寸和非胀接区的尺寸没有差别，这说明失效的管子在制造时胀接不到位而未胀紧。断裂是沿焊缝处脱开的，断口光亮，有放射纹和贝壳纹，是疲劳特征。对换热器进行解剖检查发现折流板有大约 30mm 的移位。折流板的定位杆套管尺寸短，在定位螺栓和定位杆之间存在较大间隙，同时，折流板孔径偏大。因此，在吊装、运输过程中出现较大移位。

对管子采用原样进行拉伸试验，试验表明抗拉强度 R 为 588MPa，断后伸长率 A 为 50%。焊缝和管子连接处金相组织为单相奥氏体，组织正常。此外，焊缝与管子未完全贴合，焊缝上有多处起源的放射纹并有贝壳纹，这是由振动导致的。裂纹从焊缝的内侧起裂向外侧（管板上）扩展，裂纹起源处存在焊接缺陷，焊接过程发生氧化现象。

(2) 失效换热器振动分析计算

由于折流板作用，水会产生横向流、紊流或涡流，导致管子的振动，一旦这种振动频率与管子的固有频率接近时就会产生共振，这种振动容易在壳体进口处产生。列管式换热器中由于壳程流体横向流动诱发管束振动。主要原因有卡曼漩涡激振、紊流抖振、声学驻波振动、流体弹性激振和射流转换激振等 5 种形式。总的说来，在横流速度较低时，容易产生周期性的卡曼漩涡或紊流漩涡，这时在换热器中既可能引起管子的机械振动，也可能产生声振动。当横流速度较高时，管子的振动一般情况下是由流体弹性激振引起，但不会产生声振动。换热器振动计算模型如图 8-50 所示。按 GB 151—2014 的方法分别计算管子的固有频率、卡曼漩涡频率、紊流抖振的主频率和临界横流速度。计算结果如表 8-10 所示。

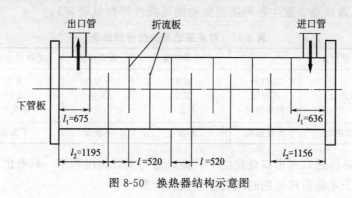

图 8-50　换热器结构示意图

表 8-10　管束振动计算结果

列管位置		管子自由频率 /Hz	卡曼漩涡振动频率/Hz	紊流抖振频率/Hz	壳程横流速度 /(m/s)	临界横流速度 /(m/s)
折流板间		$f_折=133.28$	$f_{v折}=24.98$	$f_{t折}=16.67$	$v_折=1.39$	$V_{c折}=5.837$
穿过折流板缺口部分	出口处	$f_1=21.38$	$f_{v1}=19.30$	$V_{c1}=0.937$	$V_{c1}=1.062$	$V_{c1}=0.937$
	进口处	$f_2=24.25$	$f_{v2}=30.17$	$V_{c2}=1.062$	$V_{c1}=1.371$	$V_{c2}=1.062$
	折流板间	$f_3=31.30$	$f_{v3}=24.98$	$V_{c3}=1.371$	$v_3=1.39$	$V_{c1}=1.371$

(3) 管束发生振动可能性的判断

① 判别卡曼漩涡振动发生的可能性　计算各段列管处卡曼漩涡发生频率 f_v 与列管自身的固有频率之比，若比值越接近 1，则卡曼漩涡激振发生共振的可能性就越大。一般某振型固有频率的 $0.85\sim1.3$ 倍范围内为共振区。有上述计算结果，穿过折流板缺口处的列管：出口处 $f_{v1}/f_1=0.9$；进口处 $f_{v2}/f_2=1.244$；折流板间 $f_{v3}/f_1=0.798$。折流板间穿过所有折流板共有部分的列管：$f_{v3}/f_折=0.187$。因此对于这类管子，不会发生卡曼漩涡振动。

② 判别紊流抖振动发生的可能性　出口紊流抖振动的频率 f_{t1}：

$$f_{t1}=\frac{v_1 d_0}{LS}\left[3.05\left(1-\frac{d_0}{S}\right)^2+0.28\right]=12.882\,\text{Hz}$$

进口紊流抖振的频率 f_{t2}：

$$f_{t2}=\frac{v_2 d_0}{LS}\left[3.05\left(1-\frac{d_0}{S}\right)^2+0.28\right]=13.70\,\text{Hz}$$

折流板间紊流抖振的频率 f_{t3}：

$$f_{t3}=\frac{v_3 d_0}{LS}\left[3.05\left(1-\frac{d_0}{S}\right)^2+0.28\right]=16.671\,\text{Hz}$$

式中，S 为管中心距；d_0 为管子外径；$L=0.0277$。

穿过折流板缺口处的列管：出口处 $f_{t1}/f_1=0.603>0.5$；进口处 $f_{t2}/f_2=0.565>0.5$；折流板间 $f_{t3}/f_3=0.533>0.5$；穿过所有折流板共有部分的列管：$f_{t3}/f_{折}=0.125<0.5$。

③ 流体弹性激振判别　但壳程的流速大于临界流速时会有流体弹性激振的可能。

穿过折流板缺口处的列管：出口处 $v_1=1.073>V_{c1}=0.937$；进口处 $v_2=1.114>V_{c2}=1.062$；折流板间 $v_3=1.39>V_{c3}=1.371$。穿过所有折流板共有部分的列管 $v_3=1.39<V_{c折}=5.837$。失效换热器发生各种类型振动的可能性评判见表 8-11。

表 8-11　管束振动可能性评判结果

列管位置		卡曼漩涡振动	紊流抖振	流体弹性激振	结论
穿过折流板缺口部分	出口处	发生	不发生	发生	振动
	进口处	发生	发生	发生	振动
	折流板间	不发生	不发生	不发生	不振动
穿过所有折流板共有处	折流板间	不发生	不发生	不发生	不振动

计算表明换热器进口和出口处发生了共振，这与实际情况相符，只有出现换热器管束共振的条件下，管子才能在很短的时间内发生疲劳断裂。

(4) 疲劳裂纹起源

疲劳裂纹的起源阶段占整个疲劳寿命的比例比较大。焊口处发生的疲劳断裂起源于未焊透和焊接过程的氧化，这样有利于疲劳裂纹的萌生。根据疲劳裂纹的开裂机理，疲劳裂纹包括疲劳裂纹的萌生阶段和扩展阶段。一般，疲劳裂纹的萌生阶段会很长，但对于有缺陷的材料裂纹萌生的时间很短或者不需要裂纹萌生阶段而直接扩展。从本例来看，焊接缺陷深度大约 0.2mm，而且缺陷处存在应力集中，因此该缺陷作为疲劳裂纹的起源而不再需要裂纹的萌生阶段是很有可能的。

管壳式换热器制造过程中，换热管与管板连接结构的质量直接影响换热器操作运行的安全性和可靠性。胀接和焊接的质量对换热器的质量有直接的影响。由于断裂的管子没有胀紧，因此，振动传到管口，焊接缺陷成为疲劳源。

8.3.5 某型发动机导管焊缝疲劳裂纹失效分析

某发动机在检查时发现从层板节流器到加力汽化器导管（以下简称导管）焊缝出现 2 条裂纹。该发动机总工作时间为 799 小时 22 分。导管材料为 1Cr18Ni9Ti 不锈钢。导管焊接方法为钎焊。

(1) 外观检查

图 8-51 为导管及裂纹外观。导管呈 U 形，裂缝位于导管一端靠外侧的焊缝处，如图 8-51(b) 所示。裂纹分为两段，均沿焊缝周向分布，分别长约 2mm 和 3mm。不锈钢管直径长约 6mm，搭接管直径长约 8.4mm，搭接宽度约 3.5mm。

裂纹打开后的断口形貌如图 8-52 所示。裂纹已经穿透焊缝，裂纹区断口较平整，为暗灰色，呈扇形分布，大小约为 3.8mm×1.3mm。裂纹区断口上肉眼可见明显的由焊缝外表面向内表面扩展的疲劳弧线特征，疲劳区面积约占整个断口面积的 20%。新打开断口呈亮白色，具有金属光泽。

(2) 微观检查

在扫描电镜下观察，疲劳源为多源，疲劳起始于焊缝外表面处的疏松缺陷。疏松缺陷沿

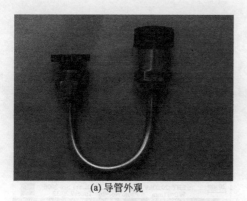

(a) 导管外观

(b) 导管裂纹

图 8-51　导管及裂纹外观

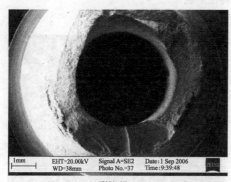

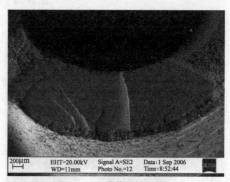

(a) 裂纹断口

(b) 疲劳区

图 8-52　裂纹断口及疲劳区形貌

焊缝周向呈带状分布，宽约 200μm，长约 9mm。疲劳源区形貌见图 8-53。图 8-53(b) 为疲劳源处的疏松缺陷，疲劳源区的疏松缺陷长约 3mm。图 8-54 为断口特征形貌，图 8-54(a) 为疲劳弧线特征，图 8-54(b) 为瞬断区韧窝特征。疲劳区之外的疏松缺陷如图 8-55 所示。

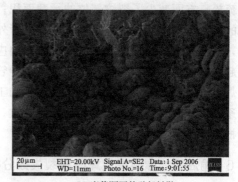

(a) 疲劳源区

(b) 疲劳源区的疏松缺陷

图 8-53　疲劳源区

(3) 成分检查

使用 X 射线能谱仪对导管断口和疏松缺陷处进行成分检查，结果表明成分符合要求。

(4) 综合分析

导管焊缝的裂纹性质为疲劳裂纹，疲劳起始于焊缝外表面处的疏松缺陷，这种疏松缺陷是焊料在金属凝固过程中产生的。

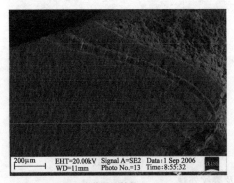
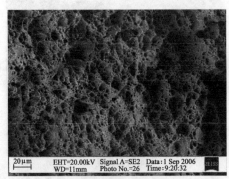

(a) 疲劳弧线特征　　　　　　　　　　　　(b) 瞬断区韧窝特征

图 8-54　断口特征形貌

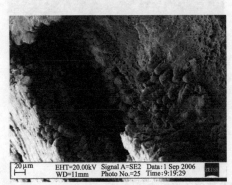
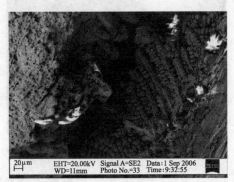

(a) 疲劳区左侧　　　　　　　　　　　　(b) 疲劳区右侧

图 8-55　疲劳区之外的疏松缺陷

钎焊部位表层存在着疏松缺陷，沿焊缝周向呈带状分布，尺寸为 $200\mu m \times 9mm$。这些表面和亚表面缺陷面积较大或连续分布时就形成了对焊缝疲劳性能危害最为严重的面型缺陷。疏松一方面减少了裂纹部位的承载面积；另一方面破坏了表面的完整性，造成焊缝表层较大的应力集中。同时由于结构限制，导管外侧裂纹部位不可避免地存在有安装弯曲应力。因此，在使用过程中，导管在振动应力、内应力和安装弯曲预应力的作用下，疲劳从疏松缺陷处起始，并向内部扩展，直至穿透整个导管壁厚。

焊缝表面原本看不到裂纹，在长时间的工作过程中，焊缝亚表面萌生疲劳裂纹并扩展，裂纹逐渐张开，形成了肉眼可见的宏观裂纹。因此钎焊部位存在疏松缺陷是导致焊缝产生裂纹的根本原因。

8.3.6　输油管线螺旋焊管焊缝断裂失效分析

2000 年，东北某输油管线螺旋焊管的焊缝突然发生断裂，导致全线停输。该管线建造于 1978 年底，1980 年投入使用，材料为 16Mn，采用螺旋埋弧焊接钢管，输送大庆油田的原油，设计工作压力为 4.02MPa。事故发生时，出站运行压力为 3.90MPa，压力较平稳。通过对这段管线的断裂失效进行力学分析，找出其失效原因。

(1) 管线基本情况

管线采用螺旋埋弧自动焊焊接钢管，钢管对接为环焊缝焊接。管径 720mm，壁厚

8mm，螺旋焊缝的螺距为 1360mm，螺旋线角度为 58.3°。钢管沿螺旋焊缝中间开裂，裂纹长 1480mm，裂纹最大宽度 18mm，裂纹两侧壁的最大错边量（高差）10mm。管线经过 3 次打压试验（压力分别为 6.0MPa、5.4MPa、5.0MPa）之后投入使用，正常工作压力为 4.02MPa。

观察开裂部分，发现裂纹经内焊缝一侧穿过外焊缝中心。断口内焊缝处分布着多个大小不一的未熔合区，层状开裂区、纵向纤维区和剪切区在断口表面上由内壁向外壁依次分布。说明裂纹从焊缝内侧未熔合区开始向外焊缝扩展，在最大未熔合区处首先贯穿整个焊缝，造成漏油及裂纹，进一步沿焊缝扩展，形成 1480mm 长的断裂裂纹。

经检测，管线材质的化学成分、力学性能、金相组织和焊接接头性能符合相应标准，断裂不是由于管材本身引起的。对断口和焊缝检查的结果表明，事故起源于焊接缺陷，主要是内焊缝焊偏和未熔合区的出现导致焊趾裂纹。

（2）管线钢管的应力计算

① 应力分析　管壁工作应力分为径向应力 σ_1 和轴向应力 σ_2，如图 8-56 所示。

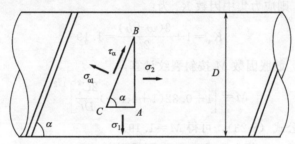

图 8-56　管线钢管受力分析

$$\sigma_1 = pD/2t \tag{8-16}$$
$$\sigma_2 = \sigma_1/2 \tag{8-17}$$

式中　p——工作压力，MPa；

　　　t——钢管壁厚，mm；

　　　D——钢管外径，mm。

分析作用在螺旋焊缝上的法向应力 $\sigma_{\alpha 1}$ 和切向应力 τ_α。在图 8-56 的直角三角形 ABC 中，法向力平衡条件为：

$\sigma_{\alpha 1}BC = \sigma_2 AB\sin\alpha + \sigma_1 AC\cos\alpha$，由 $AC = BC\cos\alpha$，$AB = BC\sin\alpha$，得到

$$\sigma_{\alpha 1} = \sigma_2 \sin^2\alpha + \sigma_1 \cos^2\alpha \tag{8-18}$$

切向应力 τ_α 平衡条件为：

$\tau_\alpha BC = \sigma_1 AC\sin\alpha - \sigma_2 AB\cos\alpha$，所以 $\tau_\alpha = \sigma_1 \sin\alpha\cos\alpha - \sigma_2 \sin\alpha\cos\alpha$，即有

$$\tau_\alpha = \sigma_2 \sin\alpha\cos\alpha \tag{8-19}$$

式中　α——焊缝与钢管轴线方向夹角，为 58.3°。

考虑到应力集中和鼓胀因素的影响，垂直焊缝上的应力为：

$$\sigma_\alpha = K_t M\sigma_{\alpha 1} \tag{8-20}$$

式中　K_t——应力集中因数；

　　　M——鼓胀因数。

斜裂纹上承受着当量应力 σ_{eq}，其计算公式为 Von Mises 准则，即

$$\sigma_{eq}=\sqrt{\sigma_\alpha^2+3\tau_\alpha^2} \tag{8-21}$$

② 应力计算 由断口检查可知，最大未熔合区的尺寸为 159mm（长度）×2.8mm（深度），其他分布在断口表面上的全部未熔合区总和相当于 220mm（长度）×0.5mm（深度）的未熔合区。由于缺陷的尺寸较大，将其作为一个等效的穿透裂纹来处理，等效裂纹的裂纹半长度 c 由等效面积法求得：

$$C_e=ca/t \tag{8-22}$$

式中 a——缺陷深度，mm；

c——缺陷的半长度，mm；

t——钢管壁厚，mm。

则初始裂纹半长度为：

$$C_e=\frac{159/2\times2.8+220/2\times0.5}{8}=34.7\text{mm}$$

焊缝的错边和角变形引起应力集中，从断口附近未开裂焊缝处测得的错边量 h 和角变形量 w 均为 0.5mm，则应力集中因数 K_t 为：

$$K_t=1+\frac{3(w+h)}{2t}=1.19$$

裂纹沿焊缝方向，鼓胀因数 M 按斜裂纹计算，

$$M=\left[1+0.32(1+4\cos\alpha)\frac{2C_e^2}{Dt}\right]^{1/2} \tag{8-23}$$

将已知数据代入公式（8-23），可得 $M=1.19$。

将 K_t、M 和式（8-18）代入公式（8-20）则得到：

$$\sigma_\alpha=1.42(\sigma_1\cos^2\alpha+\sigma_2\sin^2\alpha) \tag{8-24}$$

由上述公式可以求出各工作压力下开裂区承受的应力分量 σ_α，τ_α 和相应的当量应力 σ_{eq}，结果见表 8-12。

表 8-12 管线在不同工作压力下的应力值 MPa

压力	应力				
	σ_1	σ_2	σ_α	τ_α	σ_{eq}
0.2	9.0	4.5	12.1	5.3	15.2
2.2	99.0	49.5	133.3	58.2	167.1
3.02	135.9	68.0	183.0	79.9	229.4
3.52	158.2	79.2	213.2	93.2	267.4
4.02	180.9	90.5	243.2	106.4	305.1

(3) 焊接钢管裂纹扩展深度计算

对称疲劳应力对平均应力的影响，可知：

$$\frac{da}{dN}=1.57\times10^{-11}\frac{1+R}{1-R}(\Delta K)^4 \tag{8-25}$$

式中 a——裂纹深度；

N——循环次数；

ΔK——应力强度因子幅度，$\Delta K=\Delta\sigma_{eq}\sqrt{\pi a}$（其中 $\Delta\sigma_{eq}$ 为相应当量应力变化值）；

R——应力比，$R = \sigma_{min}/\sigma_{max}$。

由于疲劳为累积损伤，在计算某一载荷波动（载荷块）对疲劳裂纹扩展的贡献时，可不考虑其出现的先后，而只按其出现的次数及在压力波动中占有的几率进行计算，依据式(8-25)求得各个压力波动下裂纹沿壁厚方向的扩展量 Δa，结果见表 8-13。同时计算出在 20 年服役过程中，管道总裂纹扩展量为 3.58mm。

表 8-13　在压力波动下的裂纹扩展

σ_{min}/MPa	σ_{max}/MPa	R	$N/$次	$\Delta a/mm$
267.4	305.1	0.88	21600	0.83
229.4	305.1	0.75	4320	1.21
159.4	305.1	0.55	90	0.41
15.2	305.1	0.05	40	1.13
$\Sigma\Delta a = 3.58$				

由于断口表面附近的韧带呈塑性破坏，可根据 Kiefner 公式计算断裂时的极限压力 P_u 为：

$$P_u = \frac{1 - a/t}{1 - a/(tm)} \times \frac{2\sigma_f t}{D} \tag{8-26}$$

式中，σ_f 为流变应力，通常 $\sigma_f = \sigma_s + 70MPa$，这里 σ_s 为管材屈服强度，经实际测量为 375.8MPa。管线初运行时，裂纹深度 a 为 2.8mm，鼓胀因数 M 为 1.19，由公式(8-26)计算断裂的极限压力 P_u 为 9.05MPa，大于打压试验压力（6.0MPa），因此打压时不会出现断裂。而工作压力（4.02MPa）远远小于设计时的压力，故运行初期未发生断裂。

管线运行 20 年后，2.8mm 深的未熔合缺陷在压力波动的情况下扩展为 3.58mm，裂纹总深度 a 为 6.38mm，只有 1.62mm 厚度承受工作压力。此时等效裂纹半长度 C 为 70.3mm，鼓胀因数 M 为 1.64。由公式(8-26)计算断裂的极限压力 P_u 为 3.90MPa，此时实际工作压力为 3.90MPa，已达到极限压力，故发生突然疲劳断裂。

8.3.7　超声冲击对高速列车转向架焊接接头疲劳性能影响

高速列车具有速度快、运量大及绿色环保等优点，因而国内运行的高速列车比例逐年升高。高速列车发生事故的主要原因是一些主要构件发生疲劳失效断裂，尤其是高速客车车体和转向架焊接部位。转向架在车辆运行中承受并传递各种垂向、横向和纵向载荷，从而使其疲劳问题更加突出。焊接部位疲劳失效断裂是在经过 10^9 次交变载荷后发生的，而传统的疲劳设计认为构件在 10^7 次以后即具有无限寿命。鉴于实际与理论的冲突，研究转向架用 SMA490BW 钢十字焊接接头的超高周疲劳性能具有现实意义。超声冲击处理是改善试样表面组织结构与性能的一种方法，利用超声波换能器前端的冲击针将超声波的振动能量输入到金属材料中，高能量冲击区的金属材料表层产生一定深度的剧烈塑性变形，同时引入残余压应力和细化晶粒的效果，从而有效提高焊接构件的疲劳性能，特别对焊接接头有更加明显的效果。

对转向架用 SMA490BW 钢 MAG 熔化焊十字接头在常温常压下进行冲击处理，并对冲击前后的试样进行超高周疲劳性能对比试验，从疲劳裂纹源数量与类型的变化、应力集中变化、焊接残余拉应力消除、焊趾表面晶粒细化、塑性变形区裂纹扩展路径等方面分析超声冲击态试样超高周疲劳强度提高的原因。

(1) 实验材料及试件的制备

实验材料选用 SMA490BW 高速列车转向架用钢，其常规力学性能如表 8-14 所示。采用 CHW55-CNH 焊丝和保护气体为 80%Ar+20%CO₂ 的 MAG 熔化焊进行焊接，焊接参数见表 8-14。疲劳试样的几何形状及尺寸见图 8-57。

表 8-14 SMA490BW 钢的力学性能及焊接工艺参数

屈服强度 σ_s/MPa	抗拉强度 σ_b/MPa		伸长率 δ/%	
≥365	490~610		≥15	
焊道数	焊条规格	焊接电流/A	电弧电压/V	气体流量/(L/min)
1	ϕ1.2	240~280	25~30	18~22

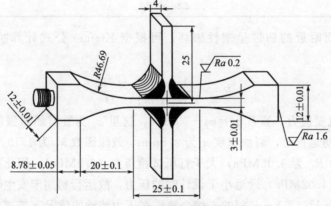

图 8-57 试样的几何形状及尺寸

(2) 超声冲击试验

超声冲击试验采用 HJ-Ⅲ 型冲击设备，冲击针前端半球直径为 3mm。冲击参数选择 10min/1.5A。将焊接后的十字焊接接头试样板固定在工作台上，冲击针的排列阵列平行于焊缝，超声冲击枪置于焊趾上方，如图 8-58 所示。冲击时，冲击针与焊趾表面倾斜一定角度，施加一定的外力确保冲击设备在其自重下运行，冲击设备在沿焊趾移动的同时沿焊趾的两侧作小幅度的摆动，以获得圆滑过渡的焊趾。采用 HXD-1000TMB/LCD 型显微硬度计对超声冲击试样截面（垂直于冲击表面）的硬度分布进行分析，为了降低其他因素干扰，用 1000# 砂纸打磨试样截面，同一高度测量 3 个点取平均值。利用 JEOL-2100 型透射电镜观察表面微观结构特征、晶粒尺寸及形貌。电镜工作电压为 200kV，表面样品的制作方法为：切下 0.8mm 左右的薄片，依次用粗砂纸、细砂纸从基体侧研磨减薄至 60μm，用离子减薄仪从基体侧单侧减薄至穿孔。

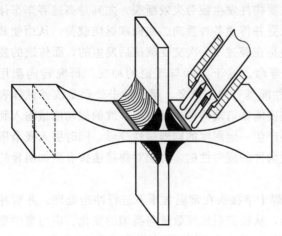

图 8-58 超声冲击示意图

(3) 疲劳性能测试

试验在日本岛津 USF-2000 超声疲劳实验机上完成，试验施加载荷为轴向拉-压对称循环载荷，应力比 $R=-1$，加载频率约 20kHz。试验在常温下进行，谐振过程中试样会吸收能量而升温，故试验中采用强迫空冷方式对试样进行降温，且试验过程中的间歇比采用 200：400（ms），以免由于温度过高影响试样的超高周疲劳性能。

(4) 实验结果及应力分析

① 实验结果　SMA490BW 钢十字焊接接头超声疲劳试验结果如表 8-15 和表 8-16 所示。两种状态试样的对比 S-N 曲线如图 8-59 所示。超过 $1×10^9$ 循环周次未发生疲劳失效断裂的试样归为溢出试样（Run-out）。结果表明，两种状态的试样在 10^7 循环周次范围以下的高应力幅区呈现连续下降，在 10^7 次以上的超高周疲劳范畴的低应力幅区试样不再发生断裂，即 S-N 曲线出现水平阶段，出现了传统意义的疲劳极限。焊态和冲击态试样的 S-N 曲线水平平台对应的应力幅值分别为 100MPa 和 125MPa。超声冲击处理试样的疲劳强度相比于未处理试样提高了 25％。

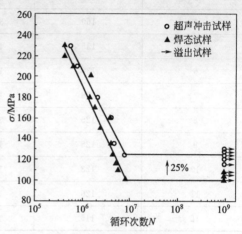

图 8-59　接头 S-N 曲线对比

表 8-15　焊态十字接头实验结果

编号	σ_a/MPa	循环次数 N	裂纹源	裂纹源数量
1	230	$4.11×10^5$	焊趾	多个
2	220	$4.23×10^5$	焊趾	多个
3	210	$6.23×10^5$	焊趾	多个
4	200	$1.47×10^6$	双侧焊趾	多个
5	180	$1.48×10^6$	焊趾	多个
6	170	$1.83×10^6$	焊趾	单个
7	160	$3.67×10^6$	焊趾	多个
8	150	$2.50×10^6$	焊趾	多个
9	135	$4.11×10^6$	焊趾	多个
10	125	$4.23×10^6$	焊趾+飞溅金属	多个
11	115	$5.07×10^6$	焊趾	多个
12	110	$5.65×10^6$	焊趾	单个
13	108	$1.00×10^9$	—	—
14	105	$4.11×10^9$	—	—
15	100	$7.82×10^6$	焊趾	单个
16	100	$1.00×10^9$	—	—

表 8-16　冲击态十字接头实验结果

编号	σ_a/MPa	循环次数 N	裂纹源	裂纹源数量
1	230	5.56×10^5	焊趾	单个
2	210	7.40×10^5	焊趾	单个
3	180	2.05×10^6	焊趾	单个
4	160	3.96×10^6	焊趾	单个
5	135	4.74×10^6	焊趾	单个
6	130	1.00×10^9	—	—
7	128	1.00×10^9	—	—
8	125	7.46×10^6	焊趾	单个
9	125	1.00×10^9	—	—
10	123	1.00×10^9	—	—
11	120	1.00×10^9	—	—
12	115	1.00×10^9	—	—

② 应力集中分析　大量试验研究表明，超声冲击处理对焊接接头应力集中程度的降低主要是通过增加焊趾区过渡半径来实现的。本实验中，原始焊态焊趾处的过渡半径 ρ 比较小，过渡区域比较尖锐。经过超声冲击后，焊趾处的过渡半径明显增大，并且除去了表面油污和锈层。对于十字焊接接头，计算焊趾处应力集中的方程，如式（8-27）所示。

$$K_t = 1 + 0.35(\tan\theta)^{\frac{1}{4}} \left[1 + 1.1 \left(\frac{H}{L} \right)^{\frac{5}{3}} \right]^{\frac{1}{2}} \left(\frac{t}{\rho} \right)^{\frac{1}{2}} \tag{8-27}$$

式中，K_t 为应力集中系数；ρ 为焊趾处半径，由计算获得；θ 为焊趾角；H 和 L 均为焊角尺寸；t 为板厚度，由测量获得。十字焊接接头处理前后几何形状参数如表 8-17 所示。

表 8-17　十字焊接接头几何形状参数

参数	ρ/mm	$\theta/(°)$	H/mm	L/mm	t/mm
焊态试样	0.83	36.0	4.7	5.0	3.0
超声冲击试样	4.40	36.0	4.7	5.0	3.0

焊趾处裂纹萌生受焊趾外观形貌和内部结构的影响，常采用疲劳缺口系数 K_f 来表征 UIT 通过修整焊趾形貌而使疲劳强度得以提高的程度。计算 K_f 的公式，如式（8-28）所示。

$$K_f = 1 + \frac{K_t - 1}{1 + \sqrt{\rho'/\gamma}} \tag{8-28}$$

式中，ρ' 为与材料相关的常数；γ 为焊趾半径。计算 ρ' 的公式，如式（8-29）所示。

$$\rho' = 0.2 \left(1 - \frac{\sigma_s}{\sigma_b} \right)^3 \times \left(1 - \frac{0.05}{d/25} \right) \times 25 \tag{8-29}$$

式中，σ_s、σ_b 分别是钢的屈服强度和抗拉强度；d 为焊趾区域的焊趾直径。根据相关公式可计算应力集中系数 K_t 和疲劳缺口系数 K_f，结果见表 8-18。

表 8-18 K_t 及 K_f 计算结果

参数	K_t	降低值/%	K_f	降低值/%
焊态试样	2.22		2.12	
超声冲击试样	1.50	32.4	1.46	31.1

因为疲劳缺口系数 K_f 能很好地表征焊趾缺口的几何形状对十字接头疲劳强度的影响,故超声冲击处理前后引起的疲劳缺口系数的变化,就反映了冲击处理改善接头焊趾几何外形对焊接接头疲劳强度的提升效果。从计算结果可以发现,超声冲击处理改变了焊趾形貌,降低了应力集中系数,降低程度可达到 32.4%。原始焊态的疲劳缺口系数 K_f 为 2.12,冲击态十字接头的疲劳缺口系数 K_f 为 1.46。因此,超声冲击处理的十字接头与原始焊态相比,其疲劳强度因改善焊趾区几何外形、降低应力集中程度而增加了约 31.1%。材料在变动应力作用下的缺口敏感性也用疲劳缺口敏感度 q_f 表征,即式(8-30):

$$q_f = \frac{K_f - 1}{K_t - 1} \tag{8-30}$$

由表 8-18 的计算结果可以发现,焊态试样的 K_t 和 K_f 非常接近,即疲劳缺口敏感度 q_f 接近于 1,也即 SMA490BW 钢对外形不连续(缺口)十分敏感。故而超声冲击改变焊趾几何外形能有效改善十字焊接接头的超高周疲劳性能。

③ 残余应力分析 采用 X 射线衍射法测定了超声冲击处理后十字焊接接头焊趾区域残余应力的分布。原始焊态试样焊缝及焊趾附近存在数值较大的残余拉应力,焊趾区域附近的残余拉应力均值高达 297.6MPa。经超声冲击处理试样的残余应力大幅降低,且能够引入对疲劳性能有益的残余压应力,焊趾附近的残余压应力约为 -255.5MPa,残余应力的降低幅度为 186%。残余压应力的出现主要是由于已发生塑性变形部分和未发生塑性变形部分的相互牵制。超声冲击能使焊缝的表层区引入高频能量,近表层金属产生剧烈的塑性变形,首先焊缝金属的残余拉应力会由于变形诱发的应力松弛而大幅下降,继而变形金属会受到周围未变形金属的约束作用,产生很大的压缩应力,使残余拉应力进一步降低直到压应力产生。残余应力在疲劳交变载荷中起着平均应力的作用。由于超声冲击会诱发剧烈塑性变形,对应会出现残余压应力层,残余压应力可以降低施加在试样中的拉应力峰值。残余压应力的作用使试样的等效应力强度因子范围 ΔK_{eff} 降低,微观裂纹萌生的时间被延迟,且降低了裂纹扩展速率。

8.3.8 抛丸处理对 A5083 铝合金焊接接头疲劳性能影响

焊接是动车组列车车体集成的关键技术,焊接接头的可靠性决定着动车组列车车体运行的安全性和可靠性。影响焊接接头可靠性的主要因素是列车运行时动载作用下接头的疲劳性能。据统计,铝合金结构件中 90% 的断裂是由焊接接头承受重复性动载的疲劳破坏引起的,并且构件的疲劳失效往往是突发的、灾难性的,是引发安全事故的重要原因。目前,动车组采用的基本为熔化焊(MIG 焊),MIG 焊的焊接热输入量很大,造成焊接热影响区很宽,使焊趾、热影响区成为整个焊接接头最为薄弱的部位,铝合金母材的疲劳强度大都在为 100MPa 以上,而焊缝的疲劳强度都很低。另外,由于 MIG 焊的焊接热输入量很大,易引起焊接裂纹、气孔、夹渣等缺陷,这些缺陷往往又是疲劳破坏的起源。而且 MIG 焊接时背面的余高部位往往是应力集中的区域,这些应力集中的区域必然造成接头疲劳性能的下降。

因此改善焊接接头的疲劳性能对于提高动车组车体的服役寿命和运行的安全可靠性至关重要。

抛丸是一种重要的表面处理方式，在铝合金的表面处理中应用非常普遍，有研究表明，抛丸可提高机车铸造车轮的疲劳强度，但抛丸对铝合金疲劳等力学性能的影响，目前研究还较少。对动车组常用车体铝合金材料 A5083 焊接接头进行抛丸处理，对抛丸处理前后焊接接头的疲劳性能进行对比研究与分析。

(1) 试验材料与方法

A5083 铝合金板厚 8mm，其化学成分（质量百分数）为 4.7％Cr、0.60％Mg、0.4％Fe、0.4％Si、0.25％Zn、0.15％Ti、0.10％Cu 及余量 Al。焊接环境温度 23～26℃，湿度 53～57℃。接头形式为对接，采用两道焊工艺，焊前开坡口，焊接工艺参数：第一道焊缝焊接电流 250A，电弧电压 26V；第二道焊缝焊接电流 210A，电弧电压 25V。将焊接接头加工为疲劳试样，保留余高。对部分试样进行抛丸处理，抛丸工艺参数见表 8-19。

表 8-19　抛丸工艺参数

风压/MPa	抛丸距离 d/mm	喷射角/(°)	粗糙度/μm	沙粒大小/目
0.5～0.6	550～650	45～50	$6.5 \leqslant Ra \leqslant 13.5$	40～50

采用 PL-100 型电-液伺服疲劳试验机，对试样实施轴向力拉伸（正弦波）试验，试验温度为 20～22℃。频率为 80～100Hz，应力比 $R(\sigma_{max}/\sigma_{min})=0$，试验取 4 个应力级，每个应力级均取三个平行试样，根据前期疲劳试验数据选取合适的起始应力，此后根据断裂时的循环次数，依次将应力递减 5％～10％直至找到疲劳极限。采用 JSM-4690LV 型扫描电子显微镜（SEM）对典型的疲劳断口进行形貌观察。

(2) 试验结果和分析

① 抛丸处理对 A5083 对接接头疲劳性能的影响　抛丸处理前后 A5083 铝合金对接接头的疲劳试验结果如表 8-20 所示，试件的断裂位置均在焊趾处。未经抛丸处理的试件，当应力为 65MPa 时，试件重复周次达到 10^7 而未发生断裂，即该试件的疲劳极限为 65MPa。经抛丸处理的试件，当应力为 70MPa 时，试件重复周次达到 10^7 而未发生断裂，即该试件的疲劳极限为 70MPa。并且根据表 8-20，抛丸处理前后试样疲劳极限的前一个应力级断裂时的重复次数已经达到 10^6 次以上，可见疲劳极限的数据是准确可信的。

表 8-20　抛丸处理前后 A5083 铝合金对接接头疲劳性能数据

抛丸处理	应力/MPa	循环次数 N			断裂位置
未处理	90	459621	363251	545216	焊趾
	80	863521	965424	752614	焊趾
	70	2235874	1891235	1785126	焊趾
	65	10^7	10^7	10^7	焊趾
处理后	90	856234	825987	632594	焊趾
	80	1025631	1258987	996538	焊趾
	75	3652875	3644106	6850444	焊趾
	70	10^7	10^7	10^7	焊趾

根据表 8-20 中的数据，采用指数拟合对数据点进行拟合，得到抛丸处理前后 A5083 铝

合金对接接头的 S-N 曲线，如图 8-60 所示。4 个应力级对应疲劳断裂时的断裂次数数据点符合指数拟合，且数据点分布均匀。抛丸处理前后，A5083 铝合金对接接头在较高应力级时的疲劳循环次数相差不大，在较低应力级时，抛丸后的接头试样疲劳循环次数明显高于未经抛丸处理的接头试样，表明抛丸处理对于提高 A5083 铝合金对接接头的疲劳寿命起到了明显的作用。

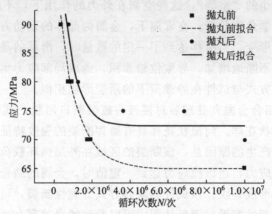

图 8-60　抛丸处理前后 A5083 对接接头的 S-N 曲线

② 疲劳断口形貌　图 8-61 为 A5083 铝合金未抛丸对接接头疲劳断口的形貌，断口由疲劳源、裂纹扩展区、瞬断区三部分组成。试件裂纹源位于表面，呈现几何形态不规则的凹坑，这可能是由表面缺陷造成的。能谱发现 O 的含量很高，说明有严重的氧化物夹杂。表面缺陷和夹杂使试样在载荷的循环加载过程中形成了应力集中，对疲劳强度有较大影响。裂

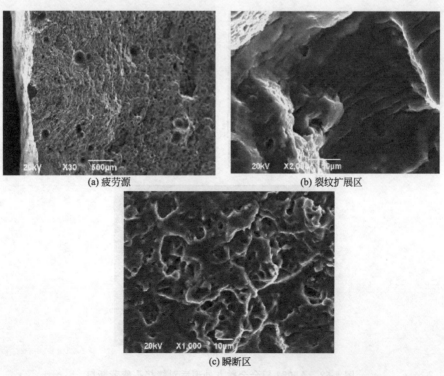

图 8-61　A5083 铝合金未抛丸对接接头的疲劳断口

纹的产生是阻止部件为适应焊缝收缩而移动的约束程度，就是这个因素构成了裂纹扩展必需的力量。从裂纹扩展区图中可以看到清晰的疲劳条带以及二次裂纹，并且扩展区断面十分光滑，整体上该区域呈现疲劳条纹花样。裂纹扩展的条带的宽度大小和裂纹扩展的速率有一定关联。从瞬断区断口可以看出该断口呈韧窝状，属于塑性断裂，而塑性断裂又属于穿晶断裂的一种形式。韧窝产生的原因是，材料经受外加循环载荷的作用时，产生塑性变形，然后在金属材料内部产生了微小的"空洞"，这些空洞在外力的作用下，不断发生形核长大，最后聚集形成裂纹。从晶体学角度分析，在常温下，金属内晶体的运动方式主要是滑移为主，滑移导致了金属晶体发生形变。当滑移达到了一定的数量时，滑移的晶面遇到了障碍，比如第二相粒子等，会使位错不断地增加，导致位错累积，造成局部应力集中，从而使金属晶体产生断裂，该试件的断裂方式与试件在静载荷下的断裂形貌相似。

图 8-62 为 A5083 铝合金抛丸处理后对接接头疲劳断口形貌，试件的瞬断区呈现出河流状花样，同时还伴有舌状花样。河流状花样具有解理断裂的裂纹特征，解理断裂属于穿晶断裂。该瞬断区微观形态产生的原因是：该断裂的区域在外加循环载荷的作用下，导致材料的内部一局部区域产生拉应力，当该拉应力达到一定值时，金属的结合力小于该拉应力，从而导致了金属键的破坏，形成裂纹。该试件的断裂方式为脆性断裂，可以推断出试件在发生断裂之前没有明显的宏观塑性变形，而且从图中可以看到岭脊的存在，岭脊的方向与裂纹扩展的方向是一致的。焊接过程中受风的影响，焊缝金属结晶速度快，熔融金属中的气体不容易逸出，形成孔穴或气孔产生应力集中，诱发疲劳断裂。裂纹扩展的初始阶段，有较明显的轮胎状花样。在经过抛丸处理的试件表面，未发现明显的氧化物夹杂，表明抛丸处理可有效去除试件表面的氧化物夹杂，避免了夹杂在循环加载过程中形成应力集中，从而提高了接头的疲劳强度。

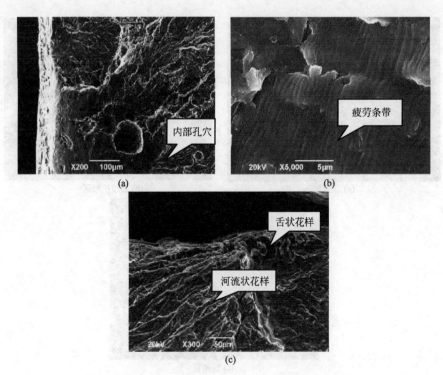

图 8-62　A5083 铝合金抛丸处理后对接接头疲劳断口

经抛丸处理后，A5083 铝合金对接接头的疲劳强度由未经处理的接头疲劳强度 65MPa 提高到 70MPa，表明抛丸处理起到了提高 A5083 对接接头疲劳强度的作用。未经抛丸处理的试件表面的氧化物夹杂在疲劳循环加载过程中形成了应力集中，从而引发了疲劳裂纹的产生。瞬断区有韧窝，为塑性断裂。经抛丸处理后，试件表面的氧化物夹杂被去除，避免了夹杂在循环加载过程中形成应力集中，从而提高了接头的疲劳强度。瞬断区为解理形貌，为脆性断裂。

焊缝缺欠及外观质量	GB/T 12467.1—2009 金属材料熔焊质量要求　第 1 部分:质量要求相应等级的选择准则
	GB/T 12467.2—2009 金属材料熔焊质量要求　第 2 部分:完整质量要求
	GB/T 12467.3—2009 金属材料熔焊质量要求　第 3 部分:一般质量要求
	GB/T 12467.4—2009 金属材料熔焊质量要求　第 4 部分:基本质量要求
	GB/T 12467.5—2009 金属材料熔焊质量要求　第 5 部分:满足质量要求应依据的标准文件
	GB/T 19418—2003 钢的弧焊接头 缺陷质量分级指南
	GB/T 22087—2008 铝及铝合金的弧焊接头缺欠质量分级指南
	GB/T 6417.1—2005 金属熔化焊接头缺欠分类及说明
	GB/T 6417.2—2005 金属压力焊接头缺欠分类及说明
	GB/T 22085.1—2008 电子束及激光焊接接头 缺欠质量分级指南　第 1 部分:钢
	GB/T 22085.2—2008 电子束及激光焊接接头 缺欠质量分级指南　第 1 部分:铝合金
	GB/T 8923.3—2009 涂覆涂料前钢材表面处理 表面清洁度的目视评定　第 3 部分:焊缝、边缘和其他区域的表面缺陷的处理等级
	CB 1220—2005 921A 等钢焊接坡口基本形式及焊缝外形尺寸
	CB/T 3747—2013 船用铝合金焊接接头质量要求
	CB/T 3802—1997 船体焊接表面质量要求
	SC/T 8131—1994 渔船船体焊缝外观质量要求
无损检测	GB/T 11345—2013 焊缝无损检测 超声检测技术、检测等级和评定
	GB/T 29711—2013 焊缝无损检测 超声检测 焊缝中的显示特征
	GB/T 29712—2013 焊缝无损检测 超声检测 验收等级
	GB/T 26951—2011 焊缝无损检测 磁粉检测
	GB/T 26952—2011 焊缝无损检测 焊缝磁粉检测 验收等级
	GB/T 26953—2011 焊缝无损检测 焊缝渗透检测 验收等级
	GB/T 26954—2011 焊缝无损检测 基于复平面分析的焊缝涡流检测
	GB/T 11345—2013 焊缝无损检测 超声检测技术、检测等级和评定
	GB/T 15830—2008 无损检测 钢制管道环向焊缝对接接头超声检测方法

无损检测	GB/T 25450—2010 重水堆核电厂燃料元件端塞焊缝涡流检测
	GB/T 11809—2008 压水堆燃料棒焊缝检验方法 金相检验和 X 射线照相检验
	GB/T 17925—2011 气瓶对接焊缝 X 射线数字成像检测
	GB/T 19293—2003 对接焊缝 X 射线实时成像检测法
	GB/T 3323—2005 金属熔化焊焊接接头射线照相
	JB/T 10559—2018 起重机械无损检测 钢焊缝超声检测
	JB/T 10662—2013 无损检测 聚乙烯管道焊缝超声检测
	JB/T 9212—2010 无损检测 常压钢质储罐焊缝超声检测方法
无损检测	JB/T 7260—1994 空气分离设备铜焊缝射线照相和质量分级
	TB/T 1558.2—2018 机车车辆焊缝无损检测 第 2 部分:超声检测
	TB/T 1558.3—2010 机车车辆焊缝无损检测 第 3 部分:射线照相检测
	TB/T 1558.4—2018 机车车辆焊缝无损检测 第 4 部分:磁粉检测
	TB/T 1558.5—2018 机车车辆焊缝无损检测 第 5 部分:渗透检测
	TB/T 1588.1—2010 机车车辆焊缝无损检测 第 1 部分:总则
	TB/T 1588.2—2010 机车车辆焊缝无损检测 第 2 部分:超声检测
	TB/T 1588.3—2010 机车车辆焊缝无损检测 第 3 部分:射线照相检验
	TB/T 1588.4—2010 机车车辆焊缝无损检测 第 4 部分:磁粉检测
	TB/T 2658.21—2007 工务作业第 21 部分:钢轨焊缝超声波探伤作业
	CB/T 3177—1994 船舶钢焊缝射线照相和超声波检查规则
	CB/T 3559—2011 船舶钢焊缝超声波检测工艺和质量分级
	SY/T 4109—2013 石油天然气钢质管道无损检测
	SY/T 6423.1—2013 石油天然气工业 钢管无损检测方法 第一部分:焊接钢管焊缝缺欠的射线检测
	SY/T 6423.2—2013 石油天然气工业 钢管无损检测方法 第二部分:焊接钢管焊缝纵向和/或横向缺欠的自动超声检测
	SY/T 6423.3—2013 石油天然气工业 钢管无损检测方法 第三部分:焊接钢管用钢带/钢板分层缺欠的自动超声检测
	SY/T 6423.4—2013 石油天然气工业 钢管无损检测方法 第四部分:无缝和焊接钢管分层缺欠的自动超声检测
	SY/T 6423.5—2014 石油天然气工业 钢管无损检测方法 第 5 部分:焊接钢管焊缝缺欠的数字射线检测
	SY/T 6423.6—2014 石油天然气工业 钢管无损检测方法 第 6 部分:无缝和焊接(埋弧焊除外)铁磁性钢管纵向和/或横向缺欠的全周自动漏磁检测
	SY/T 6423.7—2017 石油天然气工业 钢管无损检测方法 第 7 部分:无缝和焊接铁磁性钢管表面缺欠的磁粉检测
	SY/T 6423.8—2017 石油天然气工业 钢管无损检测方法 第 8 部分:无缝和焊接(埋弧焊除外)钢管纵向和/或横向缺欠的全周自动超声检测
	SY/T6858.4—2012 油井管无损检测方法 第 4 部分:钻杆焊缝超声波检测
	SY/T 4112—2017 石油天然气钢质管道对接环焊缝全自动超声检测试块
	DL/T 1105.1—2009 电站锅炉集箱小口径接管座角焊缝 无损检测技术导则 第 1 部分:通用要求
	DL/T 1105.2—2010 电站锅炉集箱小口径接管座角焊缝无损检测技术导则 第 2 部分:超声检测

续表

无损检测	DL/T 1105.3—2010 电站锅炉集箱小口径接管座角焊缝无损检测技术导则 第3部分：涡流检测
	DL/T 1105.4—2010 电站锅炉集箱小口径接管座角焊缝无损检测技术导则 第4部分：磁记忆检测
	DL/T 541—2014 钢熔化焊T形接头和角接接头焊缝射线照相和质量分级
	DL/T 542—2014 钢熔化焊T形接头超声波检测方法和质量评定
	DL/T 505—2016 汽轮机主轴焊缝超声波检测规程
	CB/T 3558—2011 船舶钢焊缝射线检测工艺和质量分级
	CB/T 3958—2004 船舶钢焊缝磁粉检测、渗透检测工艺和质量分级
	JG/T 203—2007 钢结构超声波探伤及质量分级法
	SH/T 3545—2011 石油化工管道无损检测标准
	NB/T 20236—2013 压水堆核电厂安全壳钢衬里焊缝无损检验
破坏性检验	GB/T 2652—2008 焊缝及熔敷金属拉伸试验方法
	GB/T 228.1—2010 金属材料 拉伸试验 第1部分：室温试验方法
	GB/T 26955—2011 金属材料焊缝破坏性试验 焊缝宏观和微观检验
	GB/T 26956—2011 金属材料焊缝破坏性试验 宏观和微观检验用侵蚀剂
	GB/T 26957—2011 金属材料焊缝破坏性试验 十字形接头和搭接接头拉伸试验方法
	GB/T 27552—2011 金属材料焊缝破坏性试验 焊接接头显微硬度试验
	GB/T 1954—2008 铬镍奥氏体不锈钢焊缝铁素体含量测量方法
	GB/T 27551—2011 金属材料焊缝破坏性试验 断裂试验
	GB/T 27866—2011 控制钢制管道和设备焊缝硬度防止硫化物应力开裂技术规范
	CB/T 3692—2016 角焊缝折断试验方法
	CB/T 3761—2013 船体结构钢焊缝修补技术要求
	CB/Z 270—2004 945钢焊接和焊缝修补技术要求
	GB/T 28896—2012 金属材料 焊接接头准静态断裂韧度测定的试验方法
	GB/T 2653—2008 焊接接头弯曲试验方法
	GB/T 2650—2008 焊接接头冲击试验方法
	GB/T 2651—2008 焊接接头拉伸试验方法
	GB/T 2654—2008 焊接接头硬度试验方法
	CB/T 3351—2005 船舶焊接接头弯曲试验方法
	CB/T 3522—2016 船用钢管横向弯曲试验方法
	CB/T 3770—2013 船用钢材焊接接头维氏硬度试验方法
	CB/T 3949—2001 船用不锈钢焊接接头晶间腐蚀试验方法
	NB/T 47056—2017 锅炉受压元件焊接接头金相和断口检验方法
质量管理与控制	JB/T 3223—2017 焊接材料质量管理规程
	LD/T 69—1994 钢质焊接气瓶质量控制要点
	CB/Z 125—1998 潜艇船体结构焊接质量检验规则
	CB/T 3558—2011 船舶钢焊缝射线检测工艺和质量分级
	CB/T 3559—2011 船舶钢焊缝超声波检测工艺和质量分级
	CB/T 3747—2013 船用铝合金焊接接头质量要求

续表

质量管理与控制	CB /T 3802—1997 船体焊接表面质量检验要求
	CB /T 3929—2013 铝合金船体对接接头 X 射线检测及质量分级
	CB /T 3958—2004 船舶钢焊缝磁粉检测、渗透检测工艺和质量分级
	CECS 429—2016 城市轨道用槽型钢轨闪光焊接质量检验标准
	CECS 430—2016 城市轨道用槽型钢轨铝热焊接质量检验标准
	CECS 331—2013 钢结构焊接从业人员资格认证标准
	DL /T 678—2013 电力钢结构焊接通用技术条件
	GB 50661—2011 钢结构焊接规范
	GB/T 19624—2004 在用含缺陷压力容器安全评定
	JB /T 11085—2011 振动焊接工艺参数选择及技术要求
	SC /T 8131—1994 渔船船体焊缝外观质量要求

参 考 文 献

[1] 李亚江，刘强，王娟.焊接质量控制与检验.北京：化学工业出版社，2006.

[2] 陈伯蠡.焊接工程缺欠分析与对策.北京：机械工业出版社，1997.

[3] 李生田，刘志远.焊接结构现代无损检测技术.北京：机械工业出版社，1999.

[4] 陈祝年.焊接工程师手册.第2版.北京：机械工业出版社，2009.

[5] 中国机械工程学会焊接学会.焊接手册：焊接结构.第3版.北京：机械工业出版社，2007.

[6] 中国机械工程学会焊接学会.焊接手册：材料焊接性.第3版.北京：机械工业出版社，2007.

[7] 李亚江.焊接组织性能与质量控制.北京：化学工业出版社，2005.

[8] 李亚江.焊接冶金学：材料焊接性.北京：机械工业出版社，2007.

[9] 史耀武.焊接技术手册.下册.北京：化学工业出版社，2009.

[10] 陈裕川.钢制压力容器焊接工艺.北京：机械工业出版社，2007.

[11] 刘会杰.焊接冶金与焊接性.北京：机械工业出版社，2007.

[12] 霍立兴.焊接结构的断裂行为及评定.北京：机械工业出版社，2000.

[13] 肖凡，吴选岐.螺旋埋弧焊钢管生产过程中咬边缺陷的预防.焊管，2007，30（6）：72-74.

[14] 张彦文，王志武，陈露贵，等.管极电渣焊未熔合研究.焊接技术，2003，32（4）：20-21.

[15] 樊兆宝.解决钛合金舱体未焊透缺陷的工艺方案研究.航空兵器，2007，（4）：54-57.

[16] 陈加功，张兆磊，董玉民.膜式壁安装焊口打底焊道未焊透缺陷的产生和预防.中国特种设备安全，2008，24（7）：43-44.

[17] 陈迎华，刘长帅.矿用高端液压支架结构件焊接未熔合缺陷的分析及预防.金属加工，2012，（22）：25-26.

[18] 孙红梅，燕惠荣，王丽.耐热合金薄壁件脉冲激光焊接常见缺陷的分析与对策.焊接技术，2016，45（5）：167-170.

[19] J. E. Ramirez（爱迪生焊接研究所）.高强钢焊缝金属的化学成分和组织及非金属夹杂物.世界钢铁，2009，（3）：49-59.

[20] 张德勤，田志凌，杜则裕.微合金钢焊缝金属中夹杂物的研究.钢铁，2002，37（1）：52-55.

[21] 谢勇，王长安，杨专钊，等.埋弧焊接钢管焊缝边缘母材夹杂物的分析与判别.焊管，2013，36（3）：57-60.

[22] 朱旭.螺旋埋弧焊管焊缝夹杂原因分析及解决措施.焊管，2007，30（1）：72-73.

[23] 刘瑞堂，吕俊波，尹建成.某船体结构焊缝非金属夹杂物对断裂韧度的影响.理化检验-物理分册，2005，41：128-130.

[24] 王希靖，柴廷玺，张东，等.非金属夹杂物对纯镍N6焊接接头组织性能的影响.材料导报，2015，29（9）：65-70.

[25] 王素慧，王俊元.2A12铝合金真空电子束焊接气孔缺陷分析.机械设计与制造，2008，（9）：139-141.

[26] 田伟，周惦武，乔小杰，等.镁/铝异种金属激光焊气孔形成原因研究.激光技术，2013，37（6）：825-828.

[27] Peng Liu, Yajiang Li, Haoran Geng, et al. Microstructure characteristics in TIG welded joint of Mg/Al dissimilar materials. *Materials Letters*，2007，61（6）：1288～1291.

[28] 张文梅，纪红，刘彦强，等.Si/Al电子封装复合材料的激光焊接气孔成因分析.稀有金属，2017，41（11）：1215-1223.

[29] 王东涛，张伟.船用铝镁合金MIG焊接工艺方法和参数对焊缝气孔的影响浅析.造船技术，2015，（3）：71-74.

[30] 沈晓来.铝镁合金管道现场焊接气孔产生原因及防止措施.水利电力机械，2002，24（6）：56-58.

[31] 张继建，罗天宝，成晓光，等.螺旋埋弧焊管焊缝夹珠球气孔的形成与消除.焊管，2009，32（11）：55-58.

[32] 刘健.ZQ650-1转轴焊修的气孔问题及解决措施.焊接技术，2003，32（2）：32-33.

[33] 金建炳.埋弧焊焊接T型焊缝时产生气孔的原因分析及对策.山东冶金，2008，30（4）：26，27.

[34] 虞琳.小口径耐热合金钢管钨极氩弧焊气孔探讨.机械工程师，2008，（1）：112-113.

[35] 王庆田，李燕，李娜，等.反应堆堆内构件仪表套管焊接变形的控制.核动力工程，2012，33（4）：67-71.

[36] 梁连杰，刘晨，金文涛，等.全焊接A型铝合金地铁底架组焊工艺研究与变形控制.金属加工，2016，S1：718-721.

[37] 李金成.1000m³油罐焊接变形的控制.煤炭技术，2010，29（2）：18-21.

[38] 马献成.三峡电站700MW转子圆盘支架现场焊接工艺改进.水电站机电技术，2009，32（5）：32-34.

[39] 常军，重金，牛小军.大型复杂结构铝筒焊接变形控制的研究.航天制造技术，2009，(2)：32-35.

[40] 张金全.大型焊接 H 型钢制造工艺与变形控制.工程机械，2013，44 (4)：48-52.

[41] 顾祥明，栾运山.大中型储罐焊接应力与变形的消除方法探究.甘肃科技，2010，26 (13)：34-35.

[42] 徐龙勇，夏仲军.大型复杂结构件的焊接应力与变形控制.焊接技术，2011，40 (12)：54-56.

[43] 张羽，邓睿.超高净空巨型斜扁平钢柱群焊接变形控制.钢结构，2016，31 (211)：71-76.

[44] 王立夫，唐衡郴，王金金，等.动车组车体平顶焊接工艺及质量控制.焊接，2017，(12)：44-47.

[45] 李小松.港珠澳大桥深水区非通航孔桥钢箱梁焊接变形控制.钢结构，2015，30 (5)：71-74.

[46] 余天才，杨宏.苗尾水电站座环上筒体现场焊接变形控制方法.云南水力发电，2017，33 (s1)：187-190.

[47] 张勇，王家辉，李巧玲，等.液化气球罐的焊接延迟裂纹成因分析研究.压力容器，1994，11 (3)：26-32.

[48] 陈峰华.核电站波动管对接焊缝微裂纹分析.电焊机，2009，39 (8)：34-36.

[49] 汪泓.船体外板装配焊接裂纹分析.理化检验-物理分册，2011，47 (6)：395-398.

[50] 陈玉华，李树寒，陆巍巍.NiTiNb/TC4 异种材料激光微焊接头裂纹研究.航空科学技术，2017，28 (4)：75-78.

[51] 陈国庆，柳峻鹏，张秉刚，等.硬质合金与钢电子束焊接接头缺陷及断裂分析.焊接学报，2017，38 (10)：1-5.

[52] 唐识，刘非，胡庆睿.核电站钢制安全壳 SA738Gr. B 钢焊缝裂纹产生原因分析及预防.焊接，2017，(8)：55-60.

[53] 毛伟强，杜建道，徐大鹏，等.300MW 汽轮发电机定子机座裂纹原因分析与解决措施.内蒙古电力技术，2017，35 (4)：64-67.

[54] 吴冰，陈辉.X80 管线钢的焊接冷裂纹试验.电焊机，2008，38 (10)：66-69.

[55] 郭晶，程惠君.大厚度异种钢焊接接头焊接裂纹形成原因及对策.石油化工设备，2008，37 (4)：61-65.

[56] Peng Liu, Siyu Sun, Shubo Xu, et al. Microstructure and properties in the weld surface of friction stir welded 7050-T7451 aluminium alloys by laser shock peening. Vacuum, 2018, 152：25-29.

[57] Peng Liu, Ge-ming Zhang, T. Zhai, et al. Effect of treatment in weld surface on fatigue and fracture behavior of titanium alloys welded joints by vacuum electron beam welding. Vacuum, 2017, 141：176-180.

[58] Peng Liu, Tongguang Zhai, Yuanbin Zhang. Microstructural properties and four-point bend fatigue behavior of Ti-6.5Al-2Zr-1Mo-1V welded joints by electron beam welding. High Temperature Materials and Processes, 2016, 35 (6)：607-613.

[59] 周磊，汪诚，周留成，等.激光冲击表面强化对焊接接头力学性能的影响.中国表面工程，2010，23 (5)：41-47.

[60] 史进渊，袁伯英，程道来，等.汽轮机 17CrMo1V 材料焊接低压转子脆性断裂的分析.中国电机工程学报，2000，20 (6)：61-64.

[61] 陆刚.汽车车架疲劳断裂损坏的焊接修复.焊接技术，2007，36 (2)：57-60.

[62] 孙林根，蔡志鹏，潘际銮，等.核电汽轮机低压焊接转子模拟件接头高周疲劳性能研究.中国机械工程，2015，26 (22)：3102-3107.

[63] 路宝玺.换热器试运行期间管束焊缝发生疲劳断裂分析.压力容器，2010，27 (4)：51-54.

[64] 王洪伟，陈荣，宋科，等.某型发动机导管焊缝裂纹失效分析.金属热处理，2011，36 (9)：32-34.

[65] 王力霞，胡岩鹏，张艳秋，等.某输油管线螺旋焊管焊缝断裂原因分析.焊管，2008，31 (1)：33-35.

[66] 张国栋，杨新岐，何鑫龙，等.300M 超高强度钢及其电子束焊接接头高周疲劳断裂机制研究.航空材料学报，2014，34 (1)：69-75.

[67] 吕宗敏，何柏林，于影霞.超声冲击对高速列车转向架焊接十字接头超高周疲劳性能的影响.焊接导报 B，2017，31 (10)：77-81.

[68] 云中煌，丁洁琼，李东风，等.抛丸处理对 A5083 铝合金焊接接头疲劳性能的影响.电焊机，2014，44 (3)：89-92.

[69] 杨占峰，王东霞，覃碧.合江长江一桥钢管拱肋高空焊接质量控制分析.西部交通科技，2014，(7)：88-91.

[70] 靳孝义，张涛，张登瑞.EPR 核电站核岛钢衬里安装及焊接质量控制.焊接技术，2016，45 (9)：39-43.